Schnittpunkt

Mathematik für die Berufsfachschule
Gesundheit/Erziehung und Soziales
Ausgabe N

bearbeitet von

Berthold Heinrich
Carsten Kreutz
Claudia Pils

Ernst Klett Verlag
Stuttgart · Leipzig · Dortmund

So arbeiten Sie mit Schnittpunkt

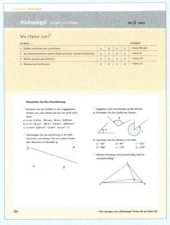

Testen

Standpunkt
Am Kapitelanfang können Sie testen, wie fit Sie für das neue Thema sind. Die **Lerntipps** verweisen auf das **Basiswissen** oder vorherige Kapitel.

Rückspiegel
Am Kapitelende können Sie testen, wie gut Sie alles beherrschen.

In beiden Fällen können Sie sich selbst einschätzen. Dann überprüfen Sie Ihre Einschätzung anhand von Aufgaben.

Anwenden

Auftakt
Hier bekommen Sie einen Überblick über die Lernziele des Kapitels und ein Beispiel aus dem Berufsalltag.

Anwenden im Beruf
Die Anwendungsaufgaben stehen im beruflichen Kontext. Sie lassen sich mithilfe der berufsfeldbezogenen Informationen lösen. So lernen Sie, Ihre mathematischen Kenntnisse in die Praxis umzusetzen.

Extra-Seiten
Hier gibt es weitere, zum Teil vertiefende Inhalte.

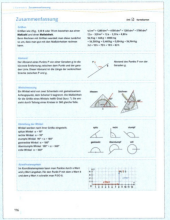
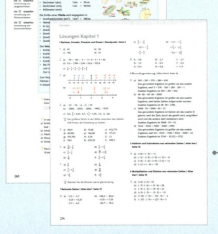

Nachschlagen

Zusammenfassung
Hier können Sie die wichtigsten Formeln und Begriffe des Kapitels nachschlagen. Sie können sich Karteikarten downloaden, um eine Lernkartei anzulegen.

Basiswissen
Wenn Ihnen Grundlagen nicht mehr vertraut sind, können Sie diese hier nachlesen und anhand von Aufgaben wiederholen.

Die **Lösungen** zu **Standpunkt**, **Alles klar?-Aufgaben**, **Rückspiegel** und **Basiswissen** finden Sie im Anhang.

Lernen und Üben

Die **Lerneinheiten** sind wie folgt aufgebaut:
1. Die offene und entdeckende **Einstiegsaufgabe** gibt Ihnen erste Impulse.
2. **Lehrtext** und **Merkkasten** erklären die mathematischen Inhalte, die anhand eines **Beispiels** gefestigt werden.
3. Die leichten **Aufgaben** bieten Ihnen die Möglichkeiten zum Üben. Mit Aller klar? prüfen Sie, ob Sie alles verstanden haben. Erst danach gehen Sie zu den schwierigeren Aufgaben über.

Alles klar?-Aufgaben
Alles verstanden? Falls nicht, bearbeiten Sie das Fördermaterial.

Die Symbole vor den Aufgabenziffern zeigen, wie schwer die Aufgabe ist.

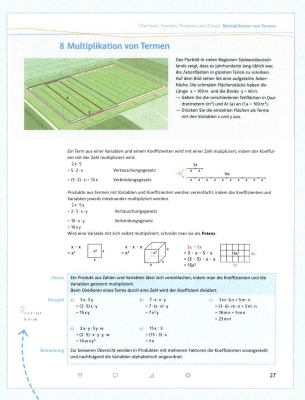

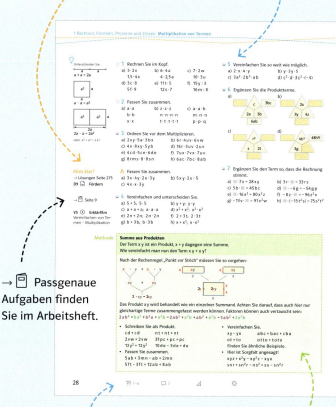

Tipps und Hinweise geben Hilfestellung.

Die Aufgaben sind den prozessbezogenen Kompetenzen zugeordnet.

→ 🗎 Passgenaue Aufgaben finden Sie im Arbeitsheft.

Methoden- oder Informationskästen erklären Techniken oder Anwendungen.

Symbole

- ○ einfache Aufgabe
- ◐ mittlere Aufgabe
- ● schwierige Aufgabe

Diese Symbole zeigen Ihnen, um welche Fähigkeiten es hier geht:
- ?! Problemlösen
- 💬 Argumentieren und Kommunizieren
- ⊿ Werkzeuge verwenden
- ⚙ Modellieren

- 💡 Tipps und Hinweise

- D1 🗎 Dokument Testen
- D2 🗎 Dokument Fördern
- D3 🗎 Dokument Karteikarten
- V1 ▷ Erklärfilm

Alle Dokumente zum Schulbuch sind im Schnittpunkt **eBook** und in den Schnittpunkt **Medien zum Schulbuch** verfügbar.

Inhaltsverzeichnis

1 Rechnen, Formeln, Prozente und Zinsen

		→ 📖	v ▶
Standpunkt	8		
Auftakt	9		
1 Rationale Zahlen	10	2	
2 Überschlagsrechnung	13		
3 Addition und Subtraktion von rationalen Zahlen	15	3	1
4 Multiplikation und Division von rationalen Zahlen	17	4	2, 3
5 Rechengesetze	19	5, 6	
6 Terme und Variablen	23	7	4
7 Addition und Subtraktion von Termen	25	8	
8 Multiplikation von Termen	27	9	5
9 Ausmultiplizieren und Ausklammern	29	10	6
10 Multiplikation von Summen	31	11	
11 Binomische Formeln	33	12	7
12 Gleichungen	34	13	
13 Gleichungen mit Klammern	37	14	
EXTRA: Rechentricks	39		
14 Lesen und Lösen	40	15	
15 Bruchterme und Bruchgleichungen	42	16	
16 Lineare Ungleichungen	46		
17 Potenzen	48		
18 Potenzen mit gleicher Basis	50	17	
19 Potenzen mit gleichen Exponenten	52	18	
20 Potenzen mit negativen Exponenten	54		
21 Zehnerpotenzschreibweise	56		
22 Formeln	59	19	
23 Prozente	61	20, 21	8, 9, 10
EXTRA: Prozentband	63		
EXTRA: Rabatt, Skonto und Mehrwertsteuer	64		
24 Prozentuale Veränderung	65	22	
25 Zinsrechnung	67	23	
Zusammenfassung	69		
Anwenden im Beruf	75		
Rückspiegel	83		

2 Geometrie → 🗐 v ▷

Standpunkt	86			
Auftakt	87			
1 Größen und ihre Einheiten	88	24	11, 12, 13	
2 Messen und Koordinatensysteme	91		14, 15	
3 Quadratwurzeln und Kubikwurzeln	94	25, 26	16	
4 Quadrat und Rechteck	96	27	17	
5 Dreieck	98	28	18	
EXTRA: Satz des Pythagoras	100		19, 20	
6 Kreisumfang	102	29		
7 Kreisflächen und Kreisteile	104	30, 31	21	
8 Zusammengesetzte Flächen	107	32		
9 Quader und Würfel	109	33	22	
EXTRA: Quader in der Architektur	112			
10 Zylinder	113	34	23	
Zusammenfassung	116			
Anwenden im Beruf	119			
Rückspiegel	124			

3 Zuordnungen → 🗐 v ▷

Standpunkt	126		
Auftakt	127		
1 Zuordnungen und Schaubilder	128	35	
2 Proportionale Zuordnungen	130		
3 Schaubilder proportionaler Zuordnungen	132		
4 Dreisatz	134		24
EXTRA: Schätzen mithilfe von Proportionen	136		
5 Antiproportionale Zuordnungen	137		
EXTRA: Antiproportionale Zuordnungen	139		
6 Schaubilder antiproportionaler Zuordnungen	140		
7 Umgekehrter Dreisatz	142	36	25
8 Zusammengesetzter Dreisatz	144		
Zusammenfassung	146		
Anwenden im Beruf	147		
Rückspiegel	151		

4 Statistik

		→ 📖	v ▶
Standpunkt	152		
Auftakt	153		
1 Daten erfassen	154		
2 Absolute und relative Häufigkeit	156	37	
3 Klassenbildung	158		
4 Stichprobe	160		
5 Daten darstellen	162	38	
EXTRA: Kreisdiagramme zeichnen	164		
6 Daten vergleichen und interpretieren	165		
7 Kenngrößen	167	39	
EXTRA: Boxplots	170		26
Zusammenfassung	172		
Anwenden im Beruf	174		
Rückspiegel	179		

5 Lineare Funktionen

		→ 📖	v ▶
Standpunkt	180		
Auftakt	181		
1 Funktionen	182	40	
EXTRA: Nicht alle Zuordnungen sind Funktionen	185		
2 Proportionale Funktionen	186	41	
3 Lineare Funktionen	188	42	27, 28
EXTRA: Erneuerbare Energien	191		
4 Lineare Gleichungen mit zwei Variablen	192	43	
5 Lineare Gleichungssysteme	194	44, 45	
6 Lösen durch Gleichsetzen	198	46, 47	29, 30
7 Lösen durch Modellieren	201	48, 49	
Zusammenfassung	204		
Anwenden im Beruf	206		
Rückspiegel	211		

6 Quadratische Funktionen

		→ 📙	v ▶
Standpunkt	212		
Auftakt	213		
1 Die quadratische Funktion y = x² + c	214	50	
2 Die quadratische Funktion y = a · x² + c	216	51	
3 Die Scheitelpunktform y = (x − d)² + c	219	52	
EXTRA: Die allgemeine quadratische Funktion y = a (x − d)² + e	222		
4 Quadratische Gleichungen	223		
5 Quadratische Ergänzung	225	53	31, 32
6 Nullstellen quadratischer Funktionen	227	54, 55	
EXTRA: Satz von Vieta	230		
7 Schnittpunkte	231	56	
8 Lösen durch Modellieren	234	57	
Zusammenfassung	237		
Anwenden im Beruf	239		
Rückspiegel	245		

7 Wahrscheinlichkeitsrechnung

		→ 📙	v ▶
Standpunkt	246		
Auftakt	247		
1 Wahrscheinlichkeiten	248	58	
2 Einstufige Zufallsversuche	250	59	
3 Zweistufige Zufallsversuche	252	60, 61	
EXTRA: Zufallsexperimente am Computer	255		
Zusammenfassung	256		
Anwenden im Beruf	257		
Rückspiegel	259		

		→ 📙	v ▶
Basiswissen	260		33 bis 46
Lösungen	274		
Register	320		
Symbole/Größen/Maßeinheiten	322		

1 Rechnen, Formeln, Prozente und Zinsen — Standpunkt

Standpunkt

D1 Testen

Wo stehe ich?

Ich kann ...	sehr gut	gut	etwas	nicht gut	Lerntipp!
1 mit natürlichen Zahlen rechnen.	☐	☐	☐	☐	→ Seite 262
2 ganze Zahlen, Dezimalzahlen und Brüche ordnen.	☐	☐	☐	☐	→ Seite 261, 266
3 Zahlen am Zahlenstrahl markieren.	☐	☐	☐	☐	→ Seite 261, 266
4 Zahlen am Zahlenstrahl ablesen.	☐	☐	☐	☐	→ Seite 261, 266
5 mit Dezimalzahlen rechnen.	☐	☐	☐	☐	→ Seite 262
6 Brüche multiplizieren und dividieren.	☐	☐	☐	☐	→ Seite 266
7 Brüche addieren und subtrahieren.	☐	☐	☐	☐	→ Seite 266

Überprüfen Sie Ihre Einschätzung:

1 Berechnen Sie.
a) 25 + 37
b) 83 − 57
c) 16 · 12
d) 169 : 13

2 Ordnen Sie die Zahlen nach der Größe. Beginnen Sie mit der kleinsten Zahl.
a) 5; −3; 40; −38; −39; −5; 0; 3
b) 2,46; 0,6; 105,8; 24,6; 1,784
c) $\frac{3}{4}$; $\frac{1}{3}$; $\frac{1}{4}$; $\frac{1}{8}$; $\frac{3}{5}$; $\frac{1}{2}$

3 Zeichnen Sie einen passenden Zahlenstrahl und tragen Sie die Zahlen ein.
a) −2; 4; 5; 3; −3; 0; −4; 1
b) $\frac{3}{4}$; 0,3; 3,4; $\frac{9}{4}$; $3\frac{1}{4}$; 0,7

4 Welche Zahlen sind rot markiert?

a)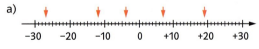

b)

c)

5 Berechnen Sie.
a) 17,08 + 20,93
b) 31,53 − 17,87
c) 406,75 + 6,025
d) 91,604 − 50,7
e) 120 + 46,08
f) 340 − 168,49
g) 65,79 · 4,8
h) 12,426 : 1,9
i) 4,4 : 4
j) 16,8 · 3
k) 1250,5 : 2
l) 83,2 · 6

6 Berechnen Sie.
a) $\frac{5}{6} \cdot \frac{3}{4}$
b) $\frac{3}{8} : \frac{1}{4}$
c) $\frac{1}{4} \cdot 2$
d) $\frac{5}{7} \cdot 4$
e) $\frac{2}{3} : 5$
f) $\frac{15}{4} : 3$

7 Berechnen Sie.
a) $\frac{1}{4} + \frac{1}{8}$
b) $\frac{2}{5} - \frac{1}{10}$
c) $\frac{1}{2} + \frac{2}{3}$
d) $\frac{3}{4} - \frac{1}{5}$
e) $1 + \frac{2}{3}$
f) $2 - \frac{1}{3}$

→ Die Lösungen zum „Standpunkt" finden Sie auf Seite 274.

1 Rechnen, Formeln, Prozente und Zinsen

In einem Snoezelraum (Kunstwort aus snooze und doze, englisch für dösen) werden verschiedene Sinne angesprochen, zum Beispiel durch Musik oder Lichtquellen. Diese Einflüsse sollen angenehme Erlebnisse ermöglichen und der Entspannung dienen. In diesem Zusammenhang werden Snoezelräume für therapeutische und pädagogische Zwecke genutzt.
→ In welchen Einrichtungen gibt es Snoezelräume?

In einer Grundschule wird ein Snoezelraum neu eingerichtet. Dazu berät man sich mit Experten über die Raumgestaltung. Gemeinsam überlegt man, welche Ansprüche die Einrichtung erfüllen soll. Dann wird überprüft, was in dem zur Verfügung stehenden Kostenrahmen möglich ist.
→ Welche Einrichtungsgegenstände und Anlagen könnten in einem Snoezelraum installiert werden?
→ Überlegen Sie, wie viel Geld Sie für die Einrichtung und die Geräte benötigen.

Neben dem Kauf von Einrichtungsgegenständen benötigt man Handwerker (Elektriker, Schreiner, Maler, …), die den Raum gestalten. Die Kosten hierfür werden als Brutto-Preise angegeben.
→ Informieren Sie sich über den Unterschied zwischen Bruttopreis und Nettopreis.
→ Welche Rabatte (Skonto, …) können gewährt werden und welche Bedingungen gibt es dafür?
→ Sammeln Sie Informationen zu den Kosten für die Handwerker, die den Snoezelraum gestalten. Berechnen Sie dann den Gesamtpreis für Planung, Gegenstände und Gestaltung.

Ich lerne,
- mit rationalen Zahlen zu rechnen,
- Terme mit Variablen zu berechnen,
- wie man Gleichungen löst,
- Potenzgesetze anzuwenden,
- Formeln umzustellen,
- Prozentrechnung und Zinsrechnung anzuwenden.

1 Rationale Zahlen

Kai möchte am nächsten Wochenende mit seinen Freunden auf einem See Schlittschuhlaufen. Er hofft, dass die Eisdecke dick genug bleibt und beobachtet deshalb die Temperaturen.
→ Was beobachtet Kai im Laufe der Woche?
→ Wird er am Wochenende Schlittschuhlaufen können?

Wochentage	Mo	Di	Mi	Do	Fr
°C	2,4	−0,5	−1,2	−3,5	−5

Bei Kontoständen, Temperaturwerten, Gewichtsangaben und Längen ist es notwendig und sinnvoll, Dezimalzahlen oder Brüche als Maßzahlen zu verwenden.

Dabei gibt es auch negative Bruchzahlen wie $-\frac{2}{3}$; $-\frac{4}{1}$ oder negative Dezimalzahlen wie −234,56.

Auch jede Bruchzahl hat eine **Gegenzahl**. Die Gegenzahl von $\frac{1}{2}$ ist $-\frac{1}{2}$ und die Gegenzahl von $-\frac{2}{5}$ ist $\frac{2}{5}$.

Merke Die **ganzen Zahlen** zusammen mit allen positiven und negativen Bruchzahlen heißen **rationale Zahlen**. Die Menge der rationalen Zahlen wird mit ℚ bezeichnet.

negative rationale Zahlen   positive rationale Zahlen

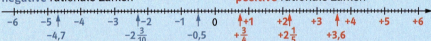

Je weiter links eine Zahl auf dem Zahlenstrahl liegt, desto kleiner ist sie, z. B. 1 < 5 (< „kleiner als").
Je weiter rechts eine Zahl auf dem Zahlenstrahl liegt, desto größer ist sie, z. B. 5 > 1 (> „größer als").

Beispiel Zwischen −3 und −2 liegen unendlich viele rationale Zahlen, beispielsweise die folgenden Zahlen:

$-2,8$; $-2,4$; $-2\frac{1}{4}$; $-2\frac{3}{4}$

| −3 | liegt links von | −2 | −2,8 | liegt links von | −2,4 | $-2\frac{3}{4}$ | liegt links von | $-2\frac{1}{4}$ |
| −3 | < | −2 | −2,8 | < | −2,4 | $-2\frac{3}{4}$ | < | $-2\frac{1}{4}$ |

zu Aufgabe 1:

ist entgegengesetzt von
ist mehr als
ist kälter als
ist weniger als
ist tiefer als
liegt oberhalb von
sind weniger Schulden als

1 Vergleichen Sie die angegebenen Werte mithilfe der Textbausteine.
a) −7 °C … −3 °C
b) 403 m unter NN … 212 m unter NN
c) −312,05 € … −495,32 €
d) +3,2 °C … −3,2 °C
e) −2,80 m … −11,20 m
f) −33,98 € … +33,98 €
Suchen Sie selbst Situationen zum Vergleichen.

2 Welche Zahlen auf der Zahlengeraden sind rot markiert?

a)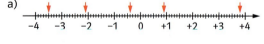

b)

c)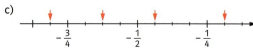

3 Ordnen Sie mit der Beziehung „ist kleiner (weniger) als". Schreiben Sie als Kette.
Beispiel: −4,2 < −0,6 < 1,25
a) −4 °C; −5 °C; −3 °C; −11 °C; −7 °C
b) −7,4 °C; +12,3 °C; −12,5 °C; +6,9 °C
c) 1,50 €; −3,25 €; 0,84 €; −1,05 €
d) −1,23 €; −2,31 €; 3,21 €; −3,21 €
e) −204,8 m; 248 m; −24,8 m; 20,48 m
f) −0,75 m; −7,05 m; 7,50 m; −0,705 m

4 Welche Zahlen stehen nicht an der richtigen Stelle?

a)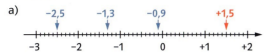

b)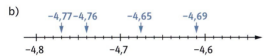

5 Zeichnen Sie eine Zahlengerade. Zwei aufeinander folgende ganze Zahlen haben den Abstand 1 cm. Messen Sie die Länge der Strecke von
a) +2,0 bis +7,5,
b) −0,5 bis −4,0,
c) −1,8 bis +2,8,
d) −7,3 bis +4,9.

6 Entnehmen Sie der Zeichnung alle Höhenangaben eines Feuchtbiotops und übertragen Sie die Tabelle ins Heft und ergänzen Sie die Höhen.

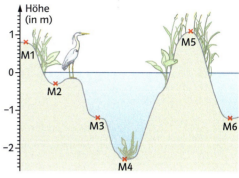

Messpunkt	M1	M2	M3
Höhe in cm			

Messpunkt	M4	M5	M6
Höhe in cm			

7 Geben Sie drei Zahlen zwischen den vorgegebenen Zahlen so an, dass der Abstand jeweils gleich groß ist.
a) −3,2 … 3,2
b) −2,8 … 0
c) −4,0 … −2,4
d) −1,56 … −1,08

Methode | **Bruchzahlen**

Jeder Bruch gehört an eine bestimmte Stelle am Zahlenstrahl.

Alle Brüche an derselben Stelle des Zahlenstrahls bezeichnen dieselbe **Bruchzahl**.

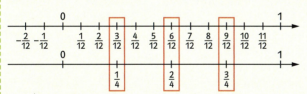

Brüche werden **erweitert**, indem man Zähler und Nenner mit derselben Zahl multipliziert.
Brüche werden **gekürzt**, indem man Zähler und Nenner durch dieselbe Zahl dividiert.
Beim Erweitern und Kürzen ändert sich der Wert des Bruchs nicht.

Erweitern: $\frac{3}{4} = \frac{3 \cdot 6}{4 \cdot 6} = \frac{18}{24}$

Kürzen: $\frac{18}{24} = \frac{18 : 6}{24 : 6} = \frac{3}{4}$

Vergleicht man zwei Brüche mit gleichem Nenner, dann ist der mit dem größeren Zähler der größere.

$\frac{4}{7} > \frac{3}{7}$, da 4 > 3.

Brüche mit verschiedenen Nennern kann man zum Vergleichen zuerst **gleichnamig** machen, also auf gleiche Nenner bringen. Dann vergleicht man die Zähler.

$\frac{7}{18} < \frac{5}{12}$, da $\frac{7 \cdot 2}{18 \cdot 2} = \frac{14}{36}$ und $\frac{5 \cdot 3}{12 \cdot 3} = \frac{15}{36}$, weil 14 < 15.

Alles klar?
→ Lösungen Seite 274
D2 Fördern

A Setzen Sie das Zeichen < oder > richtig ein.

a) +2,5 ▪ −4,7   b) +68,2 ▪ −82,6   c) $\frac{3}{4}$ ▪ $-\frac{4}{5}$ d) −1,3 ▪ $-1\frac{1}{4}$

−0,25 ▪ +0,25   −9,75 ▪ +7,59   −0,7 ▪ $-\frac{3}{4}$ $+1\frac{1}{2}$ ▪ $-2\frac{1}{2}$

−5,7 ▪ −6,2   −20,7 ▪ −70,2 $-\frac{3}{5}$ ▪ $\frac{4}{7}$ −3,6 ▪ $-3\frac{5}{8}$

B Auf welche Zahlen zeigen die Pfeile?

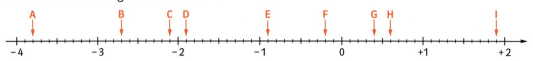

Änderungen lassen sich durch positive oder negative Zahlen beschreiben. Die Veränderungen lassen sich an der Zahlengerade veranschaulichen.

Merke | Eine **Zunahme** um 4 bedeutet: Gehe 4 Schritte nach rechts. | Eine **Abnahme** um 4 bedeutet: Gehe 4 Schritte nach links.

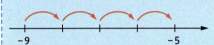

Die Änderung beträgt +4. | Die Änderung beträgt −4.

Beispiel
a) Nimmt die Temperatur beispielsweise um 6 °C ab, so spricht man von einer Temperaturänderung um −6 °C. Die Flüssigkeit im Thermometer bewegt sich dabei nach unten. Bei steigender Temperatur bewegt sich die Flüssigkeit im Thermometer nach oben.

b)
−13 °C $\xrightarrow{+8\,°C}$ −5 °C
+2,6 °C $\xrightarrow{-4,2\,°C}$ −1,6 °C
−0,8 °C $\xrightarrow{-3,5\,°C}$ −4,3 °C

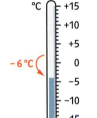

→ Seite 2

8 Beschreiben Sie die Änderungen mit positiven oder negativen Zahlen.
a) Die Temperatur sinkt um 4 °C.
b) Der Wasserspiegel steigt um 1,25 m.
c) Das Guthaben vermindert sich um 53 €.
d) Die Flughöhe steigt um 4500 Fuß.
e) Die Temperatur im Eisfach sinkt um 0,7 °C.
f) Der Preis für den Liter Diesel steigt um 0,08 €.
g) Die Zuschauerzahl sinkt um 500 Personen.

9 Um wie viel Grad Celsius hat sich die Temperatur jeweils verändert?

a) −6 °C ▪→ +2 °C   b) +2,2 °C ▪→ +7,6 °C
c) +10 °C ▪→ −7 °C   d) −3,5 °C ▪→ −9,3 °C
e) +29 °C ▪→ −4 °C   f) +5,4 °C ▪→ −8,7 °C
g) −1 °C ▪→ −14 °C   h) −9,7 °C ▪→ −6,8 °C

10 Ergänzen Sie die fehlenden Angaben in Ihrem Heft.

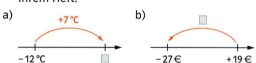

11 Timo fährt gerne mit dem Fahrstuhl. Er steigt im Erdgeschoss eines Hochhauses ein und fährt 14 Stockwerke nach oben, dann 17 Stockwerke nach unten und anschließend nochmals 23 Etagen nach oben.
a) Wie muss sich der Fahrstuhl danach weiterbewegen, damit Timo im zweiten Untergeschoss ankommt?
b) Vergleichen Sie die Anzahlen der Stockwerke, die Timo nach oben fährt und die er nach unten fährt, mit Abstand vom Erdgeschoss und vom Zielstockwerk.

2 Überschlagsrechnung

Bei einer Veranstaltung wurden 35 842 € Spenden eingenommen.
Insgesamt haben 3212 Personen gespendet.
→ Überschlagen Sie, wie viel Euro jede Person im Durchschnitt gespendet hat.

Um bei Rechnungen mit unübersichtlichen Zahlen schnell eine Vorstellung von dem Ergebnis zu bekommen oder wenn man ein Ergebnis grob kontrollieren will, führt man eine **Überschlagsrechnung** durch. Dabei werden die Zahlen so auf- oder abgerundet, dass man den Überschlag im Kopf rechnen kann und das gerundete Ergebnis **ungefähr** stimmt, also möglichst nahe an dem wirklichen Ergebnis liegt.

Merke   Bei einer **Überschlagsrechnung** rundet man die Zahlen sinnvoll.

Beispiel

Das Zeichen ≈ bedeutet ungefähr.
Addition (Plus-Rechnung):
Summand + Summand = Summe
Ergebnis einer Subtraktion (Minus-Rechnung):
Differenz
Multiplikation (Mal-Rechnung):
Faktor · Faktor = Produkt
Ergebnis einer Division (Geteilt-Rechnung):
Quotient

a) 156 + 283
≈ 160 + 280 = **440**
Das tatsächliche Ergebnis ist etwa so groß wie der Überschlag, da die Summanden einmal auf- und einmal abgerundet wurden.
156 + 283 = **439**

c) 194 · 67
≈ 200 · 70 = **14 000**
Das tatsächliche Ergebnis muss kleiner sein, da beide Faktoren aufgerundet wurden.
194 · 67 = **12 998**

b) 858 − 197
≈ 860 − 200 = **660**
Der Überschlag könnte in etwa richtig sein, weil beide Zahlen leicht aufgerundet wurden.
858 − 197 = **661**

d) 11 542 : 58
≈ 12 000 : 60 = **200**
Der Überschlag stimmt ungefähr, weil beide Zahlen aufgerundet wurden.
11 542 : 58 = **199**

○ **1** Machen Sie eine Überschlagsrechnung. Runden Sie zunächst auf Hunderter.
a) 255 + 362 + 147 + 78
b) 312 + 440 + 289 + 157
c) 784 − 215 − 365 − 98
d) 534 − 178 − 104 − 241

1198   11   106   842

○ **2** Machen Sie eine Überschlagsrechnung in Ihrem Heft. Entscheiden Sie dann, welches Ergebnis richtig ist.
a) 285 : 3   b) 144 : 6
c) 581 : 7   d) 336 : 8
e) 372 : 4   f) 306 : 9

○ **3** Überschlagen Sie zuerst ohne Hilfsmittel und notieren Sie das Ergebnis. Berechnen Sie dann mit dem Taschenrechner und vergleichen Sie das Ergebnis mit Ihrer Überschlagsrechnung.

a) 284 · 4	b) 9873 · 5	c) 12 · 43
338 · 5	2304 · 2	31 · 53
203 · 6	1038 · 3	23 · 69
403 · 7	3409 · 4	59 · 48
909 · 8	7003 · 9	99 · 52
d) 98 · 75	e) 9 · 702	f) 9 · 2035
23 · 29	8 · 613	8 · 6320
38 · 32	7 · 422	7 · 4320
39 · 42	6 · 312	6 · 3208
53 · 59	5 · 132	5 · 1654

1 Rechnen, Formeln, Prozente und Zinsen Überschlagsrechnung

Alles klar?
→ Lösungen Seite 274
D3 Fördern

A Machen Sie einen Überschlag für die Rechnung. Begründen Sie, ob der Überschlag im Vergleich zum exakten Ergebnis größer, kleiner oder ziemlich genau ist.
a) 365 + 281
b) 48 · 58
c) 3068 : 59
d) 7243 − 3522

4 Petra, Simon und Tom helfen bei der Organisation einer Ferienfreizeit. 68 Kinder müssen jeweils 287 € bezahlen.
Wie viel Geld müssen die Kinder insgesamt bezahlen? Die drei Freunde machen eine Überschlagsrechnung.

> **Petra**
> Ich rechne 200 · 70 = 14 000.
> Das exakte Ergebnis muss größer sein.

> **Simon**
> Ich rechne 300 · 100 = 30 000.
> Da ich zweimal aufgerundet habe, muss das Ergebnis kleiner sein.

> **Tom**
> Ich runde und rechne 300 · 70 = 21 000.
> Das Ergebnis muss ungefähr genau so groß sein.

a) Beschreiben Sie, wie die drei Jugendlichen die Rechnung überschlagen.
b) Sind Sie mit dem Vorgehen der drei Jugendlichen einverstanden?
c) Wie berechnen Sie den Überschlag?
d) Lösen Sie die Aufgabe 287 · 68 mit dem Taschenrechner. Prüfen Sie, welche Überschlagsrechnung besonders genau war.

5 Rechenfehler findet man oft durch eine Überschlagsrechnung.
Welche Lösungen müssen falsch sein?
Korrigieren Sie die fehlerhaften Aufgaben.
a) 2013 · 3 = 639
b) 1621 · 4 = 42 484
c) 703 · 8 = 5624
d) 5 · 1621 = 8105
e) 7 · 149 = 143
f) 6 · 421 − 2226

6 Welches Ergebnis ist größer als 5000?
Entscheiden Sie mit einem Überschlag.
a) 1144 · 3
b) 2144 · 3
c) 2541 · 2
d) 2341 · 2
e) 630 · 7
f) 1544 · 3

7 Überschlagen Sie die Rechnung und lösen Sie sie schriftlich. Vergleichen Sie die Ergebnisse.
a) 832 : 2
b) 4204 : 4
c) 483 : 3
d) 4025 : 5
e) 396 : 6
f) 1608 : 4
g) 832 : 4
h) 2250 : 9

8 Julia und Sina gehen gerne am Wochenende zum Joggen. Julia hat notiert, wie weit sie gelaufen sind. Überschlagen Sie zunächst die Summe. Berechnen Sie anschließend genau.

> 02. 08. 4,3 Km
> 09. 08. 7,2 Km
> 17. 08. 5,4 Km
> 23. 08. 6,2 Km
> 31. 08. 4,3 Km

a) Wie viel km sind sie im August gejoggt?
b) Welche Strecke haben die beiden im Durchschnitt an einem Tag zurückgelegt?

9 Sofia kauft Lebensmittel im Supermarkt ein. Kurz vor der Kasse kommen ihr plötzlich Zweifel, ob ihr 30 € reichen. Überschlagen Sie den Gesamtpreis des Einkaufs.

> 3 Liter Milch 2,25€
> Käse 7,38€
> 1 Packung Kaffee 4,99€
> 2 Kg Äpfel 3,70€
> Müsli 4,76€
> Wurst 5,86€

10 Paul möchte sein Zimmer neu streichen. Die Wände des rechteckigen Zimmers sind 3,25 m und 2,75 m lang. Das Zimmer ist 2,35 m hoch. Es hat eine Tür und ein Fenster.
Reicht ein Eimer Farbe, mit der man 40 m² Wand- oder Deckenfläche streichen kann? Überschlagen Sie zuerst und berechnen Sie anschließend genau.

3 Addition und Subtraktion von rationalen Zahlen

Der heftigste innerhalb von 24 Stunden je gemessene Temperatursturz ereignete sich 1916 im Bundesstaat Montana in den USA. Dabei sank die Temperatur von +6 °C auf −42 °C.
→ Um wie viel °C sank die Temperatur?
→ Wie groß war die durchschnittliche Temperaturänderung in einer Stunde?
→ Finden Sie heraus, welche höchste und welche niedrigste Temperatur jemals in Deutschland gemessen wurde. Vergleichen Sie.

💡 Die **Gegenzahl** von +5 ist −5.
Beide Zahlen haben den gleichen Abstand zur Null, also den **Betrag 5**.

Rationale Zahlen bestehen aus einem Vorzeichen, das angibt, ob die Zahl kleiner oder größer als Null ist, und einem Betrag, der den Abstand der Zahl von der Null anzeigt. Die Addition von rationalen Zahlen lässt sich durch das Aneinanderfügen von Pfeilen entsprechender Länge und Richtung darstellen. Die Subtraktion ist die Umkehrung der Addition.

Merke

Addition rationaler Zahlen
Bei **gleichen** Vorzeichen werden die **Beträge addiert**. Das Ergebnis erhält das gemeinsame Vorzeichen.

Bei **verschiedenen** Vorzeichen werden die **Beträge subtrahiert**. Das Ergebnis erhält das Vorzeichen der Zahl mit dem größeren Betrag.

Beispiel

a)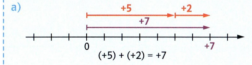
b)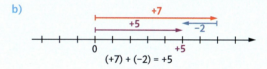
c)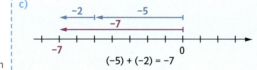
d)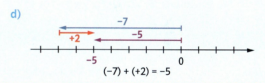

V1 ▶ **Erklärfilm**
Addition und Subtraktion von Dezimalzahlen

💡 Unterscheiden Sie **Rechen- und Vorzeichen**.

○ **1** Schreiben Sie als Rechenausdruck und berechnen Sie ihn. Beginnen Sie bei Null.

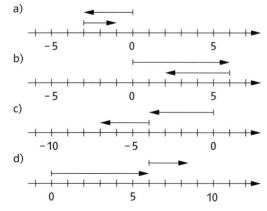

○ **2** Addieren Sie im Kopf.
a) $(+8) + (-5)$
b) $(-6) + (-4)$
c) $(+12,8) + (-15)$
d) $(-2,2) + (+1,7)$
e) $\left(-\frac{1}{2}\right) + (-9) + (+6) + \left(-\frac{1}{4}\right)$

◐ **3** Übertragen Sie die Aufgabe in Ihr Heft und setzen Sie die fehlenden Vorzeichen ein.
a) (▇ 17) + (▇ 36) = −19
b) (▇ 27) + (▇ 18) = +45
c) (▇ 72) + (▇ 44) = +28
d) (▇ 25) + (▇ 13) = −12
e) (▇ 6,2) + (▇ 2,9) = −9,1

1 Rechnen, Formeln, Prozente und Zinsen — Addition und Subtraktion von rationalen Zahlen

Merke — **Subtraktion rationaler Zahlen**
Rationale Zahlen werden **subtrahiert**, indem man die **Gegenzahl der abgezogenen Zahl addiert**.

Beispiel
a) $(+3) - (+7) = (+3) + (-7) = -4$ b) $(+9) - (-4) = (+9) + (+4) = +13$
c) $(-17) - (-36) = (-17) + (+36) = +19$ d) $(-18) - (+26) = (-18) + (-26) = -44$

4 Notieren Sie die Aufgabe als Additionsaufgabe. Berechnen Sie sie anschließend.
a) $(+7) - (+6)$
   $(-7) - (+6)$
   $(-7) - (-6)$
   $(+7) - (-6)$
b) $(-19) - (+25)$
   $(+19) - (-25)$
   $(-19) - (-25)$
   $(+19) - (+25)$

5 Berechnen Sie.
a) $(+7) - (+8)$ b) $(-18) - (-12)$
c) $(-27) - (+14)$ d) $(+11) - (-23)$
e) $(-32) - (-46)$ f) $(-5{,}7) - (+6{,}6)$

6 Bei dem Rechendomino ist jedes Ergebnis Ausgangszahl einer neuen Aufgabe. Einfach mit einem beliebigen Dominostein beginnen.

$(-9) - (+6) \mid \blacksquare$ $(+7) - (+12) \mid \blacksquare$
$(+3) - (+10) \mid \blacksquare$ $(-15) - (-12) \mid \blacksquare$
$(+1) - (+10) \mid \blacksquare$ $(-3) - (-6) \mid \blacksquare$
$(-2) - (-9) \mid \blacksquare$ $(-5) - (-6) \mid \blacksquare$
$(-7) - (-5) \mid \blacksquare$

Alles klar?
→ Lösungen Seite 274
D4 Fördern

A Berechnen Sie durch Addition.
a) $(+8) + (-3)$ b) $(-5) - (+3)$
c) $(+4) - (-2)$ d) $(-6) + (-4)$

Merke — **Vereinfachte Schreibweise**
Bei der Addition und der Subtraktion können positive Vorzeichen und Klammern weggelassen werden. Ist das Vorzeichen negativ, wird das vorangegangene Rechenzeichen umgekehrt.

Beispiel
a) $(+8) + (+4) = 8 + 4 = 12$ b) $(-5) + (-7) = -5 - 7 = -12$
c) $(-42) - (+25) = -42 - 25 = -67$ d) $(-26) - (-62) = -26 + 62 = 36$

Ersetzen Sie
+ (+) durch +,
+ (−) durch −,
− (+) durch −,
− (−) durch +.
→ Seite 3

7 Ergänzen Sie das fehlende Rechenzeichen in Ihrem Heft und berechnen Sie die Aufgabe.
a) $(-5) + (-6) = -5 \,\blacksquare\, 6$
b) $(+8) - (-4) = 8 \,\blacksquare\, 4$
c) $(-17) - (+13) = -17 \,\blacksquare\, 13$
d) $(-21) + (+18) = -21 \,\blacksquare\, 18$
e) $(-5{,}6) - (+2{,}7) = -5{,}6 \,\blacksquare\, 2{,}7$
f) $\left(+\tfrac{1}{5}\right) + \left(-\tfrac{2}{5}\right) = \tfrac{1}{5} \,\blacksquare\, \tfrac{2}{5}$

8 Setzen Sie im Heft die Zahlen $-6; -5; +5$ oder $+6$ in die Lücken ein. $\blacksquare - \blacksquare = ?$
a) Finden Sie die Aufgabe mit dem größten Ergebnis.
b) Finden Sie die Aufgabe mit dem kleinsten Ergebnis.
c) Die Lösung der Aufgabe soll +1 sein.

9 Finden Sie die Fehler und korrigieren Sie.
a) $-36 + 24 = 12$ b) $7{,}8 - 12{,}4 = -5{,}4$
c) $-37 - 0{,}08 = -37{,}8$ d) $15 - 34 - 12 = -7$
e) $-39 + 11 = -50$ f) $-1{,}2 + 1{,}4 = -0{,}2$
g) $21 - 9 - 11 = -2$ h) $-21 + 9 + 11 = -41$
i) $-1{,}1 - 3{,}5 = -4{,}6$ j) $-9{,}7 - 5{,}4 = -14{,}1$

10 Vereinfachen Sie die Schreibweise und berechnen Sie die Aufgabe. Wenn Sie richtig gerechnet haben, erhalten Sie ein Lösungswort.
a) $(+19) - (+25)$ b) $(+28) + (-51)$
c) $(-27) + (-43)$ d) $(-16) - (-61)$
e) $(+49) - (+74)$ f) $(-38) + (+72)$

| 34 \| N | −6 \| L | −70 \| G | 24 \| O |
| −25 \| A | −23 \| E | 45 \| U |

4 Multiplikation und Division von rationalen Zahlen

·	3	2	1	0	−1	−2	−3
3	9						
2	6	4					
1	3						
0	0						
−1	−3						
−2	−6						
−3	−9						

Marco hat im Internet diese Multiplikationstabelle gefunden. Er weiß zwar nicht genau, wie man mit negativen Zahlen multipliziert, aber er entdeckt Regelmäßigkeiten.
→ Übertragen Sie die Multiplikationstabelle in Ihr Heft und füllen Sie sie aus. Nutzen Sie dabei Regelmäßigkeiten.
→ Welche Aufgaben passen zu den gleichen Ergebnissen?
→ Führen Sie zu den Aufgaben Proberechnungen durch.

Das Vorzeichen des Produkts hängt von den Vorzeichen der einzelnen Faktoren ab. Zuerst wird das Vorzeichen festgelegt, dann werden die Faktoren ohne Berücksichtigung des Vorzeichens multipliziert.

Merke
Bei der **Multiplikation** und **Division** gilt:
Haben beide Zahlen **gleiche Vorzeichen**, so ist das **Ergebnis positiv**.
Haben beide Zahlen **verschiedene Vorzeichen**, so ist das **Ergebnis negativ**.

Beispiel
a) (+7) · (+8) = +(7 · 8) = 56
(−12) · (−4) = +(12 · 4) = 48
(−42) : (−7) = +(42 : 7) = 6

b) (−6) · (+9) = −(6 · 9) = −54
(+14) · (−3) = −(14 · 3) = −42
(−72) : (+8) = −(72 : 8) = −9

V2 Erklärfilm
Multiplikation von Dezimalzahlen

V3 Erklärfilm
Division von Dezimalzahlen

💡 Treffen Rechenzeichen und Vorzeichen aufeinander, muss eine Klammer gesetzt werden. In allen anderen Fällen kann man Terme verkürzt schreiben.
Beispiele:
(−15) : (−3)
= −15 : (−3) = 5
(−2) · (+5) · (−12)
= −2 · 5 · (−12) = 120

💡 Vorzeichen bei der Multiplikation:
+ · + = +
− · − = +
+ · − = −
− · + = −

Vorzeichen bei der Division:
+ : + = +
− : − = +
+ : − = −
− : + = −

1 Berechnen Sie. Ermitteln Sie zunächst das Vorzeichen des Ergebnisses.
a) 5 · (−9)
 −11 · 7
 −15 · (−3)
b) −5 · (−12)
 13 · (−6)
 −19 · (−0,3)
c) 56 : (−7)
 −93 : (−3)
 −500 : 20
d) −76 : 4
 6,5 : (−5)
 −15 : (−0,5)

2 Übertragen Sie die Tabelle in Ihr Heft und ergänzen Sie die fehlenden Zahlen.

a)
·	(−2)	(+5)	(−8)	(+12)
(−7)				
(+8)				
(+0,5)				
(−0,9)				

b)
:	(+2)	(−3)	(+4)	(−10)
(+36)				
(−24)				
(−120)				
(+90)				

3 Füllen Sie die Lücken in Ihrem Heft aus. Verwenden Sie nur Multiplikation und Division.

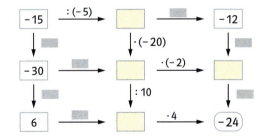

4 Ergänzen Sie in Ihrem Heft das fehlende Vorzeichen.
a) (■4) · (+5) = (−20)
 (−4) · (−5) = (■20)
b) (−30) · (■4) = (+120)
 (■30) · (+4) = (−120)
c) (−72) : (■8) = (−9)
 (+72) : (−8) = (■9)

5 Berechnen Sie.
a) (−35) · (+7)
b) (+2) · (−8) · (+7)
c) (+12) · (−6)
d) (−1) · (+4) · (+9)

1 Rechnen, Formeln, Prozente und Zinsen — Multiplikation und Division von rationalen Zahlen

6 Multiplizieren Sie.
a) $\left(-\frac{1}{2}\right) \cdot \frac{2}{3}$
b) $\frac{2}{5} \cdot \left(-\frac{3}{4}\right)$
c) $\frac{1}{4} \cdot \left(-\frac{1}{3}\right)$
d) $\left(-\frac{3}{8}\right) \cdot \left(-\frac{4}{3}\right)$
e) $\left(-\frac{7}{9}\right) \cdot \frac{9}{14}$
f) $\left(-\frac{12}{25}\right) \cdot \left(-\frac{15}{16}\right)$

Alles klar?
→ Lösungen Seite 274
D5 Fördern
→ Seite 4

A Berechnen Sie, nachdem Sie vereinfacht haben.
a) $(+6) \cdot (+2)$
b) $(-7) \cdot (-4)$
c) $(-9) \cdot (-3)$
d) $(+5) \cdot (-3)$
e) $(+12) : (-3)$
f) $(-27) : (-9)$

7 Wählen Sie den ersten Faktor aus der linken Wolke, den zweiten aus der rechten.
Beispiel: $(-0,8) \cdot 3,5$

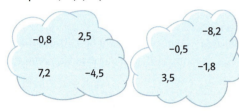

a) Welches Produkt hat den größten Wert, welches hat den kleinsten Wert?
b) Wie viele Produkte haben ein positives, wie viele ein negatives Ergebnis?

8 Berechnen Sie. Die Summe aller Ergebnisse ergibt den Wert 500.
a) $(-8) \cdot (-3) \cdot 2$
b) $12 \cdot 8 \cdot (-3)$
c) $25 \cdot (-4) \cdot (-2)$
d) $(-4) \cdot (-5) \cdot 48$
e) $12,5 \cdot (-6) \cdot 8$
f) $2,5 \cdot (-4) \cdot (-18)$

9 Lena hat innerhalb von zwei Sekunden das Ergebnis bestimmt. Schaffen Sie das auch?
$(-42) \cdot 72 \cdot (-7) \cdot 0 \cdot (-89) \cdot 36$

10 Multiplizieren Sie vorteilhaft.
Beispiel: $(-4) \cdot 9 \cdot 25 \cdot (-5)$
$= (-4) \cdot 25 \cdot 9 \cdot (-5)$
$= (-100) \cdot (-45) = 4500$
a) $2 \cdot 7 \cdot (-5) \cdot (-12)$
b) $4 \cdot (-9) \cdot 8 \cdot (-25) \cdot (-5)$
c) $(-8) \cdot 50 \cdot (-125) \cdot (-6)$
d) $(-4) \cdot (-4) \cdot (-25) \cdot (-8) \cdot (-5)$

11 Legen Sie die Dominosteine in die richtige Reihenfolge.

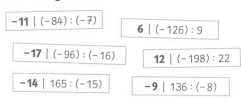

12 Setzen Sie im Heft die richtige Zahl ein.
a) $72 : \blacksquare = -9$
$(-72) : \blacksquare = -9$
$(-72) : \blacksquare = 9$
$72 : \blacksquare = 9$
b) $\blacksquare : 12 = -7$
$\blacksquare : (-12) = 7$
$\blacksquare : 12 = 7$
$\blacksquare : (-12) = -7$

13 Ergänzen Sie im Heft.
a) $48 : \blacksquare = -4$
b) $\blacksquare : 9 = -8$
c) $-57 : \blacksquare = 3$
d) $\blacksquare : (-14) = 13$
e) $207 : \blacksquare = -9$
f) $\blacksquare : (-21) = 36$

14 Ein Würfelspiel besteht aus einem Vorzeichen- und einem Augenwürfel. Durch Würfeln entstehen Zahlen. Jeder würfelt fünf Mal und bildet ein Produkt aus den fünf Zahlen. Sieger ist, wer das größte Ergebnis erhält.

15 Ergänzen Sie Vorzeichen und Zahlen.
a) $(-128) : (\blacksquare 16) = (-\blacksquare)$
b) $72 : (+\blacksquare) = (\blacksquare 18)$
c) $(\blacksquare 105) : (-\blacksquare) = -15$
d) $(-\blacksquare) : 25 = \blacksquare 12$

5 Rechengesetze

Spiel-Nr.	Tim	Stefanie	Linda
1	27	—	—
2	—	—	–48
3	—	36	—
4	—	—	27
5	—	–40	—
6	—	44	—
7	–48	—	—
Zwischenstand			

Tim, Stefanie und Linda spielen Karten. Für gewonnene Spiele gibt es Pluspunkte, für verlorene Minuspunkte.
→ Vergleichen Sie die Punktestände von Tim und Linda nach dem siebten Spiel.
→ Wie lässt sich Stefanies Punktezwischenstand geschickt bestimmen?

Die Buchstaben in den Rechenregeln sind Platzhalter für Zahlen.

Es gibt verschiedene Rechenregeln, die beim Rechnen Vorteile bringen, so lassen sich zum Beispiel Differenzen als Summen schreiben a − b = a + (− b). Es gibt mehrere Gesetze zum vorteilhaften Rechnen.

Merke

Vertauschungsgesetz (Kommutativgesetz)
a + (− b) = (− b) + a   a − b = a + (− b) = (− b) + a = − b + a
Verbindungsgesetz (Assoziativgesetz)
(a + b) + c = a + (b + c)

Beispiel
a) − 36 + 58 = 58 − 36 = 22   Vertauschungsgesetz
b) (− 42 + 18) − 18 = − 42 + (18 − 18)   c) 120 − 36 − 44 = 120 + (− 36 − 44)   Verbindungsgesetz
   = − 42 + 0   = 120 + (− 80)
   = − 42   = 40
d) 34 − 79 + 26 = 34 + 26 − 79   Vertauschungsgesetz
   = 60 − 79   Verbindungsgesetz
   = − 19

1 Max, Susi und Lola haben die Summe der Kärtchen berechnet. Wer hat vorteilhaft gerechnet? Begründen Sie.

Max: 9 + 6 − 3 + 14 − 7
= 15 − 3 + 14 − 7
= 12 + 14 − 7
= 26 − 7 = 19

Susi: 14 + 6 + 9 − 3 − 7
= 20 + 9 − 10
= 29 − 10 = 19

Lola: 14 + 9 + 6 − 3 − 7
= 23 + 6 − 10
= 29 − 10 = 19

2 Nutzen Sie die Rechengesetze.
a) Addieren Sie alle Werte gleichfarbiger Kärtchen vorteilhaft.

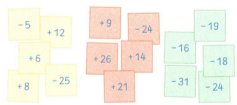

b) Vergleichen Sie Ihren Rechenweg. Erklären Sie sich gegenseitig, wie Sie vorgegangen sind.

3 Vereinfachen Sie die Schreibweise und berechnen Sie wie im Beispiel.
Beispiel: (− 12) + (− 15) − (− 9)
= − 12 − 15 + 9 = − 27 + 9 = − 18
a) (− 23) − (+ 41) + (− 62)
b) (+ 18) + (− 45) − (− 36)
c) (− 5,8) + (− 6,4) − (− 7,3) − (+ 6,8)

1 Rechnen, Formeln, Prozente und Zinsen Rechengesetze

4 Fassen Sie positive und negative Zahlen zuerst zusammen. Die Summe aller Ergebnisse der Teilaufgaben a) bis d) ergibt −4.
Beispiel: 54 + 39 − 73 − 45 − 87
= 93 − 205 = −112
a) 23 + 11 − 22 − 47
b) 38 + 65 − 34 − 27
c) 17 + 51 + 34 − 62 − 26
d) 53 + 28 − 23 − 64 − 19

5 Vertauschen Sie und fassen Sie zusammen. Ordnen Sie die richtige Lösung zu.
Beispiel: −17 + 36 − 83 + 24
= −17 − 83 + 36 + 24
= −100 + 60 = −40
a) 44 − 37 + 26 − 63 | −0
b) −79 + 65 + 15 − 41 | −77
c) −91 + 46 − 77 + 64 − 19 | −30
d) −77 + 68 − 39 − 43 + 82 | −10
e) −234 + 223 + 77 − 66 | −40
f) 43,9 − 24,4 + 36,1 − 45,6 | −9

6 Rechnen Sie vorteilhaft. Die richtigen Ergebnisse ergeben ein Lösungswort.
Beispiel: −12 − 54 + 14 + 8 + 22
= −12 − 40 + 30
= −12 − 10 = −22   −22 | K
a) 18 − 12 − 28
b) 15 + 35 − 50   −13,5 | L   46 | R
c) 26 + 23 − 13 + 18 − 8
d) −34 + 18 + 12 − 17 − 3   0 | O   8,8 | A
e) −26 − 14 + 48 + 41 + 39
f) 2,8 − 1,5 − 0,5 + 3,7 + 4,3   −24 | O   88 | N

Merke Vertauschungsgesetz und Verbindungsgesetz bringen auch für die **Multiplikation** Rechenvorteile.
a · b = b · a   (a · b) · c = a · (b · c)

Beispiel a) −2 · (−7) · (−5) = −2 · (−5) · (−7)   b) 4 · (−7) · 25 · 9 = 4 · 25 · (−7) · 9
= 10 · (−7) = −70   = 100 · (−63) = −6300

7 Multiplizieren Sie vorteilhaft. Erklären Sie sich gegenseitig die Vorgehensweise.
a) −8 · 3 · (−5)   b) 7 · 250 · (−4)
c) −6 · (−4) · (−5)   d) −0,5 · 3,5 · 20

8 Rechnen Sie vorteilhaft.
a) 13 · (−5) · 20   b) (−2,5) · 4 · (−19)
(−8) · (−25) · 17   (−4,7) · (−0,5) · 20
(−7) · (−25) · (−8)   −400 · 0,25 · (−1,5)

9 Füllen Sie die Lücke im Heft aus.
a) 8 · (−7) · ▮ = 280
b) −5 · (−6) · ▮ · (−7) = 420

10 Bilden Sie das Produkt aus diesen Zahlen.

| −4 | 2 | −7 | −2,5 | 50 |

11 Berechnen Sie möglichst einfach.
(−13) · (+7) · 42 − (−24) · 0 · 35

12 Verbinden Sie die Faktoren geschickt.
Beispiel: (−16) · 5 · (−9) · (−4) · 25
= (−80) · (−9) · (−100)
= 720 · (−100) = −72 000
a) (−25) · 4 · 20 · (−5) · (−7)
b) (−8) · 125 · (−9) · (−40) · 5
c) (−6) · (−25) · (−4) · (−125) · 4
d) 8 · (−25) · (−18) · 5 · (−3)
e) (−50) · (−4) · 30 · 250 · (−4) · (−3)

13 Multiplizieren Sie die Zahlen vorteilhaft.
a) $2 \cdot (-13) \cdot (-5) \cdot \frac{1}{5}$
b) $-\frac{1}{2} \cdot (-4) \cdot 50 \cdot (-6)$
c) $25 \cdot \left(-\frac{1}{5}\right) \cdot 4$
d) $(-15) \cdot (-5) \cdot (-20) \cdot \left(-\frac{2}{5}\right)$

1 Rechnen, Formeln, Prozente und Zinsen **Rechengesetze**

Merke

Plusklammer
Steht vor der Klammer ein Pluszeichen, darf man die Klammer **weglassen**.

Minusklammer
Steht vor der Klammer ein Minuszeichen, werden beim Auflösen der Klammern alle **Vor- und Rechenzeichen in der Klammer umgekehrt**.

Beispiel

a) $52 + (-36 + 24)$
$= 52 - 36 + 24$
$= 40$

c) $34 + (+12 - 65)$
$= 34 + 12 - 65$
$= -19$

b) $37 - (+68 - 26)$
$= 37 - 68 + 26$
$= -5$

d) $23 - (-44 + 25)$
$= 23 + 44 - 25$
$= 42$

14 Setzen Sie Rechenzeichen, berechnen Sie.

a) $25 + (-34 + 8)$
$= 25 \; \blacksquare \; 34 \; \blacksquare \; 8$

b) $-13 - (18 + 27)$
$= -13 \; \blacksquare \; 18 \; \blacksquare \; 27$

c) $-16 - (25 - 8)$
$= -16 \; \blacksquare \; 25 \; \blacksquare \; 8$

d) $22 + (-88 + 55)$
$= 22 \; \blacksquare \; 88 \; \blacksquare \; 55$

e) $-41 - (-18 - 29)$
$= -41 \; \blacksquare \; 18 \; \blacksquare \; 29$

f) $-46 + (-28 + 81)$
$= -46 \; \blacksquare \; 28 \; \blacksquare \; 81$

15 Lösen Sie die Klammern auf, berechnen Sie.

a) $35 - (22 + 18) - 12$
b) $-(-15 + 38) + 12$
c) $3,4 - (-2,8 - 5,4) - 6,9$
d) $-(2,7 + 1,8) + (-4,5 - 3,8)$

16 Mit und ohne Klammern!

$12 - (9 - 23)$ $12 - 9 + 23$ $12 + (9 - 23)$
$12 + 9 - 23$ $12 - (9 + 23)$ $12 + 9 + 23$
$12 + (9 + 23)$

a) Dreimal zwei Kärtchen haben dasselbe Ergebnis. Finden Sie sie und schreiben Sie sie als Gleichung auf.
b) Ein Kärtchen bleibt übrig. Erstellen Sie auch dazu eine Gleichung.
c) Stellen Sie sich gegenseitig ähnliche Aufgaben.

Merke

Verteilungsgesetz (Distributivgesetz) Beim **Ausklammern** schreibt man den gemeinsamen Faktor vor oder hinter die Klammer.
Anschließend kann die Summe in der Klammer berechnet und mit dem Faktor multipliziert werden.
$a \cdot b + a \cdot c = a \cdot (b + c)$
Beim **Ausmultiplizieren** wird der Faktor außerhalb der Klammer mit jedem Summanden in der Klammer multipliziert. Dabei sind die Vorzeichenregeln zu beachten.
$a \cdot (b + c) = a \cdot b + a \cdot c$

Beispiel

Das Verteilungsgesetz gilt auch bei:
$a \cdot b - a \cdot c = a \cdot (b - c)$
$(a + b) : c = a : c + b : c$
$(a - b) : c = a : c - b : c$

a) Hier bringt das Ausklammern Vorteile.
$(-7,5) \cdot (-39) + (-7,5) \cdot (-61)$
$= (-7,5) \cdot ((-39) + (-61))$
$= (-7,5) \cdot (-100)$
$= 750$

b) Hier hat das Ausmultiplizieren Vorteile.
$(-7) \cdot \left(+\frac{1}{7} + \left(-\frac{3}{4} \right) \right)$
$= (-7) \cdot \left(+\frac{1}{7} \right) + (-7) \cdot \left(-\frac{3}{4} \right)$
$= \quad (-1) \quad + \quad \left(+\frac{21}{4} \right)$
$= \quad (-1) \quad + \quad 5,25 = 4,25$

17 Ausklammern ist vorteilhaft.

a) $14 \cdot (-9) + 6 \cdot (-9)$
b) $42 \cdot (-14) + 42 \cdot (-16)$
c) $(-19) \cdot (-73) + (-27) \cdot (-19)$
d) $(-16) \cdot 33 - (-16) \cdot 23$

18 Multiplizieren Sie aus und berechnen Sie.

a) $4 \cdot (-25 + 12)$
b) $8 \cdot (40 - 75)$
c) $(-20) \cdot (-5 + 24)$
d) $(-35 + 16) \cdot (-10)$
e) $(-4) \cdot (12,5 - 19)$
f) $(2,4 - 8,4) \cdot (-5)$
g) $\left(-\frac{3}{4} + 1,2 \right) \cdot 8$
h) $(-7) \cdot \left(-\frac{2}{7} - 0,4 \right)$

1 Rechnen, Formeln, Prozente und Zinsen Rechengesetze

Alles klar?
→ Lösungen Seite 275
D6 Fördern

A Rechnen Sie vorteilhaft.
a) 37 − 12 + 13
b) 5 · 12 + 5 · 6
c) − 3 · (− 2 + 3)
d) 19 − 38 + 11 − 12
e) 4 · 8 + 6 · 8 − 10 · 8
f) 6 − 3 · 7
g) 18 : 3 + 6
h) 18 : (3 + 6)

Merke | **Reihenfolge beim Rechnen**
- Innere Klammer vor äußerer Klammer
- Punktrechnung vor Strichrechnung
- sonst immer von links nach rechts

Beispiel
$((6{,}5 - 21{,}5) : 5) - 1{,}5 \cdot 8$ —— Innere Klammer
$= ((-15) : 5) - 1{,}5 \cdot 8$ —— vor **äußerer** Klammer
$= \quad\quad (-3) - 1{,}5 \cdot 8$ —— Punkt vor Strich
$= \quad\quad -3 - 12$
$= \quad\quad -15$

→ Seiten 5 und 6

19 Rechnen Sie im Kopf.
a) 5 · (− 8) + 20
b) 12 − 4 · 5
c) (− 8) · 7 + 6 · 5
d) 5 − 48 : 4 + 6
e) (− 49) : (− 7) − 49
f) 24 − 42 − 5 · 9
g) 2 · (− 5) + 4 − 9 : 3
h) 25 : (− 5) − 36 : (− 6)

20 Achten Sie auf Punktrechnung vor Strichrechnung.
a) (− 5) · (− 10) + 40
b) (− 42) : 7 − 65 : (− 13)
c) (− 2,5) − 3,2 · (− 4) + 10,2
d) 32,2 : (− 3,5) − 7,8 · 1,5 + 4,8
e) 22,5 − (− 1,5) · 24 : (− 9) − 3,6 · 7,5

21 Berechnen Sie.
a) − 120 : (− 57 + 33) + 1
b) (− 13 + 21) · (− 19 − 16)
c) (− 96) : 12 − 7 · 16
d) (− 21 + 6 · (− 7)) : (− 9)
e) (− 43 + 25) · (− 6) − 112 : 16
f) ((− 12) · 13 − 144 : 18) : (− 4)

22 Klammern Sie zunächst gemeinsame Faktoren aus und lösen Sie anschließend die Aufgabe.
a) (− 9) · 16 + (− 9) · 23 + (− 9) · 11
b) 59 · (− 18) + (− 32) · (− 18) + 73 · (− 18)
c) 12 · (− 2,3) + 12 · (− 4,9) + 12 · (− 2,8)
d) (− 12,4) · 4,75 + 4 · (− 12,4) + 1,25 · (− 12,4)
e) (− 2,5) · (2,5) − 7 · 2,5 − 2,5 · (− 1,25)

23 Ein Würfelspiel mit 5 Würfeln:
Würfeln Sie mit drei 20-flächigen Würfeln und zwei normalen Würfeln. Auf den normalen Würfeln bedeuten die Zahlen 1 und 2 das Zeichen „+", die Zahlen 3 und 4 das Zeichen „−", und die Zahlen 5 und 6 das Zeichen „·".
a) Welcher Spieler hat das größte Ergebnis?
b) Wer hat das kleinste Ergebnis?
Beispiel:
15 − 7 · 12 = − 69
oder:
7 − 15 · 12 = − 173
oder:
…

24 Ausklammern oder Ausmultiplizieren? Berechnen Sie die Aufgabe und beschreiben Sie die Rechenschritte mithilfe der Rechengesetze.
a) 32 · (− 5) + 18 · (− 5)
b) 5 · (− 40 + 7)
c) (− 20 − 3) · 13
d) 9 · (− 43) + 9 · 33
e) $(-12) \cdot \left(\frac{1}{3} - \frac{1}{4}\right)$
f) $\frac{3}{4} \cdot (-9) - \frac{5}{8} \cdot (-9)$
g) $\left(-72 + \frac{3}{11}\right) \cdot \left(-\frac{11}{12}\right)$
h) $\left(-\frac{2}{9}\right) \cdot \left(\frac{9}{10} - 18\right)$

25 Gleiche Zahlen − gleiches Ergebnis? Erklären Sie Ihr Ergebnis schriftlich.
a) (1 − 2 · (3 − 4)) · (5 − 6 · 7 − 8 · (9 − 10))
b) ((1 − 2) · 3 − 4) · ((5 − 6) · 7 − 8 · 9 − 10)
c) (1 − 2 · 3 − 4) · ((5 − 6) · (7 − 8) · 9 − 10)
d) (1 − (2 · 3 − 4)) · ((5 − 6 · 7) − (8 · 9 − 10))
e) ((1 − 2 · 3) − 4) · (5 − (6 · 7 − 8 · 9) − 10)

6 Terme und Variablen

Jana hat von ihren Großeltern ein Smartphone bekommen. Früher hat sie durchschnittlich 45 Minuten im Monat telefoniert. Nun vergleicht sie zwei Tarife mit Internet-Flatrate:

Tarif	Grundgebühr	Telefonkosten pro Minute
1	14,80 €	0,09 €
2	19,95 €	0,00 €

→ Erstellen Sie zum Vergleich eine Kostenübersicht aus Grundgebühr und telefonierten Minuten.
→ Zu welchem Tarif würden Sie Jana raten?

Rechenvorgänge lassen sich oft mit einem Term beschreiben. Dabei können Variablen für Zahlen oder Größen verwendet werden.

Jana hat sich für Tarif 1 entschieden und möchte nun Ihre ersten Rechnungen überprüfen:

Smartphone-Nutzung	Grundgebühr	Telefonkosten pro Minute	Anzahl der Minuten
Januar	14,80 €	0,09 €	42
Februar	14,80 €	0,09 €	35

Bezeichnet man die Anzahl der telefonierten Minuten mit der Variablen x, lautet der Term für die monatlichen Telefonkosten 14,80 € + 0,09 € · x. Also setzt sich ihre Rechnung so zusammen:
Januar: 14,80 € + 0,09 € · 42 = 18,58 €   Februar: 14,80 € + 0,09 € · 35 = 17,95 €

Merke **Terme** sind Rechenausdrücke, in denen Zahlen, Variablen und Rechenzeichen vorkommen können. Ersetzt man die **Variablen** durch Zahlen, lässt sich der **Wert eines Terms** berechnen.

Beispiel

a) Für $x = 7$ und $y = 3$ kann man den Wert des Terms $5 \cdot x + 4 \cdot y$ berechnen:
$5 \cdot 7 + 4 \cdot 3 = 35 + 12 = 47$

b) Für $x = -4$ und $y = -5$ kann man den Wert des Terms $3 \cdot x - 2 \cdot y - 4$ berechnen:
$3 \cdot (-4) - 2 \cdot (-5) - 4 = -12 + 10 - 4 = -6$

V4 Erklärfilm Aufstellen von Termen

c) Die Summe aller Kantenlängen eines Quaders lässt sich mit den Variablen
Länge der 1. Grundkante: a
Länge der 2. Grundkante: b
Höhe des Quaders: c
als Term ausdrücken: $4 \cdot a + 4 \cdot b + 4 \cdot c$.

d) Zwei gleichwertige Terme T_1 und T_2:

	$T_1: 6x + 3x - 2x$	$T_2: -3x + 10x$
für $x = 2$	$12 + 6 - 4 = $ **14**	$-6 + 20 = $ **14**
für $x = -3$	$-18 - 9 + 6 = $ **−21**	$+9 - 30 = $ **−21**
für $x = 0,5$	$3 + 1,5 - 1 = $ **3,5**	$-1,5 + 5 = $ **3,5**

Bemerkung

$2 \cdot x = 2x$
$1 \cdot a = 1a = a$
$(-1) \cdot a = -1a = -a$

- Zwei Terme heißen **äquivalent** (gleichwertig), wenn ihre Werte nach jeder Ersetzung der Variablen durch Zahlen übereinstimmen.
- Der Malpunkt zwischen einer Zahl und einer Variablen wird oft weggelassen. Ist ein Faktor die Zahl 1, wird dieser häufig nicht notiert.

1 Rechnen, Formeln, Prozente und Zinsen Terme und Variablen

1 Erstellen Sie eine Wertetabelle und setzen Sie für die Variable x die ganzen Zahlen von −3 bis 3 ein und berechnen Sie den Wert des Terms.
Beispiel:

x	−3	−2	−1	0	1	2	3
2·x + 2	−4	−2	0	2	4	6	8

a) 5 + x   b) 6x   c) 2x − 4
d) 10 − x   e) −2 − 3x   f) −4x − 3x

2 Setzen Sie die Zahl 2 für x und die Zahl −3 für y ein und berechnen Sie den Wert des Terms.
a) 2x + y   b) 3x · 2y   c) y − 2x
d) x · x · y   e) x − 5y   f) $y^2 + 4x$

3 Sie planen den Getränkeeinkauf für eine Feier. Sie kaufen x Flaschen Apfelsaft zu je 1,45 €, y Flaschen Cola zu je 0,75 € und z Flaschen Orangensaft zu je 1,98 € ein und geben w leere Flaschen (Pfand 0,25 € oder 0,15 €) zurück.
a) Stellen Sie für die Gesamtkosten Ihres Einkaufs einen Term auf.
b) Berechnen Sie die Gesamtkosten für 12 Flaschen Apfelsaft, 15 Flaschen Cola und 6 Flaschen Orangensaft.
c) Sie haben 30 € zur Verfügung und geben 8 leere Flaschen zurück. Welche Einkaufsmöglichkeiten bieten sich Ihnen?

4 Geben Sie zu dem Term eine mögliche Sachsituation an.
a) x · 3,50 + x · 2,75
b) 0,89 · a + 1,19 · b + 1,39 · c
c) x · 1,12 + y · 0,75 − z · 0,25
d) 15 − 0,55 · x − 0,45 · y
e) 2,85 · x + 2,20 · x + 12 · 7,50

Alles klar?
→ Lösungen Seite 275
D7 Fördern

→ Seite 7

A Berechnen Sie den Wert des Terms für x = 2 und y = 5.
a) x + 4   b) 2 · x + 3 · y   c) x · y

B Ein Sportverein kauft x Hosen für je 45 €, y T-Shirts für je 15 € und z Pullover für je 20 €. Geben Sie einen Term für die Gesamtkosten der Sportbekleidung an.

5 Jeweils vier Kärtchen gehören zusammen. Finden Sie sie.

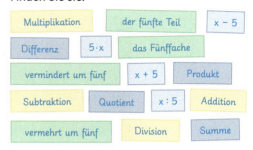

6 Ordnen Sie jedem Term einen Satz zu.

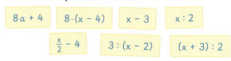

a) das Achtfache der Differenz aus x und 4
b) die Differenz aus der Hälfte von x und 4
c) die Hälfte der Summe von x und 3
d) der Quotient aus x und 2
e) die Summe aus dem 8-fachen von a und 4
f) der Quotient aus der Zahl 3 und der Differenz von x und 2
g) die Differenz von x und 3

7 Übersetzen Sie den Term in Worte.
a) 4 · x + 1   b) 10 − 3 · x
c) z · (5 − x)   d) $(b + 5) \cdot \frac{1}{2}$
e) $\frac{x}{3} - 10$ f) $5 \cdot x + b \cdot \frac{1}{2}$

8 Welcher Term gehört zu welchem Kantenmodell?

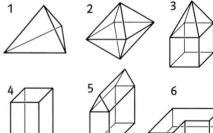

a) 8x + 4y   b) 12x
c) 6x + 4y + 4z   d) 6x
e) 8x + 8y   f) 8x + 5y + 4z
g) 8x   h) 12x + 4y
i) 4x + 8y + 6z

7 Addition und Subtraktion von Termen

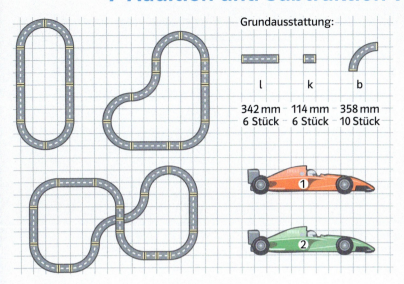

Grundausstattung:

l — 342 mm, 6 Stück
k — 114 mm, 6 Stück
b — 358 mm, 10 Stück

Für den Bausatz der Modellrennbahn gibt es eine Grundausstattung an Fahrbahnstücken.
→ Drücken Sie die Länge jeder Rennstrecke mithilfe eines Terms aus, der die Variablen l, k und b enthält. Vergleichen Sie Ihre Terme.
→ Entwerfen Sie eigene Rennstrecken und beschreiben Sie ihren Aufbau mit einem Term.

💡 Häufig wird in Termen das Malzeichen weggelassen.
$4 \cdot x = 4x$

Terme lassen sich oft vereinfachen. Dabei gelten die bisher bekannten Rechengesetze.
Wie bei den rationalen Zahlen kann eine Summe mit gleichen Summanden als Produkt geschrieben werden:

$x + x + x + x$
$= 4x$

$x + y + x + y + x$
$= x + x + x + y + y = 3x + 2y$

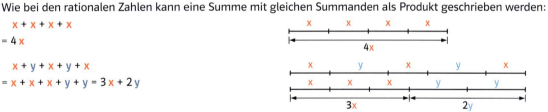

In einem Term heißt der Faktor vor einer Variablen **Koeffizient**, bei $5 \cdot x$ ist 5 der Koeffizient.
Kommt in einem Term eine Variable mit derselben Potenz mehrfach vor, lässt sich der Term zusammenfassen.

$5x - 3x = (5 - 3) \cdot x = 2x$
$3x + 5x^2 = 3x + 5x^2$
$5m - 4 + 3m = 8m - 4$
$2a + 2ab = 2a + 2ab$

} Nur Summanden mit genau gleichen Potenzen derselben Variablen können zusammengefasst werden.

Merke | Terme lassen sich durch Addieren und Subtrahieren zusammenfassen, wenn eine Variable mit derselben Potenz mehrfach vorkommt.

Bemerkung | Beim Zusammenfassen entstehen **äquivalente** (gleichwertige) Terme.

Beispiel | a) Der Term wird vereinfacht.
$a - b + 2a - b$
$= a + 2a - b - b$
$= 3a - 2b$

b) $-x - 2y + 3x - 4y + 5z$
$= -x + 3x - 2y - 4y + 5z$
$= (-1 + 3) \cdot x + (-2 - 4) \cdot y + 5z$
$= 2x - 6y + 5z$

○ **1** Schreiben Sie als Produkt.
a) $a + a + a + a$
b) $x + x$
c) $y + y + y$
d) $z + z + z + z + z$
e) $b + b + b + b + b$
f) $c + c + c + c$
g) $x + x + x + x + x$
h) $a + a + a$

○ **2** Fassen Sie zusammen.
a) $3a + 4a + 2a$
b) $5f + 3f + 2f$
c) $7m + 3m + 4m$
d) $10d + 2d + 6d$
e) $11n + 12n + 20n$
f) $8x + 16x + 9x$
g) $12r + r + 13r$
h) $25p + 17p + p$

?! 1, 2

3 Addieren und subtrahieren Sie.
a) $4x - x$
b) $y + 5y$
c) $-s + 3s$
d) $9t - t$
e) $25r - r - r$
f) $7g - g$
g) $-13h + h$
h) $-z - z + y$

4 Fassen Sie zusammen.
a) $3p + 5p + 11q$
b) $12a - 6a + 5b$
c) $17r + 10s - 3r$
d) $19z - 3y - 14z$
e) $-9p + 8t + 16p$
f) $26y - 13z + 42z$
g) $18x - 12 - 11x$
h) $29b + 13b - 13$

5 Achten Sie auf gleiche Variablen.
a) $46m + 2m + 46$
b) $46m + 2 + 46$
c) $46m + m - 46$
d) $46m - 46 - m$
e) $-46m + m + 46$
f) $-46m + 46m - 2$
g) $46 - 2m + 46m$
h) $46m - 46m - 2m$

Alles klar?
→ Lösungen Seite 275
D8 Fördern
→ Seite 8

A Fassen Sie den Term zusammen.
a) $4x + 3y + 7x - 2y$
b) $3z + 8y + 2z$
c) $4x + 6x + 8x - 2x$
d) $2x^2 + 4y + 3x - 3y - 5x - y + 2x$

6 Sven hat Terme zusammengefasst. Finden Sie die Fehler, korrigieren Sie sie im Heft. Erklären Sie sich gegenseitig, was falsch war.
a) $3x + 8 - 5x = 6x$
b) $x + y + x - y = 2x + y$
c) $-2a + 5a - a = 2a$
d) $8m - 6m + 2n = 4m$
e) $-5a + 5b - 3a - 8b = -2a + 3b$
f) $-7r + 3rs - 6s + 4r - rs + 4s = -9rs$

7 Ergänzen Sie.
a) $36a + 10a - \blacksquare = 20a$
b) $41c + \blacksquare - 17c = 30c$
c) $\blacksquare + 28g - 17g = 55g$
d) $44e - \blacksquare + 12e = 19e$
e) $46f - 18f - \blacksquare = 19f$
f) $12b - \blacksquare - 15b = -10b$

8 Ergänzen Sie. Geben Sie mindestens zwei Möglichkeiten für jede Aufgabe an.
a) $\blacksquare + \blacksquare - \blacksquare = 8a$
b) $-\blacksquare + \blacksquare - \blacksquare = -5x$
c) $-\blacksquare + \blacksquare + \blacksquare = -6x + 2y$
d) $-\blacksquare - \blacksquare + \blacksquare = 2a - 3b$
e) $\blacksquare - \blacksquare + \blacksquare = 12m - 15n$

9 Füllen Sie die leeren Karten durch Addieren und Subtrahieren.

a)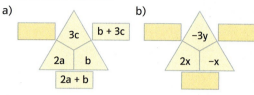
b)
c)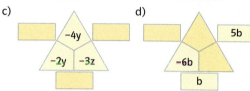
d)
e)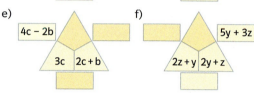
f)

10 Zahlenmauern
a) Vervollständigen Sie die Steinmauern in Ihrem Heft, indem Sie Nachbarsteine addieren.

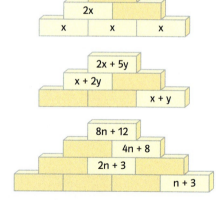

b) Erkennen Sie eine Regel für die Summe im oberen Stein?

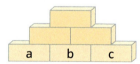

c) Zeichnen Sie eine fünfstufige Steinmauer in Ihr Heft, tragen Sie in einige Steine Variablen ein und vervollständigen Sie die Steinmauer.

8 Multiplikation von Termen

Das Flurbild in vielen Regionen Südwestdeutschlands zeigt, dass es Jahrhunderte lang üblich war, die Ackerflächen in gleichen Teilen zu vererben. Auf dem Bild sehen Sie eine aufgeteilte Ackerfläche. Die schmalen Flächenstücke haben die Länge $x = 100\,m$ und die Breite $y = 40\,m$.

→ Geben Sie die verschiedenen Teilflächen in Quadratmetern (m^2) und Ar (a) an ($1\,a = 100\,m^2$).
→ Drücken Sie die einzelnen Flächen als Terme mit den Variablen x und y aus.

Ein Term aus einer Variablen und einem Koeffizienten wird mit einer Zahl multipliziert, indem der Koeffizient mit der Zahl multipliziert wird.

$2x \cdot 5$
$= 5 \cdot 2 \cdot x$ Vertauschungsgesetz
$= (5 \cdot 2) \cdot x = 10x$ Verbindungsgesetz

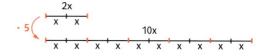

Produkte aus Termen mit Variablen und Koeffizienten werden vereinfacht, indem die Koeffizienten und Variablen jeweils miteinander multipliziert werden.

$2x \cdot 5y$
$= 2 \cdot 5 \cdot x \cdot y$ Vertauschungsgesetz
$= 10 \cdot x \cdot y$ Verbindungsgesetz
$= 10xy$

Wird eine Variable mit sich selbst multipliziert, schreibt man sie als **Potenz**.

$x \cdot x$
$= x^2$

$x \cdot x \cdot x$
$= x^3$

$3x \cdot 5x$
$= 3 \cdot x \cdot 5 \cdot x$
$= (3 \cdot 5) \cdot x \cdot x$
$= 15x^2$

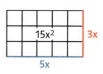

Merke Ein Produkt aus Zahlen und Variablen lässt sich vereinfachen, indem man die Koeffizienten und die Variablen getrennt multipliziert.
Beim Dividieren eines Terms durch eine Zahl wird der Koeffizient dividiert.

$z \cdot y \cdot x = xyz$
$b \cdot a = ab$

Beispiel

a) $3x \cdot 5y$
$= (3 \cdot 5)x \cdot y$
$= 15xy$

b) $7 \cdot x \cdot x \cdot y$
$= 7 \cdot (x \cdot x) \cdot y$
$= 7x^2y$

c) $3m \cdot 6n + 5m \cdot n$
$= (3 \cdot 6) \cdot m \cdot n + 5m \cdot n$
$= 18mn + 5mn$
$= 23mn$

d) $2x \cdot y \cdot 5y \cdot w$
$= (2 \cdot 5) \cdot x \cdot y \cdot y \cdot w$
$= 10wxy^2$

e) $15x : 3$
$= (15 : 3) \cdot x$
$= 5x$

Bemerkung Zur besseren Übersicht werden in Produkten mit mehreren Faktoren die Koeffizienten vorangestellt und nachfolgend die Variablen alphabetisch angeordnet.

1 Rechnen, Formeln, Prozente und Zinsen Multiplikation von Termen

Unterscheiden Sie:

$a + a = 2a$

$a \cdot a = a^2$

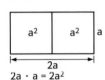
$2a \cdot a = 2a^2$
oder $a^2 + a^2 = 2a^2$.

Alles klar?
→ Lösungen Seite 275
D9 Fördern

→ Seite 9

V5 Erklärfilm
Vereinfachen von Termen – Multiplikation

1 Rechnen Sie im Kopf.
a) $3 \cdot 2x$ b) $6 \cdot 4a$ c) $7 \cdot 2w$
   $1{,}5 \cdot 4x$ $4 \cdot 2{,}5a$ $10 \cdot 3u$
d) $3c \cdot 8$ e) $11t \cdot 5$ f) $15y : 3$
   $5f \cdot 9$ $12s \cdot 7$ $16m : 8$

2 Fassen Sie zusammen.
a) $a \cdot a$ b) $z \cdot z \cdot z$ c) $a \cdot a \cdot b$
   $b \cdot b$ $n \cdot n \cdot n \cdot n$ $m \cdot n \cdot n$
   $x \cdot x$ $t \cdot t \cdot t \cdot t \cdot t$ $p \cdot p \cdot q$

3 Ordnen Sie vor dem Multiplizieren.
a) $2xy \cdot 5a \cdot 3bx$ b) $6r \cdot 4uv \cdot 6vw$
c) $4x \cdot 8xy \cdot 5yb$ d) $16r \cdot 3uv \cdot 2uv$
e) $4cd \cdot 5ce \cdot 6de$ f) $7ux \cdot 7vx \cdot 7uv$
g) $8rms \cdot 8 \cdot 8sn$ h) $6ac \cdot 7bc \cdot 8ab$

A Fassen Sie zusammen.
a) $3x \cdot 4y \cdot 2x \cdot 3y$ b) $5xy \cdot 2x : 5$
c) $4x \cdot x \cdot 3y$

4 Vereinfachen und unterscheiden Sie.
a) $5 + 5; \; 5 \cdot 5$ b) $y + y; \; y \cdot y$
c) $a + a + a; \; a \cdot a \cdot a$ d) $x^2 + x^2; \; x^2 \cdot x^2$
e) $2n + 2n; \; 2n \cdot 2n$ f) $2 + 3t; \; 2 \cdot 3t$
g) $b + 3b; \; b \cdot 3b$ h) $x + x^2; \; x \cdot x^2$

5 Vereinfachen Sie so weit wie möglich.
a) $2 \cdot x \cdot 4 \cdot y$ b) $y \cdot 3y \cdot 5$
c) $3a^2 \cdot 2b^3 \cdot ab$ d) $c^2 \cdot d \cdot 3c^2 \cdot (-4)$

6 Ergänzen Sie die Produktterme.
a) 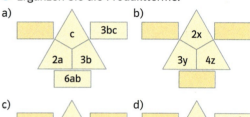   b)

c) 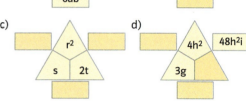   d)

7 Ergänzen Sie den Term so, dass die Rechnung stimmt.
a) ▪ $\cdot 7x = 28xy$ b) $3r \cdot$ ▪ $= 33rs$
c) $5b \cdot$ ▪ $= 45bc$ d) ▪ $\cdot -6g = -54gp$
e) ▪ $\cdot 16x^2 = 80x^2z$ f) $-8z \cdot$ ▪ $= -96z^2x$
g) $-13v \cdot$ ▪ $= 91v^2w$ h) ▪ $\cdot (-15t^2s) = 75s^2t^2$

Methode **Summe aus Produkten**

Der Term x y ist ein Produkt, x + y dagegen eine Summe.
Wie vereinfacht man nun den Term x y + x y?

Nach der Rechenregel „Punkt vor Strich" müssen Sie so vorgehen:

   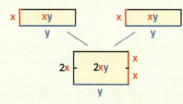

$2 \cdot xy = 2xy$

Das Produkt x y wird behandelt wie ein einzelner Summand. Achten Sie darauf, dass auch hier nur gleichartige Terme zusammengefasst werden können. Faktoren können auch vertauscht sein:
$2ab^2 + ba^2 + b^2a + a^2b = 2ab^2 + a^2b + ab^2 + a^2b = 3ab^2 + 2a^2b$

- Schreiben Sie als Produkt.
  $cd + cd$ $nt + nt + nt$
  $2vw + 2vw$ $31pc + pc + pc$
  $12y^2 + 12y^2$ $10de - 3de + de$

- Vereinfachen Sie.
  $xy - yx$ $abc + bac + cba$
  $ot + to$ $otto + toto$
  Finden Sie ähnliche Beispiele.

- Fassen Sie zusammen.
  $5ab + 3mn - ab + 2mn$
  $5ft - 3ft + 12ab + 8ab$

- Hier ist Sorgfalt angesagt!
  $xyz + x^2y - xy^2z - xyx$
  $snr + sn^2r - ns^2 + ss - sn^2r$

9 Ausmultiplizieren und Ausklammern

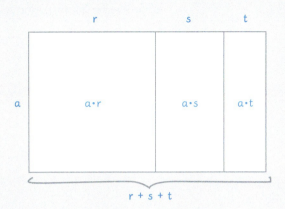

→ Falten Sie einen rechteckigen Papierstreifen zweimal parallel zur kürzeren Seite a und beschriften Sie die Teilstücke der längeren Seite mit r, s und t und die kürzere Seite mit a.
→ Drücken Sie den Flächeninhalt des ganzen Streifens durch die Summe der Einzelflächen und auch durch das Produkt der Seitenlängen aus.

Terme wie $2a \cdot (3b + 4c)$ oder $6x + 8xy$ lassen sich mithilfe des **Verteilungsgesetzes** (Distributivgesetzes) umformen. Dabei unterscheidet man

Ausmultiplizieren und – den umgekehrten Weg – **Ausklammern** (Faktorisieren).

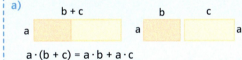

Produkt: $2a \cdot (3b + 4c)$
             $= 2a \cdot 3b + 2a \cdot 4c$
Summe: $= 6ab + 8ac$

Summe: $6x + 8xy$
             $= 2x \cdot 3 + 2x \cdot 4y$
Produkt: $= 2x \cdot (3 + 4y)$

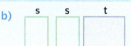
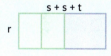

Merke Beim **Ausmultiplizieren** wird jeder Faktor außerhalb der Klammer mit jedem Summanden in der Klammer multipliziert.
Haben Summanden gemeinsame Faktoren, so können diese **ausgeklammert** werden.

Beispiel

a)

b + c		b	c
a		a	

$a \cdot (b + c) = a \cdot b + a \cdot c$

b)

s	s	t		s + s + t
			r	

$r \cdot s + r \cdot s + r \cdot t$
$= r \cdot (s + s + t) = r \cdot (2s + t)$

Durch Ausmultiplizieren in eine Summe verwandeln:

c) $4x \cdot (5y + 7x)$
    $= 4x \cdot 5y + 4x \cdot 7x$
    $= 20xy + 28x^2$

d) $(5a + 3b) \cdot 2c$
    $= 5a \cdot 2c + 3b \cdot 2c$
    $= 10ac + 6bc$

Durch Ausklammern in ein Produkt verwandeln:

Das Verteilungsgesetz gilt auch für Differenzen:
$a \cdot (b - c)$
$= ab - ac$

e) $24ab + 42ac$
    $= 6a \cdot 4b + 6a \cdot 7c$
    $= 6a(4b + 7c)$

f) $28x^2y + 21xy^2 - 7xy$
    $= 7xy \cdot 4x + 7xy \cdot 3y - 7xy \cdot 1$
    $= 7xy(4x + 3y - 1)$

Auch für die Division einer Summe oder Differenz gilt das Verteilungsgesetz.

g) $(144st + 108t) : (-12)$
    $= 144st : (-12) + 108t : (-12)$
    $= -12st - 9t$

h) $(7{,}5x^2 - 5xy) : 2{,}5$
    $= 7{,}5x^2 : 2{,}5 - 5xy : 2{,}5$
    $= 3x^2 - 2xy$

1 Rechnen, Formeln, Prozente und Zinsen — Ausmultiplizieren und Ausklammern

1 Rechnen Sie wie im Beispiel.

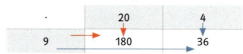

$9 \cdot 24 = 9 \cdot 20 + 9 \cdot 4$
$= 180 + 36 = 216$

a) $4 \cdot 36$
$5 \cdot 43$
$6 \cdot 24$

b) $7 \cdot 44$
$8 \cdot 53$
$9 \cdot 65$

c) $34 \cdot 9$
$8 \cdot 82$
$9 \cdot 73$

2 Schreiben Sie einen Faktor als Differenz.
Beispiel: $8 \cdot 28 = 8 \cdot (30 - 2)$
$= 240 - 16 = 224$

a) $6 \cdot 78$
$8 \cdot 38$
$7 \cdot 87$

b) $12 \cdot 27$
$11 \cdot 85$
$9 \cdot 69$

c) $13 \cdot 19$
$12 \cdot 48$
$15 \cdot 39$

3 Drücken Sie die Gesamtfläche als Summe und als Produkt aus.

a)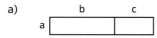

b)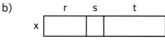

c)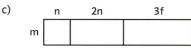

d)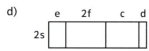

4 Multiplizieren Sie aus.

a) $5(x + 2)$
b) $x(1 + y - 2z)$
c) $7(a - 1)$
d) $2m(6 + 5n)$
e) $-2x(y - 2)$
f) $(12 - 3f) \cdot 2g$
g) $(15 - 3b) \cdot 12a$
h) $9a(3b - 4a)$
i) $0{,}5z(7z + 1{,}5)$
j) $(4r - 6s) \cdot 1{,}5rs$

A Wandeln Sie den Ausdruck in eine Summe bzw. Differenz um.

a) $5(x + y)$
b) $6x(a - y)$

B Schreiben Sie als Produkt.

a) $3xy - 7xy$
b) $2a^2b^2 + 3ab$
c) $8xy^2 - 16y^2$

5 Welche Terme passen zusammen?

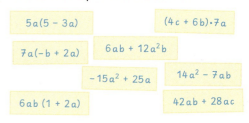

6 Rechnen Sie in Tabellen.
Beispiel: $4x \cdot (5x - 3y) = 20x^2 - 12xy$

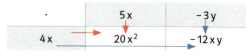

a) $3x(2x - 3y)$
b) $2a(2b + 6y)$
c) $2a(-9b + 4c)$
d) $(-2b + 3a) \cdot (5a)$
e) $-9p(-3p + 2q)$
f) $5ab(-3a - 4b)$
g) $(-2x + 3y) \cdot (-6xy)$
h) $2{,}5x(3xy - 4y)$

7 Verwandeln Sie in ein Produkt und machen Sie die Probe durch Ausmultiplizieren.

a) $32x + 24y$
b) $49xy + 21x$
c) $22xy + 33yz$
d) $-45ab + 27bc$
e) $60st + 80s^2$
f) $105v^2w - 60vw$
g) $-72m^2n + 84mn^2$
h) $84x^2y^2 - 56xy$

8 Klammern Sie aus.

a) $44a^2 - 96ab$
b) $30y^2 - 51z^2$
c) $25x^2y - 16xy^2$
d) $12x^2y - 7xyz$
e) $240xy^2 - 150x^2y$
f) $27x^3y - 33xy^2$
g) $10x^2y - 35xy$
h) $85xy^2 - 105x^2y^2$

9 Füllen Sie die Lücken aus.

a) $9x(\blacksquare + 3y) = 36x + 27xy$
b) $6a(2a - \blacksquare) = 12a^2 - 54ab$
c) $(-5x) \cdot (\blacksquare - 4x) = -10xy + 20x^2$
d) $(-ab) \cdot (-a - \blacksquare) = a^2b + ab^2$
e) $(\blacksquare + 3rs) \cdot (-7s) = -7s^2 - 21rs^2$
f) $(-25xy - \blacksquare) \cdot (-4y) = 100xy^2 - 2y^2$

10 Dividieren Sie.

a) $(35x - 21y) : 7$
b) $\left(51\frac{t}{2} - 85s\right) : 17$
c) $(-96a - 72a^2) : 24$
d) $(48x - 64xy) : (-16)$
e) $(4ab + 5bc) : \frac{1}{6}$
f) $\frac{3}{5}x + \frac{9}{10}y^2 : \frac{6}{5}$

Aufgabe 8 rechnen:
$48x + 36y$
$= 12(4x + 3y)$
Probe durch Ausmultiplizieren:
$12(4x + 3y)$
$= 48x + 36y$ ✓

$-(a + b - c)$
$= (-1) \cdot (a + b - c)$
$= -a - b + c$

Alles klar?
→ Lösungen Seite 275
D10 Fördern
→ Seite 10
V6 Erklärfilm
Ausmultiplizieren und Faktorisieren

10 Multiplikation von Summen

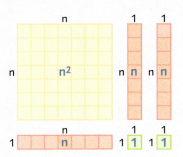

Aus Quadraten und Streifen sollen Rechtecke gelegt werden. Sandra beschreibt die Fläche des Rechtecks mit dem Term $n^2 + 3n + 2$. Daniel meint dagegen, dass der Term $(n + 1)(n + 2)$ richtig ist.
→ Wer hat Recht?
→ Begründen Sie.

Bei der Multiplikation von zwei Summen wird das Verteilungsgesetz zweimal angewendet.

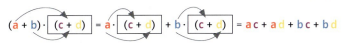

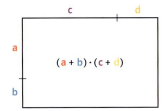 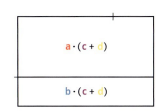 

Merke | **Summen werden** miteinander **multipliziert**, indem man jeden Summanden der ersten Summe mit jedem Summanden der zweiten Summe multipliziert.
Die Produkte werden anschließend addiert.
$(a + b)(c + d) = ac + ad + bc + bd$

Bemerkung | In den Klammern können auch mehr als zwei Summanden stehen.

Beispiel

a) $(7 + x)(y + 4)$
 $= 7 \cdot y + 7 \cdot 4 + x \cdot y + x \cdot 4$
 $= 7y + 28 + xy + 4x$

b) $(3x - 4y)(2x + y)$
 $= 3x \cdot 2x + 3x \cdot y - 4y \cdot 2x - 4y \cdot y$
 $= 6x^2 + 3xy - 8xy - 4y^2$
 $= 6x^2 - 5xy - 4y^2$

c) $(r - t)(-5t + 2r)$
 $= r \cdot (-5t) + r \cdot 2r + (-t) \cdot (-5t) + (-t) \cdot 2r$
 $= -5rt + 2r^2 + 5t^2 - 2rt$
 $= -7rt + 2r^2 + 5t^2$

d) $-(2 + k)(4k - 3l + 2)$
 $= (-2 - k)(4k - 3l + 2)$
 $= -8k + 6l - 4 - 4k^2 + 3kl - 2k$
 $= -10k + 6l - 4 - 4k^2 + 3kl$

e) $(2a - 3b) \cdot (a + b - c)$
 $= 2a \cdot a + 2a \cdot b - 2a \cdot c - 3b \cdot a - 3b \cdot b$
 $\quad + 3b \cdot c$
 $= 2a^2 + 2ab - 2ac - 3ab - 3b^2 + 3bc$
 $= 2a^2 - ab - 2ac - 3b^2 + 3bc$

Merke: „Jeder begrüßt jede."
$(a + b) \cdot (c + d)$
$= (a \cdot c) + (a \cdot d) + (b \cdot c) + (b \cdot d)$

1 Rechnen, Formeln, Prozente und Zinsen Multiplikation von Summen

Alles klar?
→ Lösungen Seite 275
D11 Fördern

→ Seite 11

1 Schneiden Sie Quadrate, Streifen und kleine Quadrate wie im Beispiel aus und legen Sie Rechtecke wie in den Abbildungen. Drücken Sie den Flächeninhalt mit zwei verschiedenen Termen aus.
Beispiel:

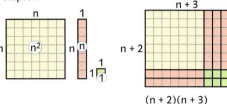

$(n + 2)(n + 3) = n^2 + 5n + 6$

a)

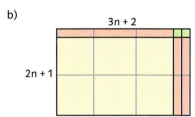

b)

c)

d) Schneiden Sie Quadrate, Streifen und kleine Quadrate wie im Beispiel aus. Legen Sie eigene Flächen und schreiben Sie die Terme dazu.

2 Verwandeln Sie das Produkt in eine Summe. Legen Sie zur Kontrolle die Flächen nach.
a) $n \cdot (n + 1)$
b) $4n \cdot (n + 2)$
c) $(n + 3) \cdot (n + 2)$
d) $(2n + 3) \cdot (3 + 2n)$
e) $2n \cdot (2n + 2)$
f) $(n + 1) \cdot (2 + 2n)$

3 Produkte von Summen lassen sich mithilfe einer Multiplikationstabelle berechnen.
Beispiel: $(x + 3)(x - 2)$
$= x^2 + x \cdot 3 - 2 \cdot x - 2 \cdot 3$

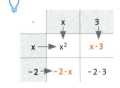

Ergebnis: $x^2 + x - 6$

a) $(x + 1)(x + 4)$
b) $(2x + 1)(x + 3)$
c) $(2x - 2)(3x + 1)$
d) $(3x - 1)(x - 4)$
e) $(3x - 2)(2x - y)$
f) $(6x - 5y)(x + 2y)$

A Multiplizieren Sie die Klammern aus.
a) $(x + 5)(y - 3)$
b) $(a + 2b)(3t + 2p)$
c) $(2x + t)(r + s + t)$

4 Rechnen Sie mit Symbolen wie auf dem Merkezettel auf Schulbuchseite 31.
a) (▲ + ♦)(● + ■)
b) (■ + ▲)(♦ − ●)
c) (♦ − ▲)(● − ■)
d) (−● + ♦)(● − ■)
e) (−▲ − ●)(■ − ♦)
f) (−■ − ▲)(−▲ − ●)
g) (● − ▲ + ■)(−♦ − ●)

5 Verwandeln Sie in eine Summe.
a) $(3x + y)(6a + 2b)$
b) $(5a + 2b)(3c + 4d)$
c) $(8u + 4v)(6r - 6s)$
d) $(10k + 4i)(3m - 2n)$
e) $(9t - 4w)(15s + w)$
f) $(-3v + 7w)(-4s - 6t)$
g) $-(6a - 7b)(4s + 3t)$

6 Multiplizieren Sie die Klammern aus.
a) $(x - 3)(1{,}5 - 3{,}8y)$
b) $(-0{,}1 + 5{,}2y)(2x - 7)$
c) $(1{,}5x + 3{,}2)(4{,}8y - 12)$
d) $(6y - 3{,}5x)(2{,}4y + x)$
e) $(12a - 2{,}8b)(-0{,}2a + 10b)$
f) $(-0{,}5r - 6{,}4s)(1{,}2u - 2{,}5v)$
g) $(-0{,}1xy + 1{,}5x)(-0{,}5x^2 + y^2)$

7 Was ist falsch? Finden Sie die Fehler und schreiben Sie die Aufgaben richtig ins Heft.
a) $(x + 3)(7 - y) = 7x - 3y$
b) $(a - 5)(b - 2a) = ab - 2a - 5b + 10a$
c) $(2x + 3y)(-4y + 5x)$
   $= -8xy + 10x^2 - 12y^2 - 15xy$
d) $(a + 2b)(x - 3) = ax - 3a2bx - 6b$
e) $(-x + 3y)(-x - 4) = -x + 3y - x - 4$
f) $(w + 3)(4 + 2w) = 5w + 3w + 12 + 5w$

8 Verwandeln Sie die Summe in ein Produkt. Eine Zeichnung mit Quadraten und Streifen hilft, die Lösung zu finden.
Beispiel: $n^2 + 4n + 3 = (n + 3)(n + 1)$
a) $n^2 + 4n + 4$
b) $n^2 + 7n + 12$
c) $n^2 + 5n + 6$
d) $2n^2 + 3n + 1$

11 Binomische Formeln

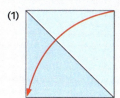
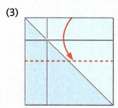
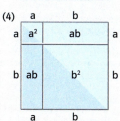

→ Falten Sie ein quadratisches Blatt Papier so, dass zwei unterschiedlich große Quadrate und zwei gleichgroße Rechtecke entstehen. Falten Sie zuerst die Diagonale. Falten Sie eine Parallele zu einer Seite, dann mit dem gleichen Abstand eine Parallele zur anderen Seite. Die Seiten des kleinen Quadrats werden a genannt, die Seiten des großen Quadrats b. Die Gesamtfläche ist $(a + b)^2$.
Die entstandenen Teilflächen bestehen aus zwei quadratischen Flächen a^2 und b^2 sowie zwei rechteckigen Flächen der Größe $a \cdot b$.

Da die Gesamtfläche des Quadrats genauso groß ist wie die Summe der Teilflächen gilt
$(a + b)^2 = a^2 + 2ab + b^2$.

Binomisch bedeutet zweiwertig (a und b).

Die Produkte $(a + b)(a + b)$, $(a - b)(a - b)$ und $(a + b)(a - b)$ sind besondere Produkte, weil in den Klammern zwei gleiche Variablen stehen. Deswegen heißen sie **binomisch**.

$(a + b)^2 = (a + b)(a + b)$
$= a \cdot a + a \cdot b + b \cdot a + b \cdot b$
$= a^2 + 2ab + b^2$

$(a - b)^2 = (a - b)(a - b)$
$= a \cdot a - a \cdot b - b \cdot a + b \cdot b$
$= a^2 - 2ab + b^2$

$(a + b)(a - b)$
$= a \cdot a - a \cdot b + b \cdot a - b \cdot b$
$= a^2 - b^2$

Werden sie ausmultipliziert, so ist der Aufbau der Summanden immer gleich.

Nach dem Zusammenfassen gibt es nur drei, im dritten Fall sogar nur zwei Summanden.

Merke

Binomische Formeln
$(a + b)^2 = a^2 + 2ab + b^2$ 1. binomische Formel
$(a - b)^2 = a^2 - 2ab + b^2$ 2. binomische Formel
$(a + b)(a - b) = a^2 - b^2$ 3. binomische Formel

Beispiel

V7 ▶ Erklärfilm
Binomische Formeln

a) $(c + 3)^2 = c^2 + 2 \cdot 3c + 3^2$
$= c^2 + 6c + 9$

b) $(2r + 3s)^2 = (2r)^2 + 2 \cdot 2r \cdot 3s + (3s)^2$
$= 4r^2 + 12rs + 9s^2$

c) $(x - 3y)^2$
$= x^2 - 2 \cdot x \cdot 3y + (3y)^2$
$= x^2 - 6xy + 9y^2$

d) $(7a - 10b)^2$
$= (7a)^2 - 2 \cdot 7a \cdot 10b + (10b)^2$
$= 49a^2 - 140ab + 100b^2$

e) $(3m - 7n)(3m + 7n)$
$= (3m)^2 - (7n)^2$
$= 9m^2 - 49n^2$

f) $(6x - 4y)(6x + 4y)$
$= (6x)^2 - (4y)^2$
$= 36a^2 - 16y^2$

○ **1** Multiplizieren Sie aus und fassen Sie zusammen. Was haben alle Aufgaben gemeinsam?
a) $(x + y)(x + y)$
b) $(v - r)(v - r)$
c) $(c + 5)(c + 5)$
d) $(11 - b)(11 - b)$

◐ **2** Rechnen Sie mit Symbolen.
a) (● + ▲)²
b) (■ − ●)²
c) (♦ + ●)²
d) (▲ + ■)²
e) (■ − ▲)²
f) (● − ♦)²

Alles klar?
→ Lösungen Seite 275
D12 Fördern
→ Seite 12

◐ **3** Schreiben Sie das Binom als Summenterm.
a) $(v + w)^2$
b) $(a + z)^2$
c) $(m - n)^2$
d) $(v - 3w)^2$
e) $(7c + 5d)^2$
f) $(2r - 1{,}5t)^2$

A Multiplizieren Sie aus. Fassen Sie zusammen.
a) $(a + b)(a + b)$
b) $(3 + b)(3 + b)$
c) $(m + t)(m - t)$
d) $(8 + t)(8 - t)$
e) $(r - s)(r - s)$
f) $(s - 5)(s - 5)$

12 Gleichungen

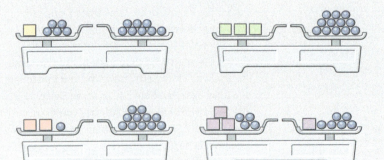

Die Waagen sind im Gleichgewicht.
→ Wie viele Kugeln wiegen genau so viel wie ein Würfel?
→ Formulieren Sie Ihre Denkschritte.
→ Beschreiben Sie die Gewichtsverteilung an der Waage mit einer Gleichung.

Schreiben Sie w für das Gewicht eines Würfels und k für das Gewicht einer Kugel.

Um eine Gleichung zu lösen, wird sie umgeformt, bis die Variable auf einer Seite allein steht. Dabei sind die vier Grundrechenarten zur Umformung zugelassen. Auf beiden Seiten der Gleichung wird dieselbe Rechenoperation durchgeführt. Um etwas auf einer Seite zu entfernen, rechnet man mit der Gegenoperation zu der Operation, mit der es dort verbunden ist.

$x - 3 = 1$	$x + 2 = 5$	$\frac{x}{4} = 3$	$6 \cdot x = -30$
addiere 3	subtrahiere 2	multipliziere mit 4	dividiere durch 6
$x - 3 + 3 = 1 + 3$	$x + 2 - 2 = 5 - 2$	$(x : 4) \cdot 4 = 3 \cdot 4$	$(6 \cdot x) : 6 = -30 : 6$
$x = 4$	$x = 3$	$x = 12$	$x = -5$

Die Umformung einer Gleichung durch gleiche Rechenoperationen auf beiden Seiten bewahrt die Gleichheit der Werte links und rechts und ermöglicht das Lösen der Gleichung.

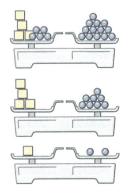

$$-5 \; \begin{array}{c} 4 \cdot x + 5 = 13 \\ 4 \cdot x + 5 - 5 = 13 - 5 \end{array} \; -5$$
$$:4 \; \begin{array}{c} 4 \cdot x = 8 \\ (4 \cdot x) : 4 = 8 : 4 \\ x = 2 \end{array} \; :4$$

Umformungen, die die Lösung unverändert lassen, heißen **Äquivalenzumformungen**. Die Gleichungen $4 \cdot x + 5 = 13$; $4 \cdot x = 8$ und $x = 2$ nennt man daher **äquivalent**.

Merke Zum Lösen einer Gleichung wendet man **Äquivalenzumformungen** an: Man darf
- auf beiden Seiten der Gleichung denselben Term addieren oder subtrahieren.
- beide Seiten der Gleichung mit derselben Zahl (außer Null) multiplizieren oder dividieren.

Beispiel

a)
$$+11 \; \begin{array}{c} 6 \cdot x - 11 = 31 \\ 6 \cdot x = 42 \end{array} \; +11$$
$$:6 \; \begin{array}{c} x = 7 \end{array} \; :6$$

b)
$$-18 \; \begin{array}{c} 18 - 4 \cdot x = 22 \\ -4 \cdot x = 4 \end{array} \; -18$$
$$:(-4) \; \begin{array}{c} x = -1 \end{array} \; :(-4)$$

c)
$$-x \; \begin{array}{c} x - 1 = 6 \cdot x - 4 \\ -1 = 5 \cdot x - 4 \end{array} \; -x$$
$$+4 \; \begin{array}{c} 3 = 5 \cdot x \end{array} \; +4$$
$$:5 \; \begin{array}{c} 0{,}6 = x \end{array} \; :5$$

Bemerkung Zur Kontrolle wird bei allen drei Beispielen die Probe durchgeführt.

linker Term	rechter Term	linker Term	rechter Term	linker Term	rechter Term
$6 \cdot 7 - 11$	31	$18 - 4 \cdot (-1)$	22	$0{,}6 - 1$	$6 \cdot 0{,}6 - 4$
$42 - 11$	31	$18 + 4$	22	$-0{,}4$	$3{,}6 - 4$
31	31	22	22	$-0{,}4$	$-0{,}4$

1 Drücken Sie das Gewicht eines Würfels durch das Gewicht von Kugeln aus.

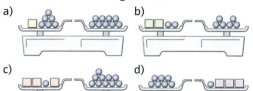

2 Lösen Sie und geben Sie die Äquivalenzumformungen wie im Beispiel an.

Beispiel: $\overset{-4}{\curvearrowright}\begin{matrix}x+4=8\\x=4\end{matrix}\overset{-4}{\curvearrowleft}$

a) $x + 6 = 8$ b) $x + 2 = -5$
c) $x + 5 = 0$ d) $x - 4 = -3$
e) $9 \cdot x = 54$ f) $12 \cdot x = -72$
g) $13 + x = 82$ h) $32 + x = 23$
i) $x \cdot 5 = 110$ j) $15 \cdot x = 0$
k) $15 \cdot x = -1$ l) $15 \cdot x = \frac{1}{15}$

3 Hier heißt die Variable nicht x. Lösen Sie.

a) $z + 18 = 38$ b) $y + 25 = 57$
c) $55 + y = 72$ d) $y - 59 = 12$
e) $26 + z = 33$ f) $39 + w = 44$
g) $a - 9 = 0$ h) $a + 86 = 87$
i) $z + 36 = 35$ j) $z - 21 = -22$

Die Summe aller Lösungen beträgt 160.

4 Notieren Sie die Äquivalenzumformungen.

Beispiel:

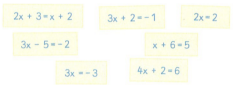

a) $\frac{x}{3} = 10$ b) $x : 10 = 5$
c) $\frac{1}{10}x = 2$ d) $\frac{x}{4} = 32$
e) $1 = x : \frac{1}{2}$ f) $-\frac{x}{8} = -0,5$

5 Welche Kärtchen gehören zusammen?

$2x + 3 = x + 2$	$3x + 2 = -1$	$2x = 2$
$3x - 5 = -2$		$x + 6 = 5$
$3x = -3$	$4x + 2 = 6$	

Methode | **Schritt für Schritt**
Gleichungen löst man übersichtlich, indem man zu jeder Zeile die beabsichtigte Umformung angibt.

Dies geschieht in kurzer Form mit einem Arbeitsstrich, hinter dem der Rechenschritt notiert wird. Für Termumformungen schreibt man ein T.

„Ich fasse auf beiden Seiten so weit wie möglich zusammen." $6x + 9 - 2x = 13 - x + 6$ | T

„Ich addiere auf beiden Seiten x, dann steht die Variable nur noch links." $4x + 9 = 19 - x$ | +x

„Ich subtrahiere auf beiden Seiten 9, dann stehen einzelne Zahlen nur noch rechts." $5x + 9 = 19$ | −9

„Ich dividiere beide Seiten durch 5, um x zu erhalten." $5x = 10$ | : 5

„Ich achte dabei darauf, dass die Gleichheitszeichen untereinander stehen." **x = 2**

„Ich mache die Probe so:"

Probe:

linker Term	rechter Term
$6 \cdot \mathbf{2} + 9 - 2 \cdot \mathbf{2}$	$13 - \mathbf{2} + 6$
$12 + 9 - 4$	17
17	

- Lösen Sie die Gleichungen Schritt für Schritt mit Arbeitsstrich und Probe.

a) $70x - 4 - 90x = 12 + 25x - 1$ b) $8 - 11a + 3 = 30 - 14a + 5$
c) $-x - 40 = -5x - 32$ d) $1 + 4b - 3 - b - 4 + 2b = 0$
e) $9y - 7,8 + 1y = -5,6y$ f) $0,89 + 3,5c = 8,2c - 0,31 + 1,3c$

1 Rechnen, Formeln, Prozente und Zinsen **Gleichungen**

6 Lösen Sie die Gleichung.
a) $5{,}7 - 8x = 83{,}7 + 4x$
b) $5x - 3{,}4 = -0{,}3x - 36{,}77$
c) $6{,}2 - 7{,}6x = -0{,}8x - 73{,}8$
d) $\frac{2}{5} + \frac{4}{3}x = -\frac{1}{3}x - 9\frac{3}{5}$
e) $1 - \frac{3}{2}x = \frac{3}{2}x - 17$

7 Lösen Sie die Gleichung.
a) $7x + 19 = 12x - 1$
b) $15 - y = 15 + y$
c) $5 - 6z = 6z - 5$
d) $-2 - 3x = 5 + 2x$
e) $3{,}2x + 0{,}8 = 0{,}8x + 1{,}6$
f) $8z - 6 = 11z - 7$
g) $-z + 4{,}5 = -2z + 5{,}1$
h) $17y - 3 = 11y - 3$

Alles klar?
→ Lösungen Seite 275
D13 Fördern

→ Seite 13

A Lösen Sie die Gleichung.
a) $x + 7 = 16$
b) $3a - 5 = 4$
c) $6x + 8 = 4x - 6$
d) $3{,}5x + 1{,}4 = 1{,}8x + 4{,}8$

8 Erfinden Sie schwierige Gleichungen, die x als Lösung haben, indem Sie mehrere Äquivalenzumformungen durchführen.
a) $x = 5$
b) $x = -2$
c) $x = \frac{3}{2}$

9 Ergänzen Sie so, dass für die Gleichung die unterschiedlichen Lösungen $x = 6$; $x = 1$; $x = 2{,}5$; $x = -5$; $x = 0$ möglich werden.
a) $8x - \blacksquare = 5$
b) $2x + \blacksquare = 10$
c) $\blacksquare \cdot x + 3 = 33$
d) $\blacksquare + 4x = 10$
e) $15x - \blacksquare = 5x$
f) $6x - \blacksquare = 6 + 3x$

10 Der Faktor vor der Variablen kann auch ein Bruch sein.
Beispiel: $\frac{2}{3}x + 7 = 15 \qquad |-7$
$\qquad \frac{2}{3}x = 8 \qquad |\cdot \frac{3}{2}$
$\qquad x = 12$

a) $\frac{1}{9}x - 1 = 2$
b) $-9 + \frac{1}{12}x = -3$
c) $\frac{2}{3}x + 9 = 21$
d) $17 + \frac{3}{5}x = 68$
e) $\frac{5}{6}x - \frac{2}{3} = \frac{8}{3}$
f) $-42 + \frac{5}{6}x = 13$
g) $\frac{3}{10} + \frac{3}{5}x = \frac{7}{10}$
h) $\frac{3}{8}x - 29 = 28$

11 Finden Sie zur Gleichung eine Textaufgabe.
Beispiel: $8x - 3 = 13$
Wenn ich vom Achtfachen einer Zahl die Zahl 3 subtrahiere, erhalte ich 13.
a) $3x + 22 = 46$
b) $6 + 4x = 10$
c) $8x = 40 + 3x$
d) $5x - 1 = 7x - 5$
e) $4 + 5x = 6 + 4x$
f) $16{,}5x : 3 = 10 + 1{,}5x$

Information

Nicht jede Lösung zählt!
Viele Sachsituationen lassen sich durch Gleichungen lösen. Die Lösung muss aber überprüft werden, denn nicht jede Lösung ist brauchbar.

- Diana sagt: Multipliziere ich die Anzahl meiner 1-€-Stücke mit 8, so ist das Ergebnis um 11 größer als wenn ich die Anzahl mit 6 multipliziere. Jana rechnet nach und sagt: Du hast wohl den Betrag in deinem Geldbeutel gemeint.

Die Sachsituation bestimmt die so genannte **Grundmenge** der Gleichung. Ist die Grundmenge beispielsweise die Menge der natürlichen Zahlen, sind Bruchzahlen als Lösungen unbrauchbar. Stellen Sie Gleichungen auf und überprüfen Sie die Lösung am Text.

- Simon behauptet: Das 3-fache der Anzahl der Münzen in meiner Spardose ist um 20 größer als die 5-fache Anzahl.
- Vera merkt sich eine ungerade Zahl, multipliziert sie mit 6, subtrahiert 15 und bekommt 9.
- Jan denkt sich eine natürliche Zahl und addiert 17. Er verdoppelt diese Summe und erhält 22.
- Patrick behauptet: Hätte ich doppelt so viele Münzen wie jetzt in der Tasche und bekäme ich noch drei dazu, hätte ich 12 Münzen!
- Ein Dreieck hat einen Umfang von 2,03 m. Eine Seite ist 124 cm, die andere 79 cm lang. Wie lang ist die dritte Seite?

13 Gleichungen mit Klammern

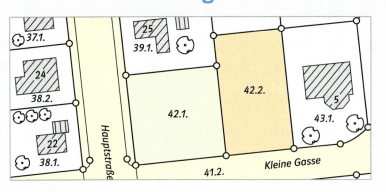

Familie Stamm hat beim Grundstückskauf die Auswahl zwischen dem quadratischen Eckgrundstück 42.1 und dem flächengleichen Flurstück 42.2. Dieses ist 8 m länger, dafür aber um 6 m schmaler als das quadratische Grundstück.

→ Finden Sie heraus, wie lang und wie breit die Grundstücke 42.1 und 42.2 sind.

Kommen in einer Gleichung Terme mit Klammern vor, werden zuerst die Klammern aufgelöst.

$$
\begin{aligned}
(x+2)(x-3) &= x^2 + 3(x+4) & &|\text{ Klammern ausmultiplizieren} \\
x^2 - 3x + 2x - 6 &= x^2 + 3x + 12 & &|\text{ zusammenfassen} \\
x^2 - x - 6 &= x^2 + 3x + 12 & &|-x^2 \\
-x - 6 &= 3x + 12 & &|-3x \quad \text{ordnen} \\
-4x - 6 &= +12 & &|+6 \\
-4x &= 18 & &|:(-4) \\
x &= -4{,}5
\end{aligned}
$$

An einer Gleichung der einfachsten Form wie $x = -4{,}5$ kann man die Lösung leicht ablesen. Die Lösung besteht aus der Zahl $-4{,}5$.

Merke

Lösungsverfahren für Gleichungen mit Klammern
1. Klammern auflösen.
2. Auf beiden Seiten Terme zusammenfassen.
3. Summanden mit Variablen auf der einen Seite und Summanden ohne Variablen auf der anderen Seite zusammenfassen und ordnen.
4. Durch den Koeffizienten der Variablen dividieren.
5. Die Lösung angeben.

Beispiel

a)
$$
\begin{aligned}
7(4x-3) - (2x+1) \cdot 9 &= 2(x-9) \\
28x - 21 - 18x - 9 &= 2x - 18 \\
10x - 30 &= 2x - 18 & &|+30 \\
10x &= 2x + 12 & &|-2x \\
8x &= 12 & &|:8 \\
x &= 1{,}5
\end{aligned}
$$

b)
$$
\begin{aligned}
(x-3)(x-1) &= (x+1)(x-9) \\
x^2 - 1x - 3x + 3 &= x^2 - 9x + 1x - 9 \\
x^2 - 4x + 3 &= x^2 - 8x - 9 & &|-x^2 \\
-4x + 3 &= -8x - 9 & &|+8x \\
4x + 3 &= -9 & &|-3 \\
4x &= -12 & &|:4 \\
x &= -3
\end{aligned}
$$

Probe:

linker Term	rechter Term
$7(4 \cdot 1{,}5 - 3) - (2 \cdot 1{,}5 + 1) \cdot 9$	$2(1{,}5 - 9)$
$7(6-3) - (3+1) \cdot 9$	$2 \cdot (-7{,}5)$
$7 \cdot 3 - 4 \cdot 9$	-15
-15	-15

Probe:

linker Term	rechter Term
$(-3-3)(-3-1)$	$(-3+1)(-3-9)$
$-6 \cdot (-4)$	$(-2)(-12)$
24	24

1 Rechnen, Formeln, Prozente und Zinsen Gleichungen mit Klammern

1 Lösen Sie die Gleichung.
a) $9x + 33 - (45 - 15x) = 15 - 3x$
b) $7 - (10 - 8x) = 23 - (4 + 14x)$
c) $(17x + 22) - (5x + 9) = (11x + 15) - (22 - 21x)$
d) $(42x + 37) - (26 - 34x) = 26x + 211$

2 Lösen Sie die Klammern auf, bevor Sie die Gleichung lösen.
a) $6 \cdot (3x + 4) = 5 \cdot (2x + 8)$
b) $-12z + 4 \cdot (z - 9) = 3 \cdot (2 - 5z)$
c) $(36 - 8a) : 4 = 3a + 18$
d) $y - 2 \cdot (7 - y) - 5 = (3y - 9) : 3$
e) $10 - 2x = 87 - (21 + 10x)$
f) $7 \cdot (4x - 3) - 9 \cdot (2x + 1) = 2 \cdot (x - 9)$

3 Geben Sie die Lösung an.
a) $4(2x + 3) = 3(3x + 2)$
b) $(12 - 3x) \cdot 2 = 9(7x + 18)$
c) $3(9 - y) = 5(y - 9)$
d) $(2 - 3y) \cdot 5 + (8 - y) \cdot (-4) = 0$

Alles klar?
→ Lösungen Seite 275
D14 Fördern

→ Seite 14

A Lösen Sie die Gleichung.
a) $(x + 2)(x - 4) = x^2 + 6$
b) $(3a - 2)(4a + 5) = (6a - 2)(2a + 6)$
c) $(x + 2)(x - 2) + x = x^2 - 4$

4 Bauen Sie aus den Termkarten Gleichungen wie im Beispiel. Dabei können Sie die Karten mehrfach verwenden.
Beispiel: $3(x - 2) = 2(3 + 4x)$

| 3 | (| x | 4 | 2 |) |

a) Stellen Sie fünf Gleichungen auf, lösen Sie sie.
b) Schreiben Sie eigene Termkarten. Bauen Sie aus diesen Termkarten Gleichungen und lösen Sie sie.

5 Lösen Sie die Gleichungen und machen Sie die Probe.
a) $(x + 3)(x - 6) = x^2 - 39$
b) $(x - 2)(x + 3) = x^2 - 8$
c) $(x - 5)(x - 9) = x^2 + 3$
d) $2(y^2 + 9) = (y + 12)(2y + 3)$
e) $(x - 4)(x + 11) = x(x - 12) + 13$

6 Das rote und das schwarze Rechteck sind flächengleich. Stellen Sie jeweils eine Gleichung für den Flächeninhalt auf und bestimmen Sie die fehlende Seitenlänge.

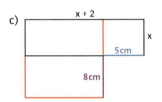

a) b)

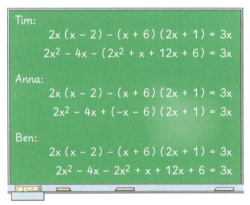

c)

7 Anna, Tim und Ben hatten eine wirklich schwierige Gleichung zu lösen. Sie stellen ihre Lösungsansätze vor.

Tim:
$2x(x - 2) - (x + 6)(2x + 1) = 3x$
$2x^2 - 4x - (2x^2 + x + 12x + 6) = 3x$

Anna:
$2x(x - 2) - (x + 6)(2x + 1) = 3x$
$2x^2 - 4x + (-x - 6)(2x + 1) = 3x$

Ben:
$2x(x - 2) - (x + 6)(2x + 1) = 3x$
$2x^2 - 4x - 2x^2 + x + 12x + 6 = 3x$

a) Wer hat richtig gerechnet? Begründen Sie.
b) Lösen Sie die Gleichung wie Tim, Anna und Ben vorgeschlagen haben bis zum Ergebnis. Machen Sie die Probe. Markieren Sie in Ihrem Heft deutlich die Fehler.

8 Beachten Sie das Minus vor der Klammer und berechnen Sie die Lösungen. Die richtigen Ergebnisse finden Sie rechts.
a) $2n^2 - (n + 12)(2n + 3) = 18$ | 12
b) $15n - (3n - 5)(4n + 5) = 5 - 12n^2$ | 1,5
c) $8n^2 - 2(2n - 7)(2n + 6) = 11n$ | -1
d) $-10n^2 - 5(3 - n)(2n + 11) = -30n$ | -2
e) $7(4n - 3) - (2n + 1) \cdot 9 = 2(n - 9)$ | 3

Rechentricks

Mit Rechentricks kann man viele Menschen verblüffen. Manchmal helfen sie auch beim Kopfrechnen.

1 Justus behauptet:

"Multipliziere zwei Zahlen, die eine Differenz von 2 haben und addiere 1. Du erhältst immer eine Quadratzahl."

a) Prüfen Sie die Behauptung an Beispielen.
b) Emil hat Zweifel: „Nur weil das für ein paar Zahlen klappt, muss das ja nicht immer so sein!"
Zeigen Sie, dass die Behauptung allgemein für $x \cdot (x + 2) + 1$ gilt.

2 Pauline behauptet: „Quadrate von Zahlen, die auf Komma fünf enden, kann man leicht berechnen."

$3{,}5^2 = 3 \cdot 4 + 0{,}25 = 12{,}25$

a) Beschreiben Sie den Trick.
b) Probieren Sie den Trick für die Quadrate $1{,}5^2$; $2{,}5^2$; $4{,}5^2$; $5{,}5^2$; … $9{,}5^2$ aus. Überprüfen Sie die Ergebnisse mit dem Taschenrechner.
c) Zeigen Sie, dass die Behauptung $(x + 0{,}5)^2 = x \cdot (x + 1) + 0{,}25$ allgemein gilt.

3 Es gibt Zahlen, die man leicht im Kopf multiplizieren kann.

Beispiel:
$42 \cdot 38$
$= (40 + 2)(40 - 2)$
$= 40^2 - 2^2$
$= 1600 - 4$
$= 1596$

a) Rechnen Sie wie im Beispiel.

| $19 \cdot 21$ | $51 \cdot 49$ | $85 \cdot 75$ | $28 \cdot 32$ |
| $37 \cdot 43$ | | $102 \cdot 98$ | |

b) Beschreiben Sie, für welche Produkte dieser Trick funktioniert. Geben Sie drei eigene Beispiele an.

4 Tobias und Mia kennen zwei verschiedene Rechentricks.

Tobias:
$25^2 - 24^2 = 25 + 24 = 49$
$37^2 - 36^2 = 37 + 36 = 73$
$72^2 - 71^2 = 72 + 71 = 143$

Mia:
$25^2 - 23^2 = (25 + 23) \cdot 2$
$37^2 - 35^2 = (37 + 35) \cdot 2$
$72^2 - 70^2 = (72 + 70) \cdot 2$

a) Beschreiben Sie sich gegenseitig die Rechentricks von Tobias und Mia.
b) Überprüfen Sie die Rechentricks anhand weiterer Beispiele.
c) Ordnen Sie jedem Rechentrick eine Beschreibung und eine allgemeine Aussage zu.

(1) Subtrahiert man die Quadrate zweier natürlicher Zahlen, die sich um zwei unterscheiden, erhält man das Doppelte der Summe der beiden Zahlen.

(2) Subtrahiert man die Quadrate zweier aufeinanderfolgender natürlicher Zahlen, erhält man die Summe der beiden Zahlen.

A $\quad (x + 1)^2 - x^2 = (x + 1) + x$

B $\quad (x + 2)^2 - x^2 = ((x + 2) + x) \cdot 2$

d) Zeigen Sie, dass die allgemeinen Aussagen A und B aus Teilaufgabe c) gelten.

5 Quadratzahlen von 91^2 bis 99^2 kann man mit einem Trick berechnen.

Beispiel für 94^2:
$100 - 94 = 6$
$94 - 6 = 88$
$6^2 = 36$
$94^2 = 8836$

a) Berechnen Sie so 91^2; 92^2; 95^2 und 98^2.
b) Erstellen Sie einen Term für den Rechentrick und vereinfachen Sie. Die Kärtchen helfen Ihnen.

| $(100 - x)^2$ | $x - (100 - x)$ | $100 - x$ |

$100 (x - (100 - x))$

14 Lesen und Lösen

Narges, Tom und Lucy erhalten im Monat zusammen 119,00 € Taschengeld. Narges erhält 7,00 € mehr als Lucy und Tom erhält 4,00 € mehr als Lucy.
→ Finden Sie heraus, wie viel Taschengeld die einzelnen Jugendlichen bekommen.

Zum Lösen von Anwendungsaufgaben gibt es kein Patentrezept, aber gute Hilfen.

Merke
Viele Sachaufgaben lassen sich mithilfe von Gleichungen lösen.
1. **Lesen** Sie die Aufgabe genau durch.
2. Notieren Sie **gegebene** und **gesuchte** Größen. Manchmal helfen Skizzen.
3. Bestimmen Sie, wofür die **Variable** steht.
4. Übersetzen Sie die Angaben des Textes in Terme. Stellen Sie eine **Gleichung** auf.
5. **Lösen** Sie die Gleichung und machen Sie die **Probe**.
6. **Überprüfen** Sie Ihre Lösung am Text.
7. Formulieren Sie einen passenden **Antwortsatz**.

Beispiel
1. Drei Geschwister sind zusammen 52 Jahre alt. Bernd ist 4 Jahre jünger als Anna und Kim ist doppelt so alt wie Bernd. Wie alt sind die drei Geschwister?
2. gegeben: Drei Geschwister sind zusammen 52 Jahre alt,
   Bernd ist 4 Jahre jünger als Anna und Kim ist doppelt so alt wie Bernd.
   gesucht: das Alter von Bernd, Anna, Kim
3. Alter von **Anna**: x
4. Alter von **Bernd**: $x - 4$ Alter von **Kim**: $2 \cdot (x - 4)$
   $$x + (x - 4) + 2 \cdot (x - 4) = 52$$
5. $$x + x - 4 + 2x - 8 = 52$$
   $$4x - 12 = 52 \quad | +12$$
   $$4x = 64 \quad | :4$$
   $$x = 16$$
6. Anna: 16 Jahre   Bernd: $16 - 4 = 12$ Jahre   Kim: $2 \cdot (16 - 4) = 24$ Jahre
   Probe: $16 + 12 + 24 = 52$
7. Anna ist 16 Jahre, Bernd ist 12 Jahre und Kim ist 24 Jahre alt.

○ **1** Der Umfang eines Dreiecks ist 37 cm lang. Seite a ist 5 cm kürzer als Seite b. Seite c ist doppelt so lang wie Seite a. Ordnen Sie den Dreiecksseiten die richtigen Kärtchen zu und berechnen Sie ihre Längen.

| $(x - 5) \cdot 2$ | $x - 5$ | x |

○ **2** Die Winkel eines Dreiecks zusammengerechnet ergeben 180°. Wie groß sind die einzelnen Winkel im Dreieck?

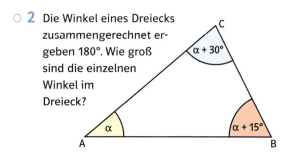

1 Rechnen, Formeln, Prozente und Zinsen Lesen und Lösen

Alles klar?
→ Lösungen Seite 277
D15 Fördern

→ Seite 15

3 In einem Dreieck ist der Winkel α doppelt so groß wie der Winkel γ. Der Winkel β ist 3-mal so groß wie der Winkel γ. Fertigen Sie eine Skizze an und stellen Sie eine Gleichung auf. Wie groß sind die drei Winkel?

4 In einem Jugendgästehaus auf Föhr sind deutsche und dänische Gäste untergebracht. Insgesamt sind es 72 Personen. Die Anzahl der Deutschen ist fünfmal so hoch wie die Anzahl der Dänen. Wie viele deutsche Gäste sind im Gästehaus untergebracht?

5 Die Mitglieder einer Band waren im Jahr 2009 zusammen 102 Jahre alt. Chrissy und Tony sind beide ein Jahr jünger als Mike. Mike ist vier Jahre jünger als Azzy. DJ ist ein Jahr älter als Azzy.

A Bei einem Restaurantbesuch müssen drei Freundinnen 45 € bezahlen. Marie bezahlt das Doppelte von Melek und Melek bezahlt 5 € weniger als Sinem.
Wie viel Euro mussten die Freundinnen jeweils bezahlen?

6 Erna ist 50 Jahre älter als Lisa und doppelt so alt wie Karin. Zusammen sind die drei Frauen 100 Jahre alt.

7 Ein Rechteck ist 8 cm länger als breit. Sein Umfang beträgt 84 cm. Berechnen Sie die Seitenlängen des Rechtecks.

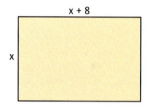

8 Stellen Sie einen Term auf und lösen Sie ihn.
a) Addiert man zum Doppelten einer Zahl die Zahl 10, so erhält man 60.
b) 100 erhält man, wenn man das Dreifache einer Zahl um 52 vermehrt.
c) Das Fünffache einer Zahl vermindert um 12 ist genauso groß wie die Summe aus dem Dreifachen der Zahl und 8.

Methode **Gleichungen lösen mit einer informativen Figur**
Eine Zeichnung nennt man informative Figur, weil sie wichtige Informationen einer Aufgabe enthält.

In eine Schulklasse gehen 31 Jugendliche. Es sind sieben Mädchen mehr als Jungen.

gesucht: Anzahl der Mädchen und Jungen

informative Figur:

| Jungen | 7 | Jungen |

Mädchen

31

31 − 7 = 2 · Anzahl der Jungen
24 : 2 = 12 = Anzahl der Jungen
12 + 7 = 19 = Anzahl der Mädchen
In der Klasse sind 19 Mädchen und 12 Jungen.

- Lösen Sie die folgenden Aufgaben mit einer informativen Figur.
a) In einer Schulklasse mit 28 Jugendlichen sind sechs Jungen mehr als Mädchen.
b) Eine Erbschaft soll auf vier Erben verteilt werden. Ein Erbe erhält ein Drittel des Geldes und jeder der drei anderen Erben erhält 6500 €.

15 Bruchterme und Bruchgleichungen

Die Schülerinnen und Schüler der Berufsfachschule verbringen ihren Ausflugstag in Bochum. Dabei besucht die Hälfte das Planetarium, ein Drittel den Tierpark und der Rest das Bergbaumuseum. Die Fahrtkosten betragen für alle zusammen 660 €, der gesamte Eintritt in den Tierpark beträgt 80 €. Der Einzelpreis für Fahrt und Tierpark beträgt 7,50 €. Bezeichnet man die Zahl der Schüler, die den Tierpark besuchen, mit x, ergibt sich die Gleichung:
$\frac{660}{3x} + \frac{80}{x} = 7{,}50$ €.

→ Wofür stehen die Terme $\frac{660}{3x}$ und $\frac{80}{x}$?

→ Ermitteln Sie die Schülerzahlen.

Im Nenner eines Bruchs stehen nicht immer Zahlen, es können auch Variablen vorkommen.

Merke | Terme, die im Nenner eine Variable enthalten, nennt man **Bruchterme**. Setzt man für die Variablen rationale Zahlen ein, kann der Wert eines Terms berechnet werden, wenn der Nenner durch die eingesetzte Zahl nicht den Wert null annimmt.

Beispiel | Wenn in diesen Term die Zahl 2 eingesetzt wird, kann der Term nicht berechnet werden, weil man nicht durch null dividieren darf. Deshalb darf x nicht 2 sein.

a) $\frac{x+1}{2-x} = \frac{2+1}{\underbrace{2-2}_{=0}}$, also $x \neq 2$.

b) $\frac{64}{2x-4} = \frac{64}{\underbrace{2 \cdot 2 - 4}_{=0}}$, also $x \neq 2$.

Bemerkung | Statt $x \neq 2$ schreibt man auch $D = \mathbb{Q} \setminus \{2\}$.
Man liest: Die Definitionsmenge D ist gleich $\mathbb{Q}$ (Menge der rationalen Zahlen) ohne die Zahl 2.

1 Welcher Wert darf für x nicht vorkommen? Ordnen Sie richtig zu.

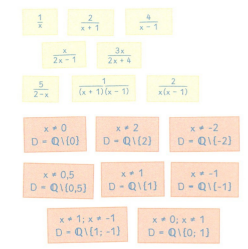

2 Erklären Sie, welche Zahl nicht für x eingesetzt werden kann.

a) $\frac{2}{x-2}$ b) $\frac{x-1}{5x}$ c) $\frac{2x}{1+x}$

d) $\frac{x+3}{10-x}$ e) $\frac{4x+1}{3}$ f) $\frac{5}{2x-4}$

g) $\frac{x}{5x+10}$ h) $\frac{x+1}{8x-48}$ i) $\frac{1-x}{100+20x}$

3 Timo behauptet, dass in den Term $\frac{1}{x^2+1}$ jede Zahl eingesetzt werden kann. Hat er Recht? Begründen Sie.
Gilt das auch für die weiteren Terme?

a) $\frac{1}{x^2}$ b) $\frac{x-1}{2x^2+7}$ c) $\frac{x+1}{(x-1)^2}$

4 Geben Sie verschiedene Bruchterme mit der vorgegebenen Definitionsmenge an.

a) $D = \mathbb{Q} \setminus \{1\}$ b) $D = \mathbb{Q} \setminus \{1; -1\}$
c) $D = \mathbb{Q} \setminus \{0\}$ d) $D = \mathbb{Q} \setminus \{0; 2\}$
e) $D = \mathbb{Q} \setminus \{3; -3\}$ f) $D = \mathbb{Q} \setminus \{5; -4\}$

1 Rechnen, Formeln, Prozente und Zinsen **Bruchterme und Bruchgleichungen**

Kommen Bruchterme in Formeln und anderen Gleichungen vor, spricht man von **Bruchgleichungen**.

Merke

Schritte für das Lösen einer **Bruchgleichung**
1. Welchen Wert darf x nicht annehmen?
2. Einen gemeinsamen Nenner suchen und mit diesem Nenner beide Seiten der Gleichung multiplizieren.
3. Kürzen, damit man eine Gleichung ohne Brüche erhält.
4. Die Gleichung vereinfachen und lösen.
5. Überprüfen, ob der gefundene Wert von x angenommen werden darf und die Lösungsmenge L angeben.

Beispiel

a) $\frac{9}{2x} + \frac{6}{x} = \frac{7}{2}$ d.h. $x \neq 0$ Probe:

$\frac{9}{2x} + \frac{6}{x} = \frac{7}{2}$ $\quad |\cdot 2x$

$\frac{9 \cdot 2x}{2x} + \frac{6 \cdot 2x}{x} = \frac{7 \cdot 2x}{2}$ $\quad |$kürzen

$9 + 12 = 7x$

$21 = 7x$ $\quad |:7$

$x = 3$

linker Term	rechter Term
$\frac{9}{2 \cdot 3} + \frac{6}{3}$	$\frac{7}{2}$
$= \frac{3}{2} + 2$	
$= \frac{3}{2} + \frac{4}{2}$	
$= \frac{7}{2}$	

Der Wert 3 ist nicht ausgeschlossen, also ist die Lösungsmenge L = {3}.

b) $\frac{x-4}{x(x+2)} + \frac{3}{x} = \frac{3}{x+2}$ $\quad x \neq -2; \; x \neq 0$ Probe:

$\frac{x-4}{x(x+2)} + \frac{3}{x} = \frac{3}{x+2}$ $\quad |\cdot x(x+2)$

$\frac{(x-4) \cdot x(x+2)}{x(x+2)} + \frac{3 \cdot x(x+2)}{x} = \frac{3 \cdot x(x+2)}{(x+2)}$ $\quad |$kürzen

$x - 4 + 3x + 6 = 3x$

$4x + 2 = 3x$ $\quad |-2-3x$

$x = -2$

linker Term	rechter Term
$\underbrace{\frac{-2-4}{-2 \cdot (-2+2)} + \frac{3}{-2}}_{= 0}$	$\underbrace{\frac{3}{-2+2}}_{= 0}$

Mindestens ein Term hat den Wert null im Nenner. Also gibt es keine Lösung für die Gleichung.

Der Wert –2 ist ausgeschlossen, also gibt es keine Lösung. Man schreibt L = { } für die leere Menge.

5 Geben Sie an, welche Zahl nicht für x eingesetzt werden darf und berechnen Sie die Lösung.

a) $\frac{3}{2x} + \frac{3}{x} = \frac{9}{8}$ \quad b) $\frac{1}{3x} - \frac{2}{3} = \frac{1}{x}$

c) $\frac{1}{4x} = \frac{1}{2} + \frac{1}{5x}$ \quad d) $\frac{7}{3x} = \frac{5}{6x} - \frac{1}{4}$

e) $\frac{5}{6x} - \frac{7}{15x} = \frac{1}{9}$ \quad f) $\frac{11}{4x} + \frac{11}{12x} = \frac{11}{9}$

g) $\frac{8-2x}{5x+1} = 1$ \quad h) $\frac{7x+2}{1-4x} = -\frac{4}{3}$

6 Lösen Sie die Gleichung im Kopf.

a) $\frac{35}{x} = 7$ \quad b) $\frac{48}{2x} = 8$

c) $\frac{15}{3x} = -1$ \quad d) $\frac{50}{x} - 1 = 4$

e) $\frac{10}{x} + 10 = 12$ \quad f) $\frac{20}{5x} = \frac{1}{2}$

7 Setzen Sie für x den Wert null ein: $\frac{7}{x}$.
Wie reagiert Ihr Taschenrechner, wenn Sie 7 : 0 eingeben? Überlegen Sie sich mit Ihren Mitschülerinnen und Mitschülern eine Erklärung.

8 Berechnen Sie; ordnen Sie die Lösungen zu.

a) $\frac{6}{x} - 2 = \frac{2}{x}$ \quad b) $\frac{9}{x} + \frac{6}{2x} = -4$

c) $\frac{3}{4x} + \frac{3}{6x} = -\frac{5}{8}$ \quad d) $\frac{18}{5x} + \frac{6}{15x} = 1$

e) $\frac{1}{3} - \frac{4}{5x} = \frac{x-1}{10x}$ \quad f) $\frac{2}{3x} - \frac{1}{6} = \frac{1}{2x}$

g) $\frac{7}{3} - \frac{7}{x} + \frac{1-12x}{3x} = 0$ \quad h) $\frac{25}{28x} + \frac{7}{12} = \frac{13}{42x}$

| –4 | –3 | –2 | –1 | 1 | 2 | 3 | 4 |

1 Rechnen, Formeln, Prozente und Zinsen Bruchterme und Bruchgleichungen

Alles klar?
→ Lösungen Seite 277
D16 Fördern
→ Seite 16

9 Bei diesem Spiel gewinnt, wer nach fünf Spielrunden mit der Summe seiner Termwerte näher bei 1 liegt. Wählen Sie für Ihren Partner einen Term aus. Dieser benennt dazu eine Zahl aus dem Bereich von −10 bis 10.

$\frac{x+1}{x-2}$; $\frac{3x+5}{2x}$; $\frac{1+x}{2x}$; $\frac{1-x}{x}$; $\frac{1-2x}{2-x}$

$\frac{x+2}{1-x}$; $\frac{2x-1}{x^2-1}$; $\frac{x^2+1}{x}$; $\frac{10-2x}{2}$

$\frac{3-x}{5+x}$; $\frac{1}{2+x}$; $\frac{1}{2x}$; $\frac{x+1}{x-2}$

A Geben Sie den Definitionsbereich an und lösen Sie die Gleichung.
a) $\frac{1}{x} + \frac{3}{x} = 8$ b) $\frac{16}{x+2} = 4$ c) $\frac{3}{x-2} - \frac{2}{x} = \frac{5}{x}$

10 Geben Sie an, welche Zahl nicht für x stehen darf und berechnen Sie die Lösung.
a) $\frac{1}{16x} + \frac{x}{24x} = \frac{1}{12x}$ b) $\frac{x}{42x} = \frac{1}{14x} + \frac{1}{28x}$
c) $\frac{x}{48x} - \frac{1}{36x} = \frac{7}{18x}$ d) $\frac{1}{9} + \frac{17}{24x} = \frac{13}{18x}$

Methode

> **Erweitern und Kürzen**
> Bruchterme kann man wie Brüche erweitern und kürzen.
>
> **Erweitern** mit x: $\frac{2}{x-2} = \frac{2 \cdot x}{(x-2) \cdot x} = \frac{2x}{x^2-2x}$.
>
> • Erweitern Sie auf den Nenner $84x^2$: $\frac{4}{7x}$; $\frac{-3x}{14x^2}$; $\frac{11x^2}{-21x}$; $\frac{-15x}{-28x^2}$
>
> **Kürzen** mit 2x: $\frac{8x}{10x^2} = \frac{2x \cdot 4}{2x \cdot 5x} = \frac{4}{5x}$.
>
> Bei manchen Termen müssen zuerst Zähler und Nenner faktorisiert werden, um kürzen zu können.
>
> $\frac{x^2-x}{5x-5} = \frac{x(x-1)}{5(x-1)} = \frac{x}{5}$
>
> • Kürzen Sie. Faktorisieren Sie eventuell vorher durch Ausklammern.
>
> $\frac{3x}{5x}$; $\frac{x}{x^2}$; $\frac{-x^2}{2x}$; $\frac{18x}{-10x}$; $\frac{-2x}{2x^2}$; $\frac{3x^2}{4x^3}$; $\frac{21}{7x-14}$; $\frac{3x+3}{x+1}$; $\frac{3x+6}{4x+8}$; $\frac{4x^2-12x}{3x-9}$
>
> • Welche Terme sind gleichwertig?
>
> $\frac{5}{x-1}$ $\frac{15}{3x-3}$ $\frac{3}{x+2}$ $\frac{25}{5x+5}$ $\frac{3x-9}{x^2-x-6}$ $\frac{6x}{2x^2+4}$ $\frac{12x}{4x^2+8x}$ $\frac{5x}{x^2-x}$
>
> Bruchterme lassen sich wie Brüche **addieren** oder **subtrahieren**. Sind ihre Nenner verschieden, müssen sie zunächst auf einen gemeinsamen Nenner gebracht werden.
>
> $\frac{4}{3x} + \frac{1}{2x} = \frac{4 \cdot 2}{3x \cdot 2} + \frac{1 \cdot 3}{2x \cdot 3} = \frac{8}{6x} + \frac{3}{6x} = \frac{11}{6x}$
>
> • Fassen Sie zusammen.
> $\frac{3}{8x} + \frac{6+x}{12}$; $\frac{1+x}{6x^2} - \frac{x-1}{7x^2}$; $\frac{z+1}{5z} - \frac{z+1}{4z}$; $\frac{3+x}{8x} - \frac{x-2}{9x}$
>
> • Betrachten Sie beide Summanden als Brüche.
> $\frac{1-x}{2x} + 1$; $x + \frac{x^2-4}{3x^2}$; $9 - \frac{x^2-4}{3x^2}$; $3x - \frac{x^2+3}{x+2}$

11 Geben Sie die Definitions- und die Lösungsmenge an.
a) $\frac{21}{x-3} = 3$ b) $\frac{72}{2x+2} = 4$
c) $\frac{200}{2x+4} - 1 = 9$ d) $\frac{7x}{4+x} = 3$
e) $\frac{4x}{2x+1} = 4$ f) $\frac{7x}{5x-2} - \frac{10x+15}{2x+3} = 5$
g) $\frac{9x+7}{13x-39} + 1 = 3$ h) $\frac{89+2x}{51-17x} - 1 = 0$

12 Wie lautet das Lösungswort?
a) $\frac{7}{x-2} + \frac{4x+12}{x+3} = \frac{15}{x-2}$ b) $\frac{6}{2x+8} + \frac{7}{x+4} = 2$
c) $\frac{30}{2x+1} - \frac{5}{2x+1} = 5$ d) $\frac{11}{4x+3} - 2 = \frac{21}{4x+3}$
e) $\frac{12}{x+1} - \frac{1}{2} = \frac{6}{x+1}$
f) $\frac{12x-6}{18x-9} - \frac{7}{9-4x} = -\frac{9}{9-4x}$

44

Information: Verhältnisse – Brüche – Produkte

Besteht eine Bruchgleichung aus nur zwei Quotienten, bezeichnet man sie auch als **Verhältnisgleichung** oder als **Proportion**. Um eine Gleichung ohne Bruchterme zu erhalten, kann jede Verhältnisgleichung durch Multiplizieren mit dem Hauptnenner in eine Gleichung mit Produkten umgeformt werden.

Gleichung mit Quotienten

$$\frac{45}{54} = \frac{20}{x} \qquad | \cdot 54x$$

$$45 \cdot x = 54 \cdot 20$$

Gleichung mit Produkten

$$45 \cdot x = 54 \cdot 20 \qquad | :45$$

$$x = \frac{54 \cdot 20}{45}$$

$$x = 24 \qquad L = \{24\}$$

Ein Stadtplan hat den Maßstab 1 : **12 500**. Wenn Sie auf der Karte eine Entfernung von 8 cm abmessen, können Sie die wirkliche Strecke so berechnen: 1 : **12 500** = 8 : x

Als Bruchgleichung:
$$\frac{1}{12\,500} = \frac{8}{x} \qquad | \cdot 12\,500$$
$$1 \cdot x = 8 \cdot 12\,500 \qquad |:1$$
$$x = \frac{8 \cdot 12\,500}{1}$$
$$x = 100\,000\,\text{cm} = 1000\,\text{m} = 1\,\text{km}$$

- Bestimmen Sie die tatsächliche Weglänge von A nach B.
- Suchen Sie den kürzesten Fußweg von C nach D. Beschreiben Sie ihn und berechnen Sie die tatsächliche Länge. Vergleichen Sie mit Ihrer Partnerin oder Ihrem Partner.
- Angelina und Janine machen einen Stadtbummel. Zuhause erzählen die beiden, dass sie mindestens 6 km gelaufen sind. Welchem Weg auf der Karte könnte das entsprechen? Geben Sie verschiedene Möglichkeiten an.
- Formulieren Sie für Ihre Mitschülerinnen und Mitschüler Aufgaben mit anderen Karten. Benutzen Sie dazu zum Beispiel einen Atlas.

Auch in anderen Bereichen des Alltags kommen Sie schnell mithilfe der Multiplikation mit dem Hauptnenner zum Ergebnis:
Für die Wischerflüssigkeit beim Auto empfiehlt es sich im Winter, Frostschutzmittel und Wasser im Verhältnis 2 : 3 zu mischen.
- Wie viel Prozent Wasser enthält das Gemisch?
- Wie mischen Sie Frostschutzmittel und Wasser für eine 6-l-Füllung?
- Im 6-l-Behälter ist noch ein halber Liter Restflüssigkeit enthalten. Füllen Sie auf.

- Die unterschiedliche Anziehungskraft der Himmelskörper lässt sich mit der Erdanziehungskraft ins Verhältnis setzen. Rechnen Sie die auf der Erde erzielten Weltrekorde im Weitsprung (8,95 m) und Hochsprung (2,45 m) der Männer um.

  Erde : Mond   6 : 1
  Erde : Mars   2,6 : 1
  Erde : Venus   11 : 10
  Erde : Saturn   16 : 15
  Erde : Jupiter   5 : 21
  Erde : Sonne   5 : 126

16 Lineare Ungleichungen

Eine Klasse mit 27 Jugendlichen plant einen Ausflug in einen Freizeitpark. Der Eintritt kostet 17,95 € pro Person. In der Klassenkasse sind 567 €.
→ Geben Sie an, wie viel Euro höchstens noch pro Person aus der Klassenkasse für z. B. Essen ausgegeben werden kann.

Je weiter links auf dem Zahlenstrahl eine Zahl liegt, desto kleiner ist sie; je weiter rechts sie liegt, desto größer ist sie.

Ungleichungen bestehen aus zwei Zahlen, Größen oder Termen, die durch eines der Ungleichheitszeichen (Relationszeichen) <, >, ≤, ≥ verbunden sind. Kann man bei Ungleichungen auch Äquivalenzumformungen durchführen wie bei Gleichungen?

| 3 < 6 | $\mid +2$ | 5 ≥ −3 | $\mid -2$ | 3 < 7 | $\mid \cdot 2$ |
| 5 < 8 | wahr | 3 ≥ −5 | wahr | 6 < 14 | wahr |

| 4 > 1 | $\mid :2$ | 7 ≤ 8 | $\mid \cdot (-2)$ | 9 > 5 | $\mid :(-2)$ |
| 2 > 0,5 | wahr | −14 ≤ −16 | falsch | −4,5 > −2,5 | falsch |

Merke

Ungleichungen werden mit Äquivalenzumformungen gelöst. Dabei darf man auf beiden Seiten den gleichen Term addieren, subtrahieren, multiplizieren und dividieren.

Ausnahmen: Wird eine Ungleichung **mit einer negativen Zahl multipliziert** oder **durch eine negative Zahl dividiert**, muss das Relationszeichen umgedreht werden: aus < wird >, aus > wird <, aus ≤ wird ≥ und aus ≥ wird ≤. Werden die Seiten einer Ungleichung vertauscht, muss auch das Relationszeichen umgedreht werden.

Beispiel

a) 3 < 5 $\mid \cdot (-2)$
   −6 > −10

b) 5 ≥ 4 $\mid :(-2)$
   −2,5 ≤ −2

c) 7 > 5
   5 < 7

d) 16 x − 13 < 107 $\mid +13$
   16 x < 120 $\mid :16$
   x < 7,5

Alle Zahlen, die kleiner als 7,5 sind, gehören zur Lösungsmenge.

e) 3,5 x + 14 ≥ 3 x + 11,75 $\mid -3x$
   0,5 x + 14 ≥ 11,75 $\mid -14$
   0,5 x ≥ −2,25 $\mid \cdot 2$
   x ≥ −4,5

Alle Zahlen, die größer als −4,5 sind, und die Zahl −4,5 gehören zur Lösungsmenge.

Bemerkung Welche Zahlen im Einzelnen zur Lösungsmenge gehören, hängt von der Grundmenge ab.

Lösung	G = ℕ	G = ℤ	G = ℚ
x < −3	L = { } Lösungsmenge ist die leere Menge, weil es keine natürliche Zahl gibt, die kleiner als −3 ist.	L = {−4; −5; −6; …}	L = {x | x < −3} Man liest: Die Menge aller x, für die gilt: x ist kleiner als −3.
x > 3	L = {4; 5; 6; …}	L = {4; 5; 6; …}	L = {x | x > 3}
x ≥ −3	L = {0; 1; 2; …}	L = {−3; −2; −1; 0; 1; 2; …}	L = {x | x ≥ −3}

1 Gleiche oder unterschiedliche Lösungsmengen?

a) x > 5
   −5 > −x
b) −x > 5
   x > −5
c) x < −1
   −1 > −x
d) 2 ≥ −x
   x ≤ −2
e) −4 ≤ −x
   x ≥ 4
f) −x ≤ 3,5
   −3,5 ≥ x

2 Setzen Sie eines der Zeichen >, <, ≥ und ≤ richtig ein.

a) 2x > −2
   x ▢ −1
b) −x < 3
   x ▢ −3
c) −x ≥ −7
   x ▢ 7
d) −3x ≤ 6
   x ▢ −2
e) 0 > −2x
   0 ▢ x
f) $-\frac{1}{2}x ≥ 4$
   x ▢ −8

Merke Beim grafischen Darstellen einer Lösungsmenge müssen die Grundmenge und das Relationszeichen beachtet werden. Besteht die Grundmenge aus ganzzahligen Werten (ℕ, ℤ usw.), so werden die Lösungszahlen als Punkte markiert, andernfalls als Linie.

kleiner, weniger als	größer, mehr als	höchstens, kleiner oder gleich	mindestens, größer oder gleich
x < y G = ℤ	x > y G = ℚ	x ≤ y G = ℚ	x ≥ y G = ℕ

Bemerkung Die Relationszeichen kleiner bzw. größer werden durch eckige Klammern dargestellt, die von den Lösungswerten wegzeigen. Bei den Zeichen größer oder gleich bzw. kleiner oder gleich zeigen die Klammern zu den Lösungswerten hin.

Beispiel

a) 5(6 + 2x) < (3x − 5) · 8
   30 + 10x < 24x − 40 | −10x
   30 < 14x − 40 | +40
   30 + 40 < 14x
   70 < 14x | :14
   5 < x
   x > 5
   G = ℕ; L = {6; 7; 8; …}

b) (2x + 3)(2 + 2x) ≥ (4x − 3)(x + 1)
   4x + 6 + 4x² + 6x ≥ 4x² − 3x + 4x − 3
   10x + 6 + 4x² ≥ 4x² + x − 3 | −4x²
   10x + 6 ≥ x − 3 | −x
   9x + 6 ≥ −3 | −6
   9x ≥ −9 | :9
   x ≥ −1
   G = ℚ; L = {x | x ≥ −1}

3 Geben Sie mindestens zwei Ungleichungen mit der zugehörigen Grundmenge an.

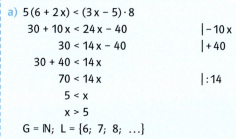

Alles klar?
→ Lösungen Seite 277
D17 Fördern

4 Übertragen Sie die Lösung auf die Zahlengerade. Nehmen Sie als Einheit 1 cm.

a) x ≥ 0;   G = ℕ
b) x < −1;   G = ℤ
c) x > −3;   G = ℚ
d) x ≤ 2;   G = ℚ
e) x ≥ −2,5;   G = ℕ
f) x ≤ 8,1;   G = ℤ
g) 3,5 < −x;   G = ℤ
h) $-3\frac{1}{5} ≤ x$;   G = ℚ

5 Lösen Sie die Ungleichung.

a) −5x > 3
b) −4x < 14
c) 12x ≥ −30
d) −9x ≤ −29,7
e) $-\frac{x}{3} < 4,8$
f) $-\frac{x}{8} ≥ −3,2$
g) −16,3x > −40,75
h) $-4\frac{3}{10} ≤ \frac{5}{4}x$

A Lösen Sie die Ungleichung und geben Sie die Lösungsmenge an.

a) 3x < 9;   G = ℕ
b) 3x ≤ 9;   G = ℚ
c) −2x > 8;   G = ℚ
d) −4x ≤ −16; G = ℕ

6 Lösen Sie die Ungleichung.

a) 7(4x + 6) < 14x
b) 2x + 5 ≤ x − 1
c) 7(x + 22) − 43 > 132
d) 4(2x + 3) > 3(3x + 2)
e) $3\left(\frac{1}{2}x - 1\right) - 2\left(4 - \frac{3}{2}x\right) ≥ 0$

17 Potenzen

Eine Legende erzählt, dass der indische Erfinder des Schachspiels dieses Spiel einem Maharadscha zum Geschenk machte. Dieser gestattete dem Erfinder einen Wunsch. Der Erfinder erbat sich für das erste Feld des Schachbretts ein Reiskorn und für jedes weitere jeweils doppelt so viele Körner wie auf dem vorherigen. Der Maharadscha, erfreut über solche Bescheidenheit, ließ ein Feld nach dem anderen mit der gewünschten Anzahl Körner belegen. Bald war sein Erstaunen groß.

→ Wie groß ist die Anzahl der Körner auf dem 5.; 10. und auf dem 20. Feld?

→ Schätzen Sie das Gewicht der Reiskörner auf dem 64. Feld. Nehmen Sie an, dass 40 Reiskörner etwa **1 g** wiegen. Vergleichen Sie mit der Weltjahresernte im Erntejahr 2021/2022, sie betrug 515 Mio. t Reis.

Ein Produkt aus lauter gleichen Faktoren lässt sich vereinfacht in der **Potenzschreibweise** angeben:
$$2 \cdot 2 \cdot 2 = 2^3 \qquad (-3) \cdot (-3) \cdot (-3) \cdot (-3) = (-3)^4$$

Dabei benutzt man folgende Bezeichnungen: **Basis** **Exponent**

$$5 \cdot 5 \cdot 5 \cdot 5 = \underbrace{5^4}_{\text{Potenz}} = \underbrace{625}_{\text{Potenzwert}}$$

Merke Die **Potenz** a^n ist ein Produkt aus n gleichen Faktoren a.
$a^n = \underbrace{a \cdot a \cdot a \cdot a \cdot \ldots \cdot a}_{n \text{ Faktoren}}$ Dabei ist a eine rationale Zahl und n eine positive natürliche Zahl.

Beispiel a) $3^4 = 3 \cdot 3 \cdot 3 \cdot 3 = 81$ b) $0{,}5^3 = 0{,}5 \cdot 0{,}5 \cdot 0{,}5 = 0{,}125$ c) $\left(\frac{2}{3}\right)^3 = \frac{2}{3} \cdot \frac{2}{3} \cdot \frac{2}{3}$

d) Das Produkt aus einer **geraden** Anzahl **negativer** Zahlen ist **positiv**.
$(-2)^4 = (-2) \cdot (-2) \cdot (-2) \cdot (-2) = 16$

e) Das Produkt aus einer **ungeraden** Anzahl **negativer** Zahlen ist **negativ**.
$(-2)^5 = (-2) \cdot (-2) \cdot (-2) \cdot (-2) \cdot (-2) = -32$

Bemerkung
- Potenzen mit dem Exponenten 1 haben denselben Wert wie ihre Basis: $a^1 = a$.
- Potenzen mit dem Exponenten 2 nennt man **Quadratzahlen**, Potenzen mit dem Exponenten 3 nennt man **Kubikzahlen**.
- Der Exponent bezieht sich immer nur auf das letzte Zeichen: $-2^2 = -2 \cdot 2 = -4$, aber $(-2)^2 = (-2) \cdot (-2) = +4$.

Quadratzahlen, die Sie auswendig wissen sollten:
$11^2 = 121$
$12^2 = 144$
$13^2 = 169$
$14^2 = 196$
$15^2 = 225$
$16^2 = 256$
$17^2 = 289$
$18^2 = 324$
$19^2 = 361$
$20^2 = 400$
$25^2 = 625$
$35^2 = 1225$
$45^2 = 2025$

1 Wofür steht 4^3?
$3 + 3 + 3 + 3$ $\qquad$ $4 + 4 + 4$
$3 \cdot 3 \cdot 3 \cdot 3$ $\qquad$ $4 \cdot 4 \cdot 4$

2 Rechnen Sie im Kopf.
a) 2^3 b) 2^5 c) 2^7 d) 2^9
e) 3^4 f) 4^3 g) 5^3 h) 6^3

3 Rechnen Sie im Kopf.
a) $1{,}1^2$ b) $1{,}6^2$ c) $2{,}5^2$ d) $4{,}5^2$
e) 140^2 f) 200^2 g) $0{,}1^2$ h) $0{,}01^2$

4 Berechnen Sie ohne Taschenrechner.
a) $0{,}5^2$ b) $0{,}2^2$ c) $0{,}2^3$ d) $0{,}3^3$
e) $\left(\frac{1}{2}\right)^3$ f) $\left(\frac{1}{2}\right)^4$ g) $\left(\frac{2}{3}\right)^3$ h) $\left(\frac{3}{4}\right)^3$

Alles klar?
→ Lösungen Seite 277
D18 Fördern

Potenzen, die Sie auswendig wissen sollten:
$2^1 = 2$
$2^2 = 4$
$2^3 = 8$
$2^4 = 16$
$2^5 = 32$
$2^6 = 64$
$2^7 = 128$
$2^8 = 256$
$2^9 = 512$
$2^{10} = 1024$

$3^2 = 9$
$3^3 = 27$
$3^4 = 81$
$3^5 = 243$

$5^2 = 25$
$5^3 = 125$
$5^4 = 625$

A Schreiben Sie als Potenz.
a) $3 \cdot 3 \cdot 3 \cdot 3 \cdot 3$
b) $a \cdot a \cdot a$

B Berechnen Sie ohne Taschenrechner.
a) 3^2
b) $(-4)^3$
c) $\left(\frac{2}{3}\right)^4$

5 Geben Sie den Potenzwert ohne Taschenrechner an.
a) $(-1)^5$
b) $(-2)^6$
c) $(-3)^4$
d) $(-0,2)^3$
e) $(-0,1)^6$
f) $(-5)^3$
g) $(-0,01)^2$
h) $\left(-\frac{1}{2}\right)^7$
i) $\left(-\frac{3}{4}\right)^2$
j) $\left(-\frac{3}{4}\right)^3$
k) $\left(-\frac{2}{5}\right)^4$
l) $\left(-\frac{3}{10}\right)^5$

6 Schreiben Sie als Potenz. Es gibt mehrere Möglichkeiten.
a) 64
b) 81
c) 512
d) 625
e) $\frac{1}{16}$
f) $\frac{1}{81}$
g) $\frac{16}{625}$
h) $\frac{1}{10\,000}$
i) $\frac{81}{256}$

7 Vergleichen Sie die Potenzwerte.
a) -2^4 und 2^4
b) $(-3)^3$ und -3^3
c) -4^2 und $(-4)^2$
d) $-(-5)^3$ und $-(-5^3)$

8 Bestimmen Sie durch Probieren mit dem Taschenrechner den größtmöglichen ganzzahligen Exponenten für n.
a) $2^n < 1000$
b) $3^n < 10\,000$
c) $1,5^n < 200\,000$
d) $0,4^n < 0,0005$

9 Probieren Sie mit dem Taschenrechner.
a) Welche Potenz mit der Basis 3 liegt erstmals über dem Potenzwert von 1 000 000?
b) Welche Zweierpotenz liegt am dichtesten bei 10 000 000?
c) Welches Produkt braucht weniger Faktoren um 1 000 000 000 zu übertreffen: $1 \cdot 2 \cdot 3 \cdot 4 \cdot 5 \cdot \ldots$ oder $5 \cdot 5 \cdot 5 \cdot 5 \cdot 5 \cdot \ldots$?

10 Was muss eingesetzt werden?
a) $4^{\blacksquare} = 64$
b) $\blacksquare^4 = 625$
c) $\blacksquare^4 = 81$
d) $\blacksquare^5 = -32$
e) $\blacksquare^{\blacksquare} = 128$
f) $\blacksquare^{\blacksquare} = \frac{8}{125}$

11 Potenzen von Dezimalzahlen
a) Wie viele Nachkommaziffern haben die folgenden Potenzen?
$0,123^5$ $0,12^5$
$0,123^6$ $0,123^5$
$0,123^7$ $0,1234^5$
b) Wie heißt die letzte Ziffer des genauen Potenzwerts?
$1,23^5$ $1,23^6$
$2,34^5$ $1,23^7$
$3,45^5$ $1,23^8$

12 Überlegen Sie
a) wie viele Urgroßeltern Sie haben.
b) wie viele Ur-Ur-Urgroßeltern Sie haben.
c) wie viele Vorfahren Sie vor sechs Generationen hatten.
d) wie viele Vorfahren Sie im Jahre 1650 gehabt haben müssen, wenn man für den Abstand von zwei Generationen 25 Jahre annimmt.

13 Untersuchungen haben ergeben, dass sich die Anzahl der Keime in frisch gemolkener Kuhmilch etwa jede halbe Stunde verdoppelt. Zu Beginn wurden 700 Keime gezählt.
a) Wie viele Keime sind nach sechs Stunden vorhanden?
b) Wie lange dauert es, bis sich eine Milliarde Keime gebildet haben?

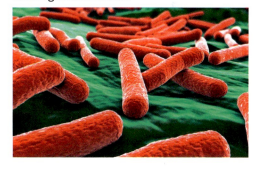

14 Auf der Erde gibt es ca. 4,3 Mrd. Menschen mit (mindestens) einer E-Mail-Adresse. Wenn jemand diese Zahl als Information per E-Mail an zwei Personen weitergeben würde und diese am folgenden Tag wiederum an jeweils zwei Personen usw. Wie lange würde es dauern, bis diese Information jeden Erdbewohner erreicht? Schätzen Sie zuerst.

18 Potenzen mit gleicher Basis

$5^{150} : 5^{147}$
$= \dfrac{5^{150}}{5^{147}}$

Vincenzo hat die Aufgabe in den Taschenrechner eingegeben und wundert sich, warum der Taschenrechner ihm nicht das gewünschte Ergebnis liefert.
→ Haben Sie eine Idee?
→ Überprüfen Sie Ihre Vermutung mit Zahlen, die kleinere Exponenten haben.

Bei der **Multiplikation** bzw. **Division** von Potenzen mit gleicher Basis lassen sich die einzelnen Potenzen zunächst wieder als Produkte darstellen.

$a^6 \cdot a^4 = \underbrace{(a \cdot a \cdot a \cdot a \cdot a \cdot a)}_{\text{6 Faktoren}} \cdot \underbrace{(a \cdot a \cdot a \cdot a)}_{\text{4 Faktoren}}$

$= \underbrace{a \cdot a \cdot a \cdot a \cdot a \cdot a \cdot a \cdot a \cdot a \cdot a}_{\text{10 Faktoren}}$

$= a^{10}$

$\dfrac{a^6}{a^4} = \dfrac{a \cdot a \cdot a \cdot a \cdot a \cdot a}{a \cdot a \cdot a \cdot a}$
$= a \cdot a$
$= a^2$

Für das Multiplizieren bzw. das Dividieren ergibt sich also folgender Zusammenhang:

$a^6 \cdot a^4 = a^{6+4} = a^{10}$ $\qquad \dfrac{a^6}{a^4} = a^{6-4} = a^2$

Ebenso gilt für beliebige Exponenten:

$a^m \cdot a^n = a^{m+n}$ $\qquad \dfrac{a^m}{a^n} = a^{m-n}$

Das **Potenzieren** von Potenzen lässt sich als Multiplikation von Potenzen mit gleicher Basis darstellen.

$(a^3)^2 = a^3 \cdot a^3$

$= \underbrace{(a \cdot a \cdot a)}_{\text{3 Faktoren}} \cdot \underbrace{(a \cdot a \cdot a)}_{\text{3 Faktoren}}$ $\quad = 3 + 3$ Faktoren
$\qquad\qquad\qquad\qquad\qquad\quad = 2 \cdot 3$ Faktoren $\qquad$ Für beliebige Exponenten gilt:
$= a^6 \qquad\qquad\qquad\qquad\quad\; = 6$ Faktoren $\qquad (a^m)^n = a^{m \cdot n}$

> **Merke** | **Potenzgesetze für Potenzen mit gleicher Basis**
>
> Potenzen mit gleicher Basis werden **multipliziert**, indem man die Basis beibehält und die Exponenten addiert: $a^m \cdot a^n = a^{m+n}$
>
> Potenzen mit gleicher Basis werden **dividiert**, indem man die Basis beibehält und die Exponenten subtrahiert: $\dfrac{a^m}{a^n} = a^{m-n}$
> Für $a = 0$ gibt es keine Division.
>
> Potenzen werden potenziert, indem man ihre Exponenten multipliziert: $(a^m)^n = a^{m \cdot n} = a^{mn}$

Beispiel
a) $2^5 \cdot 2^4 = 2^{5+4}$
$\quad = 2^9$

b) $x^{2n} \cdot x^n = x^{2n+n}$
$\quad = x^{3n}$

c) $\dfrac{0{,}7^{11}}{0{,}7^5} = 0{,}7^{11-5}$
$\quad = 0{,}7^6$

d) $\dfrac{y^{n+5}}{y^3} = y^{(n+5)-3}$
$\quad = y^{n+2}$

e) $a^{2n+1} \cdot a^{n-3} = a^{(2n+1)+(n-3)}$
$\quad = a^{3n-2}$

f) $(3^2)^4 = 3^{2 \cdot 4}$
$\quad = 3^8$

1 Schreiben Sie als Produkt von Potenzen. Es gibt mehrere Möglichkeiten.
a) $3 \cdot 3 \cdot 3 \cdot 3 \cdot 3$
b) $5 \cdot 5 \cdot 5 \cdot 5 \cdot 5 \cdot 5$
c) $6 \cdot 6 \cdot 6 \cdot 6$
d) $2 \cdot 2 \cdot 2 \cdot 2 \cdot 2 \cdot 2 \cdot 2 \cdot 2 \cdot 2$
e) $10 \cdot 10 \cdot 10 \cdot 10 \cdot 10$

2 Achten Sie auf den Unterschied.
Beispiel: $4^2 + 4^3 = 16 + 64 = 80$
$4^2 \cdot 4^3 = 4^{2+3} = 4^5 = 1024$
a) $2^2 + 2^4$
   $2^2 \cdot 2^4$
b) $2^3 + 2^3$
   $2^3 \cdot 2^3$
c) $3^4 - 3^2$
   $3^4 : 3^2$
d) $5^5 - 5^2$
   $5^5 : 5^2$

3 Ordnen Sie die Lösungskärtchen zu.
a) $2^5 \cdot 2^7$ b) $9 \cdot 9^2$ c) $6^2 \cdot 6^3$
d) $3^8 : 3^3$ e) $4^5 \cdot 4^4$

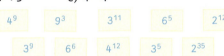

4 Schreiben Sie mit einer Potenz.
a) $2^3 \cdot 2^5$
b) $7^9 \cdot 7^3$
c) $5 \cdot 5^4 \cdot 5^5$
d) $a^1 \cdot a^2 \cdot a^3 \cdot a^4$
e) $b^k \cdot b^m \cdot b^n$
f) $(-x)^x \cdot (-x)^y$
g) $\left(-\frac{x}{2}\right)^m \cdot \left(-\frac{x}{2}\right)$

Alles klar?
→ Lösungen Seite 277
D19 Fördern
→ Seite 17

A Vereinfachen Sie.
a) $3^5 \cdot 3^7$
b) $x^3 \cdot x^2$
c) $8^{99} : 8^{98}$
d) $x^{15} : x^7$

5 Schreiben Sie mit einer Potenz.
a) $8^7 : 8^3$
b) $9^{12} : 9^6$
c) $\frac{a^{13}}{a^{11}}$
d) $m^{10} : m^9$
e) $(3^p : 3^q) : 3^r$
f) $\frac{y^m}{y^n}$
g) $\frac{(-b)^{2m}}{(-b)^m}$
h) $\frac{(-0,05)}{(-0,05)^p}$

6 Zerlegen Sie die Potenz auf verschiedene Arten in ein Produkt von Potenzen bzw. in einen Quotienten von Potenzen.
a) 3^8 b) 5^7 c) 11^4 d) 10^{10}

7 Ihr Taschenrechner kann $5200 : 5^{197}$ nicht berechnen. Können Sie ihm helfen? Überfordern Sie Ihren Taschenrechner mit ähnlichen Aufgaben und lösen Sie sie.

8 Berechnen Sie im Kopf.
a) $5^{13} : 5^{11}$
b) $2^{100} : 2^{90}$
c) $3^{333} : 3^{330}$
d) $4^{32} : 4^{28}$
e) $10^{259} : 10^{247}$
f) $\frac{6^{37}}{6^{34}}$

9 Vereinfachen Sie.
a) $a^2 \cdot a^3 \cdot a^4$
b) $x^3 \cdot x^3 \cdot x^5$
c) $5^a \cdot 5^b \cdot 2^c \cdot 2^d$
d) $x^m \cdot y^n \cdot z^p \cdot x^q \cdot y^r \cdot z$
e) $a \cdot b^y \cdot c^m \cdot a^x \cdot b^{2y} \cdot c^7 \cdot a^y \cdot b^{3y}$

10 Was müssen Sie einsetzen?
a) $3^{\square} \cdot 3^4 = 3^7$
b) $\square^2 \cdot 4^3 = 4^5$
c) $0,5^4 \cdot \square^7 = 0,5^{11}$
d) $12^{\square} : 12^9 = 12^3$
e) $2^{\square} : 2^{\square} = 1024$
f) $3^4 \cdot 243 = 3^{\square}$
g) Stellen Sie sich gegenseitig solche Aufgaben und lösen Sie sie.

11 Die Aufgabe in der Multiplikationsmauer hat mehrere Lösungen. Finden Sie mindestens zwei verschiedene Multiplikationsmauern.

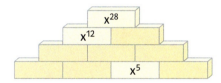

12 Welche Fehler wurden gemacht? Begründen Sie und lösen Sie die Aufgabe richtig.
a) $2^3 \cdot 3^4 = 6^7$
b) $4^5 - 4^3 = 4^2$
c) $x^3 \cdot x = x^3$
d) $3^2 \cdot 3^4 = 3^8$
e) $(a^3)^5 = a^8$

13 Überprüfen Sie, ob die Terme gleich sind. Setzen Sie für ▓ das richtige Zeichen = oder ≠ ein und begründen Sie.
a) $5^3 \cdot (-5)^5 \; \square \; 5^8$
b) $x^m : x^4 \; \square \; x^{m-4}$
c) $a^{13} \cdot b^x \cdot a^4 \cdot b^2 : a^7 \; \square \; a^{10} \cdot b^{x-2}$
d) $8^{14} \cdot (8^2)^7 \cdot 8 : (8^7)^2 \; \square \; 8^{10}$
e) $x^4 \cdot x^{3m} \cdot (x^2)^m \cdot x^5 : (x^m)^4 \; \square \; x^{14m}$

19 Potenzen mit gleichen Exponenten

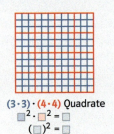
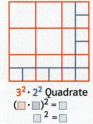

Quadrate über Quadrate!
→ Wie viele Möglichkeiten finden Sie, die Gesamtzahl der kleinen Teilquadrate zu ermitteln?
→ Drücken Sie Ihre Lösungswege in Potenzschreibweise aus.

(3·3)·(4·4) Quadrate
□² · □² = □
(□)² = □

3² · 2² Quadrate
(□·□)² = □
□² = □

Beim **Multiplizieren** bzw. **Dividieren** von Potenzen mit **gleichen Exponenten** lassen sich die einzelnen Potenzen in Produkte verwandeln und neu zusammenfassen.

$a^3 \cdot b^3 = \underbrace{(a \cdot a \cdot a) \cdot (b \cdot b \cdot b)}_{\text{jeweils 3 Faktoren}}$

$= \underbrace{(a \cdot b) \cdot (a \cdot b) \cdot (a \cdot b)}_{\text{3 gleiche Produkte als Faktoren}}$

$= (a \cdot b)^3$

$\frac{a^4}{b^4} = \underbrace{\frac{a \cdot a \cdot a \cdot a}{b \cdot b \cdot b \cdot b}}_{\text{jeweils 4 Faktoren}}$

$= \underbrace{\left(\frac{a}{b}\right) \cdot \left(\frac{a}{b}\right) \cdot \left(\frac{a}{b}\right) \cdot \left(\frac{a}{b}\right)}_{\text{4 Quotienten als Faktoren}}$

$= \left(\frac{a}{b}\right)^4$

Für das Multiplizieren bzw. Dividieren ergibt sich folgender Zusammenhang:
$a^3 \cdot b^3 = (a\,b)^3$ $\qquad \frac{a^4}{b^4} = \left(\frac{a}{b}\right)^4$

Für beliebige Exponenten gilt:
$a^m \cdot b^m = (a\,b)^m$ $\qquad \frac{a^m}{b^m} = \left(\frac{a}{b}\right)^m$

Merke | **Potenzgesetze für Potenzen mit gleichen Exponenten**

Potenzen mit gleichen Exponenten werden **multipliziert**, indem man ihre Basen multipliziert und den gemeinsamen Exponenten beibehält:
$a^n \cdot b^n = (a \cdot b)^n$.

Potenzen mit gleichen Exponenten werden **dividiert**, indem man ihre Basen dividiert und den gemeinsamen Exponenten beibehält:
$\frac{a^n}{b^n} = \left(\frac{a}{b}\right)^n$; $b \neq 0$.

Beispiel

a) $2{,}5^5 \cdot 4^5$
$= (2{,}5 \cdot 4)^5 = 10^5$

b) $\frac{45^3}{9^3}$
$= \left(\frac{45}{9}\right)^3 = 5^3$

c) $\frac{(-3)^7}{6^7}$
$= \left(-\frac{3}{6}\right)^7 = \left(-\frac{1}{2}\right)^7 = -\frac{1}{128}$

d) $\left(\frac{3}{4}\right)^5 \cdot \left(\frac{4}{3}\right)^5$
$= \left(\frac{3}{4} \cdot \frac{4}{3}\right)^5 = 1^5 = 1$

e) $2^n \cdot 3^n$
$= (2 \cdot 3)^n = 6^n$

f) $\frac{56^y}{14^y}$
$= \left(\frac{56}{14}\right)^y = 4^y$

g) Eine Potenz lässt sich als Produkt von Potenzen schreiben:
$12^3 = (2 \cdot 6)^3 = 2^3 \cdot 6^3$
$12^3 = (3 \cdot 4)^3 = 3^3 \cdot 4^3$

h) Eine Potenz lässt sich als Quotient von Potenzen schreiben:
$2^4 = \left(\frac{6}{3}\right)^4 = \frac{6^4}{3^4}$
$\left(\frac{2}{3}\right)^4 = \frac{2^4}{3^4} = \frac{16}{81}$

1 Rechnen, Formeln, Prozente und Zinsen — Potenzen mit gleichen Exponenten

1 Rechnen Sie im Kopf.
a) $2^3 \cdot 5^3$ b) $5^4 \cdot 20^4$
c) $1{,}5^2 \cdot 4^2$ d) $1{,}25^3 \cdot 8^3$
e) $(-2)^5 \cdot 50^5$ f) $2{,}5^4 : 0{,}5^4$
g) $22^6 : 11^6$ h) $36^4 : 12^4$

2 Der Taschenrechner braucht Ihre Hilfe.
a) $\dfrac{16\,384^{25}}{8192^{25}}$ b) $\dfrac{370\,368^{20}}{123\,456^{20}}$
c) $\dfrac{28\,572^{30}}{9524^{30}}$ d) $\dfrac{55\,555^{55}}{11\,111^{55}}$

3 Unterscheiden Sie.
Beispiel: $2^3 + 5^3 = 8 + 125 = 133$
$2^3 \cdot 5^3 = (2 \cdot 5)^3 = 10^3 = 1000$
a) $3^2 + 4^2$ b) $2^4 + 5^4$ c) $3^2 + 10^2$
$3^2 \cdot 4^2$ $2^4 \cdot 5^4$ $3^2 \cdot 10^2$

Alles klar?
→ Lösungen Seite 277
D20 Fördern
→ Seite 18

A Fassen Sie zusammen und berechnen Sie, falls möglich.
a) $3^5 \cdot 2^5$
b) $12^3 \cdot 6^3$
c) $\dfrac{56\,000^3}{14\,000^3}$
d) $x^3 \cdot y^3$
e) $a^6 : b^6$

4 Für dieses Produkt gilt kein Potenzgesetz. Rechnen Sie dennoch im Kopf.
Beispiel:
$2^3 \cdot 5^4 = 2^3 \cdot 5^3 \cdot 5 = (2 \cdot 5)^3 \cdot 5 = 10^3 \cdot 5 = 5000$
a) $2^4 \cdot 5^3$ b) $2^3 \cdot 5^2$
c) $3^3 \cdot 2^5$ d) $4^4 \cdot 5^3$
e) $5^4 \cdot 2^5$ f) $6^2 \cdot 5^4$

5 Berechnen Sie im Kopf.
a) $\dfrac{60^5}{30^5}$ b) $\dfrac{36^3}{12^3}$
c) $\dfrac{44^6}{(-22)^6}$ d) $\dfrac{(-85)^3}{17^3}$
e) $\dfrac{72^4}{6^2 \cdot 6^2}$ f) $\dfrac{16^3 \cdot 16^4}{(-64)^7}$

6 Berechnen Sie ohne Taschenrechner.
a) $12{,}5^3 \cdot 8^3$ b) $0{,}25^9 \cdot 4^9$
c) $2^4 \cdot \left(\dfrac{1}{2}\right)^4$ d) $(0{,}75)^2 \cdot 4^2$
e) $(-0{,}2)^6 \cdot 10^6$ f) $\left(\dfrac{1}{3}\right)^4 \cdot 9^4$

7 Formen Sie das Produkt bzw. den Quotienten um.
a) $x^2 \cdot y^2$ b) $a^5 \cdot b^5$ c) $2^3 \cdot z^3$
d) $10^4 \cdot x^4$ e) $y^6 \cdot 0{,}5^6$ f) $\dfrac{c^5}{d^5}$
g) $\dfrac{x^{10}}{y^{10}}$ h) $\dfrac{(3\,m)^2}{(2\,m)^2}$ i) $\dfrac{(8\,a)^4}{(2\,a)^4}$

8 Vereinfachen Sie und lösen Sie dann die Klammern auf.
a) $(3\,a)^2 \cdot (4\,a)^2$ b) $(5\,x^2)^2 : 2^2$
c) $\left(\dfrac{3}{a}\right)^2 \cdot 0^2$ d) $\left(\dfrac{x^2}{5}\right)^2 \cdot \left(\dfrac{x}{3}\right)^2$
e) $(3+a)^2 \cdot (-1)^2$ f) $(x^2+5)^2 \cdot 2^2$

9 Vereinfachen Sie.
a) $2^m \cdot 3^m$ b) $5^n \cdot 3^n$
c) $3^{2n} \cdot 4^{2n}$ d) $2^{n+1} : 4^{n+1}$
e) $a^{x-3} : (3\,a)^{x-3}$ f) $a^{2x-1} : (0{,}5\,a)^{2x-1}$

10 Formen Sie um.
a) $a^{n+1} \cdot b^{n+1}$ b) $\left(\dfrac{3}{4}\right)^y \cdot \left(\dfrac{1}{2}\right)^y$
c) $s^{n+2} \cdot (s+1)^{n+2}$ d) $\left(-\dfrac{4}{7}\right)^{n+1} \cdot \left(-\dfrac{21}{2}\right)^{n+1}$
e) $(x+1)^n \cdot (x-1)^n$ f) $\dfrac{(x^2-9)^n}{(x-3)^n}$

11 Überprüfen Sie, ob die Terme gleich sind. Setzen Sie das richtige Zeichen = oder ≠ für den Platzhalter ein und begründen Sie.
a) $(-2\,a^3)^4 \cdot \left(\dfrac{1}{2}a^2\right)^4 \,\square\, a^{20}$
b) $(3\,x)^3 + (6\,x)^3 \,\square\, (18\,x)^3$
c) $(5\,y^4)^2 : \left(\dfrac{y}{5}\right)^2 \,\square\, y^6$
d) $(4\,s)^{x+1} \cdot (8\,s^2)^{x+1} \,\square\, (32\,s^3)^{x+2}$

12 Zerlegen Sie alle roten Teilwürfel.

a) Wie viele kleine Würfel sind es dann insgesamt?
b) „Das Produkt zweier Kubikzahlen ist wieder eine Kubikzahl." Stimmt das? Überprüfen Sie den Satz an Beispielen und weisen Sie ihn allgemein nach.

20 Potenzen mit negativen Exponenten

$3^4 = 81$
$3^3 = 27$ $): 3$
$3^2 = 9$ $): 3$
$3^1 = 3$ $): 3$
$3^{\square} = 1$ $): 3$
$3^{\square} = \frac{1}{3^1}$ $): 3$
$3^{\square} = \frac{1}{3^2} = \frac{1}{9}$ $): 3$

$\frac{2^{10}}{2^3} = 2^{7}$
$\frac{2^{7}}{2^3} = 2^{4}$
$\frac{2^{4}}{2^3} = 2^1$
$\frac{2^{\square}}{2^3} = 2^{\square}$
$\frac{2^{\square}}{2^3} = 2^{\square}$

→ Setzen Sie die Reihe der Dreierpotenzen fort.
→ Was bedeutet die Zahl 3^{-4}?
→ Ergänzen Sie die Lücken bei den Zweierpotenzen.
→ Stellen Sie sich die Zweierreihe noch 20 Schritte fortgesetzt vor. Wie lautet dann die letzte Zeile?
→ Bilden Sie selbst solche Reihen.
→ Was könnte der seltsame Ausdruck 10^0 bedeuten?

Der Exponent m der Potenz a^m zählt die Anzahl der Faktoren a. Es ist zweckmäßig, für Brüche aus Potenzen mit gleicher Basis eine erweiterte Zählregel einzuführen.

Für $\frac{a^m}{a^n}$ schreibt man a^{m-n}.
Die Zahl m zählt die Faktoren im Zähler,
die Zahl n die Faktoren im Nenner.

$5 - 3 = 2$
$a^{5-3} = \frac{a \cdot a \cdot a \cdot a \cdot a}{a \cdot a \cdot a} = a \cdot a = a^2$

Dabei kann n auch größer sein als m.
Das Kürzen des Bruchs entspricht dem Ausrechnen des Exponenten.

$3 - 5 = -2$
$a^{3-5} = \frac{a \cdot a \cdot a}{a \cdot a \cdot a \cdot a \cdot a} = \frac{1}{a \cdot a} = a^{-2}$

Die Zählregel erklärt auch, was a^0 und a^{-n} bedeuten.

$a^0 = a^{n-n} = \frac{a^n}{a^n} = 1$ $a^{-n} = a^{0-n} = \frac{1}{a^n}$;

Merke Potenzen mit **negativen ganzen Zahlen im Exponenten** sind erklärt durch
$a^{-n} = \frac{1}{a^n}$.
Potenzen mit Exponent 0 sind erklärt durch $a^0 = 1$.
In beiden Fällen muss gelten $a \neq 0$.

Bemerkung Die Voraussetzung $a \neq 0$ ist nötig, weil der Term 0^0 nicht sinnvoll definiert werden kann.
Die Reihe $4^0 = 1$; $3^0 = 1$; $2^0 = 1$; $1^0 = 1$ müsste nämlich mit $0^0 = 1$ fortgesetzt werden,
die Reihe $0^4 = 0$; $0^3 = 0$; $0^2 = 0$; $0^1 = 0$ aber mit $0^0 = 0$.
Diese beiden Fortsetzungen von Reihen passen nicht zusammen.

Beispiel
a) $2^{-4} = \frac{1}{2^4} = \frac{1}{16} = 0{,}0625$
b) $0{,}3^{-2} = \frac{1}{0{,}3^2} = \frac{1}{0{,}09}$
c) $x^{-3} = \frac{1}{x^3}$
d) $a^3 \cdot b^{-3} = \frac{a^3}{b^3} = \left(\frac{a}{b}\right)^3$

○ **1** Schreiben Sie die Potenz als Bruch.
a) 2^{-3} b) 2^{-4} c) 5^{-2}
d) 1^{-8} e) $1{,}5^{-2}$ f) $0{,}05^{-4}$
g) $(-5)^{-2}$ h) $(-6)^{-5}$ i) $(-10)^{-10}$

○ **2** Schreiben Sie den Bruch als Potenz mit negativem Exponenten.
a) $\frac{1}{2^5}$ b) $\frac{1}{5^3}$ c) $\frac{1}{7^9}$ d) $\frac{1}{10^{10}}$

○ **3** Schreiben Sie die Potenz als Bruch und berechnen Sie.
a) 2^{-6} b) 3^{-4} c) 4^{-3} d) $0{,}2^{-3}$
e) 1^{-7} f) 11^{-2} g) 2^{-10} h) $0{,}5^{-2}$

● **4** Berechnen Sie jeweils für
$n = 10; 9; 8; \ldots; 0; -1; \ldots; -10$.
a) 2^n b) 3^n c) $0{,}1^n$
d) $(-3)^n$ e) $(-0{,}01)^n$ f) $(-1)^n$

1 Rechnen, Formeln, Prozente und Zinsen Potenzen mit negativen Exponenten

Alles klar?
→ Lösungen Seite 277
D21 Fördern

A Schreiben Sie als Bruch bzw. ohne Bruch.
a) 2^{-6} b) $\frac{3^2}{3^5}$ c) $\frac{1}{3^4}$
d) x^{-3} e) $\frac{1}{x^4}$

5 So ein Durcheinander! Setzen Sie die Terme mithilfe von Gleichheitszeichen richtig zusammen und ordnen Sie nach der Größe.

6 Lesen Sie genau.
$(-3)^2 = (-3) \cdot (-3) = 9$;
aber $-3^2 = -3 \cdot 3 = -9$.
Ordnen Sie die Potenzen nach der Größe.
a) 3^{-3}; 2^{-3}; 3^2; 2^3; $(-2)^3$; $(-3)^2$; -2^3; -3^2
b) 3^{-4}; $(-4)^3$; $(-4)^{-3}$; -3^4; $(-3)^{-4}$

7 Benutzen Sie den Taschenrechner.
a) $4^{-3} \cdot 5^{-2}$ b) $2^{-2} \cdot 8^{-1}$ c) $5^{-3} \cdot 7^{-4}$
d) $4^{-3} \cdot 7^3$ e) $8^{-2} \cdot 3^4$ f) $6^{-3} \cdot 6^8$

8 Ausklammern spart Zeit. Runden Sie, falls nötig, auf fünf Nachkommastellen.
a) $2^{-3} \cdot 5^{-2} + 2^{-3} \cdot 3^{-4}$ b) $4^{-3} \cdot 5^{-1} + 4^{-3} \cdot 5^2$
c) $7^{-2} \cdot 9^{-2} + 7^{-2} \cdot 12^{-2}$ d) $11^{-3} \cdot 3^5 + 11^{-3} \cdot 5^3$

Methode

Noch mehr Potenzgesetze

- Vergleichen Sie $\left(\frac{1}{2}\right)^{-4}$ und 2^4; $\left(\frac{1}{5}\right)^{-3}$ und 5^3; $\left(\frac{1}{7}\right)^{-4}$ und 7^4. Suchen Sie weitere solche Beispiele.
- Vergleichen Sie $\left(\frac{2}{3}\right)^{-4}$ und $\left(\frac{3}{2}\right)^4$. Suchen Sie weitere solche Beispiele.
- Schreiben Sie in Worten eine Regel auf, wie man Brüche mit negativen Potenzen in Brüche mit positiven Potenzen umwandelt.

Potenzieren von Brüchen
$\left(\frac{1}{a}\right)^{-n} = a^n$ und $\left(\frac{b}{a}\right)^{-n} = \left(\frac{a}{b}\right)^n$. Dabei muss $a \neq 0$ und $b \neq 0$ gelten.

- Rechnen Sie im Kopf. $\left(\frac{1}{2}\right)^{-1}$; $\left(\frac{1}{5}\right)^{-2}$; $\left(\frac{1}{2}\right)^{-3}$; $\left(\frac{1}{3}\right)^{-2}$; $\left(\frac{2}{5}\right)^{-1}$; $\left(\frac{10}{3}\right)^{-2}$.
- Tanja soll $\left(\frac{1}{2}\right)^{-20}$ mit dem Taschenrechner berechnen und möchte dafür möglichst wenige Tasten drücken.
- Können Sie $6^5 \cdot 6^{-7}$ und $6^{-5} \cdot 6^{-7}$ ausrechnen und dabei nur einmal auf die Potenzier-Taste drücken? Rechnen Sie weitere solcher Beispiele. Was vermuten Sie?

Potenzen mit gleicher Basis mit positiven oder negativen Exponenten kann man multiplizieren, indem man die gemeinsame Basis beibehält und die Exponenten addiert.
Es gilt: $a^m \cdot a^n = a^{m+n}$ $a^m \cdot a^{-n} = a^{m-n}$
$a^{-m} \cdot a^n = a^{-m+n}$ $a^{-m} \cdot a^{-n} = a^{-m-n}$

- Begründen Sie $a^m \cdot a^{-n} = a^{m-n}$ und $a^{-m} \cdot a^{-n} = a^{-m-n}$. Setzen Sie zum Überprüfen die Zahlen für $a = 5$; $m = 3$; $n = 4$ ein.
- Fassen Sie das Produkt zu einer einzigen Potenz zusammen und berechnen Sie.
  a) $2^{-3} \cdot 2^5$; $2^3 \cdot 2^{-5}$; $2^{-3} \cdot 2^{-5}$; $2^{-7} \cdot 2^{-6}$
  b) $5^{-4} \cdot 5^{-3}$; $4^8 \cdot 4^{-10}$; $25^{-3} \cdot 25^{-2}$; $125^{12} \cdot 125^{-13}$

21 Zehnerpotenzschreibweise

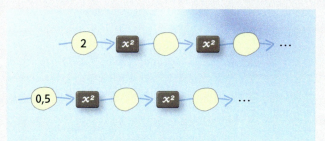

→ Berechnen Sie die Quadratzahlen. Wie viele Schritte hält Ihr Taschenrechner durch?
→ Nach wie vielen Schritten überschreitet die Zweierkette 1 Million, 1 Milliarde, 1 Billion, 1 Billiarde?
→ Suchen Sie je eine Startzahl, mit der Ihr Taschenrechner nach genau zehn mal Quadratnehmen das Weiterrechnen verweigert.

Um sehr große und sehr kleine positive Zahlen besser in ihrer Größenordnung wahrnehmen zu können, werden die Zahlen als Vielfache einer Zehnerpotenz (10^2, 10^3, 10^4, …) geschrieben. Dabei ist der Faktor vor der Zehnerpotenz immer eine Dezimalzahl mit einer von Null verschiedenen Ziffer vor dem Komma. Für jede Stelle, um die dafür das Komma um eins nach links (bei großen Zahlen) verschoben wird, erhöht sich die Zehnerpotenz um 1.

Beispiele:
$37 \cdot 10^0 = 3{,}7 \cdot 10^1$
$375\,487 \cdot 10^0 = 3{,}754\,87 \cdot 10^5$

💡 $10^0 = 1$

Mit dieser Schreibweise kann man die Größenordnung einer Zahl schneller erkennen, vor allem, wenn sie sehr groß ist.

Um zum Beispiel zu entscheiden, welche der Zahlen 37858973654 und 378589743654 größer ist, muss man schon ganz genau hinschauen.

Bei den Angaben
$3{,}785\,897\,365\,4 \cdot 10^{10}$ und $3{,}785\,897\,436\,54 \cdot 10^{11}$
sieht man dagegen sofort, dass die zweite Zahl ungefähr um den Faktor 10 größer ist.

Genau so werden auch kleine positive Zahlen mit Hilfe von Zehnerpotenzen übersichtlicher dargestellt. Hierbei wird die Zehnerpotenz um eins kleiner für jede Stelle, die das Komma nach rechts verschoben wird.

Beispiele:
$0{,}3 \cdot 10^0 = 3 \cdot 10^{-1}$
$0{,}003\,56 \cdot 10^0 = 3{,}56 \cdot 10^{-3}$
$0{,}000\,000\,5\,4 \cdot 10^0 = 5{,}4 \cdot 10^{-7}$

Merke Natürliche Zahlen und positive Dezimalzahlen kann man umwandeln in ein Produkt aus
- einer Dezimalzahl mit genau einer Ziffer vor dem Komma, die nicht Null ist,
und
- einer Zehnerpotenz.

Diese Darstellung heißt **wissenschaftliche Schreibweise**. Sie ist besonders nützlich, um sehr große und sehr kleine Zahlen übersichtlich und vergleichbar zu machen.

Bemerkung
- Auch die Zahl 1 lässt sich wissenschaftlich schreiben: $1 = 1 \cdot 10^0$
- Im Englischen heißt die wissenschaftliche Schreibweise „scientific notation".

Beispiel a) $98\,765{,}4 = 9{,}876\,54 \cdot 10^4$

4 Stellen nach **links**

b) $0{,}000\,012\,3 = 1{,}23 \cdot 10^{-5}$

5 Stellen nach **rechts**

1 Rechnen, Formeln, Prozente und Zinsen — Zehnerpotenzschreibweise

c) $6759{,}2 \cdot 10^{-7} = 6{,}7592 \cdot 10^{3} \cdot 10^{-7}$

3 Stellen nach links
$6759{,}2 \cdot 10^{-7} = 6{,}7592 \cdot 10^{3-7} = 6{,}7592 \cdot 10^{-4}$

d) $0{,}000\,158 \cdot 10^{6} = 1{,}58 \cdot 10^{-4} \cdot 10^{6}$

4 Stellen nach rechts
$0{,}000\,158 \cdot 10^{6} = 1{,}58 \cdot 10^{-4+6} = 1{,}58 \cdot 10^{2}$

---

1 Wandeln Sie in die wissenschaftliche Schreibweise um.
a) 789,461
b) 88 236,124
c) 765 000 000
d) 6000,0234
e) 0,000 068
f) 0,000 100 01
g) 0,010 020 03
h) 900 800 700 600

2 Berechnen Sie die Aufgabe mit dem Taschenrechner und beobachten Sie dabei, wie Ihr Taschenrechner die wissenschaftliche Schreibweise darstellt. Schreiben Sie das Ergebnis richtig auf.
a) $900\,800\,000\,000 \cdot 1$
b) $700\,000 \cdot 10^{7}$
c) $0{,}000\,000\,006 : 10^{3}$
d) $1234 \cdot 10^{10}$

3 Schreiben Sie ohne Zehnerpotenz.
a) $9{,}8 \cdot 10^{3}$
b) $7{,}58 \cdot 10^{5}$
c) $19{,}67 \cdot 10^{6}$
d) $19{,}67 \cdot 10^{-6}$
e) $6{,}75 \cdot 10^{-3}$
f) $81{,}8181 \cdot 10^{-5}$
g) $0{,}000\,51 \cdot 10^{4}$
h) $0{,}000\,51 \cdot 10^{-4}$

4 Zahlen mit Basis 10
a) Schreiben Sie die Potenzen aus.
10^{6}; 10^{10}; 10^{-8}; 10^{-12}; 10^{-1}; 10^{1}
b) Wandeln Sie die ausgeschriebenen Zahlen in Zehnerpotenzen um.
100 000; 0,01; 0,000 000 1; 10 000 000

5 Wandeln Sie in die wissenschaftliche Schreibweise um.
a) $76{,}09 \cdot 10^{3}$
b) $551{,}879 \cdot 10^{5}$
c) $12\,345{,}6789 \cdot 10^{5}$
d) $0{,}068\,78 \cdot 10^{3}$
e) $4456{,}98 \cdot 10^{-4}$
f) $0{,}068\,78 \cdot 10^{6}$
g) $12\,345{,}6789 \cdot 10^{8}$
h) $0{,}068\,78 \cdot 10^{9}$
i) $0{,}125 \cdot 10^{-2}$
j) $56{,}04 \cdot 10^{-3}$
k) $94\,767{,}886 \cdot 10^{-5}$
l) $0{,}000\,876\,1 \cdot 10^{-2}$

6 Ordnen Sie die sechs Zahlen einer Teilaufgabe nach Größe.
a) $0{,}000\,000\,1 \cdot 10^{6}$ — $1{,}234 \cdot 10^{2}$
$90 \cdot 10^{-2}$ — $123{,}4 \cdot 10^{1}$
$70\,000\,000 \cdot 10^{-8}$ — $0{,}1234 \cdot 10^{2}$
$110\,000 \cdot 10^{-5}$ — $0{,}000\,123\,4 \cdot 10^{9}$
$120\,000\,000 \cdot 10^{-8}$ — $1\,234\,000 \cdot 10^{-8}$
$0{,}000\,008 \cdot 10^{5}$ — $1{,}234 \cdot 10^{0}$

7 Unterscheiden Sie. Schreiben Sie ausführlich und berechnen Sie jeweils
a) 3^{4} und $3 \cdot 10^{4}$.
b) $2{,}5^{5}$ und $2{,}5 \cdot 10^{5}$.
c) 4^{-2} und $4 \cdot 10^{-2}$.

8 Nachkommastellen
a) Der Taschenrechner zeigt für $2{,}5^{12}$ das Ergebnis $59\,604{,}644\,78$.
Warum kann das nicht richtig sein?
b) Wie viele Stellen nach dem Komma hat $1{,}2^{2}$; $1{,}2^{3}$; … ; $1{,}2^{10}$; … $1{,}2^{n}$?

9 Der Taschenrechner gibt für 13^{12} das gerundete Ergebnis $2{,}329\,808\,512 \cdot 10^{13}$ an. Man schreibt trotzdem das Gleichheitszeichen $13^{12} = 2{,}329\,808\,512 \cdot 10^{13}$.
Berechnen Sie ebenso.
a) 13^{20}
b) 21^{9}
c) $0{,}089^{6}$
d) $0{,}000\,000\,6^{7}$
e) $0{,}0157^{5}$
f) $0{,}0078^{4}$
g) $\left(\dfrac{2}{7}\right)^{8}$
h) $\left(\dfrac{11}{111}\right)^{11}$
i) $\left(\dfrac{1}{100}\right)^{7}$

10 Auch solche Produkte können Sie mit dem Taschenrechner berechnen.
a) $0{,}000\,000\,000\,75 \cdot 0{,}000\,345\,67$
b) $123\,456\,789\,000\,000\,000 \cdot 987\,654\,321\,000$
c) $0{,}000\,000\,000\,724 \cdot 169\,875\,557\,000$
d) $0{,}000\,000\,000\,765 \cdot 995\,200\,000\,000$
e) $0{,}000\,000\,000\,475 : 25\,000\,000\,000$
Welche der Ergebnisse sind genau, welche Ergebnisse sind nur gerundet richtig?

Alles klar?
→ Lösungen Seite 277
D22 Fördern

A Geben Sie die Zahl in wissenschaftlicher Schreibweise an.
a) $8\,450\,000$
b) $0{,}000\,345\,7$
Wandeln Sie die wissenschaftliche Schreibweise um in eine ohne Zehnerpotenz.
c) $3{,}8004 \cdot 10^{4}$
d) $3{,}8004 \cdot 10^{-4}$

1, 3–7   6–8, 10   1, 2, 8–10

1 Rechnen, Formeln, Prozente und Zinsen Zehnerpotenzschreibweise

Information

Maßeinheiten für Riesen und Zwerge

Große natürliche Zahlen werden in Tausenderschritten gestuft und benannt. In Zehnerpotenzen geschrieben haben sie Vielfache von 3 als Exponenten. Nach diesem Muster bildet man auch sehr große und sehr kleine Maßeinheiten, wie sie im Internationalen Einheitensystem (SI) festgelegt sind. Dadurch erreicht man, dass die Maßzahlen nicht unnötig lang werden. Die Stufen der Maßeinheiten haben besondere Namen. Die Liste zeigt als Beispiel die Längeneinheiten.

- altgriechisch:
  gigas Riese
  nanos Zwerg
- µ ist der griechische Buchstabe für m, gelesen „mü".

Grundeinheit 1 m	
große Längeneinheiten	kleine Längeneinheiten
1 Kilometer = 1 km = 10^3 m	1 Millimeter = 1 mm = 10^{-3} m
1 Megameter = 1 Mm = 10^6 m	1 Mikrometer = 1 µm = 10^{-6} m
1 Gigameter = 1 Gm = 10^9 m	1 Nanometer = 1 nm = 10^{-9} m
1 Terameter = 1 Tm = 10^{12} m	1 Picometer = 1 pm = 10^{-12} m
1 Petameter = 1 Pm = 10^{15} m	1 Femtometer = 1 fm = 10^{-15} m
1 Exameter = 1 Em = 10^{18} m	1 Attometer = 1 am = 10^{-18} m

Auch andere Grundeinheiten werden auf diese Art gestuft:

1 Megahertz = 1 MHz = 10^6 Hz   1 Nanosekunde = 1 ns = 10^{-9} s
1 Terawatt = 1 TW = 10^{12} W   1 Femtogramm = 1 fg = 10^{-15} g

- Schreiben Sie mit einer günstigen Einheit:
  0,001 234 mg; 0,0538 ms; 0,000 007 mm; 1 500 000 kW; 0,000 000 012 s
- Das Mobilfunknetz D arbeitet mit der Frequenz 900 000 000 Hz. Wie viele MHz sind das?
- Violettes Licht hat eine Wellenlänge von etwa 400 nm. Schreiben Sie diese Länge in m. Rotes Licht hat die Wellenlänge 700 nm. Welche Wellenlängen haben die anderen Farben?
- Ein Haar ist etwa $\frac{1}{10}$ mm dick. Wie oft müsste man es der Länge nach spalten, um Fasern von 1 nm Dicke zu bekommen?
- Die Erde ist von der Sonne etwa 150 Millionen km entfernt. Rechnen Sie diese gigantische Entfernung in m um. Schreiben Sie sie in einer günstigen Einheit. Wirklich große astronomische Entfernungen misst man aber in Lichtjahren.
- Eine Bohrplattform ist 271 m hoch und 840 kt schwer.
  Ein Eisenatom hat einen Radius von 140 pm und eine Masse von $1{,}7 \cdot 10^{-6}$ ag.
  In welchem Verhältnis stehen die Längenmaße?
  Was bedeutet das Verhältnis zwischen der riesigen und der winzigen Masse?

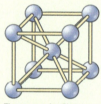
Eisenatome im Gitter

22 Formeln

Der Marathon-Lauf basiert auf einer Legende, nach der ein Läufer die Botschaft vom Sieg bei der Schlacht von Marathon (490 v. Chr.) ins ca. 40 km entfernte Athen getragen hat.
→ Beim Berlin-Marathon lief ein Läufer die ca. 42 km in 2,5 Stunden. Berechnen Sie die durchschnittlich gelaufene Geschwindigkeit nach der Formel Geschwindigkeit = $\frac{Weg}{Zeit}$ bzw. $v = \frac{s}{t}$.
→ Eine Teilnehmerin hatte eine durchschnittliche Geschwindigkeit von 14 km/h. Berechnen Sie ihre Laufzeit.
→ Informieren Sie sich, warum die Marathonstrecke 42,195 km lang ist.

Eine Formel beschreibt einen Zusammenhang zwischen Variablen, Größen und Zahlen.

Merke
Zum Lösen einer Aufgabe empfielt sich folgendes Vorgehen:
1. **Bestimmen** Sie die gegebenen und gesuchten Größen.
2. **Notieren** Sie die passende Formel.
3. **Stellen** Sie die Formel nach der gesuchten Größe **um**.
4. **Setzen** Sie die bekannten Werte in die Formel **ein**. Achten Sie dabei auf die Maßeinheiten.
5. **Berechnen** Sie das Ergebnis.
6. **Überprüfen** Sie, ob die Lösung sinnvoll ist.

Beispiel

a) Die Summe der Kantenlängen eines Quaders ist $k = 4(a + b + c)$. Aus k, b und c soll a berechnet werden. Dazu wird die Formel nach a aufgelöst

$k = 4(a + b + c)$ $\quad | : 4$
$\frac{k}{4} = a + b + c$ $\quad | - b - c$
$a = \frac{k}{4} - b - c$

Für $k = 120$ cm und einige Werte von b und c wird jetzt a berechnet (alle Maße in cm).

b	10	10	10	9	2,5	6,2
c	5	8	10	10	3,5	7,9
a	15	12	10	11	24	15,9

b) „Geschwindigkeit gleich Weg durch Zeit"
Diese Formel wird nach der Zeit t aufgelöst:

$v = \frac{s}{t}$ $\quad | \cdot t$
$v \cdot t = s$ $\quad | : v$
$t = \frac{s}{v}$

Die nach der Zeit aufgelöste Formel heißt „Zeit gleich Weg durch Geschwindigkeit".
Für $s = 100$ km kann man die Zeit t zu einer gegebenen Geschwindigkeit v berechnen.

v in $\frac{km}{h}$	20	40	60	80	100
t in h	5	2,5	$1\frac{2}{3}$	$1\frac{1}{4}$	1

1 Mit Formeln rechnen
a) Stellen Sie die Flächeninhaltsformel für Rechtecke $A = a \cdot b$ nach a um.
b) Berechnen Sie mithilfe einer umgestellten Formel die fehlende Seitenlänge des Rechtecks. (A in cm²; a und b in cm)

A	80	80	80	90	90	90	100	100
a	16	18				25	29	
b			7	6	8			33

2 Geschwindigkeitskontrolle 60 km/h erlaubt. Welches Auto fährt zu schnell?

Strecke s (km)	30	50	10	100	120
Zeit t (h)	$\frac{1}{2}$	$\frac{1}{3}$	$\frac{1}{8}$	$1\frac{1}{3}$	2

Füllen Sie die Tabelle so aus, dass kein Auto zu schnell fährt.

Strecke s (km)	60	30	20	120	180
Zeit t (h)					

?! 1, 2

1 Rechnen, Formeln, Prozente und Zinsen Formeln

3 Das Volumen eines Quaders
a) Stellen Sie die Formel für das Volumen eines Quaders $V = a \cdot b \cdot c$ nach a, nach b und nach c um.
b) Berechnen Sie die fehlenden Seiten.

V in cm³	80	100	120	140	170	241
a in cm	16	8	■	8	■	17,1
b in cm	2,5	■	7,5	■	5,6	14,1
c in cm	■	2,5	32	2,8	4,6	■

c) Wer benutzt den Taschenrechner richtig? Begründen Sie.
Eva tippt: $c = 80 : (16 \cdot 2{,}5)$
Gerd tippt: $c = 80 : 16 \cdot 2{,}5$
Saskia tippt: $c = 80 : 16 : 2{,}5$

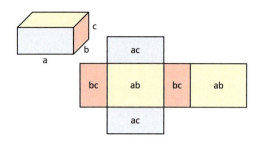

Alles klar?
→ Lösungen Seite 277
D23 Fördern

→ Seite 19

A Beim Arbeiten ist der Lohn l das Produkt aus Stundenlohn s und Arbeitszeit in Stunden t.
Also $l = s \cdot t$.
Stellen Sie die Formel nach s bzw. t um und füllen Sie die Tabelle aus.

s	15	■	12
t	3	5	■
l	■	70	96

4 Quader und ihre Grundfläche
a) Berechnen Sie den Flächeninhalt der Grundfläche $G = a \cdot b$ des Quaders.

Volumen V in dm³	60	120	150	225	280	1000
Seite c in dm	5	7,5	2,5	4,5	35	16

b) Geben Sie zu den Ergebnissen aus Teilaufgabe a) je einige mögliche Kantenlängen a und b an. Auch Brüche sind erlaubt.

5 Ein Quader hat die Kantenlängen a, b und c. Die Summe seiner Kantenlängen ist $k = 4(a + b + c)$.
a) Stellen Sie die Formel nach b und nach c um.
b) Berechnen Sie mithilfe der passend umgestellten Formel die fehlende Kantenlänge (alle Maße in cm).

k	80	60	120	180	206	30	12	960
a	■	10	12	15	27,5	■	2	79
b	6	2	■	15	12	1	1	■
c	5	■	12	■	■	1	■	81

6 In den USA werden Temperaturen in Grad Fahrenheit und nicht in Grad Celsius gemessen. Der Fahrenheit-Wert y der Temperatur lässt sich aus dem Celsius-Wert x durch eine Formel berechnen: $y = \frac{9}{5} \cdot x + 32$.
a) Nutzen Sie eine Tabellenkalkulation.

b) Lösen Sie die Formel nach x auf. Ordnen Sie in einer Tabelle einigen Fahrenheit-Werten y die Celsius-Werte x zu und setzen Sie die Werte 0°F, 100°F und –100°F ein; berechnen Sie die zugehörigen Werte in Grad Celsius.

23 Prozente

Eine Umfrage unter 80 Personen nach dem beliebtesten Radiosender ergab folgendes Ergebnis:

Alte Welle	24 Stimmen
Antennenfunk	16 Stimmen
Just US	30 Stimmen
Andere Sender	10 Stimmen

→ Ordnen Sie die Prozentangaben 12,5 %; 20 %; 30 % und 37,5 % den Radiosendern richtig zu.
→ Entscheiden und begründen Sie, ob die Summe der Prozentangaben zufällig 100 % ist.

Anteile oder Verhältnisse können mit Brüchen dargestellt werden. Zum Vergleichen wird in vielen Fällen der gemeinsame Nenner 100 verwendet.
6 von 25 oder $\frac{6}{25}$ entsprechen 24 von 100 oder $\frac{24}{100}$.

Für **Hundertstelbrüche** kann man auch die **Prozentschreibweise** verwenden.
$\frac{24}{100}$ ist dasselbe wie 24 Prozent, man schreibt auch 24 %.
Alle Prozentangaben kann man auch als Dezimalzahlen darstellen.
$24\% = \frac{24}{100} = 0,24$ oder $3\% = \frac{3}{100} = 0,03$

Merke | **Prozente** sind Anteile mit dem Nenner 100.
1 Prozent bedeutet: $\frac{1}{100}$, $1\% = \frac{1}{100}$.   p Prozent bedeutet: $\frac{p}{100}$, $p\% = \frac{p}{100}$.

Beispiel
a) Wenn 36 Schüler von 50 einen Handyvertrag haben, so kann man auch sagen, dass 72 % der Schüler einen Handyvertrag haben.
$\frac{36}{50} = \frac{72}{100} = 0,72 = 72\%$

b) Vier Fünftel der Fläche sind rot gefärbt.
$\frac{4}{5} = \frac{80}{100} = 80\%$

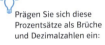

Prägen Sie sich diese Prozentsätze als Brüche und Dezimalzahlen ein:

$\frac{1}{100} = 0,01 = 1\%$
$\frac{5}{100} = 0,05 = 5\%$
$\frac{1}{10} = 0,1 = 10\%$
$\frac{1}{5} = 0,2 = 20\%$
$\frac{1}{4} = 0,25 = 25\%$
$\frac{1}{2} = 0,5 = 50\%$
$\frac{3}{4} = 0,75 = 75\%$
$\frac{1}{3} = 0,\overline{3} = 33\frac{1}{3}\%$

1 Wie viel Prozent sind das?
a) 37 von 100 Lernende fahren mit dem Fahrrad.
b) 24 von 50 Lehrern trinken Kaffee.
c) 2 von 10 Räumen haben einen Beamer.

2 Geben Sie an, wie viel Prozent der Fläche gefärbt sind.

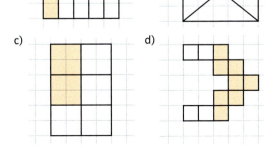

3 Übertragen Sie die Figur ins Heft. Färben Sie die angegebenen Bruchteile der Gesamtfläche.

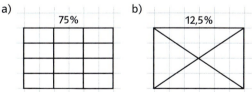

4 Prozente, Brüche und Dezimalzahlen
a) Ergänzen Sie.

Prozent	39 %	10 %			8,5 %		
Bruch	$\frac{39}{100}$		$\frac{17}{100}$			$\frac{18}{25}$	
Dezimalzahl	0,39			0,41			0,04

b) Überlegen Sie sich für eines der Beispiele aus Teilaufgabe a) eine Anwendungsaufgabe und formulieren Sie Aufgabe und Lösung.

1 Rechnen, Formeln, Prozente und Zinsen Prozente

Merke | Beim Prozentrechnen werden Anteile von Größen und Zahlen in Beziehung gesetzt.
Der **Grundwert G** ist das Ganze und entspricht 100 %.
Der **Prozentwert W** ist der Anteil des Ganzen.
Der **Prozentsatz p %** gibt den Anteil in Prozent an.
Die Aufgaben der Prozentrechnung lassen sich mit dem Dreisatz oder der Grundformel der Prozentrechnung lösen: $W = G \cdot p\%$ oder $W = G \cdot \frac{p}{100}$.

Bemerkung | Bei dem Satz „12 % von 200 € sind 24 €." ist der Grundwert G = 200 €, der Prozentwert W = 24 € und der Prozentsatz p % = 12 %.

Beispiel

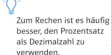

Zum Rechen ist es häufig besser, den Prozentsatz als Dezimalzahl zu verwenden.

a) Prozentwert berechnen: Während einer Grippewelle fehlten an der Walter-Rathenau-Schule 20 % der 640 Jugendlichen.
G = 640 Jugendliche, **p %** = 20 %
W = G · p % = 640 · 0,20 = 128
An der Schule fehlten 128 Jugendliche.

b) Prozentsatz berechnen: Von 40 Mitgliedern der Feuerwehr nehmen 34 am Lehrgang teil.
G = 40, W = 34
W = G · p %
34 = 40 · p % | : 40
p % = 0,85 = 85 %
An dem Lehrgang nehmen 85 % der Feuerwehrleute teil.

c) Grundwert berechnen: Am Stadtlauf nehmen 51 Lernende der Berufsfachschule teil. Das sind 12 % der gesamten Schülerzahl.
W = 51; p % = 12 %; W = G · p %
51 = G · 12 % | : 12 %
G = 425
Die Berufsfachschule hat insgesamt 425 Schülerinnen und Schüler.

V8 Erklärfilm Der Prozentsatz
V9 Erklärfilm Der Prozentwert
V10 Erklärfilm Der Grundwert

5 Berechnen Sie die fehlende dritte Größe.
a) Grundwert 420 €; Prozentsatz 56 %
b) Grundwert 120 km; Prozentwert 42 km
c) Prozentwert 264 kg; Prozentsatz 55 %

Alles klar?
→ Lösungen Seite 277
D24 Fördern
→ Seiten 20 und 21

A Berechnen Sie die fehlenden Größen.

p %	4 %		5 %
W		60 €	40 €
G	3000 €	80 €	

B Bei Barzahlung gibt es 3 % Rabatt. Ein Fernseher kostet laut Preisschild 1200 €. Wie viel Euro muss bei Barzahlung bezahlt werden?

6 Lea kauft ein T-Shirt für 15,00 €. Der Verkäufer gewährt ihr darauf einen Rabatt von 20 %. Wie viel Euro spart Lea?

7 Frau Fischer kann beim Kauf eines Kleinwagens einen Nachlass von 3500 € aushandeln. Das Auto sollte ursprünglich 14 000 € kosten.
a) Wie hoch ist der Nachlass in Prozent?
b) Wie viel € bezahlt Frau Fischer für das Auto?

8 Beim Kauf einer Waschmaschine erhält Herr Wessels einen Rabatt von 15 %, dies sind 117 €.
a) Wie viel Euro sollte die Maschine ursprünglich kosten?
b) Bei einer anderen Waschmaschine hätte Herr Wessels 20 % Rabatt bekommen, dies sind 140 €. Vergleichen Sie.

9 Die Grafik zeigt die Verteilung der Umsätze eines Supermarktes auf die einzelnen Wochentage.

Umsätze des Supermarktes

Montag	27 400 €
Dienstag	26 000 €
Mittwoch	26 000 €
Donnerstag	29 600 €
Freitag	38 400 €
Samstag	52 600 €

a) Erklären Sie die Unterschiede für die einzelnen Wochentage.
b) Berechnen Sie die Prozentanteile.

Prozentband

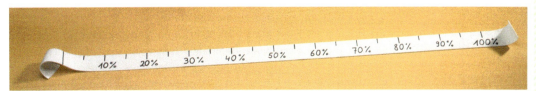

Um ein Prozentband herzustellen, benötigen Sie ca. 1,20 m Gummiband (Hosengummi oder Gymnastikband) und ein Maßband.
Teilen Sie Ihr Gummiband ein und beschriften Sie es: 1 m soll 100 % darstellen. Planen Sie an beiden Enden 10 cm zum Festhalten ein.

1 Die Länge Ihres Tischs soll 100 % sein.
a) Schätzen Sie, wo 50 %; 25 %; 75 % und 10 % liegen. Überprüfen Sie Ihre Schätzungen mit dem Prozentband.
b) Messen Sie nun die Längen mit einem Maßband und tragen Sie Ihre Ergebnisse in die Tabelle ein.

Anteil	100 %	50 %	25 %	75 %	10 %
Länge in cm					

2 Stellen Sie zwei weitere Prozentbänder her: Ein kurzes Band mit einer Länge von 50 cm und ein langes Band mit einer Länge von 150 cm. Planen Sie an beiden Enden 10 cm zum Festhalten ein. Mit einem Maßband und dem passenden Prozentband können Sie die Längen bestimmen.

a) 10 % von 60 cm
   80 % von 60 cm

b) 5 % von 90 cm
   30 % von 90 cm

c) 25 % von 180 cm
   85 % von 180 cm

d) 15 % von 200 cm
   75 % von 200 cm

3 Wählen Sie Gegenstände im Klassenzimmer, deren Länge 100 % sein soll und stellen Sie sich gegenseitig Aufgaben. Beispiel: Wie viel Prozent beträgt die Höhe des Ranzens im Vergleich zur Stuhlhöhe? Schätzen Sie zuerst, messen Sie dann nach. Notieren Sie Ihre Ergebnisse und präsentieren Sie sie in der Klasse.

4 Sie benötigen ein Maßband und verschieden lange Prozentbänder. Die Breite Ihres Mathematikbuchs soll
a) 10 % b) 20 % c) 25 % d) 40 %
entsprechen. Wie lang sind dann 100 %? Beschreiben Sie, wie Sie vorgegangen sind.

→ Die Lösungen zur „EXTRA-Seite" finden Sie auf Seite 278.

Rabatt, Skonto und Mehrwertsteuer

Im Alltag und im Beruf hat man häufig mit Prozentangaben zu tun. Begriffe wie Rabatt, Skonto und Mehrwertsteuer spielen eine wichtige Rolle.
Rabatt ist ein Preisnachlass beim Kauf einer Sonderaktion oder einer größeren Menge.
Skonto ist ein Preisnachlass, den man erhält, wenn man eine Rechnung innerhalb einer bestimmten Frist bezahlt. Er beträgt in der Regel 2 % oder 3 %.
Die **Mehrwertsteuer** (MwSt.) ist eine der wichtigsten Einnahmequellen des Staates.
In Deutschland beträgt sie derzeit 19 % auf Waren und Dienstleistungen. Für Lebensmittel (außer Getränke), Bücher und Zeitungen gilt ein ermäßigter Steuersatz von 7 % (Stand 2022).

1 Familie Peters möchte einen Geländewagen zum Preis von 37 500 € kaufen.
Der Verkäufer bietet 3 % Skonto.
a) Wie viel Euro könnte Familie Peters dadurch sparen?
b) Wie teuer ist der Wagen dann noch?

2 Jannik findet ein Longboard im Internet. Wie viel muss er bezahlen, wenn noch 4,95 € Versandkosten hinzukommen?

259,00 € 25 % Rabatt

3 Ein Online-Händler stellt ein Angebot für ein Mountainbike ins Internet.

>>>**Mindestens 20 % Winterrabatt**<<<
26" Zoll MTB MOUNTAINBIKE WILD CAT 18G

nur **599,00 €**
bei Bestellung von
Okt. bis Feb.
Mrz. bis Sep. 739,00 €
Kostenloser Versand

Details kaufen

a) Wie viel Euro spart man, wenn man das Mountainbike im Februar bestellt?
b) Prüfen Sie, ob die Rabattangabe des Verkäufers stimmt.
c) Warum gibt der Verkäufer vermutlich im Winter einen Rabatt?

4 Die Schulleitung bestellt Beamer und interaktive Whiteboards.
Auf der Rechnung wird zunächst der Preis ohne Mehrwertsteuer angegeben.
Vervollständigen Sie die Rechnung.

Menge	Artikel	Gesamtpreis
3	Beamer	1069,71 €
2	interaktives Whiteboard	4366,38 €
Rechnungsbetrag		5436,09 €
19 % Mehrwertsteuer		€
Gesamtbetrag		€
Bei Zahlung innerhalb 8 Tagen 2 % Skonto		
Betrag abzüglich Skonto		€

5 Finn möchte im Sportgeschäft ein Paar Tennisschuhe, eine Hose und ein T-Shirt kaufen. Bei der Rabattaktion „Nimm 3, zahl 2" erhält man bei drei gekauften Artikeln den günstigsten kostenlos. Bei welcher Auswahl erhält Finn, prozentual betrachtet, den größten Rabatt?

89,90 €
33,98 €
24,98 €
32,50 €
24,95 €

24 Prozentuale Veränderung

Sabrina und Florian gehen in ein Café. Eine große Tasse Schokolade kostet einschließlich 10 % Bedienung 3,30 €. Sabrina rechnet aus, dass die Kosten für die Bedienung 33 ct betragen. Florian behauptet, es seien nur 30 ct.
→ Wer hat recht? Begründen Sie.
→ In einem anderen Café kostet die Schokolade nur 3 €. Wie viel Bedienungsgeld ist darin enthalten?

Der reine Grundwert G beträgt 100 %. Zum Beispiel bei Preiserhöhungen oder Preissenkungen wird der Grundwert verändert. Man spricht dann von **vermehrtem** oder **vermindertem Grundwert**. Dieser wird bei Berechnungen wie der Prozentwert W behandelt. Die prozentuale Veränderung wird mit dem **Prozentfaktor q** bezeichnet.

Bei einer Erhöhung um 15 % werden aus 100 % dann 115 %. Dabei wird mit dem Prozentfaktor $q = 1{,}15$ multipliziert. Bei einer Senkung des Ausgangswerts um 7 % werden die ursprünglichen 100 % zu 93 %. Also ist der Prozentfaktor $q = 0{,}93$.

Merke

Prozentuale Veränderungen lassen sich mit dem Prozentfaktor q ausdrücken und berechnen:

Vermehrung	Verminderung	Prozentwert
$q = 1 + \frac{p}{100}$	$q = 1 - \frac{p}{100}$	$W = G \cdot q$

Netto + MwSt. = Brutto

$\frac{p}{100} = p\,\%$

Beispiel

a) Ein Snowboard kostet 480 € und wird in einer Aktion um 35 % billiger angeboten. Bestimmen Sie den neuen Verkaufspreis.

Grundwert G = 480 €

Prozentsatz $\frac{p}{100} = 35\,\%$

Mit $q = 1 - 0{,}35 = 0{,}65$ und $W = G \cdot q$ kann man den neuen Verkaufspreis berechnen:
$W = 480\,€ \cdot 0{,}65 = 312\,€$
Das Snowboard kostet nur noch 312 €.

b) Ein Citybike kostet einschließlich 19 % Mehrwertsteuer (MwSt.) 599 €. Das ist der Bruttopreis. Wie hoch ist der Nettopreis (ohne MwSt.)?

$q = 1 + \frac{19}{100} = 1{,}19$

$W = 599\,€$
Es gilt: $W = G \cdot q$ oder $G = \frac{W}{q}$.
Damit beträgt der Nettopreis

$G = \frac{599\,€}{1{,}19}$.

$G = 503{,}36\,€$
Das Citybike kostet ohne MwSt. 503,36 €.

c) Ein Notebook kostet komplett 450 €. Nach Weihnachten wird der Preis auf 360 € gesenkt. Wie hoch ist der Rabatt in Prozent?

G = 450 €
W = 360 €
Es gilt: $W = G \cdot q$ oder $q = \frac{W}{G}$

$q = \frac{360\,€}{450\,€}$

$q = 0{,}80 = 80\,\%$.
Der Rabatt beträgt $100\,\% - 80\,\% = 20\,\%$.

1 Rechnen, Formeln, Prozente und Zinsen Prozentuale Veränderung

> **Beispiel**
>
> **d)** Der Preis einer Musikanlage wird von 1499 € zuerst um 15 % gesenkt und anschließend wieder um 20 % erhöht. Der neue Preis kann mit den Prozentfaktoren q_1 und q_2 berechnet werden.
>
> $q_1 = 1 - 0{,}15 = 0{,}85$
> $q_2 = 1 + 0{,}20 = 1{,}20$
> Neuer Preis:
> NP = 1499 € · 0,85 · 1,20 = 1528,98 €
> Die Musikanlage kostet 1528,98 €.

Alles klar?
→ Lösungen Seite 279
D25 Fördern

Skonto
(italienisch: Abzug):
Preisnachlass bei sofortiger oder kurzfristiger Zahlung; wird auch als **Barzahlungsrabatt** bezeichnet.

Nettopreis
Preis ohne Mehrwertsteuer

Bruttopreis
Preis mit Mehrwertsteuer

→ Seite 22

1 Berechnen Sie jeweils aus dem gegebenen Prozentsatz den veränderten Prozentfaktor q. Geben Sie q in der Prozent- und in der Dezimalzahlschreibweise an.
a) 2 % Skonto
b) Preisnachlass um 35 %
c) Preiserhöhung um 22 %
d) Preisreduzierung um 5 %
e) Wertsteigerung um 4,5 %

2 Berechnen Sie den vermehrten bzw. den verminderten Grundwert.
a) 380 € vermehrt um 5 %
b) 256 hl (Hektoliter) vermindert um 25 %
c) 70 kg vermehrt um 21 %

3 Wie viel Prozent Rabatt wurde bei den Artikeln jeweils gegeben? Schätzen Sie zuerst.

4 Berechnen Sie die herabgesetzten Preise möglichst im Kopf.

A Geben Sie den Prozentfaktor an. Berechnen Sie den vermehrten bzw. den verminderten Grundwert.
a) Rabatt 10 %; Preis vorher: 83 €
b) Preiserhöhung: 5 %; Preis vorher: 120 €
c) Preiserhöhung: 8 %; Preis nachher: 108 €
d) Rabatt 20 %; gespart: 18 €

5 Berechnen Sie.
a) Frau Hamann ist Teamleiterin, sie verdient monatlich 3215,62 €. Sie erhält nach Tarifabschluss eine Gehaltserhöhung von 2,3 %.
b) Ein Mitarbeiter von Frau Hamann verdient nach der Erhöhung um 2,3 % jetzt 3056,26 €. Wie viel Euro verdient er also mehr?
c) Bei der Mitarbeiterin Frau Kleiner machte die tarifliche Gehaltserhöhung von 2,3 % genau 66,61 € aus.

6 Drücken Sie die gesamte Veränderung mit einem Prozentfaktor q aus.
a) Erhöhung um 10 %, dann Erhöhung um 15 %
b) zweimal Erhöhung um je 12 % erhöht
c) zuerst um 30 % erhöht, dann um 15 % vermindert
d) zuerst um 50 % vermindert, dann um 50 % erhöht

7 Kathrin ist als Fahranfängerin mit 275 % Versicherungsprämie eingestuft. Dies sind jährlich 1438,25 €. Nach 3 Jahren unfallfreiem Fahren beträgt die Prämie noch 170 %.
Wie viel Euro spart Kathrin im Vergleich zum Beginn?

25 Zinsrechnung

Zum 18. Geburtstag hat Bianca insgesamt 950 € geschenkt bekommen. Sie will das Geld noch ein Jahr lang sparen, weil sie sich dann einen Roller kaufen möchte.
→ Haben Sie eine Idee, was Bianca mit ihrem Geld machen könnte?
→ Wissen Sie, was man bekommt, wenn man sein Geld zu einer Bank bringt?
→ Kennen Sie unterschiedliche Möglichkeiten Geld anzulegen?

Bei Banken und Sparkassen kann man Geld sparen und leihen. **Geld sparen** bei der Bank heißt, dass wir für einen bestimmten Zeitraum der Bank unser Geld zur Verfügung stellen. Dafür zahlt die Bank **Zinsen**. Den Geldbetrag, den man der Bank überlässt, nennt man **Kapital**.

Wenn man sich **Geld** von der Bank **leiht**, muss man für dieses Kapital Zinsen bezahlen. Die Bank legt fest, wie viel Prozent des Kapitals als Zinsen bezahlt werden müssen.
Diese Prozentangabe nennt man **Zinssatz**. Der Zinssatz bezieht sich auf einen Zeitraum von einem Jahr. Man nennt diese Zinsen deshalb auch **Jahreszinsen**.

Die Zinsrechnung ist eine Anwendung der Prozentrechnung.

Merke

Prozentrechnung			Zinsrechnung		
Grundwert	G		Kapital	K	
Prozentwert	W	$W = G \cdot p\%$	Zinsen	Z	$Z = K \cdot p\%$
Prozentsatz	$p\%$		Zinssatz	$p\%$	

Beispiel

a) Berechnen der Zinsen

Sarina hat bei der Bank ein Jugendkonto. Zu Beginn des Jahres hat sie ein Guthaben von 800 €. Der Zinssatz für das Konto beträgt 1,5 %. Am Ende des Jahres werden die Zinsen berechnet:
Gegeben: Kapital K = 800 € und Zinssatz p % = 1,5 %
Lösung:
Die Formel für den Prozentwert kann für die Berechnung der Zinsen verwendet werden.

$Z = K \cdot \dfrac{p}{100}$

$Z = 800\,€ \cdot \dfrac{1{,}5}{100}$

$Z = 800\,€ \cdot 0{,}015$

$Z = 12\,€$

Sarina erhält für ein Kapital von 800 € nach einem Jahr 12 € Zinsen.

$p\% = \dfrac{p}{100}$

1 Rechnen, Formeln, Prozente und Zinsen Zinsrechnung

Beispiel

b) **Berechnen des Kapitals**
Herr Maurer hat sich von der Bank Geld geliehen. Für ein Jahr muss er 90 € Zinsen bezahlen. Der Zinssatz beträgt 4,5 %. Das Geld, das er sich geliehen hat, ist das Kapital. Die Berechnung des Kapitals entspricht der Berechnung des Grundwerts.
Gegeben: Zinsen Z = 90 € und Zinssatz p % = 4,5 % = 0,045
Lösung:
Z = K · p % | : p % | tauschen
K = Z : p %
K = 90 € : 0,045
K = 2000 €
Herr Maurer hat sich für ein Jahr 2000 € geliehen.

c) **Berechnen des Zinssatzes**
Eleni hat nach einem Jahr für 600 € Guthaben Zinsen in Höhe von 12 € bekommen.
Aus diesen beiden Angaben kann man den Zinssatz berechnen.
Gegeben: Kapital K = 600 € und Zinsen Z = 12 €
Lösung:
Z = K · p % | : K | tauschen

$p \% = \frac{Z}{K}$

$p \% = \frac{12 \,€}{600 \,€}$

p % = 0,02 = 2 %
Der Zinssatz auf diesem Konto beträgt 2 %.

Alles klar?
→ Lösungen Seite 279
D26 Fördern

→ Seite 23

1 Zinsen erhalten, Zinsen bezahlen
a) Wie viel Zinsen erhält man nach einem Jahr bei einem Zinssatz von 2,5 % für 400 €; 650 € und für 275 €? Berechnen Sie auch den neuen Kontostand mit den gutgeschriebenen Zinsen.
b) Wie viel Zinsen muss man in einem Jahr bei einem Zinssatz von 10,5 % für 756 €; 1345 € und für 992,40 € bezahlen? Welcher Betrag wäre insgesamt zurückzuzahlen?

2 Zinsvergleich
a) Vergleichen Sie die Zinsen, die man nach einem Jahr für 500 € erhält bei 1,5 %; 1,75 %; 2 %; $2\frac{1}{4}$ % und bei 2,5 %.
b) Berechnen Sie die Differenz der Zinsen, die man für 5000 € in einem Jahr bezahlen muss, für die Zinssätze 8,5 % und $10\frac{3}{4}$ %.

3 Vier Personen haben am Ende des Jahres 2012 ihre Zinseinnahmen verglichen. Alle hatten denselben Zinssatz von 2,5 %. Dennoch bekam Klaus 5 €, Miriam 4,50 €, Heike 7,50 € und Thomas 11,38 € Zinsen.

A Eine Bank bietet 1 % Zinsen pro Jahr. Wie ist Ihr Kontostand nach einem Jahr, wenn Sie 500 € bei dieser Bank anlegen?

B Herr Scholz zahlt bei einem Zinssatz von 12 % pro Jahr 2400 € Schuldzinsen nach einem Jahr. Wie viel Geld hatte sich Herr Scholz geliehen?

4 Herr Paulsen hat bei drei verschiedenen Banken jeweils 5000 € angelegt. Am Ende des Jahres erhält er 105 €; 115 € bzw. 125 € Zinsen.

5 Am Ende des Jahres möchte Frau Nagel 2000 € zur Verfügung haben. Die Bank bietet einen Zinssatz von 2,75 % an. Welchen Betrag muss sie am Anfang des Jahres anlegen?

6 Frau Berger muss sich Geld leihen. Sie möchte aber nicht mehr als 100 € Zinsen im Jahr bezahlen. Die eine Bank hat einen Zinssatz von 8 %, die andere Bank sogar von 8,75 %.

Zusammenfassung

D27　Karteikarten

Rationale Zahlen

Die ganzen Zahlen zusammen mit allen positiven und negativen Bruchzahlen heißen **rationale Zahlen**. Die Menge der rationalen Zahlen wird mit $\mathbb{Q}$ bezeichnet.

Je weiter links eine Zahl auf dem Zahlenstrahl liegt, desto kleiner ist sie.
Je weiter rechts eine Zahl auf dem Zahlenstrahl liegt, desto größer ist sie.

$-4{,}7 < -2\frac{3}{10} < -0{,}5 < +\frac{3}{4} < 2\frac{1}{5} < +3{,}6$

Zunahme und Abnahme

Eine **Zunahme** um 5 bedeutet: Gehe auf dem Zahlenstrahl 5 Einheiten nach rechts.
Eine **Abnahme** um $\frac{1}{3}$ bedeutet: Gehe auf dem Zahlenstrahl eine drittel Einheit nach links.

Überschlagsrechnung

Bei einer Überschlagsrechnung rundet man die Zahlen sinnvoll.
$46{,}6 + 87{,}7 - 21{,}3 \approx 45 + 90 - 20 = 115$
$1611 \cdot (-4) \approx 1600 \cdot (-4) = -6400$

Addition rationaler Zahlen gleicher Vorzeichen

Bei gleichen Vorzeichen der Summanden werden die Beträge addiert. Das Ergebnis erhält das gemeinsame Vorzeichen.

$(+5) + (+2) = 5 + 2 = 7$

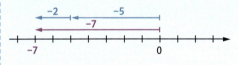

$(-5) + (-2) = -(5 + 2) = -7$

Addition rationaler Zahlen verschiedener Vorzeichen

Bei verschiedenen Vorzeichen der Summanden werden die Beträge subtrahiert. Das Ergebnis erhält das Vorzeichen der Zahl mit dem größeren Betrag.

$(+7) + (-2) = 7 - 2 = 5$

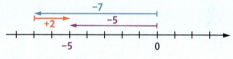

$(-7) + (+2) = -(7 - 2) = -5$

Subtraktion rationaler Zahlen

Rationale Zahlen werden subtrahiert, indem man die **Gegenzahl** des Subtrahenden addiert.
$(+8) - (+15) = (+8) + (-15) = -(15 - 8) = -7$
$(+17) - (-4) = (+17) + (+4) = 17 + 4 = 21$
$(-5{,}6) - (-3{,}4) = (-5{,}6) + (+3{,}4) = -(5{,}6 - 3{,}4) = -2{,}2$
$\left(-\frac{1}{2}\right) - \left(+\frac{3}{2}\right) = \left(-\frac{1}{2}\right) + \left(-\frac{3}{2}\right) = -\left(\frac{1}{2} + \frac{3}{2}\right) = -\frac{4}{2} = -2$

Vereinfachte Schreibweise

Bei der Addition und der Subtraktion können positive Vorzeichen und Klammern weggelassen werden. Ist das Vorzeichen negativ, wird das vorangegangene Rechenzeichen beim Auflösen der Klammer umgekehrt.
$(+27) + (+14) = 27 + 14 = 41$
$\left(-\frac{1}{3}\right) + \left(-\frac{2}{3}\right) = -\frac{1}{3} - \frac{2}{3} = -\frac{3}{3} = -1$
$(-80) - (+150) = -80 - 150 = -230$
$(-4{,}3) - (-6{,}7) = -4{,}3 + 6{,}7 = 2{,}4$

Zusammenfassung

Multiplikation und Division rationaler Zahlen

Haben beide Zahlen **gleiche Vorzeichen**, so ist das Ergebnis positiv.

$(+13) \cdot (+2) = +(13 \cdot 2) = +26$
$(-56) : (-7) = +(56 : 7) = +8$

Haben beide Zahlen **verschiedene Vorzeichen**, so ist das Ergebnis negativ.

$(-3) \cdot (+9) = -(3 \cdot 9) = -27$
$(-2,4) : (+8) = -(2,4 : 8) = -0,3$

Vertauschungsgesetz (Kommutativgesetz)

Durch das Vertauschen kann man oft Rechenvorteile ausnutzen.
Bei der **Addition** dürfen die Summanden vertauscht werden.
$-38 + 40 = 40 - 38$
$17 + 15 - 7 = 17 - 7 + 15 = 10 + 15$

Bei der **Multiplikation** dürfen die Faktoren vertauscht werden.
$\frac{2}{3} \cdot 4 = 4 \cdot \frac{2}{3}$
$25 \cdot 6 \cdot 4 = 25 \cdot 4 \cdot 6 = 100 \cdot 6$

Verbindungsgesetz (Assoziativgesetz)

Wenn **mehr als zwei Summanden addiert** werden, ist es gleichgültig, in welcher Reihenfolge die Summanden addiert werden.
$4 + (5 + 13) = (4 + 5) + 13$
$\quad 4 + 18 = 9 + 13$
$\quad\quad 22 = 22$

Werden **mehr als zwei Faktoren multipliziert**, so spielt die Reihenfolge der Multiplikation keine Rolle.
$4 \cdot (25 \cdot 14) = (4 \cdot 25) \cdot 14$
$\quad 4 \cdot 350 = 100 \cdot 14$
$\quad 1400 = 1400$

Klammern auflösen

Steht vor der Klammer ein **Pluszeichen**, darf man die Klammer weglassen.
$15 + (-36 + 27)$
$= 15 - 36 + 27$

Steht vor der Klammer ein **Minuszeichen**, werden beim Auflösen der Klammer alle Vor- und Rechenzeichen aus der Klammer umgekehrt.
$15 - (-36 + 27)$
$= 15 + 36 - 27$

Verteilungsgesetz (Distributivgesetz)

Beim **Ausmultiplizieren** wird der Faktor außerhalb der Klammer mit jedem Summanden in der Klammer multipliziert.

Beim **Ausklammern** schreibt man den gemeinsamen Faktor vor oder hinter die Klammer.

Ausmultiplizieren:
$6 \cdot 37$
$= 6 \cdot (30 + 7)$
$= 6 \cdot 30 + 6 \cdot 7$
$= 180 + 42 = 222$

Ausklammern:
$-8,3 \cdot 57 + (-8,3) \cdot 43$
$= -8,3 \cdot (57 + 43)$
$= -8,3 \cdot 100 = -830$

Reihenfolge beim Rechnen

1. Innere Klammer vor äußerer Klammer
2. Punktrechnung vor Strichrechnung
3. sonst immer von links nach rechts

$((16 - 11,5) : (-1,5)) - 3 \cdot (-12)$
$= ((4,5) : (-1,5)) - (-36)$
$= -3 + 36 = 33$

Zusammenfassung

Terme
Terme sind Rechenausdrücke, in ihnen kommen Zahlen, Variablen und Rechenzeichen vor. Ersetzt man die Variablen durch Zahlen, lässt sich der Wert eines Terms berechnen.

Wert des Terms $2x + 3y - 9$ für $x = -2$ und $y = 4$:
$2 \cdot (-2) + 3 \cdot 4 - 9 = -4 + 12 - 9 = -1$

Das Malzeichen zwischen Variablen und zwischen einer Zahl und einer Variablen kann weggelassen werden.

$a \cdot b = ab$
$2 \cdot x = 2x$

Vereinfachen durch Addition und Subtraktion
Gleichartige Terme lassen sich durch Addition und Subtraktion zusammenfassen, verschiedenartige dagegen nicht.

$a - 2b + a + 5b - 3a$
$= a + a - 3a - 2b + 5b$
$= -1a + 3b$
$= -a + 3b$

Multiplikation und Division von Termen mit Variablen
Reihenfolge beim Rechnen:
1. Vorzeichen bestimmen
2. Koeffizienten (Zahlen vor den Variablen) multiplizieren bzw. dividieren
3. Variablen multiplizieren bzw. dividieren und alphabetisch ordnen.

$4y \cdot 5x$
$= 4 \cdot 5 \cdot y \cdot x$
$= 20xy$

$8x \cdot (-10x) \cdot 5y$
$= -8 \cdot 10 \cdot 5 \cdot x \cdot x \cdot y$
$= -400 x^2 y$

$-6 \cdot (-7m) \cdot 2k \cdot n$
$= +6 \cdot 7 \cdot 2 \cdot m \cdot k \cdot n$
$= 84 kmn$

$24xy : (-3)$
$= -(24 : 3) \cdot x \cdot y$
$= -8 \cdot xy$
$= -8xy$

Verteilungsgesetz (Distributivgesetz) mit Variablen
Beim **Ausmultiplizieren** wird jeder Faktor außerhalb der Klammer mit jedem Term in der Klammer multipliziert. Dabei wird aus einem Produkt eine Summe, wenn in der Klammer eine Summe steht. Steht in der Klammer eine Differenz, so wird aus dem Produkt eine Differenz.

Wenn Summanden gemeinsame Faktoren haben, können diese **ausgeklammert** (man sagt „faktorisiert") werden. Aus einer Summe wird dabei ein Produkt.

Ausmultiplizieren:

$10a \cdot (20a + 3b)$
$= 10a \cdot 20a + 10a \cdot 3b$
$= 200a^2 + 30ab$

$(4x - 3xy) \cdot 7x$
$= 4x \cdot (7x) - 3xy \cdot (7x)$
$= 28x^2 - 21x^2 y$

Ausklammern:

$40x + 60xy$
$= 20x \cdot 2 + 20x \cdot 3y$
$= 20x \cdot (2 + 3y)$

$7a + 14ab - 28a^2$
$= 7a \cdot 1 + 7a \cdot 2b - 7a \cdot 4a$
$= 7a \cdot (1 + 2b - 4a)$

Zusammenfassung

Multiplikation von Summen

Summen werden miteinander multipliziert, indem man jeden Summanden der ersten Klammer mit jedem Summanden der zweiten Klammer multipliziert. Anschließend werden die neuen Summanden zusammengefasst, wenn es möglich ist.

$(a + 4b) \cdot (a - 6b + c)$
$= a \cdot a - a \cdot 6b + a \cdot c + 4b \cdot a - 4b \cdot 6b + 4b \cdot c$
$= a^2 - 6ab + ac + 4ab - 24b^2 + 4bc$
$= a^2 - 2ab + ac - 24b^2 + 4bc$

Gleichungen lösen

Zum Lösen einer Gleichung verwendet man Äquivalenzumformungen. Alle Rechenschritte werden auf beiden Seiten der Gleichung durchgeführt.

Das Vorgehen beim Lösen von Gleichungen:
1. Gleichung **vereinfachen** (durch Ausmultiplizieren und Zusammenfassen).
2. **Sortieren** mithilfe von Addition oder Subtraktion (alle Terme mit der Variablen z. B. x kommen auf eine Seite, alle Zahlen ohne die Variable x auf die andere Seite).
3. Durch den Koeffizienten (Zahl vor der Variablen) von x **dividieren**, damit man ein x erhält.
4. **Lösung** angeben.

Die Probe kann man durchführen, indem man den gefundenen Wert für x in die erste Gleichung einsetzt und überprüft, ob beide Seiten gleich sind.

$3 \cdot (x + 13) = -4 \cdot (x - 4) + 2$ | ausmultiplizieren
$3x + 39 = -4x + 16 + 2$ | zusammenfassen
$3x + 39 = -4x + 18$ | $+4x$
$7x + 39 = 18$ | -39
$7x = -21$ | $:7$
$x = -3$, also $L = \{-3\}$

Probe:

linker Term	rechter Term
$3 \cdot (-3 + 13)$	$-4 \cdot (-3 - 4) + 2$
$3 \cdot 10$	$-4 \cdot (-7) + 2$
30	$28 + 2$
	30

Bruchterme

Terme, die im Nenner eine Variable enthalten, nennt man **Bruchterme**. Setzt man für die Variablen Zahlen ein, kann der Wert eines Terms berechnet werden, außer dann, wenn der Nenner den Wert null annimmt.

$\frac{x + 1}{5 - x}$

Für x darf nicht der Wert 5 eingesetzt werden, weil der Nenner dadurch den Wert **0** annehmen würde.

$\frac{5 + 1}{5 - 5}$ $x \neq 5$

Bruchgleichungen

Schritte für das Lösen einer **Bruchgleichung**
1. Welchen Wert darf x nicht annehmen?
2. Einen gemeinsamen Nenner suchen und damit die Gleichung multiplizieren.
3. Kürzen, damit man eine Gleichung ohne Brüche erhält.
4. Die Gleichung vereinfachen und lösen.
5. Überprüfen, ob der gefundene Wert vorkommen darf und die Lösungsmenge L angeben.

$\frac{9}{2x} + \frac{6}{x} = \frac{7}{2}$ | $\cdot 2x$ $x \neq 0$
$\frac{9 \cdot 2x}{2x} + \frac{6 \cdot 2x}{x} = \frac{7 \cdot 2x}{2}$ | kürzen
$9 + 12 = 7x$
$21 = 7x$ | $:7$
$x = 3$
$L = \{3\}$

Zusammenfassung

Lineare Ungleichungen

Ungleichungen werden wie Gleichungen mit Äquivalenzumformungen gelöst. Dabei darf man auf beiden Seiten
- **dieselbe** Zahl **addieren / subtrahieren**
- mit derselben **positiven** Zahl (außer Null) **multiplizieren / dividieren**.

Multipliziert oder dividiert man mit einer **negativen** Zahl, so muss das **Relationszeichen umgekehrt** werden.
Die Probe kann nur an Beispielen erfolgen.
Die Lösungsmengen von Ungleichungen können an der Zahlengeraden grafisch dargestellt werden.

$$\frac{1}{3} \cdot (2x - 7) < \frac{4}{3}x - 5$$

$\frac{2}{3}x - \frac{7}{3} < \frac{4}{3}x - 5$		$\vert \cdot 3$
$2x - 7 < 4x - 15$		$\vert -4x$
$-2x - 7 < -15$		$\vert +7$
$-2x < -8$		$\vert :(-2)$
$x > 4$		

$\mathbb{G} = \mathbb{Z}$; $L = \{5;\ 6;\ 7;\ 8;\ 9;\ \ldots\}$

Potenz

Die **Potenz** a^n ist ein Produkt aus n gleichen Faktoren a.

$a^n = \underbrace{a \cdot a \cdot a \cdot \ldots \cdot a}_{n\ \text{Faktoren}}$ Dabei ist a eine rationale Zahl und n eine positive natürliche Zahl.

$3^4 = 3 \cdot 3 \cdot 3 \cdot 3 = 81$

Potenzgesetze für Potenzen mit gleicher Basis

Potenzen mit gleicher Basis werden **multipliziert** bzw. **dividiert**, indem man die Basis beibehält und ihre **Exponenten** addiert bzw. subtrahiert.

$a^m \cdot a^n = a^{m+n}$
$a^m : a^n = a^{m-n}$; $a \neq 0$

$2^5 \cdot 2^4 = 2^{5+4}$
$\qquad = 2^9 = 512$

$10^7 : 10^3 = 10^{7-3}$
$\qquad = 10^4$
$\qquad = 10\,000$

Potenzgesetze für Potenzen mit gleichen Exponenten

Potenzen mit gleichen Exponenten werden **multipliziert** bzw. **dividiert**, indem man ihre **Basen** multipliziert bzw. dividiert und den gemeinsamen **Exponenten** beibehält.

$a^m \cdot b^m = (ab)^m$; $\frac{a^m}{b^m} = \left(\frac{a}{b}\right)^m$; $b \neq 0$

$4^3 \cdot 5^3 = (4 \cdot 5)^3$
$\qquad = 20^3$
$\qquad = 8000$

$8^5 : 4^5 = (8 : 4)^5$
$\qquad = 2^5$
$\qquad = 32$

Potenzgesetze für Potenzen mit negativen Exponenten

Potenzen mit einer negativen ganzen Zahl im Exponenten sind erklärt durch

$a^{-n} = \frac{1}{a^n}$; $a \neq 0$.

$2^{-5} = \frac{1}{2^5} = \frac{1}{32}$

$0{,}4^{-5} = \frac{1}{0{,}4^5} = \frac{1}{0{,}010\,24}$

Potenzen mit Exponent 0 sind erklärt durch $a^0 = 1$; $a \neq 0$.

Zahlen in wissenschaftlicher Schreibweise

Natürliche Zahlen und positive Dezimalzahlen kann man in Produkte der Form $a \cdot 10^n$ oder $a \cdot 10^{-n}$; $n \in \mathbb{N}$ umwandeln. Hierbei ist a eine Dezimalzahl mit genau einer Ziffer vor dem Komma, die nicht die Null ist.

$9182{,}73 = 9{,}182\,73 \cdot 10^3$
$0{,}000\,034 = 3{,}4 \cdot 10^{-5}$
$9182{,}73 \cdot 10^{-4} = 9{,}182\,73 \cdot 10^{-1}$
$0{,}000\,034 \cdot 10^7 = 3{,}4 \cdot 10^2$

Zusammenfassung

Binomische Formeln

$(a + b)^2 = a^2 + 2ab + b^2$ 1. binomische Formel
$(a - b)^2 = a^2 - 2ab + b^2$ 2. binomische Formel
$(a + b) \cdot (a - b) = a^2 - b^2$ 3. binomische Formel

1. $(x + 4)^2 = x^2 + 2 \cdot x \cdot 4 + 4^2 = x^2 + 8x + 16$
2. $(2y - 3)^2 = (2y)^2 - 2 \cdot 2y \cdot 3 + 3^2 = 4y^2 - 12y + 9$
3. $(5a + 7b)(5a - 7b) = (5a)^2 - (7b)^2 = 25a^2 - 49b^2$

Prozente

Prozente sind Anteile mit dem Nenner 100.

1 Prozent bedeutet $\frac{1}{100}$, $1\% = \frac{1}{100}$.

p Prozent bedeutet $\frac{p}{100}$, $p\% = \frac{p}{100}$.

Am Sporttag entscheiden sich 11 von 25 Schülerinnen und Schülern einer Klasse für Basketball.
Wie viel Prozent sind das?

$\frac{11}{25} = \frac{44}{100} = 44\%$

44 % der Lernenden spielen Basketball.

Grundwert, Prozentwert und Prozentsatz

Beim Prozentrechnen ist der **Grundwert G** das Ganze und entspricht 100 %.
Der **Prozentwert W** ist der Anteil des Ganzen.
Der **Prozentsatz p %** gibt den Anteil in Prozent an.

Die Aufgaben der Prozentrechnung lassen sich mit dem Dreisatz oder der Grundformel der Prozentrechnung lösen:

W = G · p %   oder   **W = G · $\frac{p}{100}$**

Wie viel Euro sind 10 % von 75 €?
Der Prozentwert W ist gesucht, Grundwert G = 75 €, Prozentsatz p % = 10 %.

$W = \frac{75 \cdot 10}{100}$ € = 7,50 €   Der Prozentwert W beträgt 7,50 €.

Prozentuale Veränderungen

Prozentuale Veränderungen d.h. Vermehrung und Verminderung lassen sich mit dem Prozentfaktor q ausdrücken und berechnen:

Vermehrung	Verminderung	Prozentwert
$q = 1 + \frac{p}{100}$	$q = 1 - \frac{p}{100}$	$W = G \cdot q$

Der Preis eines Mountainbikes von 358 € wurde um 20 % reduziert. Wie hoch ist der neue Preis?

$q = 1 - \frac{20}{100} = 1 - 0{,}2 = 0{,}8$
$W = G \cdot q$
$W = 358 \, € \cdot 0{,}8 = 286{,}40 \, €$
Der neue Preis des Mountainbikes beträgt 286,40 €.

Zinsen

Spart man Geld, indem man es bei der Bank anlegt, bekommt man dafür Zinsen Z. Leiht man von der Bank Kapital K, muss man Zinsen bezahlen. Der Zinssatz p % bezieht sich auf einen Zeitraum von einem Jahr. Man nennt diese Zinsen deshalb auch **Jahreszinsen**. $Z = K \cdot p\% = K \cdot \frac{p}{100}$

Wie viel Zinsen müssen für einen Kredit von 3500 € bei einem Zinssatz von 5 % nach einem Jahr bezahlt werden?

$Z = 3500 \, € \cdot 5\% = 3500 \, € \cdot 0{,}05 = 175 \, €$
Es müssen 175 € an Zinsen bezahlt werden.

Anwenden im Beruf

1 Eine Kindertagesstätte bietet beim Sportfest einen Wettbewerb im Weitsprung an. Um die Messung der gesprungenen Weiten zu erleichtern, hat das Erzieher-Team bei einer Weite von 1,20 Meter ein Seil gespannt. Von dieser Markierung aus wurden die folgenden Weiten gemessen:

Seyma: + 12 cm;   Alex: – 3 cm;
Emre: + 37 cm;   Madita: – 27 cm;
Ayla: – 16 cm;   Tom: + 54 cm;
Max: – 14 cm;   Vanessa: + 8 cm

a) Berechnen Sie die tatsächlich gesprungenen Weiten der Kinder.
b) Sortieren Sie die Weiten der Kinder. Wer hat den Wettbewerb gewonnen?

2 Im Kindergarten werden Laternen gebastelt.
a) Die Sternengruppe bastelt Raumschiffe und kann aus einem Bogen Karton etwa 3 Laternen herstellen. Reichen 5 Kartonbögen für die 13 Kinder der Gruppe?
b) Die Forschergruppe baut Pyramiden aus Transparentpapier. Ein Kind benötigt ein Stück der Größe 30 cm x 40 cm. Ein Bogen ist 80 cm x 90 cm groß. Für wie viele Kinder reicht ein Bogen Transparentpapier?
c) Die Platongruppe möchte Laternen in Form eines Würfels herstellen. In der Anleitung steht, dass jedes Kind $\frac{4}{10}$ einer Pappe benötigt. Reichen sechs Pappen für die 14 Kinder?

3 Das Herz des Menschen
a) Schätzen Sie, wie oft das Herz eines Menschen in einem Leben schlägt.
b) Das Herz pumpt pro Schlag ca. 0,1 l Blut. Schätzen Sie das Blutvolumen, das es in einem Menschenleben pumpt.

4 Die Laufgruppe „Laufrausch" trainiert dreimal pro Woche.
a) Natalia läuft jedes Mal eine Dreiviertelstunde. Berechnen Sie ihre wöchentliche Trainingsdauer.
b) Julian muss in der Woche 17 km laufen. Er läuft jedes Mal die gleiche Strecke.
c) Im Wettkampf über 10 km braucht Julian 1,2 Stunden. Natalia braucht eine Viertelstunde länger.
Geben Sie beide Laufzeiten in Minuten an.

5 Listeriose ist eine bakterielle Infektionskrankheit, die für ältere, geschwächte oder schwangere Personen gefährlich sein kann. Die verursachenden Bakterien (Listeria monocytogenes) werden meist über verunreinigte oder verdorbene Lebensmittel übertragen. In einem Camembert wurden 1000 Keime gezählt. Bei 6 °C gelagert, verdoppeln sich die Keime etwa alle 18 Stunden.
a) Wie viele Keime sind nach 3 Tagen vorhanden?
b) Wie lange dauert es, bis sich eine Million Keime gebildet haben?

6 Die Auszubildende Aynur ist im Rahmen ihrer Ausbildung auch in der zentralen Verwaltung des Pflegeverbunds eingesetzt. In der nächsten Woche findet ein Tag der offenen Tür statt. Aynur soll für eine Kollegin die Anzahl der zu liefernden Informationsbroschüren und Artikel überschlagen. Diese Zahlen leitet sie dann an das Organisationsteam weiter.

Artikel	Abt. 1	Abt. 2	Abt. 3
Broschüre Pflege	40	50	70
Broschüre Diabetes	25	15	40
Broschüre Organspende	38	49	51
Luftballons	27	38	41
Getränke	76	89	52
Gummibären	63	77	42

7 Der Mensch hat 25 Billionen rote Blutkörperchen. Sie nehmen durch ihre Oberfläche Sauerstoff auf und transportieren ihn zu den Organen.
Welchen Flächeninhalt haben sie insgesamt? Die Dicke brauchen Sie bei der Rechnung nicht zu berücksichtigen.

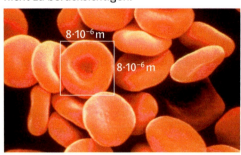

8 Schwebeteilchen mit einer Korngröße bis zu 10 µm nennt man Feinstaub. Dieser ist gesundheitsschädlich. Durch Filter und Belastungsgrenzwerte versucht man die Gefahr zu beschränken.
a) Welche Vergrößerung muss ein Mikroskop haben, damit man ein solches Schwebeteilchen sehen kann?
b) Stellen Sie sich die Schwebeteilchen als Würfel vor.
Wie viele Schwebeteilchen müsste man zusammenpacken, um einen Würfel mit 1 cm Kantenlänge zu bekommen?

Information

Lagerbestand

Vor allem in Krankenhäusern und Pflegeheimen müssen viele Medikamente und Materialien vorrätig und schnell zugänglich sein. Deswegen werden auch auf einzelnen Stationen Materialien und Gegenstände gelagert. In einem Lager werden neue Lieferungen häufig in Regale einsortiert und die benötigten Mittel entnommen.

Mit dem Begriff **Bestand** wird die aktuelle Anzahl der vorhandenen Artikel bezeichnet. Der Bestand kann auch in Abhängigkeit von einem festgesetzten Mindestbestand angegeben werden. Von diesem Mindestbestand überzählige Artikel werden als „Haben" angesehen. Fehlende Artikel zum Mindestbestand gelten als „Soll".

Mindestens einmal im Jahr vergleicht man die berechneten Bestände mit der Realität und zählt dafür alle Artikel. Diesen Vorgang nennt man **Inventur**.

Entnimmt man Artikel aus dem Lager, so müssen diese von dem Bestand abgezogen, also subtrahiert werden. Werden Lieferungen in das Lager gebracht, addiert man die neuen Artikel zum aktuellen Bestand. Diese **Buchungen**, also die Veränderungen der Bestände, trägt man in ein Bestandsbuch oder in eine Datenbank ein.

Beispiel: Im Lager eines Kindergartens gibt es Spielsand und Rindenmulch. Die Materialien sind jeweils in 10 kg Säcken gelagert. Die Leitung möchte einen Bestand von jeweils 5 Säcken haben. Vor zwei Wochen waren jeweils 6 Säcke vorrätig. In der vergangenen Woche haben die Erzieher die Spielbereiche aufgefüllt und dafür 4 Säcke Spielsand und 3 Säcke Rindenmulch aus dem Lager entnommen. Zudem ist eine Lieferung von jeweils 2 Säcken eingetroffen.
Berechnung des Lagerbestands:

	Alter Lagerbestand	Entnahme durch Erzieher	Lieferung	Neuer Lagerbestand
Spielsand	6	−4	+2	4
Rindenmulch	6	−3	+2	5

Im Lager befinden sich nun 4 Säcke Spielsand und 5 Säcke Rindenmulch. Es muss ein Sack Spielsand bestellt werden, damit das Lager vollständig gefüllt ist.

9 Auf einer Pflegestation werden in einem Lager Materialien für den täglichen Bedarf gelagert. Von jedem Produkt sollen immer mindestens 30 Stück verfügbar sein. Die Bestände werden als Differenz zu der gewünschten Stückzahl angegeben.

a) Berechnen Sie aus den aktuellen Beständen und der Lieferung den neuen Bestand im Lager.

	Lagerbestand	Lieferung
Mullbinden	+3	+1
Spritzen	−4	+9
Kanülen	−12	+13
Desinfektionsmittel	+1	+5
Seife	−7	+5
Rasierer	+5	+2
Einmalhandschuhe	−19	+25

b) Eine andere Station hat knappe Lagerbestände und holt 3 Spritzen, 4 Packungen Seife und 8 Einmalhandschuhe. Wie verändert dies den Lagerbestand nach der Lieferung aus Teilaufgabe a)?

10 Der Mindestbestand eines Artikels beträgt sechs Packungen. 20 Packungen können maximal gelagert werden. Pro Tag werden zwei Packungen verkauft. Die Lieferzeit beträgt drei Tage. Bestellt wird, wenn noch zwölf Packungen da sind.

a) Wie viele Packungen werden bestellt, wenn nach der Lieferung wieder 20 Packungen vorhanden sein sollen?

b) Veranschaulichen Sie den beschriebenen Ablauf in einem geeigneten Diagramm.

11 In dem Kindergarten „Sonnenschein" gibt es eine Kasse für verschiedene Anschaffungen. Alle Einnahmen und Ausgaben werden in dem zugehörigen Kassenbuch dokumentiert. Tragen Sie die folgenden Rechnungen und Einzahlungen ein und berechnen Sie den aktuellen Kassenstand.

Methode — Planung mithilfe von Termen

U3-Kinder sind Kinder unter 3 Jahren. Für diese Kinder besteht ein besonderer Betreuungsbedarf.

Für Planungen und Berechnungen von größeren Zusammenhängen können **Terme** hilfreich sein. Zunächst wird ein Buchstabe (meist x, y, a, b oder c) als Variable festgelegt, für die z.B. eine Anzahl von Gegenständen eingesetzt wird. Alle weiteren Informationen werden entsprechend zugeordnet.

Beispiel: In einem Kindergarten sollen Hygiene-Artikel für die U3-Kinder zentral bestellt werden. Pro Kind werden 3,5 Packungen Feuchttücher und 150 Windeln bestellt. Wie groß ist die Bestellung für 8 Kinder?

Zunächst überlegt man wie viele Artikel für ein Kind benötigt werden:

3,5 Packungen Feuchttücher + 150 Windeln

Im nächsten Schritt multipliziert man diesen Term mit der Variablen a für die Anzahl der Kinder:

a · (3,5 Packungen Feuchttücher + 150 Windeln)

Nun berechnet man wie viele Packungen Feuchttücher und Windeln für 8 Kinder bestellt werden. Man setzt für die Anzahl a den Wert 8 ein:

8 · (3,5 Packungen Feuchttücher + 150 Windeln) = 28 Packungen Feuchttücher + 1200 Windeln

Für die 8 Kinder werden 28 Packungen Feuchttücher und 1200 Windeln bestellt.

12 In einer Pflegeeinrichtung gibt es drei Wohngruppen. Im Rahmen einer Renovierung werden neue Möbel für die Zimmer angeschafft.

a) Für die x Zimmer auf Station 1 werden pro Zimmer jeweils ein Sofa und zwei Sessel benötigt. Stellen Sie dies als Term dar. Berechnen Sie, wie viele Sofas und Sessel für 15 Zimmer benötigt werden.

b) Für Station 2 sollen je Zimmer 3 Stühle und ein Tisch bereitgestellt werden. Wie viele Tische und Stühle werden für ein Zimmer benötigt? Stellen Sie einen Term auf. Aus den anderen Stationen wurden 8 brauchbare Tische und 35 Stühle gesammelt. Reichen diese für 11 Zimmer?

13 In der Großküche wird täglich Essen für einen ambulanten Pflegedienst und mehrere Kindertagesstätten gekocht. Jeden Tag stehen zwei Fleischgerichte und ein vegetarisches Gericht zur Wahl.

a) Der ambulante Pflegedienst verteilt achtmal Gericht 1, sechsmal Gericht 2 und viermal das vegetarische Gericht. Stellen Sie die Bestellung des Pflegedienstes als Term dar.

b) Die Kindertagesstätte „Regenbogen" bekommt 20 Portionen von Gericht 1 und 6 Portionen von dem vegetarischen Gericht. Stellen Sie die Bestellung der Kindertagesstätte als Term dar.

c) Die Kindertagesstätte „Sonnenschein" bekommt täglich je 10 Portionen der beiden Fleischgerichte und 5 Portionen des vegetarischen Gerichts. Stellen Sie die Bestellung der Kindertagesstätte als Term dar.

d) Berechnen Sie, wie viele Portionen von welchem Gericht insgesamt an den ambulanten Pflegedienst und die Kindertagesstätten geliefert werden.

14 In einem großen Pflegeheim mit angeschlossenen Appartements werden die Mahlzeiten zentral zubereitet und dann auf den Stationen verteilt. Die Bewohner können sich ihr Essen aus den Komponenten Suppe, Salat, Fleischbeilage, Sättigungsbeilage, Gemüsebeilage und Dessert zusammenstellen.

a) Auf Ebene 1 wurde fünfmal eine Suppe zusammen mit Fleisch-, Gemüse- und Sättigungsbeilage bestellt. Des Weiteren wurde siebenmal ein Salat, Fleisch- und Gemüsebeilage mit Dessert bestellt. Drei Personen haben alles bis auf die Suppe bestellt. Berechnen Sie, wie viele Portionen der einzelnen Essenskomponenten benötigt werden.

b) Die Bewohner der Appartements können in einem Speisesaal des Pflegeheims essen. Jeder bekommt das Hauptgericht bestehend aus Fleisch-, Sättigungs- und Gemüsebeilage. Die 23 Appartement-Bewohner können zwischen Suppe und Salat wählen und angeben, ob sie ein Dessert möchten.

> heutige Bestellung
> 12 x Salat
> 11 x Suppe
> 15 x Dessert

Als Reserve werden von jeder Komponente zusätzliche fünf Portionen vorbereitet. Wie viele Portionen der jeweiligen Essenskomponenten werden benötigt?

15 In einem Stadtteil wird ein soziales Wohnprojekt mit vier Wohngruppen gebaut. In den Planungen wurden verschiedene Teile berechnet, die nun umgesetzt werden müssen.

a) Es wurden insgesamt 250 Lampen bestellt. Im Foyer des Wohnprojekts wurden bereits 36 Lampen eingebaut. Bestimmen Sie, wie viele Lampen pro Gruppe verteilt werden.

b) Für die Sanitärbereiche des Wohnprojekts wurden in der Bauplanung 83 Waschbecken für die 35 Sanitärräume bewilligt. Berechnen Sie, wie viele Waschbecken pro Sanitärraum zur Verfügung stehen. Begründen Sie, wie die übrigen Waschbecken verteilt werden könnten.

16 Ein Familienzentrum plant ein Sommerfest mit verschiedenen Aktionen und legt das Budget dafür fest.
a) Alkoholfreie Getränke werden für 0,65 € eingekauft und für 1,00 € zum Verkauf angeboten. Es stehen 390,00 € für den Einkauf zur Verfügung. Wie viele Getränke können gekauft werden? Welcher maximale Gewinn kann durch den Verkauf aller Getränke erzielt werden?

b) Für eine Tombola wurden verschiedene Preise besorgt:
20 Preise für 10,00 €
30 Preise für 5,00 €
60 Preise für 3,00 €
80 Preise für 2,00 €
100 Preise für 1,00 €.
Es werden 500 Lose zu je 2,00 € verkauft. Bestimmen Sie den Gewinn für das Familienzentrum.

Information

Personalschlüssel

Der Personalschlüssel gibt an, wie viele Personen von einer Fachkraft betreut werden.
Die Angabe 1 : 8 heißt, dass 1 Fachkraft 8 Personen betreut.
In der Pflege nennt man dieses Verhältnis von Pflegepersonal und der zu betreuenden Personen auch **Pflegeschlüssel**.
Bei der Kinderbetreuung gibt es in jedem Bundesland gesetzliche Vorgaben, wie viele Kinder ein Erzieher oder eine Erzieherin maximal betreuen darf. Dieser sogenannte **Betreuungsschlüssel** wird festgelegt um sicherzustellen, dass die Kinder sicher betreut und möglichst gut gefördert werden.
Durchschnittswerte in Deutschland (Statistisches Bundesamt 2015):

Altersgruppe der Kinder	Personalschlüssel
von 2 bis unter 8 Jahren (ohne Schulkinder)	1 : 8,7
von 0 bis unter 3 Jahren	1 : 4,3

17 Den Personalschlüssel zur Kinderbetreuung in Deutschland gibt es für unterschiedliche Altersgruppen.
a) Eine Kita möchte sich bei der Anzahl der Fachkräfte an den durchschnittlichen Angaben von Deutschland orientieren. Die Formel $4,3\,x + 8,7\,y = z$ hilft bei der Berechnung des Betreuungsschlüssels. Erläutern Sie die Bedeutung der Variablen x, y und z.
b) Begründen Sie den Unterschied in der Betreuung von Kindern unter drei Jahren zu älteren Kindern.

18 In Nordrhein-Westfalen (Statistisches Bundesamt, 2015) werden z. B. pro Fachkraft 3,6 Kinder von 0 bis unter drei Jahren betreut. Bei Kindern zwischen 2 und 8 Jahren betreut eine Fachkraft 8,3 Kinder.
a) Stellen Sie eine Gleichung zur Berechnung des Betreuungsschlüssels auf.
b) Bestimmen Sie mithilfe der Gleichung, wie viele Kinder unter drei Jahren von 4 Erzieherinnen und Erziehern maximal betreut werden können.
c) Berechnen Sie, wie viele Erzieherinnen und Erzieher benötigt werden, um 19 Kinder im Alter von 3 bis 6 Jahren zu betreuen.
d) In einem Kindergarten ist eine gemischte Gruppe mit 2 Erziehern für Kinder unter drei Jahren und 2 Erziehern für Kinder zwischen 3 und 6 Jahren geplant. Wie viele Kinder können maximal betreut werden?

1 Rechnen, Formeln, Prozente und Zinsen — Anwenden im Beruf

Information

Promille

Bei sehr kleinen Anteilen ist es sinnvoll, den Nenner 1000 zu wählen. Anteile mit dem Nenner 1000 heißen **Promille**.

1 Promille = 1 Tausendstel

$$1‰ = \frac{1}{1000}$$

Bei Verkehrsunfällen ist häufig Alkohol eine Ursache. Mit einer Blutprobe wird der **Blutalkoholgehalt** bestimmt. Er wird in Promille angegeben.

1‰ Blutalkohol bedeutet 1 ml Alkohol in 1 l Blut (1 l = 1000 ml).

Anteil im Blut in ‰	Wirkung auf den Organismus
0,3	Redseligkeit, Selbstzufriedenheit
0,4	Messbare Störungen der Gehirnströme
0,5	Fahruntüchtigkeit bei manchen Personen
0,8	Versagen bei Koordinationstests
1,0	Rausch, Enthemmung, deutliche motorische Störungen
1,5	Verlust der Selbstkontrolle
2,0	Trunkenheit, Orientierungsschwierigkeiten, Angstzustände
3,0	Erinnerungslücken, Störung der Atem- und Herztätigkeit
4,0 – 5,0	Narkose, Atemstillstand

19 Für die Berechnung der **Alkoholmenge A** in Gramm in einem Getränk gilt die Formel:

$$A = \frac{V \cdot A_P \cdot 0,8}{100}$$

(V = Volumen in cm³; A_P = Alkoholgehalt in %)
Der Faktor 0,8 berücksichtigt das spezifische Gewicht von Alkohol.
Alcopops enthalten etwa 5,5 % Alkohol.
Eine Flasche enthält 275 cm³. Berechnen Sie die Alkoholmenge von drei Flaschen.

20

Alkohol und Autofahren passen nicht zusammen. Jedoch die wenigsten wissen, wie langsam Alkohol im Körper abgebaut wird. Durchschnittlich werden stündlich 0,15 Promille reduziert. Der Gesetzgeber schreibt die 0,5-Promille-Grenze fest, wer diese überschreitet, muss bereits mit einem Fahrverbot rechnen. Darum nach Alkoholkonsum besser Taxi, Bus oder Bahn benutzen!

a) Um wie viel Uhr ist eine Person, die um Mitternacht 1,2 Promille Blutalkohol hat, wieder fahrtüchtig?
Wann ist die Person wieder „nüchtern"?
b) Der Abbauwert kann zwischen 0,1 Promille und 0,3 Promille variieren.

21 Für die Berechnung der **Blutalkoholkonzentration C** in Promille gilt:

$$C = \frac{A}{P \cdot R}$$

(P = Körpergewicht in kg; R = Verteilungsfaktor; A Alkoholmenge)
Der Verteilungsfaktor R beträgt für Männer 0,7 und für Frauen 0,6. Er ist ein Maß für den Wassergehalt im Körper.

a) Ein Mädchen wiegt 50 kg. Es hat zwei Flaschen Alcopops (Alkoholgehalt siehe Aufgabe 19) getrunken.
Berechnen Sie ihre Blutalkoholkonzentration in Promille.
b) Wie verändert sich die Blutalkoholkonzentration aus Teilaufgabe a) bei anderen Mengen oder bei anderem Körpergewicht?
c) Ein 80 kg schwerer Autofahrer hatte bei einer Kontrolle 1,9 ‰.
Wie viel Gramm Alkohol befand sich in seinem Blut? Bier hat 4,8 % Alkohol.
Wie viele Gläser (0,4 l) Bier hat er getrunken?
d) Informieren Sie sich auch über den Alkoholgehalt anderer Getränke.

Information — Mehrwertsteuer, Rabatt und Skonto

Die **Mehrwertsteuer**, auch Umsatzsteuer (USt.) genannt, wird nur vom Endverbraucher getragen und mit dem Kaufpreis bezahlt. Jeder Unternehmer erhebt beim Verkauf seiner Waren vom Kunden Mehrwertsteuer, später zieht der Unternehmer die Mehrwertsteuer ab, die er selbst bezahlt hat (die sogenannte Vorsteuer) und führt den Differenzbetrag ans Finanzamt ab.
Seit 2007 beträgt der **Normalsatz der Mehrwertsteuer** 19 %.
Für einige Waren (z. B. Bücher, Lebensmittel) wird ein **ermäßigter Steuersatz** von 7 % erhoben.
Ein **Rabatt** (Preisnachlass) wird z. B. gewährt als Mengenrabatt, Treuerabatt oder Aktionsrabatt.
Skonto wird bei vorzeitiger Zahlung gewährt, wenn der Kunde innerhalb einer festgelegten Frist, z. B. innerhalb von 10 Tagen, die Ware oder die Dienstleistung bezahlt.

22 Lukas hat für den Kindergarten ein großes Bilderbuch für 39,90 Euro gekauft. Wie viel Euro würde das Buch kosten, wenn er nicht den ermäßigten, sondern den normalen Mehrwertsteuersatz bezahlen müsste?

23 Frau Ahlmann kauft für den Gruppenraum im Seniorenstift neue Vorhänge. Diese kosten einschließlich 19 % Mehrwertsteuer und nach Abzug von 2 % Barzahlungsrabatt 764,40 Euro. Berechnen Sie den Nettopreis der Vorhänge.

24 Herr Bahmüller hat Materialien für die Ferienaktion eingekauft. Auf der Rechnung sind 85,31 Euro als Mehrwertsteuer ausgewiesen. Er darf noch 3 % Skonto abziehen.

25 Beim Kauf einer Waschmaschine für die Wohngruppe im Frauenhaus spart Frau Christiansen 104,85 Euro durch 15 % Sonderrabatt. Berechnen Sie den Bruttopreis und die darin enthaltene Mehrwertsteuer.

26 Im Werbeprospekt wird der Listenpreis eines Autos angegeben. Für den Endpreis müssen Mehrwertsteuer und Rabatt berücksichtigt werden. Entscheiden Sie sich für das beste Angebot und begründen Sie.
 A: Listenpreis + 19 % Mehrwertsteuer – 23 % Rabatt
 B: Listenpreis – 4 % Rabatt
 C: Listenpreis – 23 % Rabatt + 19 % Mehrwertsteuer

27 In einer Pflegeeinrichtung werden neue Geräte für den Therapieraum angeschafft. Die Geschäftsleitung vergleicht Angebote.
 a) Lieferant A berechnet als Gesamtpreis 1876,45 €. Auf diesen Preis gewährt der Lieferant einen Rabatt von 8 %. Bestimmen Sie den zu zahlenden Betrag.
 b) Lieferant B gewährt auf den Gesamtpreis von 1905,33 € einen Rabatt von 7 %. Zusätzlich werden, bei Zahlung innerhalb von 14 Tagen, 2 % Skonto eingeräumt. Ermitteln Sie den zu zahlenden Rechnungsbetrag.
 c) Lieferant C ist ein Online-Händler. Der Grundpreis beträgt 1847,63 €. Es wird ein Rabatt von 3,5 % gewährt. Hinzu kommen Versandkosten in Höhe von 25 €. Abschließend werden auf diesen Gesamtbetrag 2,5 % Skonto gewährt. Wie viel Euro beträgt der Endpreis?
 d) Für welchen Lieferanten sollte sich die Einrichtung entscheiden? Welche Faktoren, außer dem Preis, könnten die Entscheidung beeinflussen?

28 Das ist alles, was von der Rechnung übrig blieb. Was fehlt?

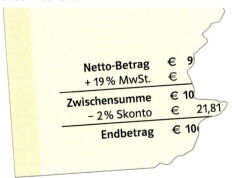

1 Rechnen, Formeln, Prozente und Zinsen Anwenden im Beruf

Information — Lohn- und Gehaltsabrechnung

Wenn man in einem Unternehmen angestellt ist, erhält man einen monatlichen Lohn. Von diesem **Bruttolohn** muss jede Arbeitnehmerin und jeder Arbeitnehmer Steuern und Beiträge für die gesetzlichen Sozialversicherungen bezahlen.

Die Höhe der **Steuern** richtet sich nach der Höhe des Bruttolohns, der Steuerklasse und der Anzahl der Kinder.

Die **gesetzlichen Sozialversicherungen** setzen sich aus Unfall-, Kranken-, Arbeitslosen-, Renten- und Pflegeversicherung zusammen. An den genau festgelegten Versicherungsbeiträgen beteiligt sich der Arbeitgeber.

Bei der Lohnabrechnung ermittelt der Arbeitgeber die Steuern und die Versicherungsbeiträge. Er zieht diese vom Bruttolohn ab und überweist sie an die zuständigen Stellen. Der Arbeitnehmerin und dem Arbeitnehmer wird der **Nettolohn** ausbezahlt. Die Lohnabrechnung gibt eine monatliche Übersicht über den Bruttolohn und die Abzüge.

29 Herr Forster bekommt einen Bruttolohn von 2200 Euro im Monat. Die Abgaben für Steuern und Sozialversicherungen betragen 738,71 Euro.
a) Wie hoch ist der Betrag des Nettolohns von Herrn Forster?
b) Berechnen Sie, wie viel Prozent vom Bruttolohn Herr Forster erhält.

30 Die Steuerklasse ist vom Familienstand abhängig.

Lohnabrechnung Miriam Stahl				August
	Familienst.	Kinder	Religion	Steuerkl.
	ledig	0	rk	I

Bezüge	Stunden	Faktor	Betrag
Lohn	164	14,00 €	2296,00 €
		Gesamt-Brutto	2296,00 €

Steuer / Sozialversicherung			
Lohnst.	Kirchenst.	Solidaritätszuschlag	Steuerabzüge
219,92 €	19,79 €	0,00 €	239,71 €
KV-Beitrag	PV-Beitrag	RV-Beitrag	AV-Beitrag	SV-Abzüge
182,53 €	43,05 €	213,53 €	27,55 €	466,66 €
			Nettolohn	1589,63 €

a) Informieren Sie sich über Steuerklassen.
b) Warum ist Frau Stahl in Steuerklasse I?
c) Berechnen Sie für Frau Stahl den Prozentsatz der Lohnsteuer.
d) Wie viel Prozent des Bruttolohns werden für die Sozialversicherungen abgezogen?
e) Berechnen Sie für Frau Stahl aus der Lohnsteuer den Prozentsatz für die Kirchensteuer.

31

Entgeltabrechnung August in EUR		
Kurt Markert	Personalnr.:	90061
Deichstr. 104	Konfession:	ev.
27472 Cuxhaven	St.Klasse/Kinder:	III/2
	Std-Lohn EUR:	15,00

Bezüge/Abzüge	Stunden	Betrag
Monatslohn	168	2520,00
Gesamtbrutto		2520,00
Lohnsteuer		115,66
Kirchensteuer		0,00
Solidaritätszuschlag		0,00
Krankenversicherung EV		206,64
Rentenversicherung		235,62
Arbeitslosenversicherung		37,80
Pflegeversicherung		24,30
Summe Abzüge		509,67
Gesetzliches Netto		1894,67

a) Informieren Sie sich, warum Herr Markert in Steuerklasse III ist.
b) Berechnen Sie für Herrn Markert den Prozentsatz der Lohnsteuer.
c) Wie viel Prozent des Bruttolohns werden für die Sozialversicherungen abgezogen?

Rückspiegel Rechnen, Terme

D28 Testen

Wo stehe ich?

Ich kann ...					Lerntipp!
1 rationale Zahlen addieren, subtrahieren, multiplizieren und dividieren.	☐	☐	☐	☐	→ Seite 15, 17
2 Überschlagsrechnungen durchführen.	☐	☐	☐	☐	→ Seite 13
3 Terme mit Variablen addieren, subtrahieren, multiplizieren und dividieren.	☐	☐	☐	☐	→ Seite 23, 25, 27
4 Plusklammern und Minusklammern auflösen.	☐	☐	☐	☐	→ Seite 21
5 Terme mit einer Summe multiplizieren.	☐	☐	☐	☐	→ Seite 29
6 ausklammern.	☐	☐	☐	☐	→ Seite 29
7 Summen mit Variablen miteinander multiplizieren.	☐	☐	☐	☐	→ Seite 31

Überprüfen Sie Ihre Einschätzung:

1 Berechnen Sie.
a) $(+3) + (-4) + (+7{,}5) + \left(-\frac{1}{2}\right)$
b) $(-7) - (+13) - (-57) - (+23)$
c) $\left(-\frac{1}{2}\right) \cdot (+4)$
d) $(-6) : \left(-\frac{1}{3}\right)$
e) $2 \cdot (-15) + (+14) \cdot (-5) - (+3) \cdot (+8)$

2 Überschlagen Sie die Aufgaben.
a) $378 + 711 + 18 - 435$
b) $128 \cdot (-3) + 1112 : 4$
c) $-289 \cdot (-2) - (-225) + 190$
d) $1238 \cdot \frac{1}{3} - 27 \cdot 11$

3 Vereinfachen Sie.
a) $x + 3y + 5y - 4x$
b) $2xy - 8x + 4xy + x$
c) $3x \cdot 12x$
d) $4a \cdot 5a + 6a \cdot 7a$
e) $(-27x^2) : (-3x)$
f) $(-2x) \cdot (-17x) - 36x^2 \cdot \frac{1}{3}$

4 Lösen Sie Klammern auf, fassen Sie zusammen.
a) $(6x - 8y) + (14x + 10y)$
b) $4a - (6a + 18b)$
c) $-(3a - 9b) - (-17a + 13b)$
d) $(19k - 28n + 22m) - (13m + 12n - 41k)$

5 Multiplizieren Sie aus und vereinfachen Sie, falls dies möglich ist.
a) $4(x + 2y)$ b) $18x(2x - 5y)$
c) $(3a + 8c) \cdot 3c$ d) $(13 - 12k) \cdot 12m$
e) $(20x - 25xy) \cdot 4y + 2(30xy + 50xy^2)$
f) $7a(3 - 2a) - 16(a + 7a^2)$

6 Klammern Sie gemeinsame Faktoren aus.
a) $18xy + 21x$
b) $9a + 12ab - 18ac$
c) $35km - 5k$
d) $16x + 24x^2 - 32xy$
Übertragen Sie die Aufgabe in Ihr Heft und füllen Sie die Platzhalter aus.
e) $24x^2 - \square + 132xy = 12x(\square - 1 + 11y)$
f) $56a^2b + 48ab + 40ab^2 = \square \cdot (7a + 6 + 5b)$

7 Multiplizieren Sie die Summen und vereinfachen Sie.
a) $(8x + 4)(13 + x)$
b) $(12a - 18b)(-7b + a)$
c) $5x^2 - (x + 4)(x - 3)$
Übertragen Sie die Aufgabe in Ihr Heft und füllen Sie die Platzhalter aus.
d) $(x + \square)(x + 4) = x^2 + 9x + 20$
e) $(x - 3)(x - \square) = x^2 - 7x + 12$
f) $(x + 8)(x - \square) = x^2 + 2x - 48$

→ Die Lösungen zum „Rückspiegel" finden Sie auf Seite 279.

1 Rechnen, Formeln, Prozente und Zinsen Rückspiegel

Rückspiegel Gleichungen und Ungleichungen

D29 Testen

Wo stehe ich?

Ich kann ...	sehr gut	gut	etwas	nicht gut	Lerntipp!
1 die binomischen Formeln anwenden.	☐	☐	☐	☐	→ Seite 33
2 einfache Gleichungen lösen.	☐	☐	☐	☐	→ Seite 34
3 Gleichungen mit Klammern lösen.	☐	☐	☐	☐	→ Seite 37
4 Sachaufgaben mithilfe von Gleichungen lösen.	☐	☐	☐	☐	→ Seite 40
5 Bruchgleichungen lösen.	☐	☐	☐	☐	→ Seite 42
6 Ungleichungen lösen.	☐	☐	☐	☐	→ Seite 46

Überprüfen Sie Ihre Einschätzung:

1 Wenden Sie die binomischen Formeln an.
a) $(x + 4)^2$
b) $(2x - 3)^2$
c) $(5x + y)(5x - y)$

2 Lösen Sie die Gleichung.
a) $3x + 8 = 13 + x$
b) $9x - 8 + 7x = 36 + 5x$
c) $8x - 2 + 4x = 5x + 8 + 2x$
d) $2x - 3 + x - 3{,}5 = 5{,}5 - x$
e) $\frac{x}{4} = 21$
f) $-\frac{1}{3}x = 5$
g) $\frac{4}{5}x - 6 = \frac{2}{5}$

3 Vereinfachen Sie zuerst und lösen Sie dann die Gleichung.
a) $5(x - 3) = 2(3x - 2{,}5)$
b) $14(x + 1) = 17(x - 2) - 13x + 8$
c) $(x + 3)(6x - 9) = 8 - (4 - 2x)(8{,}5 + 3x)$

4 Lösen Sie mithilfe von Gleichungen.
a) Der Umfang eines Quadrats beträgt 144 cm. Wie lang ist jede Seite?
b) Wenn man von einer rationalen Zahl 7 subtrahiert und diese Differenz mit der Summe aus 4 und 2,5 multipliziert, erhält man die Differenz aus dem 15-fachen der Zahl und 3. Wie heißt die Zahl?

5 Bestimmen Sie die Definitionsmenge und die Lösungsmenge.
a) $\frac{8}{x} + \frac{11}{2x} = \frac{9}{2}$
b) $\frac{12}{x - 2} + \frac{1}{2} = \frac{15}{x - 2}$

6 Lösen Sie die Ungleichung und geben Sie die Lösungsmenge auf zwei unterschiedliche Arten an.
a) $3x + 2 < 2x - 3$ $\qquad$ G = $\mathbb{Z}$
b) $2(x - 4) < 4x - 7$ $\qquad$ G = $\mathbb{Q}$
c) $1{,}5x + 9 \geq 2x + 3{,}5$ $\qquad$ G = $\mathbb{N}$
d) $(4x - 2) \leq 2(x - 2) + 2x - 4$ $\qquad$ G = $\mathbb{Q}$

→ Die Lösungen zum „Rückspiegel" finden Sie auf Seite 279.

Rückspiegel Potenzen, Formeln und Prozente

D30 Testen

Wo stehe ich?

Ich kann ...	sehr gut	gut	etwas	nicht gut	Lerntipp!
1 mit Potenzen rechnen und Potenzgesetze anwenden.	☐	☐	☐	☐	→ Seite 48, 50, 52, 54
2 mithilfe des Taschenrechners mit Potenzen rechnen.	☐	☐	☐	☐	→ Seite 48, 50, 52, 54
3 die wissenschaftliche Schreibweise mithilfe von Zehnerpotenzen anwenden.	☐	☐	☐	☐	→ Seite 56
4 mit Zehnerpotenzen rechnen.	☐	☐	☐	☐	→ Seite 56
5 mit Formeln rechnen.	☐	☐	☐	☐	→ Seite 59
6 Prozente und prozentuale Veränderungen berechnen.	☐	☐	☐	☐	→ Seite 61, 65

Überprüfen Sie Ihre Einschätzung:

1 Berechnen Sie ohne Taschenrechner.
a) $2^3 \cdot 2^5$
b) $(-3)^2 \cdot (-3)^3$
c) $3^{-4} \cdot 3^7$
d) $20^{-4} \cdot 0{,}5^{-4}$
e) $(2^5)^2$
f) $((-3)^2)^2$

2 Bestimmen Sie mit dem Taschenrechner die größt- bzw. kleinstmögliche Zahl n.
a) $2^n < 10\,000$
b) $20^n < 500\,000$
c) $0{,}2^n < 0{,}0001$
d) $0{,}9^n < 0{,}1$

3 Schreiben Sie in wissenschaftlicher Schreibweise.
a) 198 766 987
b) 10 000 000 001
c) 0,000 67
d) 0,000 000 100 002

4 Berechnen Sie das Produkt. Verwenden Sie die wissenschaftliche Schreibweise.
a) $6{,}89 \cdot 0{,}075 \cdot 10^8$
b) $0{,}0087 \cdot 10^{-5} \cdot 9{,}01 \cdot 10^{-12}$

5 Formeln umstellen.
a) Lösen Sie die Formel für den Flächeninhalt eines Rechtecks $A = a \cdot b$ nach b auf. Berechnen Sie anschließend die Seitenlänge b für $a = 27\,cm$ und $A = 1026\,cm^2$.
b) Lösen Sie die Formel für den Umfang eines Rechtecks $u = 2(a + b)$ nach a auf. Berechnen Sie dann die Seitenlänge a für $b = 17\,cm$ und $u = 78\,cm$.

6 Lösen Sie die Aufgabe mit Prozentrechnung.
a) Berechnen Sie die fehlenden Werte.

Grundwert	Prozentwert	Prozentsatz
520 €	56 €	☐
48,5 m	☐	125 %
☐	17,5 kg	38 %

b) Beim Räumungsverkauf wurde ein Mantel um 35 % ermäßigt. Ursprünglich kostete der Mantel 298 €. Berechnen Sie den neuen Preis.
c) Nach Abzug eines Rabatts von 20 % musste Herr Kleinschmidt noch 720 € für sein Trekkingrad bezahlen. Wie hoch war der Preis ohne Rabatt?
d) Beim Kauf eines kleinen Zelts sparte Marina durch einen Nachlass von 5 % genau 12,50 €. Wie viel Euro musste sie für das Zelt bezahlen?

→ Die Lösungen zum „Rückspiegel" finden Sie auf Seite 279.

Standpunkt

D31 Testen

Wo stehe ich?

Ich kann ...	sehr gut	gut	etwas	nicht gut	Lerntipp!
1 Zahlen runden.	☐	☐	☐	☐	→ Seite 263
2 Quadratzahlen berechnen.	☐	☐	☐	☐	→ Seite 264
3 Kubikzahlen berechnen.	☐	☐	☐	☐	→ Seite 264
4 parallele und senkrechte Geraden zeichnen.	☐	☐	☐	☐	→ Seite 267
5 den Wert eines Terms berechnen.	☐	☐	☐	☐	→ Seite 23
6 Gleichungen umstellen.	☐	☐	☐	☐	→ Seite 34

Überprüfen Sie Ihre Einschätzung:

1 Runden Sie auf die angegebene Stelle.
a) 752; 4816; 5 720 699 auf Zehner
b) 234 560; 789 349 auf Hunderter
c) 1,24; 4,35; 6,42; 2,89 auf Zehntel
d) 31,487; 40,7845 auf zwei Dezimalen
e) 5,7836; 7,0359 auf drei Dezimalen
f) 3,009; 4,691 auf eine Dezimale

2 Berechnen Sie ohne Taschenrechner.
a) 5^2 b) 7^2 c) 15^2
d) 21^2 e) $0,4^2$ f) $1,25^2$
g) 0^2 h) 16^2 i) $0,25^2$

3 Berechnen Sie ohne Taschenrechner.
a) 2^3 b) 3^3 c) 10^3
d) 4^3 e) $0,1^3$ f) $0,5^3$
g) 100^3 h) 1^3 i) 20^3

4 Zeichnen Sie
- eine Gerade a,
- eine zu a senkrechte Gerade b,
- eine zu a parallele Gerade c.

5 Berechnen Sie den Wert.
a) $x = 5$ für $4x - 3$; $3x^2$; $4x^2 - 10x$
b) $a = 1,5$ für $a + 6$; $2,5a^2$; $0,25a^2 + 1,75a$

6 Stellen Sie die Gleichungen nach der genannten Variablen um.
a) nach x: $7x = 16,4a - 3x$
b) nach z: $b = \frac{b + z}{2}$

→ Die Lösungen zum „Standpunkt" finden Sie auf Seite 280.

2 Geometrie

Damit ein Alltag ohne Hindernisse für jeden möglich ist, müssen Räumlichkeiten an den Bedürfnissen und Gegebenheiten der Personen orientiert sein.
→ Informieren Sie sich, welche Schwierigkeiten und Herausforderungen sich bei einer Raumgestaltung ergeben können.

Arbeit mit Menschen erfordert unter anderem, dass man sich um die Gestaltung und Anpassung der Lebensräume Gedanken macht.
→ Ein Kita-Gruppenraum ist 50 m² groß und quadratisch. Bei der Gestaltung und Aufteilung des Raums sollen folgende Gegenstände und verschiedene Funktionsecken berücksichtigt werden: ein Tisch zum Basteln, drei Regale, eine Puppenecke, eine Bauecke und eine Leseecke mit Sofa.
Zeigen Sie Möglichkeiten für die Gestaltung des Kita-Raums auf.
→ Ältere Menschen sind häufig auf einen Rollator oder einen Rollstuhl angewiesen. Auch bei der Planung funktioneller Räume sollte dies berücksichtigt werden. Wie groß muss das Badezimmer mit Waschbecken, Toilette und Dusche in einem Seniorenheim mindestens sein?
→ In welchen Bereichen muss im Krankenhaus auf ausreichend Platz geachtet werden? Begründen Sie Ihre Antwort.

Ich lerne,

- die Größen und ihre Einheiten kennen,
- wie man Quadratwurzeln und dritte Wurzeln bestimmt,
- wie man Flächeninhalt und Umfang einer ebenen Figur berechnet,
- wie man Oberfläche und Volumen eines geometrischen Körpers berechnet,
- wie man das Schrägbild eines Körpers zeichnet.

1 Größen und ihre Einheiten

Erläutern Sie die Längenangaben auf den Schildern.

Grillplatz 2,7 km
Wildgehege 300 m
Badesee 13,5 km
2,8 m

→ Wie lang ist man z. B. zu Fuß bis zum Grillplatz ungefähr unterwegs?
→ Welche Längenangaben kennen Sie noch?
→ Recherchieren Sie im Internet, wie die Längeneinheit Meter (m) früher festgelegt wurde und wie sie heute festgelegt ist.

Die Länge ist ein Beispiel für eine Größe. Im täglichen Leben geht man häufig mit Größen um. Größen bestehen immer aus einem Zahlenwert (**Maßzahl**) und einer Einheit (**Maßeinheit**), z. B. 24 cm. 24 ist die Maßzahl und cm ist die Einheit. Verschiedene Beispiele für Größen sind:

Länge
1000 Meter (m) = 1 Kilometer (km)
10 Dezimeter (dm) = 1 Meter (m)
10 Zentimeter (cm) = 1 Dezimeter (dm)
10 Millimeter (mm) = 1 Zentimeter (cm)

Flächeninhalt
100 Hektar (ha) = 1 Quadratkilometer (km^2)
100 Ar (a) = 1 Hektar (ha)
100 Quadratmeter (m^2) = 1 Ar (a)
100 Quadratdezimeter (dm^2) = 1 Quadratmeter (m^2)
100 Quadratzentimeter (cm^2) = 1 Quadratdezimeter (dm^2)
100 Quadratmillimeter (mm^2) = 1 Quadratzentimeter (cm^2)

Rauminhalt
1000 Kubikdezimeter (dm^3) = 1 Kubikmeter (m^3)
1000 Kubikzentimeter (cm^3) = 1 Kubikdezimeter (dm^3) = 1 Liter (l)
1000 Kubikmillimeter (mm^3) = 1 Kubikzentimeter (cm^3)

Gewicht
1000 Kilogramm (kg) = 1 Tonne (t)
1000 Gramm (g) = 1 Kilogramm (kg)
1000 Milligramm (mg) = 1 Gramm (g)

Zeit
365 Tage (d) = 1 Jahr (a)
24 Stunden (h) = 1 Tag (d)
60 Minuten (min) = 1 Stunde (h)
60 Sekunden (s) = 1 Minute (min)

Geld
100 Cent (ct) = 1 Euro (€)

Temperatur
T_c: Temperatur in Grad Celsius °C
T_k: Temperatur in Kelvin K
$T_k = T_c + 273{,}15$
0 °C = 273,15 K

Merke Beim Rechnen mit **Größen** wandelt man diese Größen so um, dass man gut mit den **Maßeinheiten** rechnen kann. Nach dem Umwandeln werden die Maßzahlen addiert, subtrahiert, mit einer Zahl multipliziert oder durch eine Zahl dividiert. Beim Dividieren von zwei Größen mit gleicher Maßeinheit erhält man eine Anzahl.

Beispiel
a) 3 m + 25 cm = 300 cm + 25 cm = 325 cm
b) 1 ha − 500 m^2 = 10 000 m^2 − 500 m^2 = 9500 m^2
c) Eine Papiertonne hat ein Volumen von 120 Litern (l). Das sind 120 Kubikdezimeter (dm^3). Das entspricht 0,12 m^3, denn 120 dm^3 = 120 m^3 : 1000 = 0,12 m^3.
d) 6 Pkw mit jeweils 1275 kg Gewicht werden auf einem Transporter befördert: 1275 kg · 6 = 7650 kg = 7 t 650 kg
e) Die Zeitdauer von einer Minute soll in 3 gleich große Teile geteilt werden, also 60 s : 3 = 20 s.
f) Sandra kauft für 5,40 Euro Schokolade. Eine Tafel kostet 90 Cent. Sie bekommt 6 Tafeln Schokolade, denn 540 ct : 90 ct = 6.

V11 ▷ **Erklärfilm** Umrechnung von Längeneinheiten

V12 ▷ **Erklärfilm** Umrechnung von Flächeneinheiten

V13 ▷ **Erklärfilm** Umrechnung von Volumeneinheiten

$1 l = 1 dm^3$

1 Wandeln Sie um.
a) in cm: 7 dm; 32 m; 5 m 5 cm
b) in cm²: 9 dm²; 6 m²; 24 m²
c) in cm³: 1 m³; $\frac{1}{2}$ l; 5000 mm³
d) in kg: 2 t; 50 000 g; 1 t 1 kg
e) in h: 480 min; 5400 s; 1389 min
f) in ct: 5 €; 2 € 18 ct; 3,48 €

2 Welche Einheiten sind zum Messen folgender Längen geeignet?
• Dicke eines Buchs
• Größe eines Säuglings
• Weltrekord im Weitsprung
• Beinlänge einer Spinne
• Entfernung der Erde von der Sonne

3 Wie viel fehlt bis zur nächstgrößeren Einheit?
a) 57 min; 38 s; 1 min; 10 s; 59 min
b) 59 min 59 s; 12 min 8 s; 23 min 23 s

A Wandeln Sie um.
a) in kg: 500 g; 2 t 300 kg; 43,3 t
b) in h: 420 min; 90 min, 3600 s
c) in m: 3,4 km; 745 cm; 2654 mm
d) in ct: 3,62 €; 380 €; 0,85 €
e) in m²: 30 000 cm²; 15 dm²; 1 km²
f) in cm³: 2 l; 12 dm³; 1000 mm³

Alles klar?
→ Lösungen Seite 280
D32 Fördern
→ Seite 24

4 Lesen Sie die Temperatur in °C ab.
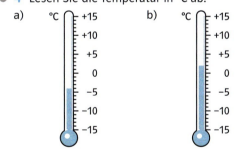

5 Ein Wechselgeldautomat in einem Parkhaus wechselt Geldscheine auf Wunsch in Münzen zu 50 ct, 1 € und 2 € um.
a) Zakir lässt einen 20-Euro-Schein in 11 Münzen umwechseln. Welche Münzen hat er erhalten?
b) Sabine lässt sich einen 10-Euro-Schein in 5 Münzen umwechseln.
c) Denken Sie sich selbst Münzkombinationen für einen 5-€-Schein und 50-€-Schein aus.

6 Schreiben Sie mit Komma in der größeren der beiden Einheiten.
Beispiel: 4 m² 25 dm² = 4,25 m²
a) 12 a 45 m²; 9 km² 30 ha; 2 m² 14 dm²
b) 27 ha 12 a; 10 dm² 5 cm²; 8 cm² 8 mm²
c) 70 km² 1 ha; 200 a 2 m²; 1 m² 1 cm²

7 Geben Sie in der nächstkleineren Einheit an.
a) 34 m³; 80 cm³; 115 dm³; 200 m³
b) 17 l; 230 l; 5,3 l; 14,09 l

8 Beachten Sie, dass die Größen beim Rechnen die gleiche Maßeinheit haben müssen.
Beispiel: 5 a + 430 m² = 500 m² + 430 m²
= 930 m²
a) 34 cm² + 5 dm²; 106 m² + 3 a
b) 905 cm² + 7,2 dm²; 5418 a + 61,3 ha
c) 12 m² − 9 m²; 55 mm² − 17 mm²
d) 8 m² − 56 dm²; 1 dm² − 60 cm²

9 Tim richtet sein Aquarium neu ein. Dazu kauft er in einer Zoohandlung die unten aufgeführten Artikel. Wie viel Euro muss er bezahlen? Überschlagen Sie erst und rechnen Sie dann.

10 Temperaturen kann man in Grad Celsius und in Grad Kelvin messen. Die Umrechnungsformel lautet $T_K = T_C + 273{,}15$. $0°C = 273{,}15 K$. Vervollständigen Sie die Tabelle.

	Temperatur in °C	Temperatur in K
a)	30	
b)		300,15
c)		280,15
d)	10	
e)	0	
f)		200,15
g)		190,15
h)	−90	

2 Geometrie Größen und ihre Einheiten

11 Für ein Blech Pizza werden neben anderen Zutaten 500 g Mehl und 150 ml Öl benötigt. Tina möchte für eine Party 6 Bleche backen.
a) Berechnen Sie, wie viel Mehl und wie viel Öl sie benötigt.
b) Mehl wird in Paketen zu je 1 kg zum Preis von 79 Cent angeboten. Öl kann man in 0,5-Liter-Flaschen für je 1,99 Euro kaufen. Wie viele Pakete Mehl und wie viele Flaschen Öl muss Tina einkaufen? Was muss sie dafür zahlen?

12 Welche mathematischen Körper sind gleich groß?

Körper 1: $3 \, m^3 \, 250 \, dm^3$
Körper 2: $30 \, m^3 \, 25 \, dm^3$
Körper 3: $30\,025 \, dm^3$
Körper 4: $325\,000 \, cm^3$
Körper 5: $30{,}025 \, m^3$

13 Ein Hühnerei wiegt etwa 60 g.
a) Überschlagen Sie das Gewicht von fünf Eierkartons zu jeweils 25 Eiern.
b) Zehn Büroklammern wiegen etwa 5 g. Wie schwer ist ein Paket mit 10 Tausender-Packungen Büroklammern?

c) Eine 0,75-Liter-Glasflasche Mineralwasser wiegt etwa 1 kg. Wie viel wiegt ein Kasten mit 12 Flaschen ungefähr?

14 Vorsicht! Ein 4,2 t schwerer Lastkraftwagen soll mehrere 140 kg schwere Kisten transportieren. Sein Weg führt über eine Brücke mit zulässiger Höchstlast von 5,5 t.

Bestimmen Sie die Anzahl der Kisten, mit denen der Lkw die Brücke überqueren darf.

15 Nahverkehr
a) Wie lange fährt die S-Bahn (S2) von Nienburg bis Haste?

Linie	S2	S1	RE1	RE2	RE3	RE4
Nienburg (Weser) ab	07:13		07:30		16:05	
Linsburg	07:19					
Hagen (Han)	07:23					
Eilvese	07:26					
Neustadt (a.R.)	07:30		07:42		16:18	
Poggenhagen	07:34					
Wunstorf	07:38	07:47	07:50	08:22	16:26	16:34
Dedensen-Gümmer	07:42					
Seelze	07:46					
Hannover Hbf	08:00		08:03			
Wennigsten (Deister)	08:27					
Barsinghausen	08:37					
Bad Nenndorf	08:47					
Haste	08:52	07:52		08:28		16:40

S2, S1 – S-Bahn   RE1/RE2 – RegionalExpress

b) Welche Fahrt dauert länger, mit der S2 von Nienburg nach Wunstorf und von dort mit der S1 bis Haste oder die gleiche Strecke aber mit dem RE1 und RE2?
c) Wie lange braucht man für die Strecke von Nienburg nach Haste mit dem RE3 und ab Wunstorf mit dem RE4?
d) Nimmt man ab Wunstorf die S1, spart man sich den Umweg über Wennigsten (Deister). Wie viel Zeit spart dies?

16 Das Grundstück der Familie Mauch ist $512 \, m^2$ groß.
a) $1 \, m^2$ kostet 95 € zuzüglich 23 € Erschließungskosten pro Quadratmeter. Familie Mauch hat 45 000 € zum Kauf des Grundstücks angespart, den Rest finanzieren sie mit einem Bauspardarlehen.
b) Das Haus hat $132 \, m^2$ Grundfläche, die Garage $24 \, m^2$. Für den Weg werden $68 \, m^2$ benötigt. Der Rest wird als Garten genutzt.

2 Messen und Koordinatensysteme

Zum Messen von Längen verwendet man:
- ein Maßband (für Längen zwischen 1 cm und 10 m mit der Genauigkeit 1 cm = 0,01 m)
- Lineal bzw. Geodreieck (für Längen zwischen 0,5 cm und 20 cm mit der Genauigkeit 0,5 mm = 0,0005 m)
→ Mit welchem Zeichenwerkzeug kann man Winkel messen? Geben Sie auch die zugehörige Einheit und die Genauigkeit an.

Geraden sind Linien, die mit einem Lineal oder Geodreieck gezeichnet werden.
Um den Abstand eines Punkts P zu einer Geraden g zu messen, zeichnet man eine senkrechte Strecke zwischen P und g. Dann misst man die Länge der Strecke.

Merke Der **Abstand** eines Punkts P von einer Geraden g ist die kürzeste Entfernung zwischen dem Punkt und der geraden Linie. Dieser Abstand ist die Länge der senkrechten Strecke zwischen P und g.

Beispiel

g

Der **Abstand** von P zu g beträgt **2,2 cm**

× P

1 Messen Sie alle Entfernungen. Welche Strecke gibt den Abstand des Punkts P von der Geraden g an?

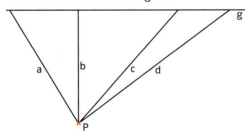

2 Übertragen Sie ins Heft. Bestimmen Sie die Abstände der Punkte von der Geraden.

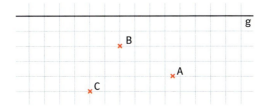

3 Zeichnen Sie eine Gerade g schräg in Ihr Heft und einen Punkt P, der nicht auf der Geraden liegt. Ihr Nachbar soll den Abstand von P zu g schätzen. Kontrollieren Sie gemeinsam die geschätzte Länge durch Nachmessen.

4 Zeichnen und messen
a) Übertragen Sie das Rechteck in Ihr Heft.

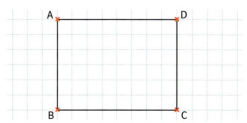

b) Zeichnen Sie den Punkt X. Er hat von der Seite $\overline{AB}$ 3 cm Abstand und von der Seite $\overline{AD}$ 2 cm Abstand.
c) Messen Sie die Abstände des Punkts X von den restlichen Seiten.

Zum Messen von Winkeln verwendet man auch eine Maßeinheit. Sie entsteht durch Zerlegung eines Kreises in 360 gleiche Teile. Man nennt diese Einheit 1°, gesprochen ein **Grad**.

Merke Die Maßeinheit für die Größe eines Winkels heißt **1 Grad** (kurz: 1°).
Winkel werden nach ihrer Größe eingeteilt.

spitze Winkel (kleiner als 90°)	rechte Winkel (90°)	stumpfe Winkel (zwischen 90° und 180°)	gestreckte Winkel (180°)	überstumpfe Winkel (zwischen 180° und 360°)	volle Winkel (360°)

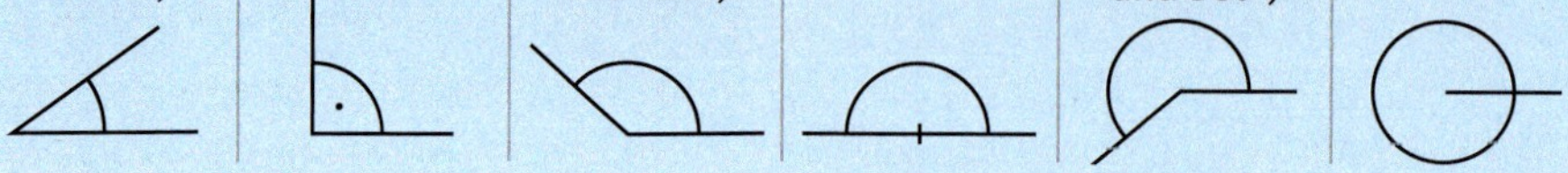

Beispiel Mithilfe des Geodreiecks kann man einen gegebenen Winkel messen oder einen Winkel mit vorgegebener Größe zeichnen.

a) Messen

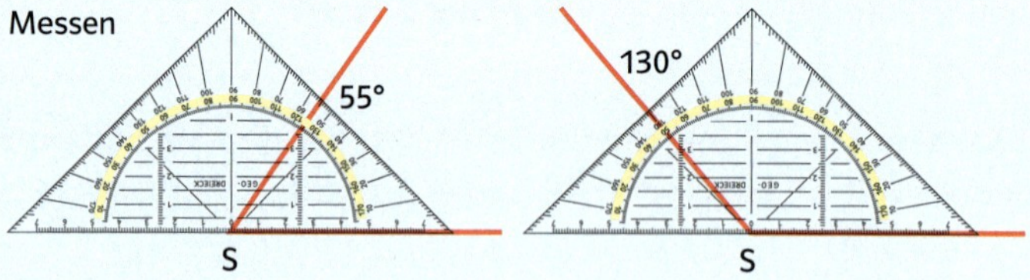

b) Zeichnen

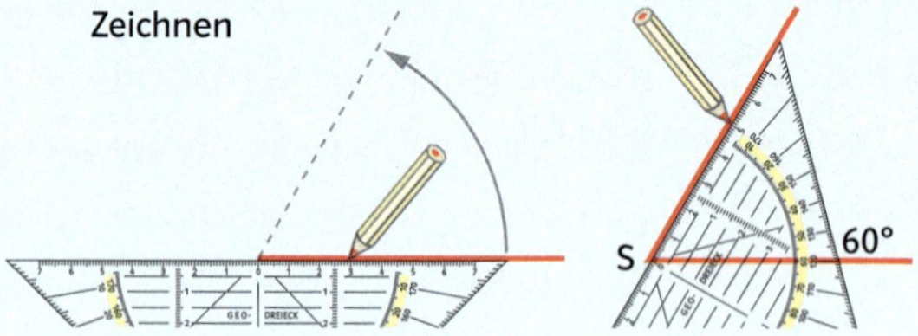

V14 Erklärfilm
Zeichnen von Winkeln bis 180°

V15 Erklärfilm
Zeichnen von Winkeln von mehr als 180°

5 Zeichnen Sie den Winkel in Ihr Heft.
a) 40°   b) 130°

6 Übertragen Sie die Figur ins Heft. Schätzen Sie zuerst die Größen der Winkel. Messen Sie dann nach.

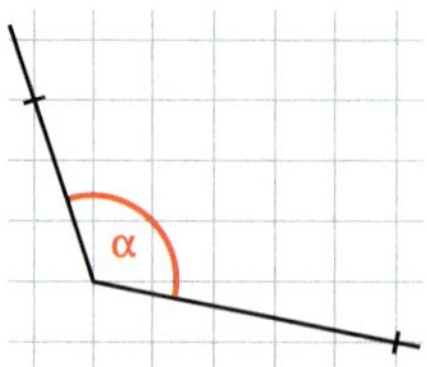

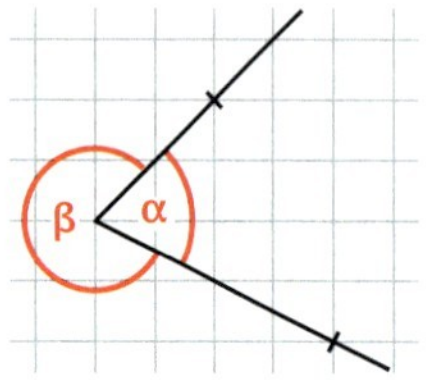

Alles klar?
→ Lösungen Seite 281
D33 Fördern

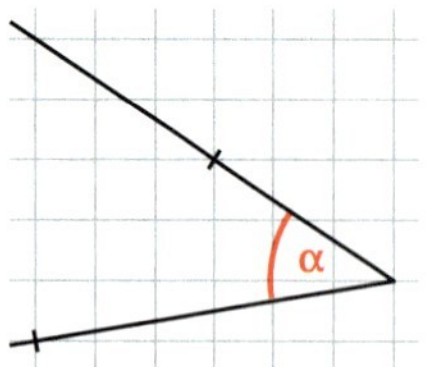

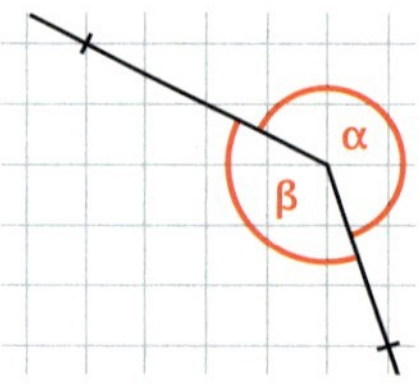

7 Zeichnen Sie Winkel der angegebenen Größen. Welche Winkelarten erkennen Sie?
a) 30°   b) 60°   c) 45°   d) 90°
   15°   155°   89°   190°
   75°   230°   290°   340°

A Messen Sie die Größe der Winkel.

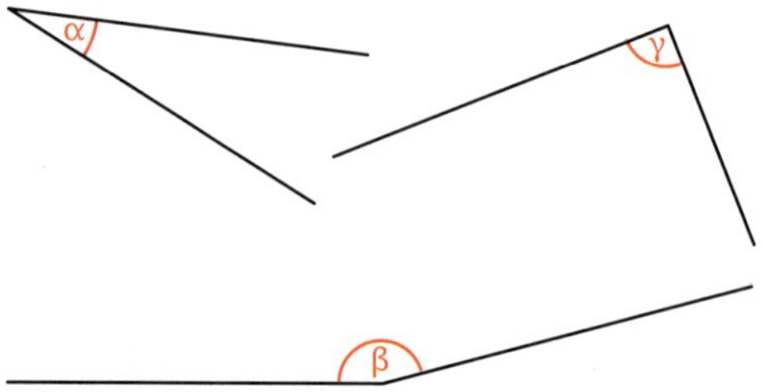

B Zeichnen Sie den Winkel mit der angegebenen Größe.
a) α = 110°   b) β = 40°
c) γ = 75°   d) δ = 145°

2 Geometrie **Messen und Koordinatensysteme**

Die Kreuzungen bilden ein Quadratgitter. Dieses nennt man auch Koordinatensystem.

Merke | Im **Koordinatensystem** kann man Gitterpunkte durch zwei Zahlen, die Koordinaten, angeben. Dazu zeichnet man zueinander senkrecht die **x-Achse** und die **y-Achse**.
Für den Punkt P mit dem **x-Wert** 7 und dem **y-Wert** 4 schreibt man P(**7**|**4**). Der Punkt O(0|0) ist der **Ursprung**.

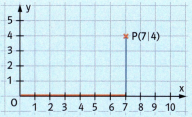

Beispiel | A(2|3)   2 nach rechts; 3 nach oben
B(−3|2) 3 nach links; 2 nach oben
C(−1|−2) 1 nach links; 2 nach unten
D(3|−1) 3 nach rechts; 1 nach unten

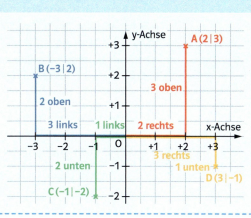

Alles klar?
→ Lösungen Seite 281
D34 Fördern

8 Bestimmen Sie die Koordinaten der eingetragenen Punkte. Beispiel: P(−3|2)

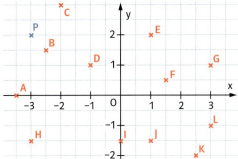

9 Die Punkte A, B und C sind Eckpunkte eines Vierecks. Bestimmen Sie den fehlenden Eckpunkt D.
a) Quadrat: A(2|1); B(−1|1); C(−1|−2)
b) Rechteck: A(5|−1); B(5|2); C(−4|2)
c) Rechteck: A(4|3); B(−2|6); C(−3,5|3)

Wählen Sie 1 cm für eine Einheit.

10 Welcher Punkt wird erreicht, wenn man
a) vom Ursprung vier Einheiten nach rechts und drei Einheiten nach unten geht?
b) vom Punkt T(−2|3) vier Einheiten nach links und sieben Einheiten nach unten geht?

C Übertragen Sie die Grafik in Ihr Heft.
1 Einheit = 1 cm.

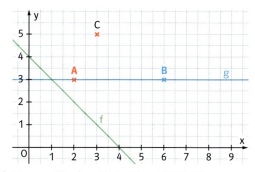

a) Messen Sie den Abstand von Punkt A zu Punkt B.
b) Geben Sie die Koordinaten von Punkt C an. Messen Sie den Abstand von Punkt C zur Geraden g.
c) Messen Sie die Größe des Winkels zwischen der Geraden g und der Geraden f.

11 Zeichnen Sie ein Dreieck mit diesen Punkten ins Koordinatensystem. Messen Sie die Längen zum Berechnen des Umfangs.
a) A(1|1); B(8|1); C(5|7)
b) A(2|1); B(10|2); C(4|9)
c) A(1|0); B(6|3); C(6|8)

3 Quadratwurzeln und Kubikwurzeln

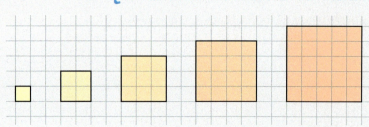

Die Quadrate werden größer.
→ Setzen Sie die Reihe fort. Notieren Sie alle Möglichkeiten bis 100 Kästchen Flächeninhalt.
→ Kann man auch Quadrate mit zwei oder drei Kästchen Flächeninhalt zeichnen?
→ Welchen Umfang hat ein Quadrat mit einem Flächeninhalt von 100 Kästchen?

Multipliziert man eine Zahl mit sich selbst, erhält man deren **Quadratzahl**. Diesen Vorgang nennt man **Quadrieren**: $15 \cdot 15 = 15^2 = 225$. Allgemein schreibt man: $a \cdot a = a^2$.

Umgekehrt lässt sich zu einer Zahl diejenige Zahl finden, die mit sich selbst multipliziert diese Zahl ergibt. Man bestimmt die **Quadratwurzel**. Diesen Vorgang bezeichnet man als **Wurzelziehen** (**Radizieren**). Für die Zahl 49 erhält man die Zahl 7 als Quadratwurzel, denn $7 \cdot 7 = 49$.

Als **Radikand** bezeichnet man die Zahl unter dem Wurzelzeichen. Bei $\sqrt{49}$ ist der Radikand 49.

Merke Die **Quadratwurzel** einer positiven Zahl b ist diejenige positive Zahl a, die mit sich selbst multipliziert die Zahl b ergibt: $a^2 = b$.
Man verwendet die Schreibweise $a = \sqrt{b}$ und sagt „a ist die Quadratwurzel von b."

Bemerkung
- Die Quadratwurzel einer negativen Zahl gibt es nicht, da keine Zahl mit sich selbst multipliziert einen negativen Wert ergibt.
- Bei positiven Zahlen ist das Wurzelziehen die Umkehrung des Quadrierens und das Quadrieren die Umkehrung des Wurzelziehens. Allgemein gilt: $\sqrt{a^2} = a$ und $(\sqrt{a})^2 = \sqrt{a} \cdot \sqrt{a} = a$.

Es gilt:
$\sqrt{0} = 0$, da $0^2 = 0$.
$\sqrt{1} = 1$, da $1^2 = 1$.

Beispiel
a) $\sqrt{36} = 6$; da $6^2 = 36$
b) $\sqrt{121} = 11$; da $11^2 = 121$
c) $\sqrt{0{,}25} = 0{,}5$; da $0{,}5^2 = 0{,}25$
d) $\sqrt{\frac{1}{4}} = \frac{1}{2}$; da $\left(\frac{1}{2}\right)^2 = \frac{1}{4}$
e) $\sqrt{8^2} = \sqrt{64} = 8$
f) $(\sqrt{0{,}81})^2 = 0{,}9^2 = 0{,}81$

V16 ▶ **Erklärfilm** Bestimmen von Quadratwurzeln

$a^2 > a$ für $a > 1$, z.B.: $3^2 = 9 > 3$.
$a^2 < a$ für $0 < a < 1$, z.B.: $0{,}5^2 = 0{,}25 > 0{,}5$.

Alles klar?
→ Lösungen Seite 281
D35 📄 Fördern
→ 📖 Seite 25

○ **1** Bestimmen Sie die Quadratwurzel im Kopf.
a) $\sqrt{16}$ b) $\sqrt{49}$ c) $\sqrt{100}$
d) $\sqrt{225}$ e) $\sqrt{121}$ f) $\sqrt{169}$
g) $\sqrt{256}$ h) $\sqrt{400}$ i) $\sqrt{625}$
j) $\sqrt{0{,}25}$ k) $\sqrt{0{,}36}$ l) $\sqrt{1{,}44}$

○ **2** Wie kann man alle Zahlen auf dem rechten und dem linken Zettel einander zuordnen?

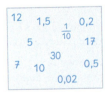

● **3** Berechnen Sie. Überprüfen Sie Ihr Ergebnis mit dem Taschenrechner.
a) $\sqrt{\frac{16}{49}}$ b) $\sqrt{\frac{4}{81}}$ c) $\sqrt{\frac{36}{121}}$
d) $\sqrt{\frac{196}{144}}$ e) $\sqrt{\frac{169}{225}}$ f) $\sqrt{\frac{400}{729}}$

A Bilden Sie Paare und schreiben Sie wie im Beispiel. Zwei Kärtchen bleiben übrig.

Beispiel: $\sqrt{25} = 5$, denn $5 \cdot 5 = 25$.

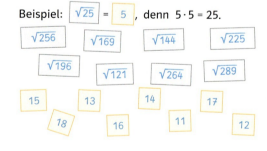

4 Berechnen Sie ohne Taschenrechner.
a) $\sqrt{10^2}$ b) $\sqrt{1}$
c) $\sqrt{0{,}25 \cdot 0{,}25}$ d) $\sqrt{3} \cdot \sqrt{3}$
Was fällt Ihnen auf?

● **5** Ein Rechteck hat die Länge a und die Breite b. Berechnen Sie die Seitenlänge eines Quadrats, das dazu flächengleich ist.
a) $a = 18\,m$; $b = 8\,m$ b) $a = 30\,m$; $b = 7{,}5\,m$

94

2 Geometrie Quadratwurzeln und Kubikwurzeln

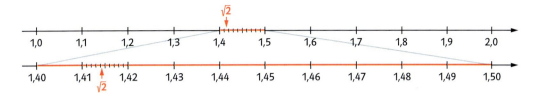

Zahlen und ihre
Quadratzahlen

a	a²
1	1
2	4
3	9
4	16
5	25
6	36
7	49
8	64
9	81
10	100
11	121
12	144
13	169
14	196
15	225
16	256
17	289
18	324
19	361
20	400

Die Fläche eines Quadrats ist $A = a^2$.

Merke Quadratwurzeln aus positiven Zahlen, die keine Quadratwurzeln und Kubikwurzeln oder Brüche aus Quadratzahlen sind, haben unendlich viele Nachkommaziffern.

Beispiel a) $\sqrt{4} = 2$; $\sqrt{5} = 2{,}236\,067\,977\ldots$; $\sqrt{5} \approx 2{,}236$ b) $\sqrt{\frac{9}{4}} = \frac{3}{2}$; $\sqrt{\frac{13}{4}} = 1{,}802\,775\,637\ldots$; $\sqrt{\frac{13}{4}} \approx 1{,}803$

6 Welche Werte lassen sich genau bestimmen?
 a) $\sqrt{20}$ b) $\sqrt{144}$ c) $\sqrt{4{,}5}$
 d) $\sqrt{6{,}25}$ e) $\sqrt{0{,}4}$ f) $\sqrt{0{,}09}$

7 Zwischen welchen natürlichen Zahlen liegt die Quadratwurzel?
Beispiel: $6 < \sqrt{40} < 7$; da $6^2 < 40 < 7^2$
 a) $\sqrt{20}$ b) $\sqrt{50}$ c) $\sqrt{70}$ d) $\sqrt{120}$
 e) $\sqrt{190}$ f) $\sqrt{350}$ g) $\sqrt{500}$ h) $\sqrt{700}$

8 Füllen Sie die Lücken.
 a) $7 < \sqrt{\square 5} < 8$ b) $6 < \sqrt{4\square} < 7$
 c) $12 < \sqrt{1\square 8} < 13$ d) $13 < \sqrt{\square 7} < 14$

9 Welcher Wurzelwert gehört zu welcher Quadratzahl? Schätzen Sie ab.

  21,7485…   217,9449…   746
  473   20,1494…   406   23,7697…
   565   27,3130…   47500

10 Berechnen Sie das Produkt.
 a) $\sqrt{35} \cdot \sqrt{35}$ b) $\sqrt{41} \cdot \sqrt{41}$
 c) $\sqrt{1{,}25} \cdot \sqrt{1{,}25}$ d) $\sqrt{15{,}5} \cdot \sqrt{15{,}5}$

11 Berechnen Sie die Wurzel.
 a) $\sqrt{3 \cdot 3}$ b) $\sqrt{17 \cdot 17}$
 c) $\sqrt{51 \cdot 51}$ d) $\sqrt{62{,}25 \cdot 62{,}25}$

12 Berechnen Sie die Seitenlängen.
a)   b)   c)

13 Zeichnen Sie ein Quadrat mit dem jeweils angegebenen Flächeninhalt.
 a) 9 cm²   b) 8 cm²   c) 7 cm²   d) 6 cm²
 e) 16 cm²   f) 15 cm²   g) 14 cm²   h) 12 cm²
Berechnen Sie jeweils die Seitenlänge.

Merke Die **Kubikwurzel** einer positiven Zahl b ist die positive Zahl a, deren 3. Potenz gleich der Zahl b ist: $\sqrt[3]{b} = a$, wenn $a^3 = b$ und $a \geq 0$, $b \geq 0$. Auch Kubikwurzeln von ganzen Zahlen sind entweder ganze Zahlen oder sie haben unendlich viele nicht periodische Nachkommastellen.

Beispiel a) $\sqrt[3]{125} = 5$; da $5^3 = 125$.   b) $\sqrt[3]{0{,}343} = 0{,}7$; da $0{,}7^3 = 0{,}343$.   c) $\sqrt[3]{100} \approx 4{,}642$, da $4{,}642^3 \approx 100$.

Wurzelexponent
$\sqrt[3]{6859}$
Radikand

Alles klar?
→ Lösungen Seite 281
D36 Fördern

14 Zwischen welchen natürlichen Zahlen liegt die Kubikwurzel? Schätzen Sie zuerst.
 a) $\sqrt[3]{20}$ b) $\sqrt[3]{60}$ c) $\sqrt[3]{90}$
 d) $\sqrt[3]{170}$ e) $\sqrt[3]{300}$ f) $\sqrt[3]{700}$

15 Bestimmen Sie Kantenlänge und Oberfläche.
a) 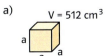 b)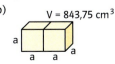

Volumen V eines Würfels mit der Kantenlänge a:
$V = a \cdot a \cdot a = a^3$.
→ Seite 26

B Berechnen Sie im Kopf.
 a) $\sqrt[3]{1}$ b) $\sqrt[3]{343}$ c) $\sqrt[3]{64}$

C Berechnen Sie mit dem Taschenrechner.
 a) $\sqrt[3]{150}$ b) $\sqrt[3]{40}$ c) $\sqrt[3]{8{,}3}$

16 Vergleichen Sie mit <; > oder = im Heft.
 a) $\sqrt{16}$ ☐ $\sqrt[3]{8}$ b) $\sqrt[3]{125}$ ☐ $\sqrt{100}$
 c) 2^5 ☐ $\sqrt{10\,000}$ d) $\sqrt[3]{1\,000\,000}$ ☐ 10^2

4 Quadrat und Rechteck

Tobias will den Flächeninhalt des rechteckigen Parkplatzes bestimmen.
„Kein Problem", sagt er, „ich zähle einfach die Pflastersteine."

→ Seine große Schwester behauptet, dass man mit einer einfachen Rechnung schneller zum Ziel kommt.

Um den **Flächeninhalt** eines Rechtecks zu bestimmen, legt man es mit Zentimeterquadraten aus und bildet aus ihnen Streifen.

Es passen drei Streifen zu je fünf Quadratzentimetern bzw. fünf Streifen zu je drei Quadratzentimetern in das Rechteck.
Sein Flächeninhalt beträgt somit 15 cm².

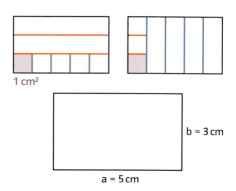

Soll der Flächeninhalt eines Rechtecks berechnet werden, bestimmt man zunächst die Länge a und die Breite b.
Der Flächeninhalt wird mit dem Produkt der Länge a und der Breite b berechnet.
$A = a \cdot b = 5 \cdot 3 \, cm^2 = 15 \, cm^2$

Der **Umfang** einer geometrischen Figur ist die Summe ihrer Seitenlängen.
Für das Rechteck ergibt sich:
$u = a + b + a + b = 2 \cdot a + 2 \cdot b$
$ = 2 \cdot (a + b)$
$ = 2 \cdot (5 + 3) \, cm = 2 \cdot 8 \, cm = 16 \, cm$

Merke

V17 ▶ **Erklärfilm** Flächeninhalt von Rechtecken

Der **Flächeninhalt eines Rechtecks** kann aus dem Produkt seiner Seitenlängen berechnet werden.
$A = a \cdot b$
Für den **Umfang** gilt: $u = 2 \cdot (a + b)$.

Der **Flächeninhalt eines Quadrats** kann aus dem Quadrat seiner Seitenlänge berechnet werden.
$A = a \cdot a = a^2$
Für den **Umfang** gilt: $u = 4 \cdot a$.

Beispiel

a) Aus dem Flächeninhalt A und einer Seite a eines Rechtecks wird die Länge der zweiten Seite b berechnet.
$A = 45 \, cm^2$ und $a = 9 \, cm$
$A = a \cdot b \qquad |:a \quad |\text{Seiten tauschen}$
$b = \frac{A}{a}$
$b = \frac{45}{9} \, cm$
$b = 5 \, cm$

b) Aus dem Umfang u und einer Seite b eines Rechtecks wird die Länge der zweiten Seite a berechnet.
$u = 17{,}8 \, m$ und $b = 3{,}6 \, m$
$u = 2 \cdot (a + b) \qquad |:2 \quad |\text{Seiten tauschen}$
$\frac{u}{2} = a + b \qquad |-b$
$a = \frac{u}{2} - b = \frac{17{,}8}{2} \, m - 3{,}6 \, m$
$a = 5{,}3 \, m$

Bemerkung Ein Quadrat ist ein besonderes Rechteck. Länge und Breite sind gleich groß.

2 Geometrie Quadrat und Rechteck

Flächen addieren

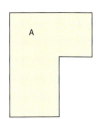

$A = A_1 + A_2$

Alles klar?
→ Lösungen Seite 281
D37 Fördern

→ Seite 27

Flächen subtrahieren

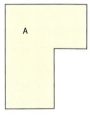

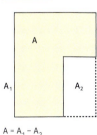

$A = A_1 - A_2$

○ **1** Ein Fußballfeld darf 90 m bis 120 m lang und 45 m bis 90 m breit sein. Wie groß sind Flächeninhalt und Umfang mindestens bzw. höchstens?

○ **2** Berechnen Sie die Seitenlänge des Quadrats aus Umfang bzw. Flächeninhalt.
a) u = 6,4 cm   b) u = 95,6 m   c) u = 7,35 dm
d) A = 36 cm²   e) A = 81 dm²   f) A = 169 m²

○ **3** Berechnen Sie die fehlenden Größen des Rechtecks.

	a)	b)	c)	d)
a	5 cm	▪	12,8 m	▪
b	▪	8,5 cm	▪	41,3 cm
u	▪	▪	38,6 m	6,84 m
A	40,0 cm²	2,55 dm²	▪	▪

A Berechnen Sie den Umfang und den Flächeninhalt des Rechtecks.
a) a = 7 cm; b = 5 cm   b) a = 3 dm; b = 4 dm

B Berechnen Sie die fehlende Seitenlänge des Rechtecks.
a) A = 50 cm²; a = 10 cm   b) A = 90 cm²; b = 4 cm

○ **4** Wohnraum berechnen
a) Geben Sie die Flächeninhalte der einzelnen Räume in m² an. Wie groß ist die gesamte Wohnfläche?
b) Für das Wohnzimmer und die Kinderzimmer werden Fußbodenleisten verlegt. Berechnen Sie die benötigte Menge.

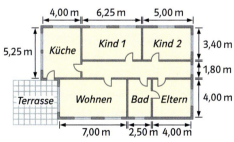

○ **5** Reicht die Farbe im Eimer, um die Decke Ihres Klassenzimmers zu streichen?

● **6** Bestimmen Sie den Flächeninhalt in einer geeigneten Flächeneinheit
a) einer DIN-A4-Seite,
b) der Tür Ihres Klassenzimmers,
c) der Tafel Ihres Klassenzimmers,
d) des Displays Ihres Taschenrechners,
e) der größten Taschenrechnertaste.

● **7** Berechnen Sie Flächeninhalt und Umfang der Figuren.

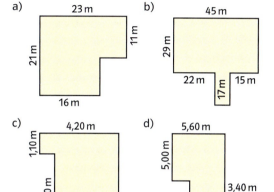

● **8** Wie verändert sich der Flächeninhalt eines Rechtecks, wenn man
a) die Länge einer Seite verdoppelt,
b) die Länge und die Breite verdoppelt,
c) die Länge verdoppelt und die Breite halbiert?

● **9** Wie verändert sich der Umfang u eines Rechtecks, wenn man
a) die Länge beider Seiten verdoppelt,
b) die Länge beider Seiten verdreifacht,
c) die Länge beider Seiten halbiert?

● **10** Berechnen Sie den Flächeninhalt des Rechtecks. Achten Sie auf die unterschiedlichen Einheiten.
a) a = 12 cm; b = 3 dm
b) a = 4,5 m; b = 20 dm
c) a = 14 dm; b = 140 cm
d) a = 0,25 m; b = 4 cm
Welches der in den Teilaufgaben a) bis d) genannten Rechtecke ist ein Quadrat?

?! 1–4, 7–10   💬 1, 8, 9   △ 4–7   ⚙ 4–6

5 Dreieck

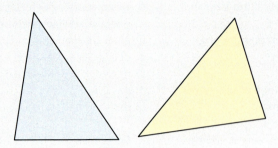

Schneiden Sie zwei deckungsgleiche Dreiecke aus und legen Sie sie zu einem Parallelogramm zusammen.
→ Was können Sie über den Flächeninhalt eines Dreiecks im Vergleich zum entstandenen Parallelogramm aussagen?

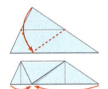
Auch durch Falten kann man ein Dreieck in ein Rechteck umwandeln.

Bei der Berechnung des Flächeninhalts von Dreiecken kann man bereits bekannte Figuren nutzen.

Ein rechtwinkliges Dreieck hat den halben Flächeninhalt eines Rechtecks. $A = \frac{1}{2} a \cdot b$

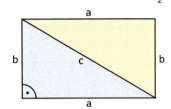

Ein allgemeines Dreieck kann man als halbes Parallelogramm betrachten. $A = \frac{1}{2} a \cdot h_a$

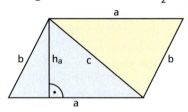

Merke

Der **Flächeninhalt eines Dreiecks** kann aus dem halben Produkt einer Seitenlänge und der zugehörigen Höhe berechnet werden. $\quad A = \frac{1}{2} a \cdot h_a \quad A = \frac{1}{2} b \cdot h_b \quad A = \frac{1}{2} c \cdot h_c$

Beim **rechtwinkligen Dreieck** kann der Flächeninhalt aus dem halben Produkt der beiden am rechten Winkel ($\gamma = 90°$) anliegenden Seiten berechnet werden. $\quad A = \frac{1}{2} a \cdot b$

Für den **Umfang** eines Dreiecks gilt: $u = a + b + c$

Bemerkung

- Im **rechtwinkligen** Dreieck gehört zur Seite a die Höhe $b = h_a$, zur Seite b die Höhe $a = h_b$.

V18 ▷ **Erklärfilm**
Flächeninhalt von Dreiecken

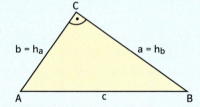

- Bei **stumpfwinkligen** Dreiecken liegen zwei Höhen außerhalb des Dreiecks. Der Flächeninhalt ergibt sich aus der Differenz der Flächeninhalte zweier rechtwinkliger Dreiecke.

$A = \frac{1}{2} \cdot (c + x) \cdot h_c - \frac{1}{2} \cdot x \cdot h_c$
$A = \frac{1}{2} \cdot c \cdot h_c + \frac{1}{2} \cdot x \cdot h_c - \frac{1}{2} \cdot x \cdot h_c$
$A = \frac{1}{2} \cdot c \cdot h_c$

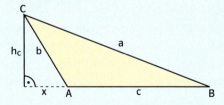

- **spitzwinklige** Dreiecke:

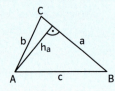 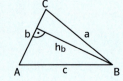 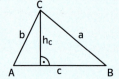

2 Geometrie Dreieck

Beispiel

a) Aus der Seitenlänge c und der zugehörigen Höhe h_c wird der Flächeninhalt berechnet.
$c = 4{,}8\,\text{cm};\ h_c = 2{,}8\,\text{cm}$

$A = \frac{1}{2} c \cdot h_c$

$A = \frac{1}{2} \cdot 4{,}8 \cdot 2{,}8\,\text{cm}^2$

$A = 6{,}72\,\text{cm}^2$

b) Aus Flächeninhalt A und Höhe h_a wird die Länge der zugehörigen Seite berechnet.
$A = 19{,}25\,\text{cm}^2;\ h_a = 7{,}0\,\text{cm}$

$A = \frac{1}{2} a \cdot h_a \qquad |\cdot 2$

$2 \cdot A = a \cdot h_a \qquad |:h_a$

$a = 2 \cdot \frac{A}{h_a};\qquad a = \frac{2 \cdot 19{,}25\,\text{cm}^2}{7{,}0\,\text{cm}} = 5{,}5\,\text{cm}$

Alles klar?
→ Lösungen Seite 281
D38 Fördern
→ Seite 28

1 Zeichnen Sie ein beliebiges Dreieck. Bestimmen Sie alle Seitenlängen und Höhen durch Messung. Berechnen Sie den Flächeninhalt mit den drei Formeln und vergleichen Sie die Ergebnisse.

2 Berechnen Sie den Flächeninhalt des Dreiecks. Achten Sie auf die Einheiten.

a) $c = 7\,\text{cm}$
   $h_c = 5\,\text{cm}$
b) $a = 5{,}5\,\text{cm}$
   $h_a = 6{,}0\,\text{cm}$
c) $b = 12{,}2\,\text{cm}$
   $h_b = 8{,}5\,\text{cm}$
d) $a = 4\,\text{dm}$
   $h_a = 58\,\text{cm}$
e) $b = 7{,}6\,\text{cm}$
   $h_b = 53\,\text{mm}$
f) $c = 2{,}5\,\text{m}$
   $h_c = 136\,\text{cm}$

3 Berechnen Sie den Flächeninhalt.

a)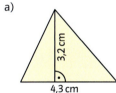

b)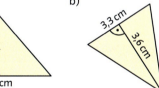

c)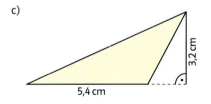

zu Aufgabe 5: Wählen Sie 1 cm für eine Einheit.

4 Berechnen Sie den Flächeninhalt auf zwei Arten. Übertragen Sie ins Heft und entnehmen Sie der Zeichnung die notwendigen Maße.

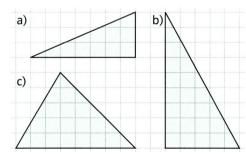

A Berechnen Sie den Flächeninhalt des Dreiecks.

a)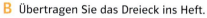
b)
c)
d)

B Übertragen Sie das Dreieck ins Heft.
a) Messen Sie alle Seitenlängen und berechnen Sie den Umfang des Dreiecks.
b) Zeichnen Sie eine Höhe ein, messen Sie ihre Länge und berechnen Sie den Flächeninhalt.

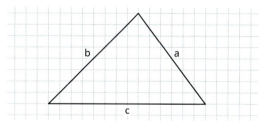

5 Bestimmen Sie den Flächeninhalt und den Umfang des Dreiecks im Koordinatensystem.
a) $A(1|1);\ B(8|1);\ C(5|7)$
b) $A(2|1);\ B(10|2);\ C(4|9)$
c) $A(1|0);\ B(6|3);\ C(6|8)$

6 Berechnen Sie alle Größen des Dreiecks.

	a)	b)	c)	d)
a	6 cm	7,5 m	■	70 dm
b	8 cm	■	0,4 m	■
h_a	■	80 dm	0,9 m	■
h_b	■	50 dm	13,5 dm	35 dm
A	42 cm²	■	■	6,3 m²

Satz des Pythagoras

Um ein rechtwinkliges Dreieck mithilfe von Quadraten einzuschließen, benötigt man beispielsweise zu den Quadraten mit 9 und 16 Kästchen noch ein Quadrat mit 25 Kästchen. Die Anzahl der Kästchen hängt wie folgt zusammen: 9 + 16 = 25. Betrachtet man die Seitenlängen dieser Quadrate, so gilt $3^2 + 4^2 = 5^2$.

In allgemeiner Form bezeichnet man diesen Zusammenhang als **Satz des Pythagoras** und schreibt $a^2 + b^2 = c^2$.

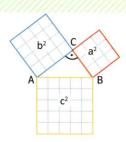

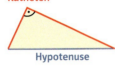

Dabei nennt man die am rechten Winkel anliegenden Dreiecksseiten **Katheten**. Die längste Seite, die dem rechten Winkel gegenüberliegt, heißt **Hypotenuse**.

> **Satz des Pythagoras**
> Ist ein Dreieck ABC rechtwinklig ($\gamma = 90°$), so haben die Quadrate über den Katheten a und b zusammen denselben Flächeninhalt wie das Quadrat über der Hypotenuse c; kurz: $a^2 + b^2 = c^2$.
>
> a) Gegeben ist ein rechtwinkliges Dreieck.
>
>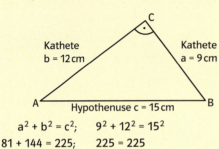
>
> $a^2 + b^2 = c^2$; $\quad 9^2 + 12^2 = 15^2$
> $81 + 144 = 225$; $\quad 225 = 225$
>
> b) In einem rechtwinkligen Dreieck ABC ($\gamma = 90°$) kann aus den beiden Katheten $a = 6{,}0\,cm$ und $b = 4{,}0\,cm$ die Hypotenuse c berechnet werden:
> $c^2 = a^2 + b^2$
> $c = \sqrt{a^2 + b^2}$
> $c = \sqrt{6{,}0^2 + 4{,}0^2}\,cm$
> $c = \sqrt{52{,}0}\,cm$
> $c \approx 7{,}2\,cm$
> Die Hypotenuse c ist 7,2 cm lang.

💡 Mithilfe des Satzes von Pythagoras lässt sich rechnerisch überprüfen, ob ein Dreieck rechtwinklig ist.

V19 ▶ **Erklärfilm** Satz des Pythagoras

V20 ▶ **Erklärfilm** Berechnungen am rechtwinkligen Dreieck

○ **1** Überlegen Sie, welches Quadrat Sie noch benötigen, um damit ein rechtwinkliges Dreieck einzuschließen.

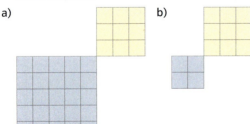

○ **2** Berechnen Sie die Seiten des rechtwinkligen Dreiecks, das durch die Quadrate mit den Flächeninhalten A_a, A_b und A_c eingeschlossen wird:
a) $A_a = 16{,}0\,cm^2$; $A_b = 20{,}0\,cm^2$; $A_c = 36{,}0\,cm^2$
b) $A_a = 10{,}0\,cm^2$; $A_b = 15{,}5\,cm^2$; $A_c = 25{,}5\,cm^2$
c) $A_a = 100{,}0\,cm^2$; $A_b = 115{,}5\,cm^2$; $A_c = 215{,}5\,cm^2$

● **3** Jedes rechtwinklige Dreieck lässt sich in zwei kleine rechtwinklige Dreiecke aufteilen. Stellen Sie den Satz des Pythagoras in allen rechtwinkligen Dreiecken auf.

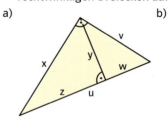
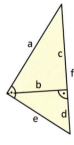

● **4** Überprüfen Sie, ob das Dreieck rechtwinklig ist. Geben Sie Hypotenuse und Katheten an.
a) $x = 6\,cm$; $y = 8\,cm$; $z = 10\,cm$
b) $k = 5\,cm$; $m = 10\,cm$; $n = 11\,cm$
c) $a = 4{,}5\,cm$; $b = 6\,cm$; $c = 7{,}5\,cm$
d) $s = 20\,cm$; $t = 12\,cm$; $u = 16\,cm$
e) $l = 0{,}5\,cm$; $m = 1{,}2\,cm$; $n = 1{,}3\,cm$

2 Geometrie EXTRA

5 Berechnen Sie im Dreieck ABC (γ = 90°)
 a) die Hypotenuse c aus
  a = 6,2 cm und b = 8,4 cm,
 b) die Kathete a aus
  b = 12,7 m und c = 158 dm,
 c) die Kathete b aus
  a = 2,43 m und c = 9,41 m,
 d) die Kathete b aus
  c = 0,62 dm und a = 43 mm.

Zoll ist eine Längeneinheit. Die Umrechnung von cm in Zoll:
1 Zoll = 2,54 cm
15 Zoll = 2,54 · 15 cm
  = 28,1 cm.

6 Berechnen Sie die Seitenlänge x. Alle Angaben sind in cm.

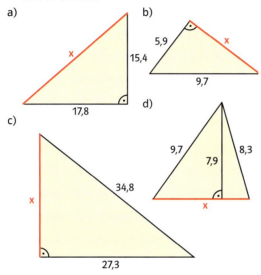

7 Die Diagonale eines Rechtecks hat eine Länge von 10,9 cm. Eine Seite ist 6 cm lang.
 a) Fertigen Sie eine Skizze an.
 b) Berechnen Sie den Flächeninhalt.

8 Landvermesser benutzen den Satz des Pythagoras, wenn sie Strecken nicht direkt messen können. Bestimmen Sie die Länge x des Sees.

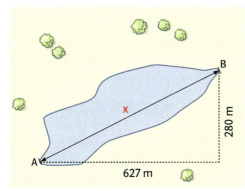

9 Berechnen Sie die Seitenlänge x.

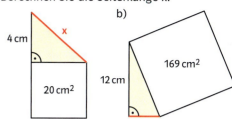

10 Das Maß für die Größe eines Bildschirms ist die Bildschirmdiagonale.
 a) Berechnen Sie die Bildschirmdiagonale.

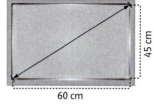

 b) Der Händler schreibt in seiner Werbung: Fast 40 Zoll Bildschirmdiagonale. Was meinen Sie?

11 Berechnen Sie die fehlenden Größen des rechtwinkligen Dreiecks aus den Angaben a, b, c und A. Achten Sie darauf, wo der rechte Winkel liegt. Eine Skizze kann Ihnen helfen.
 a) a = 10,0 dm; c = 6,0 dm; α = 90°
 b) a = 8,0 m; b = 12,0 m; β = 90°
 c) A = 24,0 cm²; a = 7,2 cm; γ = 90°
 d) A = 14,4 dm²; b = 9,2 dm; α = 90°

12 Ein Rechteck hat eine Länge von a = 8 cm und die Breite b. Die Diagonale ist viermal so lang wie die Breite b.
 a) Fertigen Sie eine Skizze an.
 b) Berechnen Sie die Breite und die Diagonale des Rechtecks.

13 Zeichnen Sie ein Koordinatensystem. Zeichnen Sie die Punkte ein und berechnen Sie den Abstand zwischen ihnen.
 a) A (2|4) und B (8|9)
 b) C (1|3) und D (10|10)
 c) E (0|0) und F (−3|8)
 d) G (−2|−3) und H (5|7)
 e) Zeichnen Sie das Dreieck JKL und berechnen Sie den Umfang und den Flächeninhalt.
  J (−5|−2); K (3|1); L (0|9)

→ Die Lösungen zur „EXTRA-Seite" finden Sie auf Seite 282.

6 Kreisumfang

→ Messen Sie den Durchmesser d und den Umfang u von verschiedenen kreisförmigen Gegenständen.
→ Tragen Sie die Werte in eine Tabelle ein und bilden Sie das Verhältnis $\frac{u}{d}$.

Gegenstand	Umfang u	Durchmesser d	$\frac{u}{d}$
CD	37,6 cm	12 cm	■
Dose	■	■	■
■	■	■	■

→ Was fällt Ihnen auf?

Zum Kreis mit dem doppelten (dreifachen, …) Durchmesser gehört der doppelte (dreifache, …) Umfang. Der Umfang u eines Kreises ist also proportional zu seinem Durchmesser d.

💡 π ist der 16. Buchstabe des griechischen Alphabets und wird „pi" gesprochen.

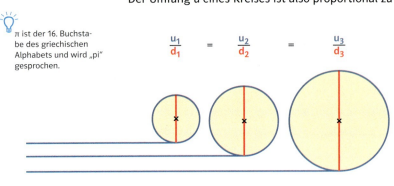

Dividiert man den Umfang eines Kreises durch seinen Durchmesser, so ist das Ergebnis für alle Kreise gleich. Dieses Verhältnis wird **Kreiszahl** genannt und mit dem griechischen Buchstaben π bezeichnet.

In einfachen Experimenten kann man für π gute Näherungswerte wie 3,1 oder 3,14 finden. Der Taschenrechner gibt für π einen sehr genauen Wert an: **3,141592654**

$$\frac{u}{d} = \pi$$

Merke | Für den **Umfang** eines Kreises mit dem Durchmesser d bzw. dem Radius r gilt:
$u = \pi d$ bzw. mit $d = 2r$ $u = 2\pi r$

Bemerkung | In der Praxis genügt in vielen Fällen die Zahl 3,14 als Näherung für π. Man orientiert sich an der Genauigkeit der gegebenen Größen. Obwohl gerundet wird, verwenden wir das Gleichheitszeichen.

Beispiel | a) Aus dem Durchmesser d = 2,0 cm eines Kreises wird der Umfang berechnet.
$u = \pi d$
$u = \pi \cdot 2{,}0\ cm$
$u = 6{,}3\ cm$

b) Aus dem Umfang u = 8,50 m eines Kreises wird der Radius berechnet.
$u = 2\pi r \quad |:2 \ |:\pi$
$r = \frac{u}{2\pi}$
$r = \frac{8{,}50}{2\pi}\ m$
$r = 1{,}35\ m$

💡
Es ist nicht sinnvoll, die gesamte Anzeige des Taschenrechners abzuschreiben.

1 Berechnen Sie den Umfang des Kreises.
a) d = 5,3 cm   b) d = 7,7 cm
c) d = 17,2 cm   d) r = 31,8 cm
e) r = 0,98 m   f) r = 12,4 dm

2 Berechnen Sie den Radius.
a) u = 133 cm   b) u = 8,5 m
c) u = 0,41 m   d) u = 12,9 mm
e) Der Umfang der Erde beträgt etwa 40 074 km. Wie groß ist der Radius der Erde?

2 Geometrie Kreisumfang

3 Berechnen Sie die fehlenden Größen.

	a)	b)	c)	d)	e)
r	24,4 cm				
d		0,5 m		31,84 m	
u			1,1 m		2,56 dm

Alles klar?
→ Lösungen Seite 283
D39 Fördern

→ Seite 29

A Berechnen Sie den Umfang u des Kreises.
a) r = 3,5 cm
b) d = 9,0 cm

B Berechnen Sie die fehlende Größe.
a) u = 11,0 cm; d =
b) u = 47,2 dm; r =

4 Berechnen Sie den Umfang der Figur.

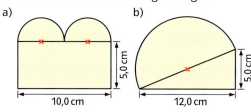

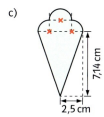 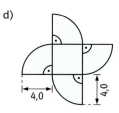

5 Ein Tonkartonstreifen von 1 m Länge wird zu einem Ring gebogen. Wie groß ist der Durchmesser?
Rechnen Sie auch für einen Tonkartonstreifen von 2 m und eines von 5 m Länge.

6 Das Messrad dient zur Bestimmung von Entfernungen z. B. bei Verkehrsunfällen, auf Baustellen und zur Messung des Weges den eine Briefträgerin oder ein Briefträger täglich läuft. Nach zwei Umdrehungen wird eine Strecke von 1 m angezeigt.
a) Berechnen Sie den Umfang des Messrads.
b) Berechnen Sie den Durchmesser und den Radius des Messrads.

7 Die Naturschutzbehörde einer Stadt schreibt vor, dass das Fällen von Bäumen mit einem Durchmesser von über 20 cm in 1 m Höhe genehmigungspflichtig ist.
a) Messen Sie die Umfänge der Bäume auf dem Schulgelände.
b) Prüfen Sie, welche Bäume nicht ohne Genehmigung gefällt werden dürfen.

8 Geben Sie den Umfang der Figur unter Verwendung der Variable e an.

a) 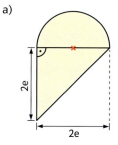 b)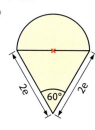

9 Vergleichen Sie die Umfänge der roten und der lila Kreise mit dem des blauen Kreises.

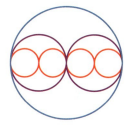

10 Herr Pohl ist Hausmeister im Krankenhaus. Handwerker wie er benutzen bei der täglichen Arbeit zur Umfangsberechnung die Faustformel:

> Umfang gleich
> Durchmesser mal 3 plus 5 Prozent

a) Berechnen Sie den Umfang mit der Faustformel und dem exakten Wert für π. Vergleichen Sie die Ergebnisse.
1) d = 20 cm   2) d = 80 mm
3) d = 1,50 m   4) r = 65 cm
5) r = 3 dm   6) r = 5 mm
b) Welcher Näherungswert für π wird bei dieser Formel verwendet?

7 Kreisflächen und Kreisteile

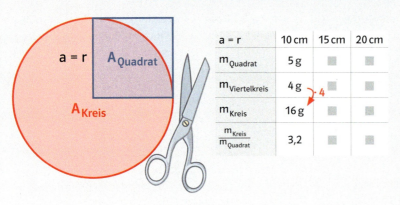

$a = r$	10 cm	15 cm	20 cm
$m_{Quadrat}$	5 g		
$m_{Viertelkreis}$	4 g		
m_{Kreis}	16 g		
$\frac{m_{Kreis}}{m_{Quadrat}}$	3,2		

→ Schneiden Sie aus gleich dickem Karton Quadrate und Viertelkreise mit $a = r$ aus.
→ Bestimmen Sie mit einer Waage das Gewicht der ausgeschnittenen Teile und bilden Sie jeweils das Verhältnis von Kreis und Quadratgewicht. Füllen Sie die Tabelle aus.
→ Was stellen Sie fest? Der Karton aller ausgeschnittenen Teile war gleich dick. Was heißt das für die Flächeninhalte?

Betrachtet man Kreise mit dem Radius r und Quadrate mit der Seitenlänge $a = r$, so ist das Verhältnis ihrer Flächeninhalte stets gleich groß. Es ist zu vermuten, dass der konstante Wert des Verhältnisses gleich der Kreiszahl π ist.

$$\frac{A_{Kreis\,1}}{A_{Quadrat\,1}} = \frac{A_{Kreis\,2}}{A_{Quadrat\,2}} = \frac{A_{Kreis\,3}}{A_{Quadrat\,3}}$$

Wenn ein Kreis in gleiche Ausschnitte geteilt und einer von ihnen zusätzlich halbiert wird, lassen sich diese Ausschnitte näherungsweise wie eine Rechteckfläche anordnen. Je mehr Kreisteile gebildet werden, desto weniger weicht die Fläche von einem Rechteck ab.

Für den Flächeninhalt des Kreises ergibt sich also:
$A = \frac{u}{2} \cdot r$.

Mit $u = 2 \cdot \pi \cdot r$ erhält man: $A = \frac{2 \cdot \pi \cdot r}{2} \cdot r = \pi \cdot r^2$. Es gilt: $\frac{A_{Kreis}}{A_{Quadrat}} = \pi \cdot \frac{r^2}{r^2} = \pi$.

Merke Für den **Flächeninhalt eines Kreises** mit dem Radius r gilt: $A = \pi r^2$.

Wegen $r = \frac{d}{2}$ gilt auch: $A = \frac{\pi d^2}{4}$.

Beispiel

a) Aus dem Durchmesser $d = 5,0$ m eines Kreises wird der Flächeninhalt berechnet.

$A = \frac{\pi d^2}{4}$

$A = \frac{\pi \cdot 5,0^2}{4}$ m²

$A = 19,6$ m²

b) Aus dem Flächeninhalt $A = 7,0$ dm² eines Kreises wird der Radius berechnet.

$A = \pi r^2 \qquad |:\pi$

$r^2 = \frac{A}{\pi} \qquad |\sqrt{}$

$r = \sqrt{\frac{7,0}{\pi}}$ dm

$r = \sqrt{\frac{A}{\pi}} \qquad r = 1,5$ dm

V21 ▶ **Erklärfilm** Umfang und Flächeninhalt eines Kreises

○ **1** Berechnen Sie aus Radius r bzw. Durchmesser d den Flächeninhalt A des Kreises.
a) $r = 96$ cm b) $r = 238$ mm
c) $d = 12,3$ cm d) $d = 2,79$ km

○ **2** Berechnen Sie Radius r und Durchmesser d des Kreises mit dem Flächeninhalt A.
a) $A = 50$ cm² b) $A = 320$ m²
c) $A = 63,5$ dm² d) $A = 1795$ mm²

2 Geometrie Kreisflächen und Kreisteile

3 Berechnen Sie den Umfang bzw. Flächeninhalt des Kreises.
a) A = 288 cm² b) A = 0,73 dm²
c) u = 375,2 cm d) u = 0,09 km

4 Berechnen Sie die fehlenden Angaben.

	r	d	A	u
a)		8,6 cm		
b)			26,3 m²	
c)				149 cm
d)			0,8 m²	

Alles klar?
→ Lösungen Seite 283
D40 Fördern

A Berechnen Sie den Flächeninhalt A des Kreises.
a) r = 9,0 cm b) d = 4,6 dm

B Berechnen Sie die fehlende Größe.
a) A = 27,0 cm²; r =   b) A = 75,0 m²; d =

5 Bestimmen Sie den Flächeninhalt der Kochflächen eines Elektroherds.

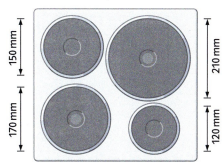

6 Messen Sie den Durchmesser einer 2€-Münze und berechnen Sie ihren Umfang und den Flächeninhalt.

Man nennt Kreisausschnitte auch Sektoren.

Zwei Radien teilen eine Kreisfläche in zwei **Kreisausschnitte**. Ein **Kreisbogen** ist der jeweils zugehörige Teil des Kreises.
Die Länge des Kreisbogens b eines Kreisausschnitts ist proportional zum zugehörigen Winkel am Kreismittelpunkt, dem **Mittelpunktswinkel** α. Ebenso ist der Flächeninhalt des Kreisausschnitts A_S proportional zum Winkel α.

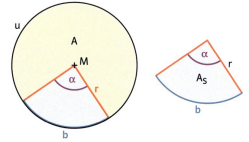

Für die Bogenlänge b gilt:

$\frac{b}{u} = \frac{\alpha}{360°}$ mit $u = 2 \cdot \pi \cdot r$

$\frac{b}{2 \cdot \pi \cdot r} = \frac{\alpha}{360°}$

$b = 2 \cdot \pi \cdot r \cdot \frac{\alpha}{360°}$

Für den Flächeninhalt A_S gilt:

$\frac{A_S}{A} = \frac{\alpha}{360°}$ mit $A = \pi \cdot r^2$

$\frac{A_S}{\pi \cdot r^2} = \frac{\alpha}{360°}$

$A_S = \pi \cdot r^2 \cdot \frac{\alpha}{360°}$

Weiterhin gilt:

$\frac{A_S}{A} = \frac{b}{u}$

$\frac{A_S}{\pi \cdot r^2} = \frac{b}{2 \cdot \pi \cdot r}$

$A_S = \pi \cdot r^2 \cdot \frac{b}{2 \cdot \pi \cdot r} = \frac{b \cdot r}{2}$

Merke Für die **Länge eines Kreisbogens** mit dem Radius r und dem Mittelpunktswinkel α gilt:

$b = 2\pi r \cdot \frac{\alpha}{360°}$ $\qquad$ $b = \pi r \cdot \frac{\alpha}{180°}$

Beispiel
a) Aus dem Radius r = 6,0 cm und dem Mittelpunktswinkel α = 45° wird die Länge des Kreisbogens berechnet.

$b = \pi r \cdot \frac{\alpha}{180°}$

$b = \pi \cdot 6,0\,\text{cm} \cdot \frac{45°}{180°}$

$b = 4,7\,\text{cm}$

Die Länge vom Kreisbogen b beträgt 4,7 cm.

b) Aus der Länge des Kreisbogens b = 25,0 m und dem Radius r = 5,0 cm wird der Mittelpunktswinkel α berechnet.

$b = \pi r \cdot \frac{\alpha}{180°}$ $\quad |\cdot 180°$

$b \cdot 180° = \pi r \alpha$ $\quad |:(\pi r)$

$\alpha = \frac{b \cdot 180°}{\pi r}$

$\alpha = \frac{25,0\,\text{cm} \cdot 180°}{\pi \cdot 5,0\,\text{cm}}$ d.h. α = 286,5°

Der Mittelpunktswinkel α beträgt 286,5°.

2 Geometrie Kreisflächen und Kreisteile

Bei dem Vollwinkel $\alpha = 360°$ ist $b = u$ und $A_S = A = \pi \cdot r^2$.

Merke

Für den **Flächeninhalt eines Kreisausschnitts** mit dem Radius r und dem Mittelpunktswinkel α gilt:

$$A_S = \pi r^2 \cdot \frac{\alpha}{360°} \qquad\qquad A_S = \frac{b\,r}{2}$$

Beispiel

a) Aus dem Radius $r = 20{,}0$ cm und dem Mittelpunktswinkel $\alpha = 120°$ wird der Flächeninhalt des Kreisausschnitts berechnet.

$A_S = \pi r^2 \cdot \frac{\alpha}{360°}$

$A_S = \pi \cdot 20{,}0^2 \text{ cm}^2 \cdot \frac{120°}{360°}$

$A_S = 418{,}9 \text{ cm}^2$

Der Flächeninhalt vom Kreisausschnitt A_S ist $418{,}9 \text{ cm}^2$.

b) Aus dem Flächeninhalt $A_S = 300{,}0 \text{ cm}^2$ und dem Mittelpunktswinkel $\alpha = 100°$ wird der Radius r des Kreisbogens berechnet.

$A_S = \pi r^2 \cdot \frac{\alpha}{360°} \qquad |\cdot 360°$

$A_S \cdot 360° = \pi r^2 \alpha \qquad |:(\pi \alpha) \quad |$ Seiten tauschen

$r^2 = \frac{A_S \cdot 360°}{\pi \alpha} \qquad |\sqrt{}$

$r = \sqrt{\frac{A_S \cdot 360°}{\pi \alpha}} \qquad r = \sqrt{\frac{300{,}0 \text{ cm}^2 \cdot 360°}{\pi \cdot 100°}}$

$r = 18{,}5$ cm

Der Radius r beträgt 18,5 cm.

Alles klar?
→ Lösungen Seite 283
D41 Fördern

→ Seiten 30 und 31

7 Berechnen Sie die Bogenlänge b und den Flächeninhalt A_S des Kreisausschnitts.

a) 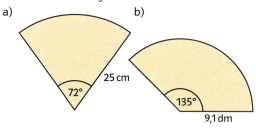 b)

8 Berechnen Sie den Radius r des Kreisbogens.
a) $\alpha = 48°$ b) $\alpha = 330°$
 $b = 6{,}0$ cm $b = 6{,}4$ m
c) $\alpha = 57°$ d) $\alpha = 108°$
 $A_S = 199 \text{ cm}^2$ $A_S = 76{,}8 \text{ m}^2$

9 Berechnen Sie den Mittelpunktswinkel α.
a) $b = 4{,}2$ cm   b) $d = 137$ m
 $r = 3{,}0$ cm $b = 86$ m
c) $r = 8{,}5$ cm   d) $r = 13$ dm
 $A = 91 \text{ cm}^2$ $A = 0{,}86 \text{ m}^2$

10 Berechnen Sie die fehlenden Angaben.

	r	α	b	A_S
a)	2,8 cm	112°		
b)		48°	96,4 m	
c)	4,4 dm			31,0 dm²
d)		211°		84,9 cm²
e)	1,74 m		9,99 m	
f)			33,1 cm	198,5 cm²
g)		85°	95 mm	

C Berechnen Sie die Bogenlänge b und den Flächeninhalt A_S des rechts abgebildeten Kreisausschnitts.

a) 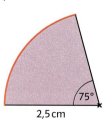 b)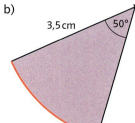

D Berechnen Sie die fehlende Größe des Kreisausschnitts.
a) $r = 4{,}0$ cm; $b = 5{,}1$ cm; $\alpha =$ ▓
b) $A_S = 120{,}0 \text{ cm}^2$; $\alpha = 120°$; $r =$ ▓

11 Berechnen Sie den Umfang u und den Flächeninhalt A der Figur. (Alle Maße in cm.)

a) 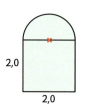 b)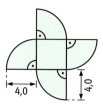

c) 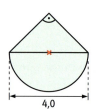 d)

8 Zusammengesetzte Flächen

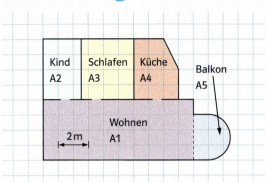

Im Alltag kommen Flächen oft als Kombination aus verschiedenen Teilflächen vor.
Die abgebildete Wohnung setzt sich aus rechteckigen, dreieckigen und kreisförmigen Teilflächen zusammen.
→ Welche Wohnfläche steht einer Familie insgesamt zur Verfügung?

Zur Berechnung des Flächeninhalts einer zusammengesetzten Fläche ist es von Vorteil, wenn man die Fläche in Teilflächen zerlegt, die sich einfacher berechnen lassen. Bei diesen Teilflächen kann es sich um Quadrate, Rechtecke, Parallelogramme, Rauten, Dreiecke und Kreisteile handeln.

Merke | Der **Flächeninhalt A einer zusammengesetzten Fläche** kann aus der Summe der Flächeninhalte seiner verschiedenen Teilflächen berechnet werden.
$A = A_1 + A_2 + A_3 + A_4 + \ldots + A_n$
Für den **Umfang u einer zusammengesetzten Fläche** gilt:
$u = u_1 + u_2 + u_3 + u_4 + \ldots + u_n$.

Beispiel

Erinnerung
Satz des Pythagoras:
$a^2 + b^2 = c^2$

a) Der Flächeninhalt A der Figur rechts besteht aus drei Teilflächen.

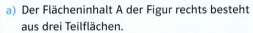

Dreieck $A_1 = \frac{1}{2} \cdot 1\,\text{cm} \cdot 3\,\text{cm} = 1{,}5\,\text{cm}^2$

Rechteck $A_2 = 2\,\text{cm} \cdot 3\,\text{cm} = 6\,\text{cm}^2$

Dreieck $A_3 = \frac{1}{2} \cdot 3\,\text{cm} \cdot 3\,\text{cm} = 4{,}5\,\text{cm}^2$

$A = A_1 + A_2 + A_3 = 1{,}5\,\text{cm}^2 + 6\,\text{cm}^2 + 4{,}5\,\text{cm}^2 = 12\,\text{cm}^2$

Zur Berechnung des Umfangs nummeriert man die Teilstrecken im Uhrzeigersinn durch.
Umfang:
$u = u_1 + u_2 + u_3 + u_4 + u_5 + u_6 = 1\,\text{cm} + 2\,\text{cm} + 3\,\text{cm} + \sqrt{(3\,\text{cm})^2 + (3\,\text{cm})^2} + 2\,\text{cm} + \sqrt{(1\,\text{cm})^2 + (3\,\text{cm})^2}$

$\approx 1\,\text{cm} + 2\,\text{cm} + 3\,\text{cm} + 4{,}24\,\text{cm} + 2\,\text{cm} + 3{,}16\,\text{cm} = 15{,}40\,\text{cm}$

b) Der Flächeninhalt A der Figur rechts besteht aus den Teilflächen A_1, A_2 und A_3.

Dreieck $A_1 = \frac{1}{2} \cdot 2{,}83\,\text{cm} \cdot 1{,}41\,\text{cm} = 2\,\text{cm}^2$, da $u_1 = \sqrt{(2 \cdot r_1)^2 - r^2} = \sqrt{(2 \cdot 1{,}58\,\text{cm})^2 - (1{,}41\,\text{cm})^2} \approx 2{,}83\,\text{cm}$

Viertelkreis $A_2 = \frac{\pi}{4} \cdot (1{,}41\,\text{cm})^2 \approx 1{,}56\,\text{cm}^2$

Halbkreis $A_3 = \frac{\pi}{2} \cdot (1{,}58\,\text{cm})^2 \approx 3{,}92\,\text{cm}^2$

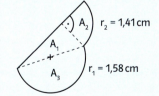

$A = A_1 + A_2 + A_3 \approx 2\,\text{cm}^2 + 1{,}56\,\text{cm}^2 + 3{,}92\,\text{cm}^2 = 7{,}48\,\text{cm}^2$

Umfang: $u = u_1 + u_2 + u_3 + u_4 = \sqrt{(2 \cdot r_1)^2 - r_2^2} + r_2 + \frac{\pi}{2} \cdot r_2 + \pi \cdot r_1$

$\approx 2{,}83\,\text{cm} + 1{,}41\,\text{cm} + 2{,}21\,\text{cm} + 4{,}96\,\text{cm} = 11{,}41\,\text{cm}$

2 Geometrie Zusammengesetzte Flächen

○ **1** Zeichnen Sie den Grundriss Ihrer Wunschwohnung auf ein kariertes Blatt Papier.
a) Berechnen Sie den Flächeninhalt.
b) Berechnen Sie die Miete, wenn der Quadratmeterpreis ohne Nebenkosten 7 € beträgt.

○ **2** Berechnen Sie den Flächeninhalt und den Umfang der Figur.

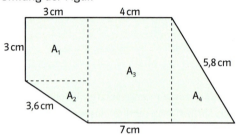

○ **3** Berechnen Sie den Flächeninhalt und den Umfang der Figur. Eventuell sind weitere Unterteilungen hilfreich. Alle Maße sind in cm angegeben.

a)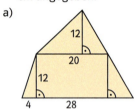

b)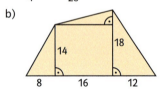

c)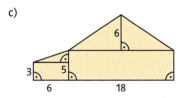

Alles klar?
→ Lösungen Seite 284
D42 Fördern

→ Seite 32

A Bestimmen Sie den Flächeninhalt der blauen Fläche.

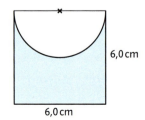

B Bestimmen Sie den Flächeninhalt A und den Umfang u der farbigen Fläche.

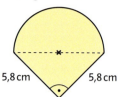

● **4** Berechnen Sie die Flächeninhalte der zusammengesetzten Figuren.

a)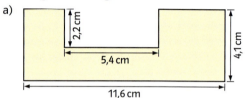

b)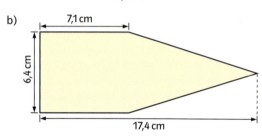

● **5** Berechnen Sie den Flächeninhalt und den Umfang der Figur.

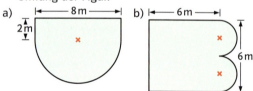

● **6** Berechnen Sie Flächeninhalt und Umfang der Figur. Alle Maße sind in m angegeben.

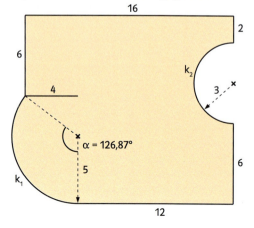

9 Quader und Würfel

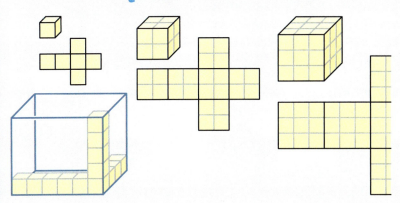

Die Kanten der kleinen Würfel sind 1 cm lang.
→ Aus wie vielen solcher Würfel sind die Würfel mit 2 cm; 3 cm; … 10 cm Kantenlänge aufgebaut?
→ Wie viele 1-cm-Quadrate passen in die Netze der größeren Würfel? Müssen Sie abzählen?
→ Was finden Sie über den blauen Quader heraus?

Das Volumen des Quaders ist das Produkt aus Länge, Breite und Höhe.
Quadernetze bestehen aus sechs Rechtecken. Je zwei davon sind gleich.
Daher ist die Oberfläche die verdoppelte Summe von drei Rechtecksflächen.

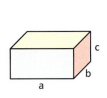 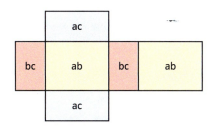

Für den Würfel ist die Rechnung einfacher, weil alle Kanten gleich lang sind.

Merke Ein **Quader** mit den Kantenlängen a, b und c hat
das **Volumen** V = a·b·c und die **Oberfläche** O = 2(a·b + b·c + a·c).
Ein **Würfel** mit der Kantenlänge a hat das
Volumen V = a³ und die **Oberfläche** O = 6a².

Beispiel

V22 ▶ Erklärfilm
Quader und Würfel

a) Ein Quader mit a = 8 dm, b = 12 dm und
c = 7 dm hat das Volumen
V = 8 · 12 · 7 dm³
V = 672 dm³.
Seine Oberfläche beträgt
O = 2 · (8 · 12 + 8 · 7 + 12 · 7) dm²
O = 472 dm² = 4,72 m².

b) Ein Quader mit dem Volumen V = 600 cm³,
a = 20 cm und b = 5 cm hat als dritte Kantenlänge c = $\frac{600}{20 \cdot 5}$ cm = 6 cm.

c) Ein Würfel mit der Kantenlänge a = 10 cm hat
das Volumen V = 10³ cm³ = 1000 cm³.
Seine Oberfläche beträgt
O = 6 · 10² cm²
O = 600 cm².

d) Jede der sechs Flächen eines Würfels mit der
Oberfläche O = 150 cm² hat den Flächeninhalt A = 150 cm² : 6 = 25 cm². Die Kantenlänge a des Würfels beträgt also
a = $\sqrt{25 \text{ cm}^2}$ = 5 cm.

2 Geometrie Quader und Würfel

Bemerkung
- Quader können auch acht oder zwölf gleich lange Kanten haben. Der Würfel ist ein besonderer Quader. Er hat 12 gleich lange Kanten.
- Es gibt viele Möglichkeiten, einen Quader aus Karton zum Netz auseinanderzufalten.

 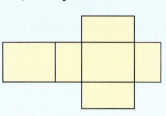 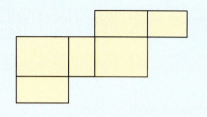

$1\,m^3 = 1000\,dm^3$
$1\,dm^3 = 1000\,cm^3$
$1\,cm^3 = 1000\,mm^3$

1 Berechnen Sie Volumen und Oberfläche des Würfels mit der Kantenlänge a.
a) a = 4 cm
b) a = 12 cm
c) a = 15 cm
d) a = 6 dm
e) a = 4,5 cm
f) a = 0,5 m

2 Ein Quader hat die Kantenlängen a, b und c. Berechnen Sie das Volumen und die Oberfläche.

	a	b	c
a)	5 cm	7 cm	9 cm
b)	12 cm	3 cm	4,5 cm
c)	0,5 dm	1,4 dm	6 dm
d)	2,5 m	5 dm	8 dm
e)	1,6 dm	1,5 cm	1,4 cm
f)	22 cm	0,22 m	2,2 dm

3 Bestimmen Sie die Kantenlänge a eines Würfels mit der Oberfläche O oder eines Würfels mit dem Volumen V.
a) O = 600 cm²
b) O = 54 cm²
c) V = 125 cm³
d) V = 216 cm³

Alles klar?
→ Lösungen Seite 284
D43 Fördern

→ Seite 33

A Ein Quader mit der Oberfläche O und dem Volumen V hat die Kantenlängen a, b und c. Berechnen Sie die fehlenden Größen.

	a	b	c	O	V
a)	3 cm	4 cm	5 cm	■	■
b)	2 cm	5 cm	■	■	60 cm³
c)	4 cm	1 cm	8 cm	■	■
d)	5 cm	■	5 cm	150 cm²	■

4 Zeichnen Sie das Würfelnetz auf ein Blatt Papier und falten Sie es zum Würfel (Seitenlänge: 4 cm).

a)   b)

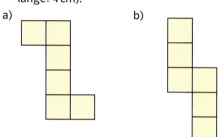

5

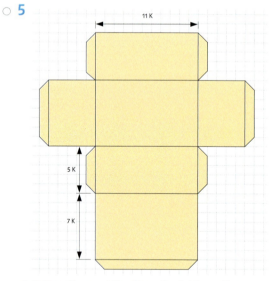

a) Falten Sie zwei Quader mit gleichem Netz. An der Figur sehen Sie, wo Sie Klebefalze anbringen können. Legen Sie die Quader zu einem einzigen Quader zusammen. Wie viele Möglichkeiten finden Sie?
b) Wie viele Möglichkeiten gibt es, vier solcher Quader zu zweit zu einem zusammenzulegen?
c) Wie viele Möglichkeiten gibt es, wenn Sie sechs Quader zur Verfügung haben?

110   ?! 1–3, 5, 6   💬 5, 6   △ 4, 5

6 Aus welchen Netzen könnten Sie keinen Quader falten?

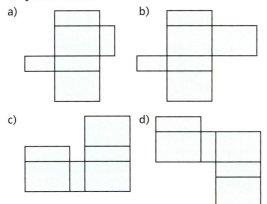

7 Das Volumen eines Quaders und die Längen von zwei Kanten eines Quaders sind gegeben. Wie lang ist die dritte Quaderkante?
a) $V = 672\,cm^3$; $a = 7\,cm$; $b = 8\,cm$
b) $V = 243\,dm^3$; $a = 6\,dm$; $c = 4,5\,dm$
c) $V = 168\,cm^3$; $b = 3,5\,cm$; $c = 4,8\,cm$

8 Ein Quader hat die Kanten $a = 10\,cm$; $b = 5\,cm$ und die Oberfläche $O = 220\,cm^2$. Für die dritte Kante c gilt dann
$2 \cdot (50 + 5 \cdot c + 10 \cdot c) = 220$.
a) Berechnen Sie c mithilfe dieser Gleichung.
b) Berechnen Sie c auch für einen Quader mit $a = 12\,cm$; $b = 11\,cm$; $O = 540\,cm^2$.
c) Bei einem weiteren Quader ist die Kantenlänge b gesucht für $a = 11,5\,cm$; $c = 9,0\,cm$; $O = 350,5\,cm^2$.

9 Stellen Sie sich eine riesige Kunststofffolie ausgerollt vor: 1 km lang, 1 m breit, 1 mm dick. Ein 1-cm-Würfel aus demselben Kunststoff wiegt etwa 0,5 g.
Die Kunststofffolie soll wieder aufgeräumt werden. Könnten Sie diese Folie tragen? Geben Sie vor dem Rechnen eine Schätzung zum Gewicht der Kunststofffolie ab.

10 Zeichnen Sie ein Würfelnetz und tragen Sie die roten Linien richtig ein.

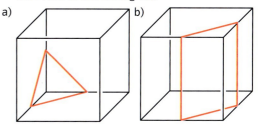

11 Ein Quader aus Karton wird längs der roten Kanten aufgeschnitten. Die schwarzen Kanten bleiben ganz. Zeichnen Sie das Quadernetz.

a)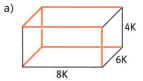

b)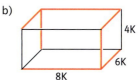

12 Optimal packen
a) Welches Volumen haben die Umzugskartons?
b) Wie groß sind die Oberflächen der Kartons?
c) Welchen Flächeninhalt hat das Netz, aus dem der Karton zusammengefaltet wird?
d) Besorgen Sie einen Umzugskarton und vergleichen Sie ihn mit diesen Kartons.

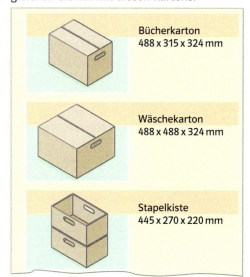

Bücherkarton
488 x 315 x 324 mm

Wäschekarton
488 x 488 x 324 mm

Stapelkiste
445 x 270 x 220 mm

Quader in der Architektur

Würfel und Quader sind in der modernen Architektur nicht mehr wegzudenken.

○ **1** Die Grundfläche des „weißen Quaders" ist 8 m auf 8 m; das Gebäude ist 6 m hoch.
a) Im Erdgeschoss hat der Architekt den Innenraum 2 m schmaler und an der Südseite 1 m länger gemacht, als die Grundfläche des Hauses ist. Wurde dadurch die Wohnfläche vergrößert oder verkleinert?
b) In der oberen Etage hat er eine Seite 1,6 m verkürzt. Wie viel Prozent hat sich der Wohnraum in der oberen Etage dadurch verringert?
c) Wie groß ist der „umbaute Raum", also der Rauminhalt des Hauses?

● **2** Dieses würfelförmige Gebäude steht auf dem Messegelände in Hannover. Mithilfe der Personen auf dem Bild kann die Seitenlänge des Würfels geschätzt werden.
a) Berechnen Sie das Volumen des Würfels.
b) Welchen Flächeninhalt haben die vier Seitenwände und das Dach zusammen?
c) Sicherheitsglas ist 8 cm dick. 1 dm³ Glas wiegt etwa 2,6 kg. Wie schwer schätzen Sie eine Seite der Außenwand des Glasgebäudes?

● **3** Am Kleinen Schlossplatz in Stuttgart prägt der 26 m hohe „Kubus" das Stadtbild. In diesem Gebäude ist das Kunstmuseum untergebracht. Kubus kommt aus dem Lateinischen und bedeutet Würfel.
a) Berechnen Sie das ungefähre Volumen des annähernd würfelförmigen Glasgebäudes.
b) Die Glasfläche der Vorderseite ist 700 m² groß. Wie groß ist die gesamte Glasfläche einschließlich des Dachs?

● **4** 👥 Am 24. Oktober 2011 wurde die neue Stuttgarter Stadtbibliothek am Mailänder Platz eröffnet. Der Neubau kostete knapp 80 Mio. € und hat ungefähr die Form eines Würfels.
a) Zählen Sie die Anzahl der Stockwerke und schätzen Sie die Höhe des Gebäudes. Berechnen Sie dann das ungefähre Volumen.
b) Offiziell wird ein Brutto-Rauminhalt von 98 249 m³ angegeben. Wie könnte es zu diesem hohen Wert kommen?

10 Zylinder

→ Sammeln Sie verschiedene leere Dosen.
→ Bestimmen Sie die Grundfläche und die Höhe.
→ Der Flächeninhalt der Dosen lässt sich jeweils aus den beiden Grundflächen und der Mantelfläche ermitteln.
→ Wie viele Liter Inhalt in eine Dose passen, können Sie messen, indem Sie mit einem Messbecher Wasser einfüllen. Auch die Angaben auf dem Etikett können helfen.

Ein **Zylinder** ist ein geometrischer Körper. Seine **Oberfläche** setzt sich aus zwei Kreisflächen (Grundfläche und Deckfläche) und einem Rechteck (Mantelfläche) zusammen. Eine Seite dieses Rechtecks ist die Höhe des Zylinders, die andere Seite entspricht dem Umfang einer der beiden Kreisflächen. Neben dem Flächeninhalt kann man auch das **Volumen** des Zylinders ermitteln.

Flächenberechnung

Für den Flächeninhalt des Grundkreises gilt
$G = D = \pi \cdot r^2$.
Der Flächeninhalt des Mantelrechtecks beträgt
$M = u \cdot h$ mit $u = 2 \cdot \pi \cdot r$.
$M = 2 \cdot \pi \cdot r \cdot h$
Die Zylinderoberfläche berechnet man aus der doppelten Grundfläche und der Mantelfläche.
$O = 2 \cdot G + M$
$O = 2 \cdot \pi \cdot r^2 + 2 \cdot \pi \cdot r \cdot h$

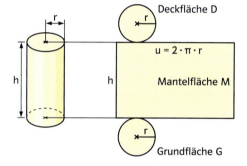

Volumenberechnung

Wird ein Zylinder ähnlich einem Kuchen in gleiche Teile zerlegt, kann man diese durch eine andere Anordnung näherungsweise zu einem Quader zusammensetzen. Je mehr Zylinderteile gebildet werden, desto genauer ist diese Näherung.
Das Volumen kann man so berechnen

$V = \frac{u}{2} \cdot r \cdot h$.

$V = \frac{2 \cdot \pi \cdot r}{2} \cdot r \cdot h$

$V = \pi \cdot r^2 \cdot h$

$V = G \cdot h$

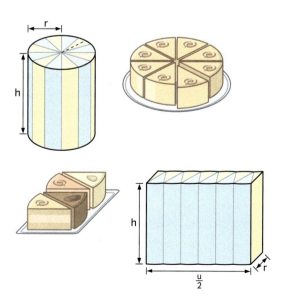

2 Geometrie Zylinder

Merke

Die **Mantelfläche eines Zylinders** wird als Produkt des Grundkreisumfanges und der Zylinderhöhe berechnet. $\quad M = u \cdot h \quad\quad M = 2\pi r h$

Zur Berechnung der **Oberfläche eines Zylinders** bildet man die Summe aus der doppelten Grundfläche und der Mantelfläche. $\quad O = 2G + M \quad\quad O = 2\pi r^2 + 2\pi r h$

Das **Volumen eines Zylinders** kann als Produkt der Grundfläche und der Höhe berechnet werden.
$$V = G \cdot h \quad\quad V = \pi r^2 h$$

V23 Erklärfilm Zylinder – Volumen und Oberflächeninhalt

Beispiel

a) Aus dem Radius $r = 3{,}0\,\text{cm}$ und der Höhe $h = 5{,}0\,\text{cm}$ werden die Oberfläche und das Volumen des Zylinders berechnet.

$O = 2\pi r^2 + 2\pi r h$ $\quad\quad$ und $\quad\quad$ $V = \pi \cdot r^2 \cdot h$
$O = 2\pi \cdot (3{,}0\,\text{cm})^2 + 2\pi \cdot 3{,}0\,\text{cm} \cdot 5{,}0\,\text{cm}$ $\quad\quad$ $V = \pi \cdot (3{,}0\,\text{cm})^2 \cdot 5\,\text{cm}$
$O = 56{,}6\,\text{cm}^2 + 94{,}2\,\text{cm}^2$ $\quad\quad$ $V = 141{,}37\,\text{cm}^3$
$O = 150{,}8\,\text{cm}^2$

Runden Sie beim Rechnen geschickt.

b) Aus der Mantelfläche $M = 220{,}0\,\text{cm}^2$ und der Höhe $h = 8{,}0\,\text{cm}$ wird der Radius des Zylinders berechnet.

$M = 2\pi r h \quad\quad |:(2\pi h)$
$r = \dfrac{M}{2\pi h}$
$r = \dfrac{220{,}0}{2\pi \cdot 8{,}0}\,\text{cm}$
$r = 4{,}4\,\text{cm}$

c) Aus dem Volumen $V = 486{,}57\,\text{cm}^3$ und dem Radius $r = 4{,}4\,\text{cm}$ wird die Höhe des Zylinders berechnet.

$V = \pi \cdot r^2 \cdot h \quad\quad |:(\pi \cdot r^2)$
$h = \dfrac{V}{\pi \cdot r^2}$
$h = \dfrac{486{,}57}{\pi \cdot 4{,}4^2}\,\text{cm}$
$h = 8\,\text{cm}$

○ **1** Stellen Sie einen Zylinder aus Pappe oder Papier her.
 a) Der Grundkreisradius beträgt 4 cm und die Höhe 10 cm.
 b) Das Mantelrechteck ist 15 cm breit und 5 cm hoch.

○ **2** Berechnen Sie die Oberfläche und das Volumen des Zylinders.
 a) $r = 8\,\text{cm}$ $\quad\quad$ b) $r = 14\,\text{m}$
 $h = 24\,\text{cm}$ $\quad\quadh = 9\,\text{m}$
 c) $r = 4{,}2\,\text{cm}$ $\quad\quad$ d) $r = 33{,}5\,\text{cm}$
 $h = 11{,}9\,\text{cm}$ $\quad\quadh = 96\,\text{mm}$
 e) $d = 68\,\text{mm}$ $\quad\quad$ f) $d = 123{,}7\,\text{cm}$
 $h = 1{,}4\,\text{dm}$ $\quad\quadh = 0{,}8\,\text{m}$

● **3** Wie groß ist die Werbefläche der abgebildeten Litfaßsäule ungefähr?

● **4** Berechnen Sie alle Angaben des Zylinders.

	r (in cm)	h (in cm)	M (in cm²)	O (in cm²)	V (in cm³)
a)	4,6	11,7	■	■	■
b)	13,5	■	605,0	■	■
c)	9,8	■	■	■	936,5
d)	■	49,0	■	■	2345,0
e)	■	■	350,0	■	560,0

Alles klar?
→ Lösungen Seite 285
D44 Fördern
→ Seite 34

A Zeichnen Sie das Netz eines Zylinders mit $r = 2\,\text{cm}$ und $h = 3{,}5\,\text{cm}$.

B Ein Zylinder hat den Durchmesser $d = 10{,}0\,\text{cm}$ und die Höhe $h = 20{,}0\,\text{cm}$.
 a) Berechnen Sie den Oberflächeninhalt des Zylinders.
 b) Berechnen Sie das Volumen des Zylinders.

● **5** Ein Messzylinder hat einen Innendurchmesser von 76 mm.
 a) In welcher Höhe befinden sich die Eichstriche für 50 ml; 100 ml; 150 ml; …?
 b) Das Fassungsvermögen soll ein Liter betragen. Wie hoch ist der Messzylinder?

2 Geometrie Zylinder

Information | **Zusammengesetzte Körper**

Häufig finden sich in Gegenständen des Alltags oder in Gebäuden Formen, die aus verschiedenen Körpern zusammengesetzt sind.
Das Volumen und die Oberfläche solcher Körper werden berechnet, indem er in Teilkörper zerlegt wird. Diese können dann berechnet und addiert werden.

Beispiel

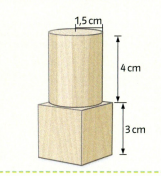

Berechnen Sie das Volumen und die Oberfläche des zusammengesetzten Körpers.
Lösung: $V = V_{Würfel} + V_{Zylinder}$
$= 3^3 \, cm^3 + \pi \cdot 1{,}5^2 \cdot 4 \, cm^3 \approx 55{,}27 \, cm^3$

$O = O_{Würfel} + M_{Zylinder}$

$O = 6 \cdot 3^2 \, cm^2 + 2 \cdot \pi \cdot 1{,}5 \cdot 4 \, cm^2 \approx 91{,}7 \, cm^2$
(Die Deckfläche D und die Grundfläche G des Zylinders werden nicht benötigt, da der Zylinder mit G auf dem Würfel steht und D bereits bei der Würfeloberfläche erfasst ist.)

6 Berechnen Sie das Volumen und die Oberfläche des Körpers.

a)

b)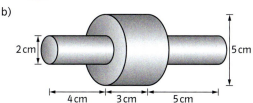

7 Die Steine des Soma-Würfels sind aus drei oder vier Würfeln mit der Kantenlänge 1 cm zusammengesetzt.
a) Bestimmen Sie das Volumen des Würfels.
b) Gibt es einen Körper mit kleinster Oberfläche? Berechnen Sie die Oberflächen.

8 Wie groß sind der Oberflächeninhalt und das Volumen des Holzbausteins?

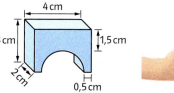 

9 Die Skizze zeigt eine fensterlose Lagerhalle (Maße in m).
a) Berechnen Sie die Außenfläche des Gebäudes (einschließlich Dach) für einen Anstrich.
b) In der Halle können Getreidekörner bis zur Decke gelagert werden. Wie groß ist das Volumen der gesamten Halle?

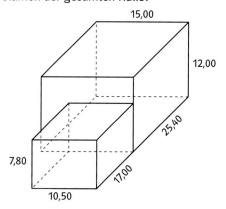

Zusammenfassung

D45　Karteikarten

Größen
Größen wie 25 g; 3,50 € oder 70 cm bestehen aus einer **Maßzahl** und einer **Maßeinheit**.
Beim Rechnen mit Größen wandelt man diese zunächst so um, dass man gut mit den Maßeinheiten rechnen kann.

$4{,}5\,m^3 + 1280\,dm^3 = 4500\,dm^3 + 1280\,dm^3 = 5780\,dm^3$
$12\,a - 320\,m^2 = 12\,a - 3{,}20\,a = 8{,}80\,a$
$56{,}5\,kg + 460\,g + 4000\,mg$
$= 56{,}500\,kg + 0{,}460\,kg + 0{,}004\,kg = 56{,}964\,kg$
$3\,d + 10\,h = 72\,h + 10\,h = 82\,h$

Abstand
Der Abstand eines Punkts P von einer Geraden g ist die kürzeste Entfernung zwischen dem Punkt und der geraden Linie. Dieser Abstand ist die Länge der senkrechten Strecke zwischen P und g.

Abstand des Punkts P von der Geraden g.

Winkelmessung
Ein Winkel wird von zwei Schenkeln mit gemeinsamem Anfangspunkt, dem Scheitel S begrenzt. Die Maßeinheit für die Größe eines Winkels heißt Grad (kurz: °). Sie entsteht durch Teilung eines Kreises in 360 gleiche Teile.

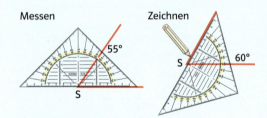

Einteilung der Winkel
Winkel werden nach ihrer Größe eingeteilt.
spitze Winkel $\alpha < 90°$
rechte Winkel $\alpha = 90°$
stumpfe Winkel $90° < \alpha < 180°$
gestreckte Winkel $\alpha = 180°$
überstumpfe Winkel $180° < \alpha < 360°$
volle Winkel $\alpha = 360°$

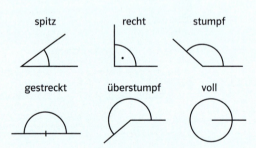

Koordinatensystem
Im Koordinatensystem kann man Punkte durch x-Wert und y-Wert angeben. Für den Punkt P mit dem x-Wert 8 und dem y-Wert 4 schreibt man P(8|4).

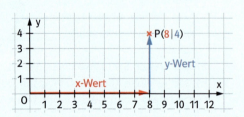

Zusammenfassung

Quadratwurzel
Die **Quadratwurzel** einer positiven Zahl b ist die positive Zahl a, die mit sich selbst multipliziert die Zahl b ergibt, d.h. $a^2 = b$.
Die Schreibweise ist $a = \sqrt{b}$.
Diese Regel gilt auch für die Zahl Null.

$\sqrt{64} = 8$; da $8 \cdot 8 = 64$
$\sqrt{1{,}21} = 1{,}1$; da $1{,}1 \cdot 1{,}1 = 1{,}21$
$\sqrt{\frac{9}{49}} = \frac{3}{7}$; da $\frac{3}{7} \cdot \frac{3}{7} = \frac{9}{49}$
$\sqrt{0} = 0$; da $0 \cdot 0 = 0$

Kubikwurzel
Die **Kubikwurzel** einer positiven Zahl b ist die positive Zahl a, deren dritte Potenz gleich der Zahl b ist, d.h.
$\sqrt[3]{b} = a$; wenn $a^3 = b$, $a, b \geq 0$.
$\sqrt[3]{343} = 7$; da $7^3 = 343$
$\sqrt[3]{0{,}001} = 0{,}1$

Dreieck
Der **Flächeninhalt A eines Dreiecks** kann aus dem halben Produkt einer Seitenlänge und der zugehörigen Höhe berechnet werden.

$A = \frac{1}{2} a \cdot h_a \qquad A = \frac{1}{2} b \cdot h_b \qquad A = \frac{1}{2} c \cdot h_c$

Für das **rechtwinklige Dreieck** ergibt dies:

$A = \frac{1}{2} a \cdot b$ (da $\gamma = 90°$).

Für den **Umfang** von Dreiecken gilt $u = a + b + c$.

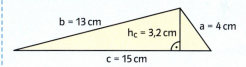

$A = \frac{1}{2} c \cdot h_c$ \qquad $u = a + b + c$
$A = \frac{1}{2} \cdot 15 \cdot 3{,}2\, cm^2$ \qquad $u = 4 + 13 + 15\, cm$
$A = 24\, cm^2$ \qquad $u = 32\, cm$

Rechteck und Quadrat
Der **Flächeninhalt A eines Rechtecks** kann aus dem Produkt seiner Seitenlängen a und b berechnet werden.
$A = a \cdot b$
Für den **Umfang u** gilt $u = 2 \cdot (a + b)$.
Beim **Quadrat** sind Länge und Breite gleich groß.

b = 4 cm
a = 6 cm

$A = a \cdot b$ \qquad $u = 2 \cdot (a + b)$
$A = 6 \cdot 4\, cm^2$ \qquad $u = 2 \cdot (6 + 4)\, cm$
$A = 24\, cm^2$ \qquad $u = 20\, cm$

Kreiszahl π
Das Verhältnis von Kreisumfang u zu Kreisdurchmesser d wird **Kreiszahl π** genannt.
In Anwendungen genügt meist die Näherung 3,14.

$\frac{u}{d} = \pi = 3{,}141\,592\,653\,589\,793\,238\,462\,643\,383\,279\,502\,884$
$\qquad 197\,169\,399\,375\,105\,820\,974\,944\,592\,307 \ldots$

Kreisumfang und Kreisfläche
Für den **Umfang u eines Kreises** mit dem Durchmesser d bzw. dem Radius r gilt
$u = \pi d$ bzw. $u = 2\pi r$.

Für den **Flächeninhalt A eines Kreises** mit dem Radius r gilt $A = \pi r^2$.

Wegen $r = \frac{d}{2}$ gilt auch $A = \frac{\pi d^2}{4}$.

d = 2,0 cm \qquad $u = \pi d$
r = 1,0 cm \qquad $u = \pi \cdot 2{,}0$
\qquad\qquad $u = 6{,}3\, cm$

$A = \pi r^2$ \qquad $A = \frac{\pi d^2}{4}$
$A = \pi \cdot 1{,}0^2$ \qquad $A = \frac{\pi \cdot 2{,}0^2}{4}$
$A = 3{,}1\, cm^2$ \qquad $A = 3{,}1\, cm^2$

Zusammenfassung

Kreisbogen und Kreisausschnitt

Die **Länge des Kreisbogens b** eines Kreisausschnitts ist proportional zum zugehörigen **Mittelpunktswinkel** α.

Es gilt $b = 2\pi r \cdot \frac{\alpha}{360°}$ und $b = \pi r \cdot \frac{\alpha}{180°}$.

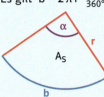

$r = 4{,}5\,\text{cm};\ \alpha = 60°$

$b = \pi r \cdot \frac{\alpha}{180°}$

$b = \pi \cdot 4{,}5 \cdot \frac{60°}{180°}$

$b = 4{,}7\,\text{cm}$

Der **Flächeninhalt A_S des Kreisausschnitts** ist proportional zum Mittelpunktswinkel α. Es gilt

$A_S = \pi r^2 \cdot \frac{\alpha}{360°}$ und $A_S = \frac{b \cdot r}{2}$.

$A_S = \pi r^2 \cdot \frac{\alpha}{360°}$

$A_S = \pi \cdot 4{,}5^2 \cdot \frac{60°}{360°}$

$A_S = 10{,}6\,\text{cm}^2$

Quader und Würfel

Ein **Quader** mit den Kantenlängen a, b und c hat
das **Volumen** $V = a \cdot b \cdot c$
und
die **Oberfläche** $O = 2(a \cdot b + b \cdot c + a \cdot c)$.

Ein **Würfel** ist ein Quader mit drei gleichen Kantenlängen $a = b = c$. Er hat das **Volumen** $V = a^3$
und
die **Oberfläche** $O = 6a^2$.

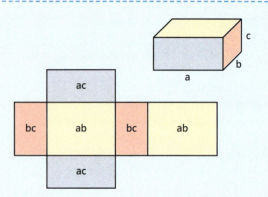

Zylinder

Die **Mantelfläche M eines Zylinders** kann als Produkt des Grundkreisumfangs und der Zylinderhöhe berechnet werden.

$M = u \cdot h$ **$M = 2\pi r \cdot h$**

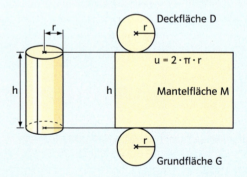

Zur Berechnung der **Oberfläche O eines Zylinders** verdoppelt man den Flächeninhalt der Grundfläche G und addiert die Mantelfläche M.

$O = 2 \cdot G + M$ **$O = 2 \cdot \pi r^2 + 2\pi r \cdot h$**

$O = 2\pi r(r + h)$

$r = 2{,}0\,\text{cm}$ $O = 2\pi r^2 + 2\pi r h$
$h = 4{,}0\,\text{cm}$ $O = 2\pi \cdot 2{,}0^2\,\text{cm}^2 + 2\pi \cdot 2{,}0 \cdot 4{,}0\,\text{cm}^2$
$O = 25{,}1\,\text{cm}^2 + 50{,}3\,\text{cm}^2$
$O = 75{,}4\,\text{cm}^2$

Das **Volumen V eines Zylinders** kann als Produkt der Grundfläche und der Höhe berechnet werden.

$V = G \cdot h$ **$V = \pi r^2 \cdot h$**

$V = \pi r^2 h$
$V = \pi \cdot 2{,}0^2 \cdot 4{,}0\,\text{cm}^3$
$V = 50{,}3\,\text{cm}^3$

Anwenden im Beruf

1 Im Krankenhaus hängt eine rechteckige Pinnwand im Büro der Intensivstation. Sie hat eine Länge von 1,30 m und eine Höhe von 90 cm. Berechnen Sie die Diagonale und die Fläche der Pinnwand.

2 Bestimmen Sie die Kantenlängen eines Spielwürfels, wenn dieser ein Volumen von 27 cm³ hat. Berechnen Sie anschließend den Flächeninhalt A einer Seite des Würfels, sowie die Oberfläche O.

FSJ = Freiwilliges Soziales Jahr. Jugendliche und junge Erwachsene leisten einen sozialen Freiwilligendienst.

3 Für eine neue Reha-Klinik wird eine Geländebeschreibung erstellt. Die Angaben sind in verschiedenen Maßeinheiten. Die FSJ'lerin Paula soll alle Angaben in eine Einheit umrechnen, sodass die Beschreibung übersichtlich und verständlich wird. Vereinfachen Sie die folgenden Angaben:

| 28956 cm bis zur Reithalle | 0,076 km bis zum Café | 87235 mm bis zum Schwimmbad |
| 656 dm bis zur Krankengymnastik | 0,960 km bis zur Stadt | 148 m bis zum Park |

4 Der Gymnastikraum der Reha-Klinik ist 11 m lang, 6 m breit und 3,60 m hoch. Für jeden Patienten sollen 8 m³ Luft zur Verfügung stehen.
a) Die Rückenfitnessgruppe besteht aus 32 Patienten und zwei Physiotherapeuten. Berechnen Sie, ob die Luftmenge ausreicht.
b) Geben Sie die Maße des Raums an, der für Gruppen von 18 Personen ausreicht.

5 Der deutsche Pädagoge Friedrich Fröbel (1782 – 1852) war einer der Begründer unserer heutigen Kindergärten. Er entwickelte eine Spielgabe mit Holzfiguren wie Walze und Würfel. Berechnen Sie das Gesamtvolumen der zwei Figuren.

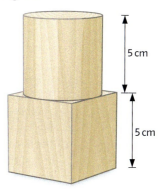

6 Ein 2,40 m hohes, 1 m breites und 40 cm tiefes Regal ist bereits zusammengebaut. Es liegt auf dem Boden eines 2,45 m hohen Raums. Zeigen Sie, dass man das Regal in diesem Raum aufstellen kann, ohne die Decke zu beschädigen.

7 Eine Streichholzschachtel mit den Maßen 4,9 cm, 1,3 cm und 3,2 cm soll in einem Mal- und Zeichenkurs geometrisch dargestellt werden.
a) Zeichnen Sie die Schachtel in Originalgröße so, dass man auf eine Schachtelseite draufschaut.
b) Vergleichen Sie die Zeichnung mit Ihrer Sitznachbarin oder Ihrem Sitznachbarn.
c) Begründen Sie, warum Sie 3 Schrägbilder der Streichholzschachtel zeichnen müssen, um den Körper vollständig darstellen zu können.

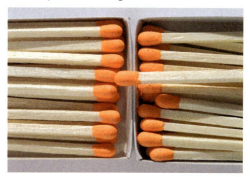

Information — Bauen von Gegenständen

Beim Bauen von Gegenständen werden sehr unterschiedliche Materialien verwendet. Im Kindergarten wird häufig mit Knete, Sand oder Pappe gebaut, während man in der Ergotherapie auch gerne mit Ton oder Holz arbeitet. Für den beruflichen Alltag ist es wichtig, die verschiedenen Materialien und deren Eigenschaften zu kennen. Bei der Planung der Gegenstände und der Berechnung des Materialbedarfs werden verschiedene Größen und Maßeinheiten aus der Mathematik verwendet, z. B. Längen (in cm oder in m), Flächeninhalte (in cm² oder in m²), Volumen (in m³) und Winkel (in Grad).

8 In einem neuen Baugebiet wird eine Grünanlage in die Planung aufgenommen. Die vorgesehene rechteckige Fläche hat folgende Maße: Länge 350 m, Breite 278 m.
a) Nachdem das Gelände zur Bebauung vorbereitet wurde, muss 20 cm hoch Mutterboden für die Einsaat von Rasen aufgetragen werden. Ein Kubikmeter Mutterboden kostet 12 €. Berechnen Sie die Kosten für die Fläche.
b) Im Anschluss soll Rasensaat auf $\frac{2}{3}$ der Fläche gesät werden. 10 kg Rasensaat sind ausreichend für 350 m². Berechnen Sie die benötigte Menge Rasensaat.

9 Das Rathaus soll barrierefrei werden. Um in das Gebäude zu gelangen, muss seitlich zum Eingang eine Rampe entstehen. Diese soll in einem Winkel von 75° zum Gebäude gebaut werden. Sie endet auf einer Höhe von 0,80 m und ist auf dem Boden 3 m vom Eingang entfernt. Ermitteln Sie zeichnerisch die Länge der Rampe.

10 Ein Jugendzentrum bekommt nach einem Brand ein neues Dach. Die Stadt vergleicht die Kosten für zwei verschiedene Dächer.

A B

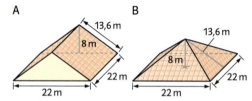

a) Berechnen Sie jeweils die Dachflächen, die mit Ziegeln eingedeckt werden müssen.
b) Begründen Sie, welches Dach aus Kostengründen gebaut werden sollte.

Information — Bastelaktivitäten organisieren

Als Erzieher/in, zum Beispiel in einer Ganztagsbetreuung, sind Bastelaktivitäten mit den Kindern pädagogisch sinnvoll. Kreatives Arbeiten ist eine wichtige Erfahrung für die Kinder. Sie haben Erfolgserlebnisse, wenn sie die Ergebnisse der Arbeiten sehen. Motorische Fähigkeiten werden beim Basteln nachhaltig geschult. Die Kinder lernen den Umgang mit verschiedenen Werkzeugen und unterschiedlichen Materialien, wie beispielsweise Papier, Holz, Folie oder auch Wachs kennen.
Um die **Bastelarbeiten vorzubereiten** oder auch **Bastelanleitungen zu erstellen**, benötigt man häufig Grundkenntnisse aus der Geometrie, um Größen von Flächen und Körpern zu berechnen. Außerdem lässt sich so der Bedarf an Platz und Material berechnen.

2 Geometrie **Anwenden im Beruf**

Die Figuren bei dem Spiel „Fang den Hut" sind kegelförmig!

○ **11** Kerrim möchte mehrere gleichseitige Dreiecke für ein Mobile basteln.
Beschreiben Sie die Besonderheiten von einem gleichseitigen Dreieck und erstellen Sie eine mögliche Skizze für das Mobile.

◒ **12** Mirko möchte einen Drachen bauen. Dafür benötigt er zwei Leisten, die er zu einem Kreuz verbindet. Die Enden verbindet er mit einer Schnur.
Schätzen Sie die Fläche des Bespannungsmaterials, wenn Mirko an jedem Rand ca. 2 cm Überschuss für das Verkleben braucht.

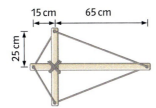

◒ **13** In der Kindertagesstätte wird gebastelt. Der Tonkarton hat die Maße 60 cm mal 50 cm. Der Erzieher Tobias schneidet mit den Kindern Kreise aus, die einen Radius von 11 cm bzw. 6 cm haben. Es sollen möglichst viele große Kreise entstehen.
Berechnen Sie die maximale Anzahl der Kreise, die Tobias mit den Kindern aus dem Tonkarton ausschneiden kann.

● **14** Finn und Lina kneten am Basteltisch. Beide bekommen ein Stück Knete in Form eines Würfels. Dieser hat das Volumen von 512 cm^3.
Berechnen Sie die Kantenlänge eines solchen Würfels.

Information

Materialbedarf und Verschnitt

Die Berechnung von Materialbedarf ist vor allem bei der Kostenplanung erforderlich. Hierbei muss ein möglicher Verschnitt berücksichtigt werden.

Beim Zuschneiden von Materialien (Holz, Leder, Textilien, Blech, Papier, usw.) kann häufig ein Teil des Materials nicht produktiv eingesetzt werden, weil die benötigten Abmessungen nicht eingehalten werden können. Dieser restliche Teil wird Verschnitt genannt. Die verbleibenden Reste sollen durch eine geschickte Planung möglichst klein ausfallen, um die Materialkosten zu reduzieren.
Ziel dieser Planung ist zum einen die Einhaltung der geforderten Abmessungen eines Produkts, zum anderen die Minimierung des Verschnitts.

Beispiel: Aus einem Holzwürfel mit der Kantenlänge $a = 8\,cm$ soll ein möglichst großer Zylinder hergestellt werden.

Berechnung des Würfelvolumens V_W und des Zylindervolumens V_Z:
$V_W = a^3 = (8\,cm)^3 = 512\,cm^3$
$V_Z = \pi \cdot (4\,cm)^2 \cdot 8\,cm \approx 402\,cm^3$

Berechnung des Verschnitts:
in cm^3: $V_W - V_Z = 512\,cm^3 - 402\,cm^3 = 110\,cm^3$,
in %: $\frac{110}{512} = 0{,}215 = 21{,}5\,\%$.

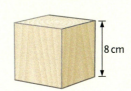

15 Das Altenheim Rose feiert ein Eröffnungsfest. Für die 80 cm breiten und 1,20 m langen Tische wurden blaue Papiertischdecken gekauft. Eine Rolle ist 1,10 m breit und 12 m lang. An jeder Seite des Tischs sollen 15 cm überhängen. Berechnen Sie die Anzahl der Tische, die mit einer Rolle eingedeckt werden können.

16 Ein Wohnheim hat eine Wohnung für Menschen mit Beeinträchtigung frei. Diese wird renoviert, bevor die neuen Bewohnerinnen und Bewohner einziehen.
a) In den Schlaf- und Wohnräumen soll Laminat verlegt werden. Berechnen Sie die benötigten m^2, die verlegt werden müssen.
b) Alle Räume haben eine Deckenhöhe von 2,40 m und müssen komplett weiß gestrichen werden. Bestimmen Sie die zu streichende Fläche. Bedenken Sie, dass für Fenster und Türen 18 % der Wandflächen abgezogen werden müssen.

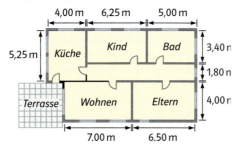

17 Gina möchte ein Plakat für den örtlichen Tierschutzverein aufhängen. Die Dose des Vaters enthält noch $\frac{1}{4}$ des Kleisters. Gina möchte wissen, wie viel ml Kleister in der Dose sind.

18 Aus einem rechteckigen 0,6 m · 0,45 m Tonkarton sollen zwei Kreise ausgeschnitten werden.
a) Berechnen Sie den Flächeninhalt der beiden Kreise in m^2, wenn diese gleich groß sind.
b) Beschreiben Sie das Verhältnis des Verschnitts zur Größe der Kreise.
c) Berechnen Sie den Radius des größeren Kreises, wenn ein Kreis so groß wie möglich ist. Bestimmen Sie anschließend den Umfang des größeren Kreises.

19 Ein Bogen Tonkarton ist 21 cm breit und 29,7 cm lang und 0,04 mm hoch. Begründen Sie, warum er ein Körper ist, und berechnen Sie sein Volumen.

| Information | **Füllen von Behältern** |

In vielen Bereichen des Gesundheits-, Erziehungs- und Sozialwesens werden täglich Behälter befüllt. Flüssigkeiten, aber auch feste Gegenstände können in verschiedene Gefäße gefüllt werden. Zum Beispiel füllen Pflegekräfte im Altenheim täglich Schnabeltassen mit Getränken, Erzieherinnen und Erzieher geben neuen Kleber in Klebeflaschen und Kinder schaufeln im Sandkasten Sand in ihre Eimer. Manchmal ist es wichtig zu wissen, welche Menge in ein Gefäß gefüllt werden kann. Die häufigsten Maßeinheiten, die zur Mengenangabe benutzt werden, sind ml, l und m^3.

Raumeinheiten

Kubikmeter	Kubikdezimeter	Kubikzentimeter	Kubikmillimeter
$1 m^3$ =	$1000 dm^3$		
	$1 dm^3$ =	$1000 cm^3$	
	$1 l$ =	$1000 ml$	
		$1 cm^3$ =	$1000 mm^3$

○ **20** Im Seniorenheim wird Kerzengießen als Aktivität angeboten. Eine zylinderförmige Kerzengussform ist 24 cm lang und der obere Einlaufrand hat einen Durchmesser von 12,5 cm für die große Kerze. Ermitteln Sie das Fassungsvermögen der Kerze.

● **21**

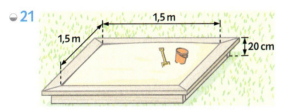

a) Der Sandkasten wird gleichmäßig 20 cm hoch mit Sand gefüllt.
Berechnen Sie, wie viel Sand für das Füllen benötigt wird.
b) Im Baumarkt wird Spielsand in einem 25-kg-Sack angeboten, das entspricht etwa 19 Liter. Wie viele Säcke müssen gekauft werden?

● **22** Das 1,80 m tiefe Schwimmbad einer Jugendherberge muss neu befüllt werden.
a) Ermitteln Sie das Füllvolumen für das Schwimmbad.
b) Berechnen Sie nun den Fall, dass der Wasserstand bereits 0,6 m beträgt.

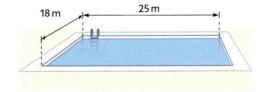

● **23** Im Familienzentrum Regenbogen wird mit den Vorschulkindern experimentiert.

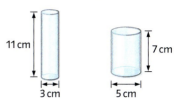

a) Begründen Sie, warum die Gläser trotz gleicher Füllmenge unterschiedlich hoch gefüllt sein können.
b) Berechnen Sie das Volumen der beiden Gläser.
c) Fertigen Sie eine Skizze der Gläser in Ihrem Heft an, auf der die Füllmenge von 50 ml in beiden Gläsern zu sehen ist.
d) Beschreiben Sie, wie Sie den Kindern zeigen, dass sich in beiden Gläsern 50 ml Flüssigkeit befinden.

● **24** In einer Kur-Klinik werden für einige Patientinnen und Patienten jeden Tag Nahrungsergänzungspulver abgewogen und angerührt. Die 18 cm hohen Dosen haben einen Radius von 4,5 cm.
a) Berechnen Sie das Volumen der Dose.
b) 15 % des Doseninhalts sind Luft. Ermitteln Sie die Füllhöhe des Pulvers.
c) Geben Sie an, bis zu welcher Füllhöhe die Dose befüllt ist, wenn sich noch $\frac{1}{3}$ des Nahrungsergänzungsmittels darin befinden.

● **25** Katharina und Christian möchten mit ihrer Kindergartengruppe ein Hochbeet anlegen und Gemüse pflanzen. Das Hochbeet soll 2,50 m breit, 1,50 m tief und 45 cm hoch sein. Die Umrandung haben sie mit den Kindern schon gebaut.
Katharina und Christian sind sich uneinig über die Menge der benötigten Erde. Katharina möchte 1,68 m³ kaufen, während Christian 1,56 m³ für notwendig hält. Begründen Sie, wer mit seiner Berechnung recht hat.

Rückspiegel — Längen und Winkel

D46 — Testen

Wo stehe ich?

Ich kann ...					Lerntipp!
1 Größen anordnen und umrechnen.	☐	☐	☐	☐	→ Seite 88, 262
2 den Abstand zwischen einem Punkt und einer Geraden bestimmen.	☐	☐	☐	☐	→ Seite 91
3 Winkel messen und zeichnen.	☐	☐	☐	☐	→ Seite 270
4 Winkelarten bestimmen.	☐	☐	☐	☐	→ Seite 271

Überprüfen Sie Ihre Einschätzung:

1 Rechnen Sie die Größen in die angegebene Einheit um und ordnen Sie sie von groß nach klein.
a) in cm: 0,45 m; 150 mm; 30 cm; 0,002 km
b) in m²: 40 cm²; 100 m²; 0,5 km²; 2500 mm²
c) in mm³: 0,001 m³; 12 dm³; 0,3 cm³; 5 l

2 Übertragen Sie die Zeichnung in Ihr Heft. Zeichnen und messen Sie von jedem Punkt den Abstand zur Geraden g.

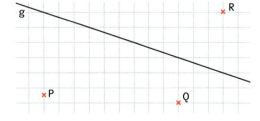

3 Gegeben sind verschieden große Winkel.
a) Ermitteln Sie die Größe der Winkel.

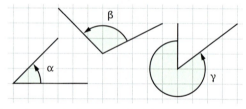

b) Zeichnen Sie die Winkel in Ihr Heft.
$\alpha = 40°$ $\beta = 90°$ $\gamma = 125°$
$\delta = 180°$ $\varepsilon = 210°$ $\varphi = 270°$

4 Welche Dreiecke sind spitzwinklig, welche stumpfwinklig?

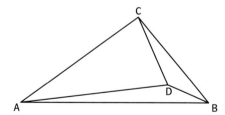

→ Die Lösungen zum „Rückspiegel" finden Sie auf Seite 285.

Rückspiegel Flächen und Körper

D47 Testen

Wo stehe ich?

Ich kann ...					Lerntipp!
1 Wurzeln berechnen.					→ Seite 74, 75
2 Flächeninhalt und Umfang von Vierecken berechnen.					→ Seite 96
3 Flächeninhalt und Umfang von Dreiecken berechnen.					→ Seite 98
4 Flächeninhalt und Umfang von Kreisen und Kreisausschnitten berechnen.					→ Seite 102, 104
5 Flächeninhalt und Umfang zusammengesetzter Flächen berechnen.					→ Seite 107
6 Oberflächen und Volumen von Quadern berechnen.					→ Seite 109
7 Oberflächen und Volumen von Zylindern berechnen.					→ Seite 113

Überprüfen Sie Ihre Einschätzung:

1 Berechnen Sie.
a) $\sqrt{0{,}04}$ b) $\sqrt{1{,}44}$ c) $\sqrt{6{,}25}$
d) $\sqrt{\frac{4}{9}}$ e) $\sqrt[3]{125}$ f) $\sqrt[3]{\frac{729}{343}}$

2 Der Flächeninhalt eines Vierecks mit den Seitenlängen a, b, c und d beträgt 120 m². Zeichnen Sie das Viereck und bestimmen Sie die fehlenden Seiten sowie den Umfang, wenn es sich um
a) ein Quadrat handelt.
b) ein Rechteck mit a = 10 m handelt.

3 Konstruieren Sie das Dreieck mit den angegebenen Punkten A, B und C. Bestimmen Sie mit den Angaben aus der Zeichnung den Umfang und den Flächeninhalt. (Maße in cm)
a) A(0|1); B(4|0); C(2|4)
b) A(1|3); B(6|1); C(3|3)
c) A(−2|3); B(−2|−2); C(3|−1)

4 Berechnen Sie den Umfang und den Flächeninhalt des Kreises bzw. des Kreisausschnitts.
a) r = 5 cm b) d = 108 mm
c) r = 6,1 cm, α = 70° d) d = 5 m, α = 120°

5 Berechnen Sie den Flächeninhalt und den Umfang der Figur. (Maße in cm)

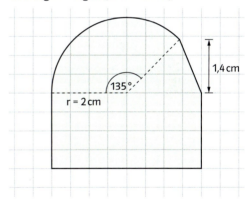

6 Ein Quader hat die Kantenlängen a = 16 cm; b = 9 cm; c = 7,5 cm. Berechnen Sie das Volumen V und die Oberfläche O.

7 Berechnen Sie die Oberfläche und das Volumen des Zylinders.
a) r = 6 cm b) r = 37,0 mm c) r = 0,62 m
   h = 15 cm   h = 25,5 cm   h = 1,84 m

→ Die Lösungen zum „Rückspiegel" finden Sie auf Seite 285.

Standpunkt

D48 Testen

Wo stehe ich?

Ich kann ...	sehr gut	gut	etwas	nicht gut	Lerntipp!
1 Punkte im Koordinatensystem durch x-Werte und y-Werte beschreiben.	☐	☐	☐	☐	→ Seite 93, 226
2 multiplizieren und dividieren mit rationalen Zahlen.	☐	☐	☐	☐	→ Seite 17
3 gemeinsame Teiler von natürlichen Zahlen angeben.	☐	☐	☐	☐	→ Seite 266
4 gemeinsame Vielfache von natürlichen Zahlen angeben.	☐	☐	☐	☐	→ Seite 266
5 Werte nach der Größe ordnen.	☐	☐	☐	☐	→ Seite 261
6 Maßeinheiten umwandeln.	☐	☐	☐	☐	→ Seite 88, 260
7 Geldbeträge unterschiedlich schreiben.	☐	☐	☐	☐	→ Seite 90

Überprüfen Sie Ihre Einschätzung:

1 a) Lesen Sie die Gitterpunkte A, B, C und D aus dem Koordinatensystem ab.

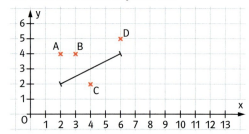

b) Notieren Sie, welche der folgenden Punkte auf der eingezeichneten Strecke liegen.
E(2|4), F(4|3), G(6|4), H(2|2), I(4|6), J(3|4), K(3|3).

2 Berechnen Sie.
a) 228 · 17   b) 549 : 3   c) 3,74 · 8
d) 70,8 : 4   e) 2,04 · 0,5   f) 2,4 : 6
g) 0,04 · 20   h) 2,8 : 0,7   i) $\frac{1}{3} \cdot 7$
j) $\frac{8}{9} : 4$ k) $\frac{2}{7} \cdot 14$ l) $\frac{12}{25} : 3$
m) $\frac{3}{10} \cdot \frac{1}{3}$ n) $\frac{7}{10} : \frac{1}{2}$

3 Welche Zahlen sind Teiler der Zahlen.
a) 24 und 20,   b) 15 und 16,
c) 13 und 52,   d) 120 und 36?

4 Geben Sie zwei gemeinsame Vielfache an.
a) 3 und 4   b) 10 und 15
c) 12 und 15   d) 5 und 7

5 Drei Teilnehmer haben ihre erreichten Punkte beim Geschicklichkeitsspiel notiert:
Samantha: 27; 35; 67
Paul: 58; 62; 47; 59
Mia: 12; 73
Ordnen Sie die Punkte absteigend nach der Größe. Erstellen Sie eine Tabelle der fünf besten Würfe.

6 Wandeln Sie in die angegebene Maßeinheit um.
a) 30 cm = ☐ m   b) 3 h 10 min = ☐ min
 0,5 km = ☐ m   540 s = ☐ min
 1750 m = ☐ km   0,5 h = ☐ min
 2600 mm = ☐ m   90 s = ☐ min
c) 0,5 l = ☐ cm³
 4 m³ = ☐ l
 100 l = ☐ m³
 1 m³ = ☐ cm³

7 Schreiben Sie die Geldbeträge auf drei verschiedene Arten wie im Beispiel:
5,60 € = 5 € 60 ct = 560 ct
a) 13 € 49 ct   b) 179,99 €   c) 22 ct

3 Zuordnungen

Beim Seniorensportfest wird Wassergymnastik, Radfahren und Laufen angeboten. Die Teilnehmenden erreichen beim Wettlauf ganz unterschiedliche Laufergebnisse. Sie kommen zu verschiedenen Zeiten im Ziel an. Auf der Strecke läuft jeder von ihnen anders.
→ Was können die Gründe für die unterschiedlichen Ergebnisse sein?

Solche Zusammenhänge, wie Zeit und gelaufene Strecke, stellt man auch in Form von Tabellen und Diagrammen dar.

Frau Li erzählt: „Zuerst bin ich schwach gestartet und lief als dritte Läuferin hinter Frau Bremer und Herrn Berling her. Nachdem ich etwa die halbe Strecke gelaufen war, konnte ich mein Tempo steigern und Frau Bremer kurz vor dem Ziel überholen. So wurde ich Zweite."
→ Überprüfen Sie mithilfe des Schaubilds Frau Lis Aussagen.
→ Beschreiben Sie den Rennverlauf aus der Sicht von Frau Bremer und Herrn Berling.

Ich lerne,

- was man unter Zuordnungen versteht und wie man sie beschreibt,
- wie Schaubilder proportionaler und antiproportionaler Zuordnungen aussehen,
- wie man mit dem Dreisatz und dem umgekehrten Dreisatz rechnet.

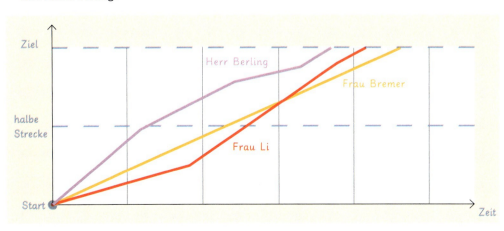

1 Zuordnungen und Schaubilder

Das Schaubild zeigt die Kontostände einer Klassenkasse.
→ Wie hoch war der Kontostand Ende Mai?
→ An welchem Monatsende war der Kontostand am niedrigsten?
→ In welchem Monat ist bestimmt Geld vom Konto abgehoben worden?
→ Stellen Sie weitere Fragen und beantworten Sie diese.
→ Stellen Sie den Kontostand in einer Tabelle dar.

Zwischen dem letzten Tag eines Monats und dem Kontostand besteht ein Zusammenhang. Jedem letzten Tag eines Monats ist ein Kontostand zugeordnet.
Zuordnungen findet man in vielen Alltagssituationen.

Das Schaubild zeigt Merves Weg zur Schule. Dabei wird der verstrichenen Zeit (Eingabegröße) der zurückgelegte Weg (Ausgabegröße) zugeordnet.
Merve braucht insgesamt 50 Minuten für ihren Schulweg. Nachdem sie das Haus verlassen hat, geht sie zur Haltestelle und wartet auf den Bus. Der Bus fährt sie nicht bis vor die Schule. Das letzte Stück muss sie zu Fuß gehen.

Merke Bei einer **Zuordnung** werden zwei Größen zueinander in Beziehung gesetzt.
Jeder **Eingabegröße** wird eine **Ausgabegröße** zugeordnet.
Im Schaubild wird die Eingabegröße nach „rechts" (x-Achse), die Ausgabegröße nach „oben" (y-Achse) abgetragen.

Bemerkung Zuordnungen können durch **Tabellen**, **Schaubilder** oder **Rechenvorschriften** beschrieben werden.

Beispiel Familie Bremer fährt in den Urlaub. Für die Fahrtkosten rechnet sie 180,00 €, für jeden Urlaubstag 120,00 €. Erstellen Sie eine Tabelle mit der Anzahl der Urlaubstage und den Kosten in Euro. Zeichnen Sie ein Schaubild, indem Sie die Werte aus Ihrer Tabelle in ein Koordinatensystem eintragen. Erstellen Sie am Ende eine Rechenvorschrift.

Tabelle

Eingabegröße Anzahl der Urlaubstage n	Ausgabegröße Kosten
1	300,00 €
2	420,00 €
3	540,00 €
4	660,00 €
5	780,00 €

Schaubild

Rechenvorschrift
Die Kosten K lassen sich so berechnen:
Multiplizieren Sie die Anzahl n der Urlaubstage mit 120 € und addieren Sie 180 € Fahrtkosten.
Kurz: K = n · 120 € + 180 €; dabei bezeichnet n die Anzahl der Urlaubstage.

3 Zuordnungen Zuordnungen und Schaubilder

1 Bestimmen Sie die Eingabegröße und die Ausgabegröße.
a) Tom erhält jede Woche 10,00 € Taschengeld.
b) Familie Lorentz fährt die 200 km lange Strecke in zwei Stunden.
c) Das Meerschweinchen frisst jeden Tag 100 g Trockenfutter.
d) Für 1,80 € erhält Ercan 2 Kugeln Eis.

2 Erstellen Sie in Ihrem Heft eine Tabelle mit Eingabe- und Ausgabegröße. Tragen Sie fünf Zeilen ein. Berechnen Sie die Werte.
a) Eine Dose Limonade kostet 59 Cent.

Anzahl Dosen	Preis
1 Dose	59 ct
…	

b) Eine Fahrkarte kostet 2,40 €.
c) Drei Äpfel kosten 1,20 €.
d) Fünf Kinokarten kosten 35 €.

3 Erzählen Sie eine „Badewannengeschichte" zum Schaubild. Überlegen Sie, wodurch sich die Wasserstandshöhe verändert.

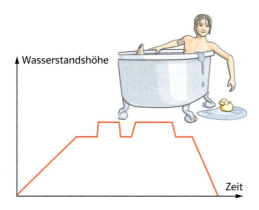

A Das Gefäß wird gleichmäßig gefüllt. Beschreiben Sie den Füllvorgang und ordnen Sie dem Gefäß ein Schaubild zu.

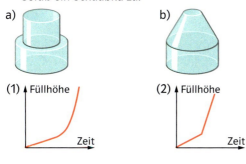

4 Wählen Sie aus den Karten Partner für Zuordnungen. Geben Sie sechs Beispiele an.
Entfernung – Zeit: Für 100 m brauche ich 14,8 s.

5 Eine Kerze ist 15 cm hoch. Sie brennt 10 Stunden lang.
a) Stellen Sie in einem Schaubild das Abbrennen der Kerze dar.
b) Lesen Sie im Schaubild ab, wie lang die Kerze nach 2; 5; 6; 8 Stunden ist.
c) Übertragen Sie die Tabelle ins Heft und ergänzen Sie diese.

Zeit in h	0	2	4	…
Länge in cm	15	12	…	…

6 Das Schaubild zeigt das Abbrennen dreier Kerzen. Beschreiben Sie, was Sie dem Schaubild entnehmen können.

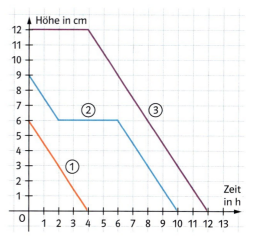

7 Ein Kubikmeter Wasser kostet 3,60 €. Die Grundgebühr beträgt 84,00 € pro Jahr.
a) Familie Uhl verbrauchte in einem Jahr 120 m³ Wasser. Erstellen Sie eine Rechenvorschrift.
b) Familie Simon verbrauchte 60 m³ Wasser, Familie Stein 96 m³ Wasser in einem Jahr.

Alles klar?
→ Lösungen Seite 288
D49 Fördern
→ Seite 35

2 Proportionale Zuordnungen

→ Ergänzen Sie die Preistabellen.

Katzenfutter in Dosen	1	2	5	10	20
Preis in €	0,60				

Joghurt in Bechern	1	3	6	12	15
Preis in €			2,40		

Hackfleisch in kg	$\frac{1}{5}$	$\frac{1}{2}$	1	1,5	2
Preis in €			8,00		

→ Beschreiben Sie, wie Sie die fehlenden Preise berechnen können.

Die Zuordnung zwischen der Menge einer Ware und dem zu zahlenden Preis lässt sich meistens einfach beschreiben; kostet z. B. 1 kg Tomaten 2,00 €, so muss für die
- doppelte Menge Tomaten (2 kg) doppelt so viel gezahlt werden (4,00 €).
- dreifache Menge Tomaten (3 kg) dreimal so viel gezahlt werden (6,00 €).
- halbe Menge Tomaten ($\frac{1}{2}$ kg) halb so viel gezahlt werden (1,00 €).

Merke Eine Zuordnung heißt **proportionale Zuordnung**, wenn zum Zweifachen, Dreifachen, … der Eingabegröße das Zweifache, Dreifache, … der Ausgabegröße gehört.

Beispiel a) Der Preis für 1 kg Äpfel beträgt 1,40 €. Die Zuordnung zwischen Gewicht und Preis ist proportional.
Wie viel Euro kostet $\frac{1}{2}$ kg Äpfel, wie viel Euro kosten 2 kg?

Äpfel in kg	Preis in €
$\frac{1}{2}$	0,70
1	1,40
2	2,80

Der Preis für die doppelte Menge beträgt also 2 · 1,40 € = 2,80 €.
Der Preis für die halbe Menge beträgt $\frac{1}{2}$ · 1,40 € = 0,70 €.

b) Eine Packung mit vier Farbstiften kostet 2,50 €. Die Zuordnung Anzahl Stifte und Preis ist proportional.
Wie hoch müsste der Preis für eine Packung mit 10 Stiften sein?

Anzahl Stifte	Preis in €
4	2,50
20	12,50
10	6,25

Die 10er-Packung müsste 6,25 € kosten.

1 Wie viel Gramm wiegt ein Stapel DIN-A4-Papier? Ergänzen Sie die Tabelle im Heft.

a)
Anzahl Blätter	Gewicht in g
16	80
32	
64	
128	

b)
Anzahl Blätter	Gewicht in g
16	80
8	
4	
2	
1	

3 Zuordnungen Proportionale Zuordnungen

Alles klar?
→ Lösungen Seite 288
D50   Fördern

A Vier Kinokarten kosten 24 €. Füllen Sie die Tabellen für die Preise von Kinokarten aus.

Anzahl der Kinokarten	1		3	4	5
Preis in €		12		24	

Anzahl der Kinokarten		7			10
Preis in €	36		48	54	

B Ein Marktstand bietet Nüsse an.
a) Erstellen Sie für 100 g; 200 g; … 600 g Walnüsse und 100 g; 200 g; … 600 g Erdnüsse je eine Preistabelle.
b) Tragen Sie die Wertepaare ins Schaubild ein.
c) Lesen Sie den Preis für 250 g Walnüsse und für 250 g Erdnüsse ab.

4,00 € / 1000 g

3,00 € / 1000 g

2 Eine Erdnuss wiegt ungefähr drei Gramm. Wie viel wiegen acht Erdnüsse? Wie schwer sind 98 und 998 Erdnüsse?

3 Die Zuordnungen sind proportional. Ergänzen Sie die Tabelle im Heft.

a)
Eingabegröße	2	4	6	8	10	12
Ausgabegröße		0,8			2	

b)
Eingabegröße	0	3	6	9	12	15
Ausgabegröße			15			

c)
Eingabegröße			6		14
Ausgabegröße	14	28	42	63	77	98

4 Yasmin hat für zwölf Pfirsiche 6,96 € bezahlt. Julian hat für neun Stück 5,58 € ausgegeben. Sie rechnen den Preis für 3 Stück aus. Wer hat günstiger eingekauft?

5 Nora bestellt eine Waffel mit einer Kugel Eis. Melisa möchte zwei Kugeln, Nina drei und Ceylan vier Kugeln. Nora bezahlt für alle 9,00 €. Wie viel Geld bekommt sie von ihren Freundinnen zurück?

6 Die Zuordnungen sind proportional. Ergänzen Sie die Tabellen im Heft.

a)
Zeit in h	1,5	3	4,5	9
Weg in km		12		

b)
Menge in l	4	20	40	60
Preis in €		30		

c)
Zeit in min	7,5	15	60	135
Weg in km		4		

d)
Einzelpreis in €	1	2	4	5
Gesamtpreis in €			48	

e)
Zeit in s	6	18	24	27
Anzahl der Umdrehungen		3		

7 Welche Zuordnungen sind proportional?

	Eingabegröße	Ausgabegröße
a)	Gewicht eines Käsestücks	Preis in €
b)	Anzahl der Schülerinnen	Anzahl der Mathematikbücher
c)	Alter eines Kinds	Höhe des Taschengelds
d)	Anzahl der Zuschauer	Anzahl der Eintrittskarten
e)	Anzahl der Familien	Anzahl der Kinder
f)	Außentemperatur	Heizungskosten

8 Entscheiden und begründen Sie, welche Tabelle eine proportionale Zuordnung darstellt.

a)
Anzahl	5	10	20	100
Kosten in €	8	16	30	120

b)
Verbrauch in l	10	30	50	80
Kosten in €	25	75	125	200

c)
Zurückgelegter Weg in km	40	60	80	100
Reststrecke in km	80	60	40	20

d)
Höhe in m	8	12	20	50
Zeit in s	12	18	30	75

3 Schaubilder proportionaler Zuordnungen

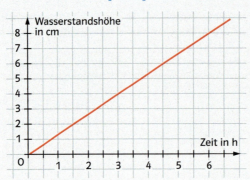

Der tropfende Wasserhahn füllt langsam, aber gleichmäßig das Gefäß.
Der proportionale Zusammenhang zwischen der verstrichenen Zeit und der Höhe des Wasserstands im Glas ist im Koordinatensystem dargestellt.
→ Wie hoch ist der Wasserstand nach 3 h?
→ Nach welcher Zeit steht das Wasser 6 cm hoch im Becher?
→ Erklären Sie, wie Sie die Werte ermittelt haben.

Jede Zuordnung lässt sich in einem Koordinatensystem zeichnerisch darstellen.
Auf der x-Achse (Rechtsachse) wird eine Skala für die Eingabegröße, z. B. die Zeit, erstellt. Auf der y-Achse (Hochachse) wird eine Skala für die Ausgabegröße, z. B. die Wasserstandshöhe, erstellt. Dabei wird jedes Wertepaar (x-Wert | y-Wert) durch einen Punkt im Koordinatensystem dargestellt. Bei einer proportionalen Zuordnung liegen alle Punkte auf einer Geraden durch den **Ursprung O (0 | 0)**.

Eine Zahnradbahn fährt von der Talstation mit gleichmäßiger Geschwindigkeit bergauf.
Pro Minute gewinnt sie 60 m Höhe.
Nach 3 Minuten ist sie 180 m höher.
Eine Höhe von 300 m hat sie nach 5 min erreicht.

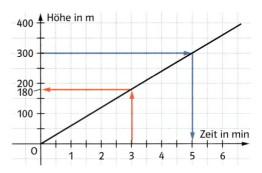

Merke | **Schaubild einer proportionalen Zuordnung**
Die Punkte einer proportionalen Zuordnung liegen alle auf einer **Geraden**.
Die Gerade verläuft immer durch den Punkt O (0 | 0), den Ursprung des Koordinatensystems.

Beispiel | Die Ausdehnung einer Federwaage ist proportional zur angehängten Masse.
Aus der Tabelle können die Punkte zur Darstellung im Koordinatensystem entnommen werden.

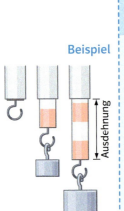

Masse in g	0	10	20	50
Ausdehnung in cm	0	0,8	1,6	4,0

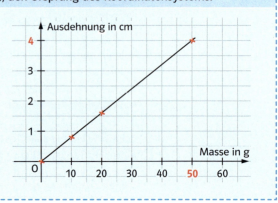

3 Zuordnungen Schaubilder proportionaler Zuordnungen

Alles klar?
→ Lösungen Seite 288
D51 Fördern

1 Tragen Sie die Wertepaare in ein Koordinatensystem ein und zeichnen Sie das Schaubild. Achten Sie auf die Vorgaben der Einheiten auf den beiden Achsen.

a) x-Achse: 1 cm für 1 h
y-Achse: 1 cm für 3 km

Zeit in h	0	2	4	6	8
Weg in km	0	6	12	18	24

b) x-Achse: 1 cm für 2 Stück
y-Achse: 1 cm für 3 €

Anzahl	0	2	6	10	20
Preis in €	0	3	9	15	30

c) x-Achse: 1 cm für 100 l
y-Achse: 1 cm für 20 mm

Volumen in l	0	250	400	700	1000
Höhe in mm	0	50	80	140	200

2 In den USA wird für Flüssigkeitsmengen die Maßeinheit Gallon verwendet. Die Umrechnung von Gallons in Liter zeigt das Schaubild.

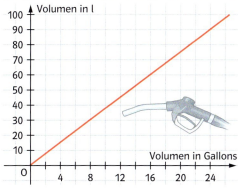

Ergänzen Sie die Tabelle, indem Sie die Werte aus dem Schaubild ablesen.

Gallons	4		10		19	25
Liter		23		60		

3 Zeichnen und prüfen Sie, ob eine proportionale Zuordnung vorliegt.

a)
Anzahl der Personen	2	3	5
Preis in €	4	6	10

b)
Alter in Jahren	0	2	6
Körpergröße in cm	50	85	120

A Vervollständigen Sie die Tabelle dieser proportionalen Zuordnung und erstellen Sie ein Schaubild.

Gewicht in kg	1	2	3	4	5	10
Preis in €	0,50					

B Übertragen Sie die Werte des Schaubilds in eine Tabelle.

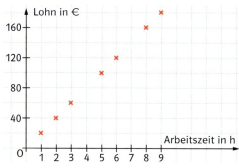

4 Erstellen Sie für das angebotene Obst Tabellen von 0 kg bis 3 kg in 0,5-kg-Schritten und zeichnen Sie die Schaubilder in ein Koordinatensystem. Legen Sie die Einheiten auf den Achsen sinnvoll fest.

1 kg Äpfel 2,80 €
$\frac{1}{2}$ kg Trauben 1,80 €
1,5 kg Orangen 2,10 €

5 Unterschiedliche Materialien mit gleichem Volumen haben unterschiedliche Gewichte. An den Schaubildern können Sie sie erkennen.

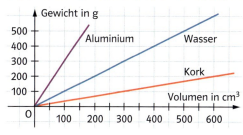

a) Wie viel Gramm wiegen 150 cm³ des jeweiligen Materials?
b) Welches Volumen haben die Materialien bei einem Gewicht von 200 g?
c) Wie viel cm³ Kork sind genauso schwer wie 100 cm³ Wasser?

4 Dreisatz

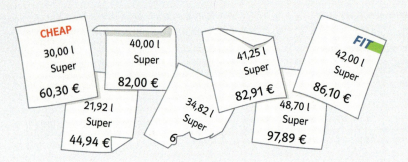

Die sieben Fahrzeuge einer Firma wurden alle am selben Tag betankt, einige bei FIT, die anderen bei CHEAP.
→ Welche Tankquittungen kommen von derselben Tankstelle?
→ Hätte es sich gelohnt, alle Fahrzeuge zur günstigeren Tankstelle zu fahren?

3 kg Kartoffeln kosten 1,80 €. Wie viel Euro muss man für 5 kg Kartoffeln bezahlen?

Je mehr Kartoffeln man kauft, desto mehr muss man bezahlen. Wenn sich die Menge an Kartoffeln verdoppelt, verdreifacht oder halbiert, dann verdoppelt, verdreifacht oder halbiert sich auch der Preis. Dieser Zusammenhang ist eine proportionale Zuordnung.

Der Preis für 5 kg Kartoffeln lässt sich mit dem **Dreisatz** berechnen:

1. Satz	3 kg	kosten	1,80 €
2. Satz	1 kg	kostet	1,80 € : 3 = 0,60 €
3. Satz	5 kg	kosten	0,60 € · 5 = 3,00 €

5 kg Kartoffeln kosten 3,00 €.

Im 2. Satz wird der Preis der Gewichtseinheit berechnet. Durch Vervielfachen dieses Preises kann man ausrechnen, wie viel andere Mengen kosten.

Merke Der **Dreisatz** ist ein Rechenverfahren, mit dem man bei einer proportionalen Zuordnung für eine Eingabegröße die Ausgabegröße berechnen kann. Dazu muss zu einer bestimmten Eingabegröße die Ausgabegröße bekannt sein. Bei den Eingabegrößen wird **dieselbe Rechenoperation** wie bei den Ausgabegrößen ausgeführt.
1. Satz: Aufstellen der proportionalen Zuordnung von Eingabegröße und Ausgabegröße.
2. Satz: Beide Größen werden durch den Wert der Eingabegröße dividiert, um auf eine Einheit zu kommen.
3. Satz: Multiplizieren mit dem Wert der neuen Eingabegröße, um die gesuchte Ausgabegröße zu erhalten.

Bemerkung Man kann den Dreisatz auch in einer Tabelle aufschreiben. Dabei werden in beiden Spalten von Zeile zu Zeile dieselben Rechenoperationen ausgeführt.

Beispiel 8 Gurken kosten 4,40 €. Wie viel Euro muss man für 3 Gurken bezahlen?

V24 ▶ Erklärfilm
Der Dreisatz

Anzahl Gurken	Preis in €
8	4,40
1	0,55
3	1,65

:8 ↓ :8
·3 ↓ ·3

Antwort: Für 3 Gurken muss man 1,65 Euro bezahlen.

1 Eine Firma produziert in zehn Stunden 760 Stück eines Artikels. Wie viel Stück werden in acht Stunden hergestellt?

2 Fünf Packungen Pralinen kosten 19,95 €. Wie viel Euro muss man für acht Packungen bezahlen?

3 Ergänzen Sie die fehlenden Einträge.

Masse in kg	Preis in €
4	12,80
1	▨
▨	27,20

4 Beim Einkaufen
a) Vier Kiwis kosten 1,60 €. Frau Seidel kauft zehn Kiwis. Wie viel Euro muss sie bezahlen?
b) 15 kg Kartoffeln kosten 6,00 €. Miriam soll 25 kg Kartoffeln kaufen. Wie viel Euro muss sie bezahlen?

5 Drei Schachteln Kekse kosten 2,70 €. Vier Tafeln Schokolade kosten 2,40 €. Lennard kauft acht Schachteln Kekse und zehn Tafeln Schokolade. Wie viel Euro bezahlt er insgesamt?

6 Ein Wert dieser proportionalen Zuordnung ist falsch. Korrigieren Sie ihn.

a)
Masse in g	12	18	30	42
Kosten in €	0,50	0,75	1,20	1,75

b)
Zeit in h	3	5	6	7,5
Weg in km	240	420	480	600

Alles klar?
→ Lösungen Seite 288
D52 Fördern

A Ergänzen Sie die Tabelle. Schreiben Sie jeweils einen Antwortsatz.

a)
Anzahl der Werkstücke	Arbeitszeit in min
15	45
20	▨

: 15 links, : ▨ rechts; · ▨ links, · ▨ rechts

b)
Anzahl der Kuchenstücke	Preis in €
10	16,00
12	▨

: ▨ links, : ▨ rechts; · ▨ links, · ▨ rechts

B Berechnen Sie mithilfe des Dreisatzes.
a) 5 Tage Miete für einen Kleintransporter kosten 180 €. Wie viel Euro bezahlt man für 7 Tage?
b) Für 15 € bekommt man 12 kleine Flaschen Obstsaft. Wie viele Flaschen bekommt man für 10 €?

7 Rund um Lebensmittel
a) 500 g Roggenmehl kosten 0,60 €. Im Rezept für ein Brot sind 750 g verlangt. Wie viel Euro kostet das Mehl für das Brot?
b) 1 kg Johannisbeeren wird für 2,40 € angeboten. Familie Mayer braucht 2,5 kg. Wie hoch sind die Kosten?
c) Für 1,30 € bekommt man vier Becher Joghurt. Katja hat für 5,20 € Joghurt gekauft. Wie viele Becher hat sie genommen?

8 Vergleichen Sie die Dieselpreise.
a) Herr Peters tankt 52 l Diesel für 103,48 €. Frau Schulz tankt 37 l für 74,74 €.
b) Fernfahrer Hein tankt 350 l Lkw-Diesel und bezahlt 433,65 €; seine Kollegin Sabine tankt 400 l und bezahlt 491,60 €.

9 Sarah backt für ihre Klasse Muffins. Zusammen mit ihr sind 26 Jugendliche in der Klasse. Sie rechnet mit zwei Muffins pro Mitschüler und drei Stück für die Lehrerin. Das Rezept für zehn Muffins lautet:

Rosinen Muffins
150 g Weizenmehl
2 TL Backpulver
1 Prise Salz
$\frac{1}{2}$ TL Zimt
2 EL Öl
2 EL Zucker
2 Eier
140 g Milch
170 g Rosinen

Welche Mengen muss Sarah einkaufen?

10 Familie Weihe hat 2500 l Heizöl für 1925 € bestellt. Familie Meyer bekam 2300 l, Familie Heims 2950 l und Familie Westphal 3625 l. Wie lauten die Rechnungen?

11 Die Betriebskantine eines Unternehmens mit 180 Mitarbeiterinnen und Mitarbeitern gibt an Arbeitstagen 110 Portionen Essen aus. An anderen Standorten mit 160, 210 und 250 Mitarbeitern soll ebenfalls Essen angeboten werden. Wie viele Mittagessen sind zu erwarten?

3 Zuordnungen EXTRA

Schätzen mithilfe von Proportionen

Der Dreisatz hilft auch beim Schätzen von unbekannten Größen, wenn es gelingt, eine bekannte Vergleichsgröße zu finden.

Beispiel
Wie groß müsste der Riese sein, der auf der Bundesgartenschau 2013 in Koblenz seinen Daumen aus der Erde streckt?
Vergleichswerte ermitteln:
- Der Mann ist ca. 180 cm groß.
- Der Daumen eines Erwachsenen ist ca. 6 cm lang.
- Der Daumen des Riesen ist größer als der Mann und wird auf ca. 240 cm geschätzt.

Berechnung mit dem Dreisatz:

	Mann Länge in cm	Riese Länge in cm
Daumen:	6	240
	1	40
Körper:	180	7200

Antwort: Der Riese wäre etwa 72 m groß.

1 In Andelsbuch im Bregenzerwald (Österreich) steht auf einer Wiese ein Ei aus Beton. Es hat einen Durchmesser von 4,4 m.
Ermitteln Sie seine Höhe mithilfe eines Hühnereis.

Maße Ei in cm	Maße Riesen-Ei in cm
☐	☐
☐	☐
☐	☐

3 Ein Aussichtspunkt in den Bergen ist eine vergrößerte Bank. Wie groß müsste die 1,60 große Frau sein, um beim Sitzen den Boden mit den Füßen berühren zu können?

2 Diese übergroße Pudelmütze auf einem Haus soll im Jahr 2008 auf den Klimaschutz hinweisen. Ihr Durchmesser beträgt 4 m. Wir groß, wäre „eine Riesin", der diesen Pudelmütze passen würde?

5 Antiproportionale Zuordnungen

Für die feierliche Siegerehrung beim Sommerfest sollen in der Aula 360 Stühle aufgestellt werden.
→ Auf welche Arten kann man die Stühle in gleich lange Reihen stellen?
  Welche Arten sind zweckmäßig, welche nicht?
→ Messen Sie die Aula Ihrer Schule aus und überlegen Sie sich eine gute Möglichkeit.
→ Erkunden Sie sich, wie die Stühle in der Regel gestellt werden.

Vier Freunde planen eine Radwanderung von 360 km Länge. Ines möchte 50 km je Tag fahren. Firat schlägt vor, 70 km pro Tag zu fahren.

Tagesstrecke in km	40	50	60	70	80	90	100
Fahrtdauer in Tagen	9	7,2	6	5,1	4,5	4	3,6
Gesamtstrecke in km	360	360	360	360	360	360	360

Je länger die Tagesstrecke, desto weniger Tage benötigen die vier Freunde. Verdoppelt oder verdreifacht man die Anzahl der Kilometer der Tagesstrecke, so halbiert oder drittelt sich die Fahrtdauer in Tagen.
Je kürzer die Strecke, desto mehr Tage sind sie unterwegs. Zeichnet man das Schaubild, erkennt man eine Kurve. Die Punkte dieser Kurve dürfen nicht geradlinig verbunden werden.

Merke Wenn zum Zweifachen, Dreifachen, Vierfachen, ... der Eingabegröße die Hälfte, das Drittel, Viertel, ... der Ausgabegröße gehört, heißt eine Zuordnung **antiproportional Zuordnung**. Alle Punkte der Zuordnung liegen auf einer Kurve.

Bemerkung
- Die Kurve zu einer antiproportionalen Zuordnung nennt man **Hyperbel**.
- Eine antiproportionale Zuordnung nennt man auch **umgekehrt proportionale** Zuordnung.

Beispiel Eine Gemeinde plant ein Baugebiet mit 18 000 m² Fläche. Soll jedes Grundstück 300 m² groß werden, gibt es 18 000 m² : 300 m² = 60 Grundstücke.
Verdoppelt sich die Grundstücksfläche auf 600 m², halbiert sich die Anzahl der Grundstücke auf 30.
Ist die Größe der Grundstücke nur ein Drittel von 600 m², verdreifacht sich die Anzahl der Grundstücke usw.

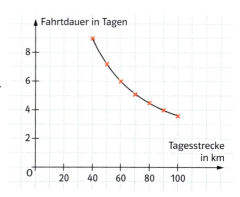

3 Zuordnungen Antiproportionale Zuordnungen

1 Berechnen Sie den fehlenden Wert.

a)
Stuhlreihen	Stühle
8	14
16	

b)
Tage	Strecke pro Tag
9	4 km
3	

c)
Pferde	Tage
10	4
2	

d)
Arbeiter	Zeit
2	12 h
6	

e)
Tage	Betrag
7	15 €
21	

f)
Anzahl	Stücklänge
24	12 cm
8	

2 Geben Sie die fehlenden Werte an.

a)
Anzahl der Personen	Gewinn pro Person in €
4	300
2	
6	
1	
	150

Operationen: :2, ·2; ·□, :□; :6, ·□; ·□, :□

b)
Schrittlänge in cm	Anzahl der Schritte
80	120
40	
10	
	96
50	

Operationen: :2, ·2; :□, ·□; ·□, :□; :□, ·□

A In wie viele Portionen kann man die Pralinen einer Schachtel gleichmäßig aufteilen?
a) Notieren Sie möglichst viele Möglichkeiten.

Anzahl der Portionen	1						
Anzahl der Pralinen							1

b) Zeichnen Sie ein Schaubild ins Heft.

Alles klar?
→ Lösungen Seite 289
D53 Fördern

3 Um die Fenster der Schule zu reinigen, benötigen drei Reinigungskräfte acht Stunden. In welcher Zeit hätten 6; 12; 24 Reinigungskräfte die Fenster geputzt?

4 Eine Klasse mit 24 Schülerinnen und Schülern möchte eine neue Sitzordnung. Es sollen Gruppentische gebildet werden.
a) Finden Sie verschiedene Möglichkeiten.
b) Vervollständigen Sie in Ihrem Heft: „Je mehr Gruppentische, desto weniger …"

5 Ein 2,40 m langer Baumstamm soll zersägt werden. Legen Sie folgende Tabelle an.

Anzahl der Stücke	2	3	…	10
Stücklänge in cm				

6 Finden Sie mehrere Beispiele für jede der antiproportionalen Zuordnungen. Überlegen Sie aber, ob man die Werte der Eingabegröße beliebig wählen kann.
Beispiel: 60 Stunden Arbeit sollen auf mehrere Arbeiter verteilt werden.
2 Arbeiter benötigen 30 h für die Arbeit.
5 Arbeiter benötigen 12 h für die Arbeit.
8 Arbeiter benötigen 7,5 h für die Arbeit.
(Die Anzahl der Arbeiter ist eine natürliche Zahl.)
a) Eine Gruppe plant eine mehrtägige Radtour. Die Gesamtstrecke ist 420 km.
b) Ein Baugebiet von 20 500 m² soll in gleich große Grundstücke eingeteilt werden.
c) Eine Menge von 7200 l Saft soll in Flaschen abgefüllt werden.
d) Ein Hausdach wird von drei Dachdeckern in 16 Stunden gedeckt.

7 Je nach Verbrauch reicht eine Tankfüllung von 60 l unterschiedlich weit.
a) Berechnen Sie in einer Tabelle die Reichweiten wenn pro 100 km
3 l; 4 l; 5 l; 6 l; 10 l; 12 l; 15 l; 30 l
verbraucht werden.
b) Tragen Sie die Werte in ein Schaubild ein. Verbinden Sie die Punkte zu einer Kurve.
x-Achse: 1 cm für 4 l
y-Achse: 1 cm für 400 km

Antiproportionale Zuordnungen

Die 24 Schüler der Klasse 6a planen einen Ausflug. Die Buskosten betragen pro Schüler 25 €. Patricia meint: „Je mehr Schüler mitfahren, desto weniger muss der Einzelne bezahlen.
Wir könnten gemeinsam mit den 26 Schülern der Klasse 6b den Ausflug planen."

	Anzahl der Schüler	Kosten je Schüler in €
1. Satz:	24	25
2. Satz:	1	600
3. Satz:	50	12

1. Satz → 2. Satz: :24 / ·24
2. Satz → 3. Satz: ·50 / :50

Für eine **antiproportionale Zuordnung** gilt:
Dem **Doppelten** der einen Größe entspricht die **Hälfte** der anderen Größe.
Dem **Dreifachen** der einen Größe entspricht der **dritte Teil** der anderen Größe.
Die **Hälfte** der einen Größe entspricht dem **Doppelten** der anderen Größe.
Dem **dritten Teil** der einen Größe entspricht das **Dreifache** der anderen Größe.

1 Wie viel Euro muss jeder Schüler im oben genannten Beispiel bezahlen, wenn nur 48 Schüler am Ausflug teilnehmen?

2 Welche Zuordnung ist proportional, welche antiproportional? Begründen Sie.

a)
Anzahl der Teilnehmer	Kosten in € je Teilnehmer
20	60
1	1200
40	30

b)
Anzahl der Steine	Gewicht in kg
20	500
1	25
40	1000

3 Die 24 Schüler einer Klasse bilden im Unterricht gleich große Gruppen.
a) Wie viele Gruppen ergeben sich bei einer Gruppengröße von 3; 4; 6; 8 oder 12 Personen?
b) Ist die Zuordnung antiproportional? Begründen Sie.

4 Die Batterie einer LED-Leuchte hält bei einer täglichen Einschaltdauer von vier Stunden 15 Tage.
a) Wie lange hält die Batterie bei einer täglichen Einschaltdauer von sechs Stunden?
b) 👥 Erläutern Sie sich gegenseitig, wie Sie gerechnet haben.

5 Eine Tippgemeinschaft hat im Lotto gewonnen. Der Gewinn wird so verteilt, dass jeder Spieler gleich viel bekommt.

Teilen Sie einen Gewinn von 48 000 € unter 2; 3; 4; 5; 6; 8; 10; 12 Personen auf. Stellen Sie die Gewinnverteilung in einer Tabelle dar.

6 Ein Rechteck hat einen Flächeninhalt von 48 cm². Für Länge und Breite gibt es unterschiedliche Wertepaare.
Ergänzen Sie die Tabelle im Heft und fügen Sie zwei weitere Wertepaare hinzu.

Länge in cm	■	24	12	■	■	■
Breite in cm	1	2	■	6	■	■

7 Ein 240 cm langes Kantholz soll in gleich lange Stücke zersägt werden. Geben Sie acht Wertepaare für die Anzahl der Stücke zu Länge pro Stück an. Notieren Sie Ihre Wertepaare in einer Tabelle.

6 Schaubilder antiproportionaler Zuordnungen

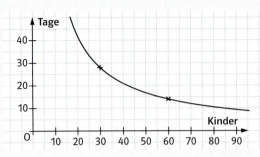

Die Kleinkinderstation des St.-Marien-Krankenhauses hat einen Vorrat an Windeln angelegt, der für 60 Kinder 14 Tage reicht. Durch Baumaßnahmen schwanken die Belegungszahlen zwischen 30 Kindern und 80 Kindern.

→ Erklären Sie, warum bei höherer Kinderzahl die Vorratstage abnehmen.
→ Überlegen Sie, wie lange der Windelvorrat für 30 Kinder reicht.

💡 Je **mehr** man von der einen Größe hat, **desto weniger** hat man von der anderen Größe. Das Produkt der beiden Größen bleibt gleich.

Jede **antiproportionale Zuordnung** lässt sich genau wie jede proportionale Zuordnung in einem Koordinatensystem zeichnerisch darstellen. Auf der x-Achse wird eine Skala für die Eingabegröße (z. B. Anzahl der Kinder) erstellt. Auf der y-Achse wird eine Skala für die Ausgabegröße (z. B. Vorratstage) erstellt. Jedes Wertepaar (x-Wert | y-Wert) wird durch einen Punkt im Koordinatensystem dargestellt.

Merke | Die Punkte einer antiproportionalen Zuordnung liegen alle auf einer Kurve. Diese Kurve heißt **Hyperbel**.

Beispiel | Drei Aushilfen brauchen zum Einräumen der Regale 20 Minuten. Die Anzahl der Aushilfen (Eingabegröße) ist antiproportional zur Einräumzeit (Ausgabegröße).

Anzahl Aushilfen	Einräumzeit	Produkt Einräumzeit der Aushilfen
3	20 min	3 · 20 min = 60 min
1	60 min	1 · 60 min = 60 min
5	12 min	5 · 12 min = 60 min

:3, ·3, ·5, :5

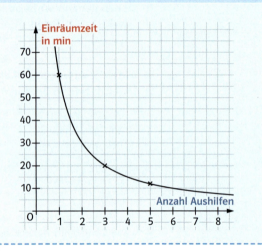

○ **1** Ergänzen Sie die antiproportionale Zuordnung im Heft. Zeichnen Sie die Wertepaare in ein entsprechendes Koordinatensystem ein. Tragen Sie auch Zwischenwerte ein.

a)
Stuhl-reihen	Stühle je Reihe
40	10
1	
25	

b)
Anzahl Schafe	Zeit
15	4 d
1	
20	

c)
Anzahl	Länge
8	25 cm
1	
5	

d)
Anzahl	Zeit
6	3 min
1	
4	

140

3 Zuordnungen Schaubilder antiproportionaler Zuordnungen

Alles klar?
→ Lösungen Seite 290
D54 Fördern

A Übertragen Sie die Tabelle der antiproportionalen Zuordnung und das Schaubild in Ihr Heft. Vervollständigen Sie beide. Verbinden Sie die Punkte zu einer Hyperbel.

x	1	2	3	4	6	12
y		12	6			2	

2 Mit einer 60-l-Tankfüllung kann das rote Auto 1500 km weit fahren.

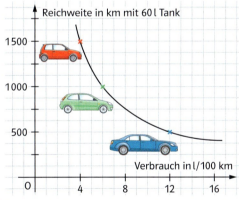

a) Tragen Sie den Verbrauch und die Reichweite für alle drei Autos in eine Tabelle ein.

Auto	Verbrauch in l/100 km	Reichweite

b) Wo im Schaubild wird ein sehr sparsames Auto und wo ein Fahrzeug mit einem sehr hohen Verbrauch dargestellt?
c) Nennen Sie je zwei Verkehrsmittel, die einen höheren bzw. einen niedrigeren Verbrauch haben als die abgebildeten Autos.

3 Transportfahrten mit dem Lkw
a) Vervollständigen Sie die Tabelle und stellen Sie die Zuordnung im Schaubild dar.

Anzahl der Lkw	1	4		
Anzahl der Fahrten	12		4	2

b) Paul sagt, man müsse die Punkte zu einem Graphen verbinden. Jamie meint, dass sei falsch. Erklären Sie.

4 Im Hospiz steht die Umgestaltung des Raums der Stille an. Die Kosten betragen 5000 €. Der Vorsitzende des Fördervereins möchte den 150 Mitgliedern verdeutlichen, wie sich der Kostenbeitrag pro Person verringert, wenn man weitere Spender findet. Zeichnen Sie ein Koordinatensystem, bei dem auf der x-Achse die Anzahl der Mitglieder (zwischen 150 und 200, in 5er-Schritten) aufgetragen ist und auf der y-Achse die Kosten in Euro pro Person.

5 Familie Poll sammelt Regenwasser in einem unterirdischen Tank.
a) Familie Poll nutzt das Wasser zum Blumengießen. Wenn sie am Tag 12 Gießkannen mit je 10 l Wasser verbraucht, reicht der Wasservorrat des vollen Tanks 50 Tage lang. Berechnen Sie das Volumen des Tanks.
b) Wie lange reicht der Vorrat, wenn Familie Poll jeden Tag zusätzlich eine halbe Stunde den Rasen bewässert und dabei jeweils 500 l Wasser verbraucht?
c) Der Hersteller des Tanks möchte seinen Kunden veranschaulichen, wie lang eine Tankfüllung reicht. Zeichnen Sie dies in ein Koordinatensystem. Handelt es sich um eine antiproportionale Zuordnung? Begründen Sie.
d) Einige Kunden lesen die Werte lieber aus einer Tabelle ab. Stellen Sie eine Wertetabelle für den Verbrauch des Regenwassers auf.

2, 3, 5   2   4–5   5

7 Umgekehrter Dreisatz

Yannik fährt mit dem Fahrrad zu seiner Oma. Er benötigt 30 min bei einer durchschnittlichen Geschwindigkeit von 15 km/h.
→ Wie lange benötigt seine Schwester mit dem Auto für die gleiche Strecke, wenn sie mit dem Auto durchschnittlich 45 km/h fahren kann?

6 Helfer ernten ein Erdbeerfeld in 4 Stunden ab. Wie lange benötigen 8 Helfer für die gleiche Arbeit?

Je mehr Personen bei der Ernte eines Felds helfen, desto weniger Zeit wird benötigt. Wenn sich die Anzahl der Helfer verdoppelt, verdreifacht oder halbiert, dann halbiert, drittelt oder verdoppelt sich die benötigte Zeit. Diesen Zusammenhang ist eine antiproportionale Zuordnung.

Dieser Zusammenhang wurde schon auf den Seiten 137–141 im Schulbuch erklärt.

Die Zeit, die 8 Helfer benötigen, lässt sich mit dem **umgekehrten Dreisatz** berechnen:

1. Satz	6 Helfer	benötigen	4 Stunden
2. Satz	1 Helfer	benötigt	4 Stunden · 6 = 24 Stunden
3. Satz	8 Helfer	benötigen	24 Stunden : 8 = 3 Stunden

8 Helfer benötigen für die gleiche Arbeit 3 Stunden.

Im 2. Satz wird berechnet, wie lange 1 Helfer braucht. Teilt man die Stunden durch die Anzahl der Helfer, so erhält man im 3. Satz die benötigte Zeit.

Merke

Der **umgekehrte Dreisatz** ist ein Rechenverfahren, mit dem man bei einer antiproportionalen Zuordnung aus einem einzigen Größenpaar für jede Eingabegröße die Ausgabegröße berechnen kann. Bei den Ausgabegrößen wird jeweils die zu den Eingabegrößen **umgekehrte Rechenoperation** ausgeführt.

1. Satz: Aufstellen der antiproportionalen Zuordnung von Eingabegröße und Ausgabegröße.
2. Satz: Dividieren der Eingabegröße durch den Wert der Eingabegröße, um auf eine Einheit zu kommen und Multiplizieren der Ausgabegröße mit dem gleichen Wert.
3. Satz: Multiplizieren der Einheit mit dem Wert der neuen Eingabegröße und Dividieren der zugeordneten Ausgabegröße durch den gleichen Wert, um die gesuchte Ausgabegröße zu erhalten.

Beispiel

Drei Pumpen entleeren ein Schwimmbecken in 90 Minuten. Wie lange benötigen zwei Pumpen?

V25 ▶ **Erklärfilm**
Dreisatz bei antiproportionalen Zusammenhängen

Anzahl Pumpen	Zeit in Minuten
:3 ⤵ 3	90 ⤵ ·3
1	270
·2 ⤵ 2	135 ⤴ :2

Antwort: Zwei Pumpen benötigen 135 Minuten.

3 Zuordnungen Umgekehrter Dreisatz

1 Der Futtervorrat für 16 Tiere reicht neun Tage. Es sind nur 12 Tiere im Stall. Wie lange reicht die gleiche Futtermenge für 12 Tiere?

2 Aus einem Baumstamm werden 24 Bretter von 5 cm Dicke gesägt. Ein gleich starker Stamm wird zu 30 Brettern zersägt. Welche Dicke haben die Bretter?

3 Normalerweise fährt Nils mit dem Rad 20 km in der Stunde und braucht für den Heimweg vom Sportplatz 10 Minuten. Heute hat es Nils eilig, er fährt 25 km in der Stunde. Wie lange braucht Nils?

4 In einigen Aufgaben haben sich Fehler versteckt. Verbessern Sie sie in Ihrem Heft.

a)
Tage	Betrag pro Tag
8	16 €
1	32 €
4	128 €

b)
Zeit	Geschwindigkeit
4 h	75 km/h
1 h	300 km/h
3 h	100 km/h

c)
Anzahl	Zeit
6	25 min
1	150 min
5	40 min

d)
Anzahl	Länge
12	14 cm
1	168 cm
7	24 cm

e)
Arbeiter	Zeit
5	27 h
1	135 h
9	15 h

f)
Anzahl	Zeit
2	24 min
1	12 min
8	3 min

Alles klar?
→ Lösungen Seite 290
D55 Fördern
→ Seite 36

A Werden für eine Arbeit 9 Arbeiter eingesetzt, dann ist die Arbeit in 20 Tagen fertig. Wie viele Tage brauchen 10 Arbeiter?

Anzahl der Arbeiter	Zeit in Tagen
9	20
■	■
■	■

B Wenn 24 Schülerinnen und Schüler am Verkaufsstand beim Schulfest arbeiten, dann muss jede und jeder 60 min da sein. Wie lang muss jede und jeder da sein, wenn 30 Schülerinnen und Schüler mithelfen?

5 Berechnen Sie den fehlenden Wert mit dem umgekehrten Dreisatz.

a) Mitspieler teilen einen Gewinn:

Anzahl der Gewinner	Gewinn in €
6	1245
3	■
9	■

b) Reisende teilen die Kosten für einen Bus:

Anzahl der Personen	Kostenbeitrag in €
18	133,25
■	■
26	■

c) Mopeds fahren eine Strecke von 36 km:

Geschwindigkeit in km/h	Zeit in h
24	$1\frac{1}{2}$
■	■
27	■

d) Lkws befördern einen Erdaushub:

Lkw-Ladung in m³	Anzahl der Lkw-Fahrten
7,0	21
■	■
9,0	■

6 Ein Wanderverein mietet einen Bus für 50 Personen. Die Fahrtkosten ergeben dabei 6,30 € pro Person. Die Vereinsvorsitzende erwartet Absagen und überlegt, wie hoch der Kostenbeitrag ist, wenn nur 45; 40; 35; 30 Personen mitfahren. Können Sie der Vereinsvorsitzenden helfen?

7 Ein Flugzeug fliegt in einer Stunde 950 km. Von Düsseldorf nach Chicago braucht es neun Stunden. Auf dieser Strecke bläst oft Gegenwind. Die Geschwindigkeit des Flugzeugs verringert sich dann um diese Windgeschwindigkeit. Wie lange dauert der Flug bei einem Gegenwind mit der Geschwindigkeit 25 km/h; 50 km/h; 75 km/h und 100 km/h?

8 Zusammengesetzter Dreisatz

In einem Reitstall stehen zwölf Pferde. Jedes Pferd bekommt gleich viel Futter. Innerhalb von zehn Wochen werden fünf Tonnen Heu an die Pferde verfüttert.
→ Wie lange können 15 Pferde mit zehn Tonnen Heu versorgt werden?

Ein Hotel benötigt für das Frühstück von 40 Gästen bei einem 7-tägigen Aufenthalt 56 Brote.
Wie viele Brote müssen für 60 Gäste bei einem 21-tägigen Aufenthalt eingekauft werden?

1. Satz	40 Gäste	essen	56 Brote	in 7 Tagen
2. Satz	1 Gast	isst	56 Brote : 40 = 1,4 Brote	in 7 Tagen
3. Satz	60 Gäste	essen	1,4 Brote · 60 = 84 Brote	in 7 Tagen
1. Satz	60 Gäste	essen	84 Brote	in 7 Tagen
2. Satz	60 Gäste	essen	84 Brote : 7 = 12 Brote	pro Tag
3. Satz	60 Gäste	essen	12 Brote · 21 = 252 Brote	in 21 Tagen

Die Gäste essen unterschiedlich viel Brot. Dass ein Gast 1,4 Brote in 7 Tagen isst, ist ein Durchschnittswert.

Beim ersten Dreisatz ändert sich die Anzahl der Gäste und die Anzahl der Brote. Die Anzahl der Tage bleibt gleich. Beim zweiten Dreisatz ändert sich die Anzahl der Brote und die Anzahl der Tage. Die Anzahl der Gäste bleibt gleich.

Merke | Beim **zusammengesetzen Dreisatz** werden zwei Dreisatzrechnungen hintereinander ausgeführt. Man kann bei diesen Arten von Dreisatzrechnungen auch Dreisatz und umgekehrten Dreisatz miteinander kombinieren.

Bemerkung | Man kann den zusammengesetzten Dreisatz auch in einer Tabelle aufschreiben.

Beispiel | Fünf Erntehelfer ernten den Salat von vier Feldern in sechs Stunden.
Wie lange benötigen zehn Erntehelfer, um den Salat von zwölf gleich großen Feldern zu ernten?

Anzahl Erntehelfer	Benötigte Zeit in h	Anzahl Felder
5	6	4
1	30	4
10	3	4
10	3	4
10	$\frac{3}{4}$	1
10	9	12

10 Erntehelfer benötigen für 12 Felder 9 Stunden.

Der erste Dreisatz ist ein umgekehrter Dreisatz, bei ihm bleibt die Anzahl der Felder gleich.
Beim zweiten Dreisatz bleibt die Anzahl der Erntehelfer gleich.

3 Zuordnungen Zusammengesetzter Dreisatz

1 In einer Bäckerei werden täglich 24 Torten gebacken. In 7 Tagen werden dafür 50,4 kg Mehl benötigt.
Wie viel kg Mehl benötigt eine Bäckerei in 5 Tagen, wenn täglich 30 Torten gebacken werden? Ergänzen Sie die angefangene Rechnung:

> 1. Satz: Für 24 Torten täglich werden 50,4 kg Mehl in 7 Tagen benötigt.
> 2. Satz: Für täglich 1 Torte werden 50,4 kg : 24 = 2,1 kg Mehl in 7 Tagen benötigt.
> 3. Satz: ...

2 Drei Friseure schneiden in vier Stunden 24 Personen die Haare.
Wie vielen Personen können vier Friseure in zwei Stunden die Haare schneiden, wenn sie mit der gleichen Geschwindigkeit arbeiten? Übertragen Sie die Tabelle in Ihr Heft und ergänzen Sie sie.

Anzahl Friseure	Benötigte Zeit in h	Anzahl Personen
■	■	■
1	■	24
4	3	■
4	3	24
■	1	8
4	2	16

Alles klar?
→ Lösungen Seite 290
D56 Fördern

A In einem Pflegeheim mit 7 Fachkräften werden 60 min zur Verteilung der Medikamente an die 40 Bewohner benötigt. Wie lange brauchen 5 Fachkräfte für 50 Bewohner?
Tom hat eine Tabelle zur Berechnung der Zeit erstellt. Übertragen Sie die Tabelle in Ihr Heft. Ergänzen Sie die Zahlen in den leeren Feldern.

Anzahl Fachkräfte	Arbeitszeit in Minuten	Anzahl Bewohner/ -innen
7	60	40
1	■	40
5	■	40
5	■	40
5	■	1
5	105	50

3 Eine Familie mit vier Personen verbraucht sechs Flaschen Orangensaft in fünf Tagen. Wie viel Flaschen Orangensaft benötigt eine Familie mit sechs Personen in 15 Tagen?

4 Ein Unternehmen produziert mit zwei Produktionslinien an drei Tagen 1000 Werkstücke. Wie viele Werkstücke produziert das Unternehmen mit drei Produktionslinien an fünf Tagen?

5 Eine Jugendgruppe plant eine viertägige Skifreizeit. Für 29 Teilnehmerinnen und Teilnehmer fallen Gesamtkosten in Höhe von 7424 Euro an. Eine andere Gruppe möchte eine ähnliche Fahrt unternehmen, bleibt aber fünf Tage und besteht aus 32 Teilnehmerinnen und Teilnehmern. Mit welchen Gesamtkosten ist zu rechnen?

6 Entlang einer Bundesstraße werden 30 Bäume gepflanzt. Fünf Arbeiter benötigen dazu drei Stunden. Wie viele Bäume pflanzen drei Arbeiter in sechs Stunden?

7 Von einer großen Baustelle muss Erde abtransportiert werden. 15 Lkw holen deshalb an vier Tagen täglich sieben Fuhren Erde ab. Wie lange benötigen 12 Lkw, wenn sie täglich nur fünf Fuhren schaffen?

8 Sechs Aushilfen in einem Supermarkt räumen in zwei Stunden 24 Regale ein. Wie viele gleich große Regale räumen zwei Aushilfen in vier Stunden ein?

9 Zwei Pkw benötigen für eine Strecke von 200 km genau 27,2 Liter Benzin. Wie viel Benzin benötigen drei Pkw für eine Strecke von 100 km?

Zusammenfassung

D57 Karteikarten

Zuordnung
Bei einer Zuordnung werden zwei Größen in Beziehung gesetzt. Jeder Eingabegröße wird eine Ausgabegröße zugeordnet. Eine Zuordnung kann durch eine Tabelle, ein Schaubild oder eine Rechenvorschrift festgelegt werden.

Proportionale Zuordnung
Wenn zum Zweifachen, Dreifachen, ... einer Eingabegröße das Zweifache, Dreifache, ... der Ausgabegröße gehört, heißt eine Zuordnung **proportionale Zuordnung**. Im Schaubild einer proportionalen Zuordnung liegen alle Punkte auf einer Geraden, die durch den Punkt O(0|0) verläuft.
Der Schall braucht 3 s, um 1 km zurückzulegen. Ist man doppelt so weit entfernt, so braucht der Schall auch doppelt so lang, ist man dreimal so weit entfernt, dreimal ...

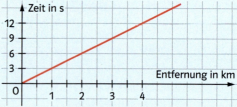

Dreisatz
Der Dreisatz ist ein Rechenverfahren, das man bei **proportionalen Zuordnungen** anwenden kann:
3 Tafeln Schokolade wiegen 225 g.
Wie viel Gramm wiegen 5 Tafeln?

1. Satz: 3 Tafeln wiegen 225 g. ⎫ : 3
2. Satz: 1 Tafel wiegt 225 g : 3 = 75 g. ⎬
3. Satz: 5 Tafeln wiegen 75 g · 5 = 375 g. ⎭ · 5

Antiproportionale Zuordnung
Wenn zum Zweifachen, Dreifachen, Vierfachen, ... der Eingabegröße die Hälfte, das Drittel, Viertel, ... der Ausgabegröße gehört, heißt eine Zuordnung **antiproportionale Zuordnung**.
Alle Punkte der Zuordnung liegen auf einer Kurve.

Umgekehrter Dreisatz
Dies ist ein Rechenverfahren, das man bei **antiproportionalen Zuordnungen** anwenden kann:
5 Personen räumen einen Abstellraum in 3 Stunden aus. Wie lange benötigen 2 Personen?

1. Satz: 5 Personen benötigen 3 h.
2. Satz: 1 Person benötigt 3 h · 5 = 15 h.
3. Satz: 2 Personen benötigen 15 h : 2 = 7,5 h.

Zusammengesetzter Dreisatz
Führt man zwei Dreisatzrechnungen hintereinander aus, nennt man dieses Verfahren zusammengesetzten Dreisatz. Man kann dabei auch einen Dreisatz und einen umgekehrten Dreisatz miteinander kombinieren.

Fünf Landschaftsgärtner legen in vier Tagen eine 240 m² große Grünanlage an. Wie lange benötigen zwei Landschaftsgärtner für eine 300 m² große Grünanlage?

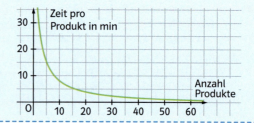

Zwei Landschaftsgärtner benötigen für eine 300 m² große Grünanlage $\frac{25}{2}$ Tage. Das sind 12,5 Tage.

Anwenden im Beruf

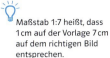

Maßstab 1:7 heißt, dass 1 cm auf der Vorlage 7 cm auf dem richtigen Bild entsprechen.

1 Auf einer Zeichenvorlage steht, dass der Maßstab 1:7 ist. Wie lang wird ein Bild mit einem Hasen, wenn er in der Vorlage 8 cm lang ist?

2 In einem Bastelbuch findet Frau Wagner die Vorlage für eine Tischdekoration.

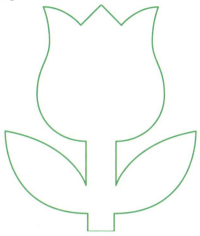

Sie möchte damit für Ihre Station aus Fotokarton Blumen ausschneiden. Welchen Vergrößerungsfaktor (in Prozent) muss sie auf dem Fotokopierer einstellen, damit die Blume 12 cm groß wird?

3 Frau Beckhölter schaut sich den Ausdruck eines Messgeräts für den Pulsschlag an. Man sieht die Ausschläge für den Zeitraum von 8 Sekunden.

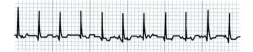

a) Wie viele Schläge macht das Herz in einer Minute?
b) Welchen Abstand müssten die Ausschläge bei einem Puls von 90 Schlägen pro Minute haben?

4 Herr Vogel plant den Personaleinsatz in einem ambulanten Pflegedienst. 15 Personen benötigen je 10 Stunden, um alle Patienten betreuen zu können.
Wie viel Personal müsste er noch einstellen, um die Arbeit in 7,5 Stunden erledigen zu können?

5 In der Vorbereitungszeit werden im Kindergarten die Schablonen für den nächsten Basteltag erstellt. 4 Erzieherinnen benötigen dafür 6 Stunden. Nach drei Stunden kommen noch 2 Erzieher zum Helfen. Wie lange dauert es nun, die Schablonen herzustellen?

Information

k steht für Kilo.
M steht für Mega.

Energie

Durch die Nahrung wird dem Körper **Energie** zugeführt. Seit vielen Jahren ist die Einheit, mit der die Energie gemessen wird, das **Joule (J)**. 1 J ist etwa die Energie, die benötigt wird, um eine Tafel Schokolade (100 g) um einen Meter hochzuheben.
Diese Energiemenge ist für den täglichen Gebrauch sehr klein. Deshalb wird oft mit kJ oder sogar MJ gerechnet.

- 1 kJ (Kilojoule) 1000 J eintausend Joule
- 1 MJ (Megajoule) 100 000 J eine Million Joule

In vielen Nährwerttabellen und Verpackungen wird allerdings immer noch eine veraltete Einheit verwendet, die **Kilokalorie** (abgekürzt **kcal**). Eine Kilokalorie ist etwa die Energiemenge, die benötigt wird, um 1 Liter Wasser um 1 Grad zu erwärmen.
Die Einheiten lassen sich ineinander umrechnen:

- 1 kcal = 4,1868 kJ
- 1 kJ = 0,2388 kcal

Als Wert für eine **Überschlagsrechnung** gilt:
Der Energiewert in Kilokalorien mit dem Faktor 4 multipliziert, ergibt den Kilojoule-Wert.
Beispiel: 75 kcal entsprechen etwa 300 kJ oder 0,3 MJ.

○ **6** Frau Knof möchte abnehmen und hat sich eine Tabelle mit ihren wichtigsten Nahrungsmitteln zum Frühstück erstellt. Leider fand sie in den Büchern, die sie benutzt hat, unterschiedliche Angaben. Ergänzen Sie die Nährwerttabelle in Ihrem Heft.

Art	Portion	kcal	kJ
Landbrot	50 g	95	
Butter	20 g		620
Honig	20 g	65	
Schinken	30 g		285
Radieschen	40 g	5	

● **7** Im Kindergarten wird Milchkakao angeboten. 200 ml enthalten 700 kJ (Kilojoule).
a) Das Kindergarten-Team wünscht sich eine Tabelle mit dem Energieinhalt für Kakaomengen zwischen 50 ml und 500 ml. Erstellen Sie eine solche Tabelle in 50-ml-Schritten.
b) Die Leiterin möchte auch Zwischenwerte ablesen. Tragen Sie die Werte aus Ihrer Tabelle von Teilaufgabe a) in ein Koordinatensystem ein und verbinden Sie die Punkte zu einer geraden Linie.
c) Wie viel ml Kakao müssen die Kinder trinken, um 500 kJ zu sich genommen zu haben?

Information

Mischungsverhältnisse
Bei vielen Anwendungen im Alltag und im Gesundheitswesen ist angegeben, welchen Anteil verschiedene Bestandteile an einer Mischung haben. Dies kann beispielsweise durch die Angabe von Prozenten oder durch das Verhältnis der Bestandteile erfolgen.

Ist das Mischungsverhältnis der Bestandteile angegeben, muss man zuerst alle angegebenen Teile addieren, um die Gesamtmenge auszurechnen. Erst dann kann man berechnen, wie viel man von jedem Bestandteil für eine bestimmte Menge der Mischung benötigt. Mit dem Dreisatz berechnet man anschließend die Mengen der Einzelbestandteile.

Beispiel:
Das Mehl für ein Brot besteht aus 2 Teilen Roggenmehl und einem Teil Weizenmehl. Für den Teig braucht man insgesamt 750 g Mehl.

Gesamtmenge ist gegeben: 750 g Mehl
1 Teil entspricht 750 g : 3 = 250 g
2 Teile (Roggenmehl) entsprechen 2 · 250 g = 500 g
1 Teil (Weizenmehl) entspricht 250 g

Man benötigt also 500 g Roggenmehl und 250 g Weizenmehl.

○ **8** Herr Nowak möchte einen Tee für den abendlichen Seniorentreff mischen. Er hat gelesen, dass Oolong-Tee und Keemum-Tee wenig Koffein enthalten. Deshalb mischt er 5 Teile Keemum-Tee mit 2 Teilen Oolong-Tee.
a) In seine Teedose passen 0,7 kg Tee. Wie viel Gramm nimmt er von jeder Sorte?
b) Da die Teemischung in der kleinen Teedose sehr schnell verbraucht wurde, hat Herr Nowak eine größere Teedose gekauft. In diese passen 2,1 kg Tee. Wie viel Gramm benötigt er nun von jeder Teesorte, um seine Teemischung herzustellen?

● **9** Ein Fruchtsaftcocktail im Jugendtreff besteht aus 4 Teilen Ananassaft, 3 Teilen Kirschsaft und einem Teil Himbeersirup.
a) Ein Cocktailglas enthält 0,4 l. Wie viel ml benötigt der Barkeeper des Jugendtreffs von jeder Zutat?
b) Wie viel kJ (Kilojoule) hat ein Glas des Fruchtsaftcocktails, wenn 0,2 l Ananassaft 430 kJ, 0,2 l Kirschsaft 380 kJ und 20 ml Himbeersirup 225 kJ enthalten?

10 Frau Stanofski möchte für ein Schulfest eine Knabbermischung herstellen. Sie kauft dafür ein:

> 5 kg Haselnüsse zu 12,30 € je kg
> 12 kg Pekannüsse zu je 21,40 € je kg
> 3 kg Walnüsse zu je 8,20 € je kg
> 5 kg Mandeln zu je 15,30 € je kg

a) Die Mischung soll in Tüten zu je 100 g und 250 g verkauft werden. Wie viel Euro kosten die Zutaten dazu?
b) Frau Stanofski möchte für die Schule Gewinn erzielen. Wie teuer müssen die Tüten sein, damit die Schule mindestens 20 % Gewinn hat? Runden Sie auf den nächsthöheren Eurobetrag auf.
c) Diskutieren Sie, für welchen Preis Sie die Knabbermischung verkaufen würden und wie man die Mischung preiswerter machen könnte.
d) In der Projektwoche wurde über gesunde Ernährung gesprochen. Die Jugendlichen haben für verschiedene Speisen Nährwerte für übliche Mengen zusammengestellt.

Art	Menge	Nährwert
Haselnüsse	15 g	400 kJ
Pekannüsse	50 g	350 kcal
Walnüsse	20 g	560 kJ
Mandeln	15 g	90 kcal

Berechnen Sie den Nährwert der Mischung und geben Sie ihn in beiden Energieeinheiten an.
e) Setzen Sie diesen Wert in Bezug zur Tagesdosis von Schulkindern.

11 Zu einer gesunden Ernährung kann auch Trockenobst verwendet werden. In einem Großhandel kann der Kindergarten größere Mengen kaufen.
5 kg Trockenpflaumen kosten dort 38,98 €, für 8 kg getrocknete Apfelringe bezahlt man 119,17 € und 12 kg getrocknete Aprikosen bekommt man für 109,23 €.

a) Berechnen Sie den Preis für $\frac{1}{2}$ kg dieser Mischung.
b) Wie viele 125 g-Tüten kann der Kindergarten davon befüllen?
c) Was kostet eine 125 g-Tüte im Einkauf?
d) Auf dem Warenaufkleber stehen folgende Angaben:

Art	Menge	Kohlenhydrate
Pflaumen	25 g	12 g
Apfelringe	100 g	51 g
Aprikosen	25 g	12 g

Wie viele Kohlenhydrate enthält eine 125 g-Tüte?
e) Ein Kind im Kindergartenalter sollte pro Tag etwa 6 MJ an Energie aufnehmen. 1 g Kohlenhydrate hat einen Energiegehalt von ca. 17 kJ. Was bedeutet der Verzehr einer Tüte für den Tagesbedarf des Kinds?

12 Zur Herstellung einer Desinfektionslösung soll 90-prozentiger Alkohol so mit Wasser vermischt werden, dass in einer 2 Liter-Flasche eine 38-prozentige Lösung entsteht.
a) Wie viel Alkohol muss in die Flasche geschüttet werden? Mit welcher Menge Wasser wird die Flasche aufgefüllt?
b) Die 38-prozentige Lösung muss häufig hergestellt werden. Es gibt auch verschiedene Flaschengrößen: 200 ml; 300 ml; 0,75 l; 1 l; 1,5 l und 2 l. Erstellen Sie eine Tabelle mit den Füllmengen von Wasser und konzentriertem Alkohol.

3 Zuordnungen Anwenden im Beruf

● **13** Neue Mischungsverhältnisse herstellen
   a) Mit wie viel Litern 30-prozentiger Lösung müssen 2 l einer 15-prozentigen Lösung gemischt werden, damit eine 20-prozentige Lösung entsteht?
   b) Wie viel Liter benötigt man, wenn man in Teilaufgabe a) statt mit 30-prozentiger Lösung mit 25-prozentiger Lösung verdünnen möchte?
   c) Erstellen Sie eine Tabelle, in der Sie das Mischungsverhältnis der 2 l einer 15-prozentigen Lösung mit einer 35-, 40-, 45- und 50-prozentigen Lösung berechnen. Es soll wieder eine 20-prozentige Lösung entstehen.

● **14** Der Erlös von 3120 € vom Sommerfest in einem Seniorenheim soll auf die 4 Abteilungen A, B, C und D verteilt werden. Der Beirat hat entschieden, die Aufteilung nach der Bewohnerzahl in den Abteilungen vorzunehmen. Diese verhalten sich wie 7 : 5 : 5 : 9. Wie viel Geld vom Erlös erhalten die Abteilungen jeweils?

Information **Europäische Währungsunion und Wechselkurse**

Die **Europäische Währungsunion** besteht aus 18 EU-Mitgliedsstaaten (Stand 2015), die eine gemeinsame Währung, den Euro, eingeführt haben. Seit 2002 kann man mit Euromünzen oder Euroscheinen bezahlen.
In Ländern, die nicht der Europäischen Währungsunion angehören, gibt es andere Währungen.
Der **Wechselkurs** gibt an, wie viele Einheiten einer ausländischen Währung auf einen Euro entfallen. So besagt beispielsweise der Wechselkurs 1,14 für US Dollar, dass man für 1,14 US Dollar einen Euro erhält.

Beispiele für Wechselkurse (Stand: 07.05.2016)

Land	Währung	Kurs für 1 Euro
Dänemark	Kronen	7,44305
Großbritannien	Pfund	0,79080
Vereinigte Staaten von Amerika	US Dollar	1,14050
China	Yuan	7,40915
Schweiz	Franken	1,10885
Russland	Rubel	75,10560
Türkei	Lira	3,34580

○ **15** Währungsumtausch
   a) Berechnen Sie, welchen Betrag man in den im Informationskasten aufgeführten Währungen jeweils für 250 € erhält.
   b) Berechnen Sie, wie viel Euro Sie für 100 Einheiten der jeweiligen Währung erhalten.

○ **16** Herr Parotta hat nach einer Geschäftsreise durch Europa noch 120 Britische Pfund, 230 Schweizer Franken und 410 Dänische Kronen. Wie viel Euro erhält seine Firma dafür?

● **17** Herr Li besitzt in Peking eine Bäckereifiliale. Nach deutschem Rezept hergestellte Brötchen sind dort sehr beliebt. Sie kosten – je nach Art – zwischen 12 und 20 Yuan.
   a) Welchem Betrag in Euro entspricht das?
   b) Er will mit seinem Freund Firat eine Filiale in der Türkei eröffnen und die Brötchen zu vergleichbaren Preisen anbieten. Wie viel türkische Lira würden die billigsten und wie viel die teuersten Brötchen in der Türkei kosten?

Rückspiegel

D58 Testen

Wo stehe ich?

Ich kann ...					Lerntipp!
1 proportionale Zuordnungen unterschiedlich darstellen.	▪	▪	▪	▪	→ Seite 130, 132
2 Aufgaben mit dem Dreisatz lösen.	▪	▪	▪	▪	→ Seite 134
3 antiproportionale Zuordnungen unterschiedlich darstellen.	▪	▪	▪	▪	→ Seite 137, 140
4 Aufgaben mit dem umgekehrten Dreisatz lösen.	▪	▪	▪	▪	→ Seite 142
5 Zuordnungen am Schaubild erkennen.	▪	▪	▪	▪	→ Seite 32, 140
6 Aufgaben mit dem zusammengesetzten Dreisatz lösen.	▪	▪	▪	▪	→ Seite 144

Überprüfen Sie Ihre Einschätzung:

1 Ergänzen Sie die Werte der proportionalen Zuordnung. Stellen Sie die Zuordnung in einem Schaubild dar.

Zeit in h	0	2	4	▪	9	10
Weg in km	▪	▪	360	720	▪	▪

2 Lösen Sie mit dem Dreisatz.
a) Zwei Kilogramm Orangen kosten 3,60 €. Wie viel kosten drei Kilogramm?
b) Für 350 g Aufschnitt zahlt Jan 3,15 €. Wie viel kosten 250 g?
c) Ist eine 850-g-Dose für 1,59 € günstiger oder eine 560-g-Dose zu 0,99 €?

3 Zeichnen Sie das Schaubild der antiproportionalen Zuordnung. (Einheit $\frac{1}{2}$ cm)

Länge in cm	5	8	10	16	20
Breite in cm	16	10	8	5	4

4 Herr Baumann hat Gartenerde bekommen und muss sie mit der Schubkarre zu den Pflanzbeeten fahren.
a) Lädt er jedes Mal 60 kg, muss er 28 Mal fahren. Wie oft fährt er, wenn er jeweils 80 kg lädt?
b) Für eine Fahrt mit einer Ladung von 60 kg benötigt er ungefähr neun Minuten. Seine beiden Söhne bringen Ihre Schubkarren mit und helfen ihm bei der Arbeit. Sie laden ebenfalls jeweils 60 kg. Wie lange benötigen alle zusammen?

5 Erstellen Sie Wertetabellen für beide Zuordnungen. Was sind das für Zuordnungen?

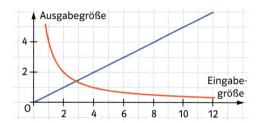

6 Bei der Inventur eines Warenlagers schaffen sechs Mitarbeiter in zwei Stunden 18 Lagerplätze. Wie viele gleich große Lagerplätze schaffen zwei Mitarbeiter in acht Stunden?

→ Die Lösungen zum „Rückspiegel" finden Sie auf Seite 290.

Standpunkt

D59 Testen

Wo stehe ich?

Ich kann ...	sehr gut	gut	etwas	nicht gut	Lerntipp!
1 Bruchzahlen in Dezimalzahlen umwandeln.	☐	☐	☐	☐	→ Seite 266
2 Prozentwerte berechnen.	☐	☐	☐	☐	→ Seite 62
3 Prozentsätze in Brüche umrechnen.	☐	☐	☐	☐	→ Seite 61
4 Brüche als Prozentsätze ausdrücken.	☐	☐	☐	☐	→ Seite 266
5 den Flächeninhalt eines Rechtecks berechnen.	☐	☐	☐	☐	→ Seite 270
6 das Volumen eines Quaders berechnen.	☐	☐	☐	☐	→ Seite 109

Überprüfen Sie Ihre Einschätzung:

1 Schreiben Sie als Dezimalzahlen.

a) $\frac{1}{4}$; $\frac{3}{8}$; $\frac{1}{2}$; $\frac{3}{2}$

b) $\frac{7}{10}$; $\frac{3}{100}$; $\frac{1}{5}$; $\frac{1}{50}$

2 Berechnen Sie den Prozentwert.

a) 3 % von 200 €
b) 8 % von 40 m
c) 98 % von 5 €
d) 2,8 % von 1000

3 Schreiben Sie die Prozentzahl als Bruch, kürzen Sie wenn möglich wie im Beispiel.
Beispiel: $25\% = \frac{25}{100} = \frac{1}{4}$

a) 80 % b) 20 % c) 15 %
d) 200 % e) 150 % f) 33 %

4 Schreiben Sie den Bruch als Prozentsatz wie im Beispiel.
Beispiel: $\frac{1}{2} = \frac{50}{100} = 50\%$

a) $\frac{3}{4}$ b) $\frac{9}{10}$ c) $\frac{1}{100}$
d) 1 e) $\frac{1}{2}$ f) $\frac{1}{8}$

5 Berechnen Sie den Flächeninhalt des Rechtecks.

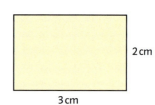

6 Berechnen Sie das Volumen des Quaders.

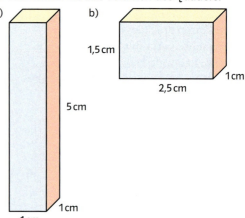

→ Die Lösungen zum „Standpunkt" finden Sie auf Seite 291.

4 Statistik

Neben der Schule haben Freizeitaktivitäten bei jungen Menschen einen großen Stellenwert. Freunde treffen, Musik hören, im Internet surfen oder Sport treiben sind nur wenige Beispiele für beliebte Freizeitaktivitäten junger Menschen. Die Gewohnheiten sind abhängig vom Alter und den Möglichkeiten der Jugendlichen. Zudem ändern sich die Gewohnheiten häufig mit dem Übergang von Schule zu Ausbildung, Studium oder Beruf.

→ Was machen Sie gerne in Ihrer Freizeit? Schreiben Sie spontan Ihre fünf beliebtesten Aktivitäten auf.
→ Haben Ihre Freunde die gleichen Interessen wie Sie?
→ Was würde Sie darüber hinaus interessieren?

Daten und Informationen werden zu zahlreichen Gebieten gesammelt. Hierzu gehören u. a. Daten zu Freizeitaktivitäten, Verbraucherverhalten, Einwohnerzahlen oder Merkmale aus dem Sozialwesen und dem Gesundheitsbereich.
Zur Veröffentlichung werden diese Daten übersichtlich dargestellt.

→ Welche Informationen können Sie der Grafik entnehmen?

Ich lerne,

- Daten zu erfassen und in einem Diagramm darzustellen,
- Daten auszuwerten, miteinander zu vergleichen und zu beurteilen,
- Kenngrößen zu berechnen,
- Kenngrößen in einem Diagramm darzustellen und miteinander zu vergleichen,
- mithilfe von Daten Umfragen auszuwerten und zu interpretieren.

Häufigste Verletzungen im Vereinssport

Quelle: ARAG/Statista 2022

1 Daten erfassen

Der Schülerrat möchte ein Sportturnier durchführen. Zunächst soll durch eine Umfrage ermittelt werden, ob daran bei den Mitschülerinnen und Mitschülern überhaupt Interesse besteht und welche Sportart gegebenenfalls in Frage kommt.
→ Entwerfen Sie einen geeigneten Fragebogen. Achten Sie darauf, dass die gewünschten Informationen damit erfragt werden können und, dass er leicht ausgewertet werden kann.

Statistische Erhebungen helfen Fragen zu klären. Um die dazu notwendigen Daten zu erhalten, müssen sinnvolle Umfragen, Experimente oder Recherchen durchgeführt werden.
Möchte man z. B. über das Freizeitverhalten Jugendlicher Auskunft bekommen, so führt man eine Umfrage oder eine Recherche mit Fragen zum Thema Freizeitverhalten durch. Möchte man die Qualität eines Geräts überprüfen, so macht man ein Experiment.

Merke Die **Daten** einer **statistischen Erhebung** können durch Umfragen, Experimente oder Recherchen ermittelt werden. Dazu sind geeignete Fragebögen, Nachschlagewerke, Datenbanken oder Messmethoden notwendig.

Beispiel
a) Umfrage zur Haustierhaltung
Mögliche Fragen zu:
- Art der Tiere
- Anzahl der Tiere
- monatliche Kosten
- zeitlicher Pflegeaufwand

Die Daten werden durch Umfragen mit einem Fragebogen ermittelt.

b) Überprüfung der Reifenqualität
Mögliche Fragen zu:
- Bremsweg bei trockener Fahrbahn
- Bremsweg bei nasser Fahrbahn
- Haftung bei Schnee
- Lebensdauer

Die Daten werden durch Experimente und Messungen ermittelt.

○ **1** Informieren Sie sich über die Entwicklung der Schülerzahlen an Ihrer Schule. Welche sind geeignete Fragen? Wie können Sie die benötigten Daten ermitteln?

○ **2** Die Qualität von Handy-Akkus soll überprüft werden. Überlegen Sie sich mögliche Fragen sowie geeignete Experimente und Messungen, um die Daten zu ermitteln.

Alles klar?
→ Lösungen Seite 291
D60 **Fördern**

A Für die Schülerzeitung soll eine Umfrage zur Anzahl der Piercings gemacht werden.
a) Legen Sie fest, wie die Umfrage ausgewertet werden soll, also z. B. nach männlich, weiblich, divers oder nach Alter oder nach Religionszugehörigkeit.
b) Notieren Sie, welche Fragen Sie dazu stellen wollen.

◐ **3** Finden Sie heraus, welche zehn Orte oder Stadtteile Ihrer Schule am nächsten liegen. Überlegen Sie sich geeignete Hilfsmittel für Ihre Recherche.
Die Entfernung soll gemessen werden
a) per Luftlinie,
b) durch die Länge der Straßenverbindung.

4 In zwei Klassen wurde dieselbe Umfrage mit zwei verschiedenen Fragebögen durchgeführt.

> **Fragebogen 1**
> Das Rechnen mit dem Handy im Unterricht sollte erlaubt sein?
> ja ☐   nein ☐

> **Fragebogen 2**
> Das Rechnen mit dem Handy im Unterricht sollte nicht verboten sein.
> ja ☐   nein ☐

Die Umfrage mit Fragebogen 1 ergab in einer Klasse: 23 ja, 5 nein. In einer anderen Klasse ergab Fragebogen 2 das Ergebnis: 15 ja, 13 nein. Finden und notieren Sie mögliche Gründe für die unterschiedlichen Ergebnisse.

5 Eine Schule plant einen Kiosk einzurichten. Mit einem Fragebogen soll erfasst werden, was die Schülerinnen und Schüler davon halten.

> 1. Es kann schon mal sein, dass ich das Haus ohne Frühstück verlasse. ja ☐ nein ☐
> 2. Manchmal würde ich mir gerne etwas zum Frühstück kaufen. ja ☐ nein ☐
> 3. An der Schule sollte es einen Kiosk geben. ja ☐ nein ☐
> 4. In diesem Kiosk sollte es auch Vollwertkost zu günstigen Preisen geben. ja ☐ nein ☐

a) Begründen Sie, weshalb die Fragen eine positive Beantwortung aufdrängen. Nennen Sie weitere Beispielfragen, denen man leicht zustimmen kann.
b) Erstellen Sie einen Fragebogen, der zu einem negativen Ergebnis führen könnte.

6 Recherchieren Sie, welche Fußballvereine in der Bundesliga in den letzten fünf Jahren besonders erfolgreich waren.
a) Bewerten Sie den ersten Platz mit fünf Punkten, den zweiten Platz mit drei Punkten und die Plätze drei bis sechs mit je einem Punkt. Erstellen Sie eine Rangliste.
b) Ändern Sie die Bewertung: Platz eins bekommt sechs Punkte, Platz zwei bringt fünf Punkte, usw.
c) Stellen Sie dar, wie sich die Bestenliste durch die verschiedenen Punktzahlen ändert.

7 Beim Bogenschießen wird auf eine Scheibe mit 1,20 m Durchmesser aus einer Entfernung von 75 m geschossen. Eine Bogenschützin erreichte folgende Ergebnisse:

Jan.	512	Febr.	498	März	501
Apr.	520	Mai	531	Juni	524
Juli	513	Aug.	508	Sept.	521
Okt.	496	Nov.	515	Dez.	517

a) In welchem Monat hatte die Bogenschützin den geringsten bzw. den größten Erfolg? Wie groß ist der Unterschied zwischen diesen beiden Werten?
b) Sortieren Sie die Liste neu von der kleinsten bis zur größten Punktezahl. Prüfen Sie, ob die Bogenschützin im Laufe des Jahres besser wird. Erläutern Sie Ihre Beobachtung.

8 Für verschiedene Lebensmittelmärkte wird die Kundenzufriedenheit ermittelt. Bei einer Umfrage werden Preise, Warenangebot und Service abgefragt und daraus eine Gesamtnote erstellt und veröffentlicht.
a) Überlegen Sie, ob weitere Aspekte sinnvoll wären.
b) Wie kann die Gesamtnote ermittelt werden?
c) Welche Einflüsse können beim Ergebnis eine Rolle spielen?

2 Absolute und relative Häufigkeit

Ein Computerhersteller liefert Tablets an verschiedene Einzelhändler. Die Service-Abteilung hält fest, wie viele Geräte ausgeliefert und wie viele davon später reklamiert wurden:

Einzelhändler A: 100 Geräte, davon 4 mit Mängeln
Einzelhändler B: 40 Geräte, davon 3 mit Mängeln
Einzelhändler C: 20 Geräte, davon 1 mit Mängeln

Eine Service-Mitarbeiterin behauptet, dass Einzelhändler A schlecht verarbeitete Tablets erhalten habe, da dieser die meisten Geräte reklamiert hat.
→ Was meinen Sie?

Die Schülerinnen und Schüler der Berufsfachschulklassen können sich für eine zusätzliche Prüfung für ein Fremdsprachenzertifikat anmelden. Die Anmeldezahlen sind in der Tabelle erfasst.

	Klasse 1	Klasse 2	
Anzahl der Schülerinnen und Schüler	30	25	Gesamtzahl
Anzahl derer, die für die Prüfung angemeldet sind	12	11	absolute Häufigkeit
Anteile der angemeldeten Schülerinnen und Schüler	$\frac{12}{30} = 0{,}40 = 40\,\%$	$\frac{11}{25} = 0{,}44 = 44\,\%$	relative Häufigkeit

Merke
Die **absolute Häufigkeit** gibt die Anzahl an, wie oft eine Antwort oder ein Ergebnis vorkommt.
Die **relative Häufigkeit** eignet sich gut zum Vergleich statistischer Erhebungen.

$$\text{relative Häufigkeit} = \frac{\text{absolute Häufigkeit}}{\text{Gesamtzahl}}$$

Beispiel
Die Verteilung der Blutgruppen wird ermittelt.
Die Summe der absoluten Häufigkeiten ergibt die Gesamtzahl der untersuchten Personen.
Es wurden insgesamt 600 Personen untersucht.

Blutgruppe	A	B	AB	0
absolute Häufigkeit	240	90	30	240
relative Häufigkeit	40 %	15 %	5 %	40 %

Rechnung zu Blutgruppe A: $\text{relative Häufigkeit} = \frac{\text{absolute Häufigkeit}}{\text{Gesamtzahl}} = \frac{240}{600} = \frac{40}{100} = 40\,\%$

Genauso lassen sich die relativen Häufigkeiten zu den anderen Blutgruppen berechnen.

1 Geben Sie die relative Häufigkeit jeweils als Bruch, als Dezimalzahl und in Prozent an.
a) 12 von 24
b) 400 von 1000
c) 16 von 30
d) 26 von 1800
e) 25 von 25

2 400 Schülerinnen und Schüler wurden befragt, ob sie sich eine Schulcafeteria wünschen. Die Umfrage ergibt:

sehr dafür	12%
eigentlich dafür	36%
unentschieden	18%
eigentlich dagegen	24%
auf keinen Fall	10%

Berechnen Sie die absoluten Häufigkeiten.

4 Statistik Absolute und relative Häufigkeit

Alles klar?
→ Lösungen Seite 291
D61 Fördern

→ Seite 37

3 500 g Mischbrot enthält 200 g Weizenmehl, 100 g Roggenmehl, 100 g Wasser und 100 g sonstige Bestandteile (Sauerteig, Hefe, Salz).
a) Erstellen Sie eine geeignete Tabelle. Tragen Sie die absolute Häufigkeit der Bestandteile ein.
b) Berechnen Sie die zugehörigen, relativen Häufigkeiten. Tragen Sie sie in die Tabelle ein.

A Claus ist Klassensprecher der BF 1 und Achim ist Klassensprecher der BF 2. Wer hatte das bessere Wahlergebnis? Ermitteln Sie dazu die relative Häufigkeit.

Klasse	erhaltene Stimmen	gültige Stimmen
BF 1	14	20
BF 2	18	25

B Berechnen Sie die relative Häufigkeit.
a) 16 von 25 Losen waren Nieten.
b) 8 von 10 Aufgaben waren richtig.

4 Mehrere Klassen einer Schule planen eine Abschlussfahrt. Dabei sollen klassenübergreifend drei verschiedene Ziele angeboten werden. Die Ergebnisse der Abstimmung sind in der Tabelle dargestellt.

	London	Barcelona	Paris	Rom
absolute Häufigkeit	40	125	55	30

a) Übertragen Sie die Tabelle in Ihr Heft und ergänzen Sie die Tabelle um eine Zeile mit den relativen Häufigkeiten.
b) Führen Sie eine Probewahl in Ihrer Klasse durch. Erstellen Sie wieder eine Tabelle mit den absoluten und den relativen Häufigkeiten. Vergleichen Sie die beiden Tabellen miteinander.
c) Die Fahrt nach Rom findet nicht statt. Alle, die dieses Ziel bei der Probewahl gewählt haben, müssen neu wählen. Entscheiden Sie, wohin die Schülerinnen oder Schüler wechseln und prüfen Sie, wie sich dadurch die relativen Anteile bei den anderen Zielen verändert haben.

5 Die Zeugnisnoten in Mathematik einer Berufsfachschule verteilen sich wie folgt:

	1	2	3	4	5	6
Klasse a	1	5	10	8	4	0
Klasse b	0	3	9	10	5	1
Klasse c	0	4	11	11	4	0
Klasse d	2	3	8	10	2	1

a) In welcher Klasse ist der prozentuale Anteil der Note „ausreichend" am größten?
b) Wie viel Prozent haben in den einzelnen Klassen „gut" oder „befriedigend"?
c) Welche Klasse ist besonders leistungsstark?

6 Ein Fitnesscenter hat 160 Mitglieder. Für die dort angebotenen Kurse liegen folgende Anmeldezahlen vor:

	Work-out	Step	Bauch-Beine-Po	Yoga
relative Häufigkeit	20 %	5 %	15 %	10 %

a) Warum beträgt die Summe der relativen Häufigkeiten nicht 100 %?
b) Übertragen Sie die Tabelle in Ihr Heft und ergänzen Sie sie um die absoluten Häufigkeiten.
c) Warum ergibt die Summe der absoluten Häufigkeiten nicht 160?

7 In Waldhausen besuchen 2439 Schülerinnen und Schüler die Sekundarstufe I. Die Gemeinde veröffentlicht eine Statistik.

Aus den Gemeinden…	
Gemeinde Waldhausen	
Katholiken	48,7 %
Protestanten	22,5 %
Moslems	10,7 %
Andersgläubige und Konfessionslose	18 %
Konfessionen der Lernenden der Sek I.	

a) Die Summe der relativen Häufigkeiten ergibt nicht 100 %. Woran kann das liegen?
b) Wie viele Schülerinnen und Schüler haben die einzelnen Konfessionen?
c) Die Summe der absoluten Häufigkeiten ist nicht 2439. Woran liegt das? Für welche Konfession ist es sinnvoll, die absolute Häufigkeit so zu ändern, dass die Probe stimmt?

3 Klassenbildung

Berufliche Schulen haben oft einen sehr großen Einzugsbereich. Deshalb haben viele Schülerinnen und Schüler einen langen Anfahrtsweg.
→ Ermitteln Sie die Zeit, die die Schülerinnen und Schüler Ihrer Klasse für die Fahrt zur Schule benötigen.
→ Wie können Sie die Ergebnisse möglichst übersichtlich aufschreiben?

Sind bei einer Datenerhebung viele verschiedene Antworten möglich, wird die Darstellung unübersichtlich. Dann sortiert man die Daten und fasst nah beieinanderliegende Daten in Klassen zusammen.

Merke Werden die Daten einer Erhebung in verschiedene Bereiche (Klassen) eingeteilt, nennt man dies **Klassenbildung**. Die Bereiche müssen so gewählt werden, dass man jeden Wert genau in einen Bereich einsortieren kann. Die genaue Information über den Wert geht dabei verloren.

Beispiel Monatsverdienst (in Euro) von einigen Mitarbeitern einer Firma: 480; 2354; 3290; 2355; 354; 2473; 1890; 1660; 2754; 480; 3409; 345; 1280; 956; 1132; 2354; 3890; 320; 456; 780; 534; 1800; 1970; 3106; 2345; 2467; 1480; 567; 2589; 1290; 410; 2145; 3290; 2879; 1869; 2907; 2709; 3208; 2145; 2740

Alle Werte liegen zwischen 0 und 4000. Übersichtlichere Darstellung mithilfe von Klassenbildung:

Monatsverdienst (in €)	absolute Häufigkeit	relative Häufigkeit
0 bis unter 800	10	$\frac{10}{40} = 25{,}0\,\%$
800 bis unter 1600	4	$\frac{4}{40} = 10{,}0\,\%$
1600 bis unter 2400	12	$\frac{12}{40} = 30{,}0\,\%$
2400 bis unter 3200	9	$\frac{9}{40} = 22{,}5\,\%$
3200 bis unter 4000	5	$\frac{5}{40} = 12{,}5\,\%$
Insgesamt	40	100,0 %

Bemerkung Um die Daten untersuchen zu können, werden sie der Größe nach geordnet, man spricht von einer **Rangliste**. Die verschiedenen Klassen werden möglichst gleich groß gewählt.

Alles klar?
→ Lösungen Seite 291
D62 Fördern

1 Die Geschwindigkeitskontrolle in einer Ortschaft ergab folgende Messungen (in km/h):
38; 56; 45; 33; 42; 35; 50; 61; 72; 37; 38; 55; 47; 43; 59; 43; 36; 68; 53; 51; 61; 45; 38; 36; 52; 55; 45; 52; 42; 49; 67; 44; 47; 57; 35; 36; 40; 48; 43; 53; 61; 40; 40; 38; 48; 57; 68; 35; 33; 46; 48; 47; 49; 50; 40; 38; 65; 50; 41; 35; 46; 61; 71; 50; 43; 39; 35; 49; 48; 40

a) Sortieren Sie die gemessenen Werte in die folgenden Bereiche (in km/h) ein: unter 41, 41 bis 50, 51 bis 60 und über 60. Wie viele Messungen wurden insgesamt durchgeführt?
b) Geben Sie die absoluten Häufigkeiten und die relativen Häufigkeiten in einer Tabelle an.

A In der Regel sind Grundschulkinder 6 bis 10 Jahre alt, Sekundarstufen-I-Schüler/-innen 11 bis 16 Jahre alt und Sekundarstufen-II-Schüler/-innen 17 bis 21 Jahre alt.
Die Befragung nach dem Alter von Freibadbesucherinnen und -besuchern ergab diese Angaben (Alter in Jahren):
17; 13; 10; 16; 10; 15; 7; 17; 18; 15; 20; 18; 9; 16; 19; 19; 20; 16; 8; 6; 16; 11; 19; 18; 18; 20; 10; 12; 11; 17; 15; 7; 18; 7; 7; 8; 6; 18; 17; 7
Geben Sie die absolute und die relative Häufigkeitsverteilung der Schulaltersklassen in einer Tabelle an.

4 Statistik Klassenbildung

2 Eier werden in verschiedenen Gewichtsklassen angeboten.
Recherchieren Sie, was die Gewichtsklassen S, M, L und XL genau bedeuten.

3 Bei einer Erhebung wird das Körpergewicht (in kg) von 20 Personen ermittelt.
67; 65; 54; 78; 90; 75; 71; 55; 61; 60; 57; 67; 80; 85; 96; 58; 64; 67; 73; 61
Wählen Sie gleich große, geeignete Klassen und berechnen Sie die absolute und die relative Häufigkeit.

4 Ein Marketingunternehmen ermittelt, wie viel Euro Jugendliche monatlich für Kleidung ausgeben. 100 Jugendliche werden befragt:

Monatliche Ausgaben	Anzahl
0 Euro bis unter 25 Euro	2
25 Euro bis unter 50 Euro	5
50 Euro bis unter 75 Euro	45
75 Euro bis unter 100 Euro	25
100 Euro bis unter 125 Euro	10
125 Euro bis unter 150 Euro	8
150 Euro und mehr	5

a) Berechnen Sie die relativen Häufigkeiten.
b) Wie ändern sich die Werte, wenn man die Klassen doppelt so breit wählt?

5 Die Tabelle zeigt die Anzahl der Geburten einer Klinik im Jahr und das Alter der Mütter.

Alter der Mütter	Zahl der Geburten	
	absolute Häufigkeit	relative Häufigkeit
15 bis unter 20	100	
20 bis unter 25		
25 bis unter 30		32,5 %
30 bis unter 35	700	
35 bis unter 40		10,0 %
40 bis unter 45		2,5 %
insgesamt	2000	

a) Übertragen Sie die Tabelle in Ihr Heft und vervollständigen Sie sie.
b) Wie ändern sich jeweils die absolute und die relative Häufigkeit, wenn man die Klassen doppelt so breit wählt?

zu Aufgabe 6b):
– 140 cm bis 150 cm
– 150 cm bis 180 cm
– 180 cm bis 200 cm

6 Körpergrößen
a) Ermitteln Sie in Ihrer Klasse die Körpergröße aller Schülerinnen und Schüler. Wählen Sie geeignete Klassen und bestimmen Sie die absolute und die relative Häufigkeit.
b) Ein Schüler schlägt für die ermittelten Körpergrößen die Klasseneinteilung auf dem Rand vor. Beurteilen Sie den Vorschlag.

7 Ein Jugendverband veröffentlicht verschiedene Videos im Internet und zählt, wie oft die Videos jeweils angeklickt werden:
306; 15; 34; 47; 287; 154; 32; 158; 23; 65; 30; 367; 257; 143; 265; 398; 69; 15; 236; 60; 47; 176; 132; 390; 210; 46; 12; 183; 167; 234; 216; 58; 12; 354; 18; 212; 308; 181; 96; 21; 165; 351; 18

a) Stellen Sie die Werte mithilfe von gleich großen Klassen übersichtlich dar. Ergänzen Sie die relativen Häufigkeiten.
b) Recherchieren Sie im Internet, wie häufig Videos von verschiedenen, bekannten Darstellern angeklickt werden. Notieren Sie jeweils die Anzahl. Stellen Sie die Ergebnisse mit geeigneten Klassen in einer Tabelle dar.

8 Bei einer Qualitätskontrolle wird der Durchmesser von 40 Schrauben überprüft. Dabei erhält man das folgende Ergebnis (in mm):
5,08; 4,98; 4,97; 4,98; 5,02; 5,04; 5,12; 5,02; 4,89; 4,95; 5,23; 5,00; 5,15; 4,78; 4,99; 5,09; 4,87; 4,98; 5,01; 5,07; 5,14; 5,21; 4,89; 4,76; 5,32; 5,07; 4,98; 4,81; 5,00; 5,24; 4,94; 5,02; 4,99; 4,86; 4,99; 5,23; 5,10; 5,02; 4,99; 4,86

a) Stellen sie das Ergebnis mithilfe von Klassen übersichtlich dar.
b) Machen Sie Aussagen über die Qualität der Schrauben.

4 Stichprobe

Ein Obsthändler erhält eine Lieferung von 7500 kernlosen Mandarinen. Er möchte ungefähr wissen, wie viele davon doch Kerne enthalten. Dazu greift er 50 Mandarinen heraus und schneidet sie auf. Er findet drei Mandarinen mit Kernen.
→ Warum überprüft der Händler nicht alle Mandarinen?
→ Wie viele kernhaltige Mandarinen werden ungefähr in der Lieferung sein?

Oft ist es nicht möglich, die Gesamtheit zu erfassen. In manchen Fällen wird der zu untersuchende Gegenstand bei der Untersuchung zerstört, in anderen Fällen ist die Gesamtheit zu groß.

Im Norddeutschen Rundfunk wird vormittags die Sendung „Hallo Niedersachsen" ausgestrahlt. Um die Einschaltquote zu ermitteln, werden 2000 Personen befragt. Von Ihnen schauen 86 Personen regelmäßig diese Sendung. Daraus ergibt sich eine Einschaltquote von $\frac{86}{2000} = 0{,}043 = 4{,}3\,\%$.
In Niedersachsen schauen diese Sendung schätzungsweise 4,3 % von 7,8 Mio. Einwohnern, das sind 335 400 Personen.

Merke Wird bei einer statistischen Erhebung zu einer bestimmten Fragestellung nur ein Teil der Gesamtheit befragt, so spricht man von einer **Stichprobe**. Das Ergebnis einer gut gewählten Stichprobe erlaubt Aussagen über die Gesamtheit.

Beispiel An einem Urlaubsort werden 1200 Gäste befragt, wie sie angereist sind.

Verkehrsmittel	Auto	Bahn	Bus	Flugzeug
absolute Häufigkeit	756	198	168	78
relative Häufigkeit	0,63	0,165	0,14	0,065

Nach einer Werbekampagne erwartet der Ort für das kommende Jahr 21 000 Gäste.
Berechnen Sie, wie viele Gäste im kommenden Jahr mit der Bahn anreisen werden.
Antwort: Da 21 000 · 0,165 = 3465 ergibt, rechnet die Bahn mit etwa 3500 Fahrgästen.

○ **1** Ein Automobilwerk kauft 200 000 Scheinwerferlampen.
a) Bei einer Stichprobe sind von 1000 Lampen sechs Lampen defekt. Wie viele Lampen sind wohl insgesamt defekt?
b) Warum reicht eine Stichprobe von 100 Lampen nicht aus?

○ **2** Um festzustellen, ob ein Kuchen, der im Ofen gebacken wird, gar ist, sticht man mit einem Holzstäbchen einmal in den Teig.
a) Ist dieses Verfahren eine „Stichprobe"?
b) Wie kann man vorgehen, damit die Stichprobe eine relativ sichere Auskunft darüber gibt, ob der Kuchen gar ist?

4 Statistik Stichprobe

Alles klar?
→ Lösungen Seite 292
D63 Fördern

A 100 Kundinnen und Kunden einer Cafeteria werden befragt, 40 geben an, einen Kaffee und ein Brötchen kaufen zu wollen; 25 nur ein Brötchen und 35 nur einen Kaffee.
a) In einer Woche kommen 3000 Personen. Wie viele Personen kann der Betreiber erwarten, die einen Kaffee und ein Brötchen haben wollen?
b) Wie viele Tassen Kaffee muss der Betreiber insgesamt für die 3000 Personen vorbereiten?
c) Berechnen Sie, wie viele verkaufte Brötchen insgesamt bei 3000 Personen zu erwarten sind.

3 Die Stadt Hannover möchte zur Planung des Wohnungsbaus ermitteln, wie viele der 252 686 Haushalte der Stadt Ein-, Zwei-, Drei- und mehr Personenhaushalte sind. Dazu wird eine Umfrage bei 1000 Haushalten gemacht. Das Ergebnis dieser Stichprobe wird in einer Tabelle festgehalten.

Anzahl der Personen	1	2	3	4	mehr
Anzahl der Haushalte	386	346	141	87	40

a) Bestimmen Sie, wie viele Ein-, Zwei-, Drei- und mehr Personenhaushalte es ungefähr in Hannover gibt.
b) In Düsseldorf sind 7 % der Wohnungen Einzimmerwohnungen; $\frac{1}{5}$ Zweizimmerwohnungen; 31 % Dreizimmerwohnungen und $\frac{42}{100}$ haben 4 Zimmer oder mehr. Vergleichen Sie die Städte Hannover und Düsseldorf.

4 Eine Streichholzfirma stellt täglich 3 Mio. Schachteln Streichhölzer her. Auf der Streichholzschachtel steht: 40 Hölzer. Eine Stichprobe von 5000 Schachteln ergab diese Verteilung der tatsächlichen Inhalte.

Inhalt	Anzahl
36	12
37	28
38	226
39	765
40	2517
41	936
42	354
43	162

a) Schätzen Sie, wie viele Schachteln mit der entsprechenden Anzahl Steichhölzer täglich zu erwarten sind.
b) Ein Kunde kauft 20 Schachteln. Wie viele Streichhölzer hat er wohl tatsächlich gekauft?
c) Schätzen Sie, wie viel Prozent der Schachteln mindestens 39 Streichhölzer enthalten.
d) Wie viel % der Schachteln enthalten mehr als 38 und weniger als 43 Streichhölzer?
e) Bei weniger als 38 Streichhölzern kann der Kunde reklamieren. Bei wie viel Prozent der Schachteln ist dies möglich?

5 Bei einer Stichprobe wählt man sorgfältig die Bedingungen aus, unter denen sie durchgeführt wird. Das Ergebnis soll auf eine Gesamtheit übertragbar sein. Überprüfen Sie folgende Stichproben und machen Sie Vorschläge für eine bessere Stichprobe.
a) Ein Hausbesitzer möchte wissen, ob sein Dach noch in Ordnung ist. Dazu überprüft er 30 Dachpfannen, die sich gut erreichbar direkt am Dachfenster befinden.
b) Das Jugendamt möchte wissen, wie viele Familien in einem Bezirk mehr als drei Kinder haben. Es bittet eine Schule der Gemeinde, eine Erhebung durchzuführen.
c) Der Deutsche Mieterbund ermittelt, wie viel m² Wohnfläche pro Person zur Verfügung stehen. In zehn Großstädten werden je 100 Haushalte im Stadtzentrum befragt.
d) Zur Planung des öffentlichen Nahverkehrs werden in den Sommerferien täglich zu unterschiedlichen Zeiten die Fahrgäste befragt.

5 Daten darstellen

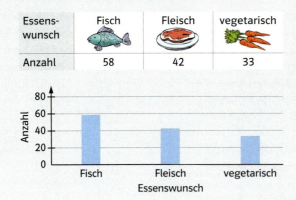

Essens-wunsch	Fisch	Fleisch	vegetarisch
Anzahl	58	42	33

Für die Planung der Angebote des Schulkiosks wurden die Schülerinnen und Schüler nach ihrem Essenswunsch befragt. Die Tabelle und das Diagramm zeigen das Befragungsergebnis.
→ Eignet sich das Diagramm für die Darstellung der Häufigkeiten?
→ Was ist in der Tabelle besser zu erkennen und was am Diagramm?
→ Befragen Sie Ihre Klasse nach Essenswünschen und stellen Sie das Ergebnis im Vergleich als Tabelle und als Diagramm dar.

Das Ergebnis statistischer Erhebungen wird oft in **einem** Diagramm dargestellt.

Merke

Säulendiagramme und **Balkendiagramme** zeigen die Größenunterschiede der Daten deutlich.
Beim **Säulendiagramm** entsteht die Einteilung auf der waagerechten Achse aus den Antworten bzw. Ergebnissen der Datenerhebung. Die senkrechte Achse hat als Einteilung die Häufigkeit der Antworten bzw. der Ergebnisse. Diese Achse muss gleichmäßig eingeteilt sein.
Beim **Balkendiagramm** sind die Achsen im Vergleich zum Säulendiagramm vertauscht: Senkrecht sind die Antworten bzw. die Ergebnisse und waagerecht die Häufigkeiten. Beim Balkendiagramm muss die waagerechte Achse gleichmäßig eingeteilt sein.
Liniendiagramme machen die Veränderungen von einem Schritt zum nächsten erkennbar. Dafür müssen die Daten in sinnvoller Reihenfolge stehen, z. B. im zeitlichen Verlauf. Die Daten werden als Punkte eingetragen und dann mit einer Linie verbunden. Die waagerechte Achse zeigt in der Regel den zeitlichen Verlauf. Die senkrechte Achse zeigt die Werte. Beide Achsen sind gleichmäßig eingeteilt.

Beispiel

a) Säulendiagramm und Balkendiagramm
Stellen Sie die Daten der Befragung nach der Lieblingsfarbe in einem Säulendiagramm und in einem Balkendiagramm dar.
Lösung:

Lieblingsfarbe	Gelb	Rot	Grün	Blau
Häufigkeit	8	10	5	7

b) Liniendiagramm
Stellen Sie die Temperaturentwicklung aus der Tabelle in einem Liniendiagramm dar.

Uhrzeit	7:00	8:00	9:00	10:00	11:00
Temperatur (in °C)	5	6	8	9	11

Lösung:

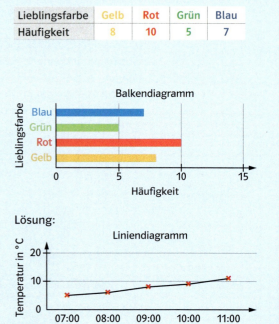

4 Statistik Daten darstellen

1 Erstellen Sie eine Tabelle mit Ihren Schuhgrößen getrennt für die Schülerinnen und für die Schüler Ihrer Klasse.
a) Stellen Sie die Daten in Säulendiagrammen dar.
b) Wählen Sie ein anderes Diagramm und stellen Sie die Daten erneut dar. Vergleichen Sie die Diagramme.

2 Höchste Tagestemperatur und tiefste Nachttemperaturen einer Juniwoche:

Datum	17.	18.	19.	20.	21.	22.	23.
Tag	21 °C	28 °C	22 °C	19 °C	21 °C	21 °C	21 °C
Nacht	12 °C	10 °C	11 °C	15 °C	14 °C	14 °C	13 °C

a) Stellen Sie die Tabellenwerte in einem geeigneten Diagramm dar.
b) Recherchieren Sie die aktuellen Temperaturwerte der letzten sieben Tage und tragen Sie sie in dasselbe Diagramm ein.
c) Vergleichen Sie die Temperaturverläufe.

Alles klar?
→ Lösungen Seite 292
D64 **Fördern**

→ Seite 38

A Erstellen Sie zu den Daten der statistischen Erhebung ein passendes Diagramm.

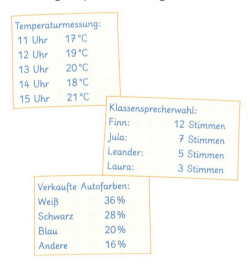

3 Erläutern Sie, welche Diagrammarten für die beschriebenen Daten gut geeignet sind.
a) Sammelerträge einer Spendenaktion
b) Stimmenanzahl für die beliebtesten Hits
c) Besucherzahlen im Schwimmbad
d) Preisentwicklung im Einzelhandel
e) Verbraucherumfrage zum Kauf von Bioprodukten

4 In einem Dorf hat sich die Anzahl der Einwohner in den letzten Jahren wie folgt geändert:

Jahr	Frauen	Männer
2015	1080	1122
2016	1056	1114
2017	1062	1110
2018	1058	1114
2019	1050	1116
2020	1045	1112
2021	1048	1108
2022	1046	1104

a) Stellen Sie die Anzahlen der Einwohnerzahlen (Frauen und Männer) in einem gemeinsamen Säulendiagramm dar.
b) Zeichnen Sie mit den gleichen Werten ein Liniendiagramm.
c) Berechnen Sie jedes Jahr die Anzahl der Männer minus die Anzahl der Frauen und geben Sie die Differenzen in eine weitere Zeile der Tabelle ein. Stellen Sie sie als Diagramm dar.
d) Vergleichen Sie die drei Diagramme. Erläutern Sie Vorteile und Nachteile.

5 Bei einer Umfrage wurden 160 Schülerinnen und Schüler befragt, wie oft sie im Monat in ihrer Freizeit Sport betreiben.

Tage	Anz.	Tage	Anz.	Tage	Anz.	Tage	Anz.
0	6	8	11	16	3	24	0
1	2	9	7	17	2	25	2
2	8	10	10	18	0	26	1
3	8	11	8	19	8	27	5
4	10	12	5	20	11	28	0
5	5	13	9	21	9	29	0
6	6	14	8	22	5	30	1
7	4	15	6	23	0	31	0

a) Es ist sehr aufwendig, ein Diagramm mit 32 Säulen zu zeichnen. Fassen Sie in einer neuen Tabelle jeweils zwei Tage zusammen:

Tage	Anzahl
0 bis 1	8
2 bis 3	16
...	...

Zeichnen Sie dafür ein Säulendiagramm.
b) Fassen Sie in einer weiteren Tabelle jeweils vier Tage zusammen und zeichnen Sie ein Diagramm. Vergleichen Sie die Diagramme.

Kreisdiagramme zeichnen

Kreisdiagramme eignen sich gut, um Anteile deutlich zu machen. Das kann zum Beispiel bei Wahlergebnissen nützlich sein, da man auf einen Blick sehen kann, ob ein Kandidat mehr als die Hälfte aller Stimmen bekommen hat.

Um zu Daten ein Kreisdiagramm zeichnen zu können, muss für jeden Wert die entsprechende Winkelgröße berechnet werden.

Beispiel:
Eine Wahl zum Vereinsvorsitzenden hatte folgenden Ausgang:

Kandidat	Frau Grün	Herr Blau	Herr Schwarz	Frau Rot
Stimmen	71	15	9	85

1. Berechnen Sie die Gesamtzahl der abgegebenen Stimmen: 71 + 15 + 9 + 85 = 180
   180 Stimmen entsprechen 360°.
2. Eine Stimme entspricht dann 2°.
3. 71 Stimmen für Frau Grün entsprechen dann der Winkelgröße 2° · 71 = 142°.
4. Verfahren Sie mit den Stimmen für Herrn Blau, Herrn Schwarz und Frau Rot genauso.
5. Zeichnen Sie einen Kreis und die Kreisausschnitte nacheinander. Beginnen Sie mit dem größten Ausschnitt.

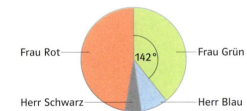

● **1** Beim Schulfest wurden Getränke in Bechern verkauft. Stellen Sie die verkauften Getränkesorten in einem Kreisdiagramm dar.

Getränk	Limonade	Saft	Kaffee	Kakao	Eistee
Anzahl der Becher	250	110	200	80	80

● **2** Die Frage nach dem bevorzugten Verkehrsmittel brachte folgendes Ergebnis:

50 % Pkw
30 % Bahn / Bus
10 % Fahrrad
10 % sonstiges

Stellen Sie das Ergebnis in einem Kreisdiagramm dar.

● **3** Jeder Deutsche nascht etwa 36 kg Süßigkeiten im Jahr: 6 kg Eis, 11 kg Schokolade, 10 kg Kuchen und Gebäck, 5 kg Knabbergebäck und 4 kg kakaohaltige Lebensmittel.
Zeichnen Sie ein passendes Kreisdiagramm mit einem Radius von 4 cm.

> Da 100 % dem ganzen Kreis entsprechen, kann man Prozente einfach in Winkelgrößen umrechnen:
>
> ☐ % · 3,6° ergibt die Winkelgröße.

6 Daten vergleichen und interpretieren

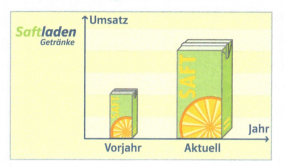

Der Leiter einer Getränkefirma will die Verdopplung der Saftproduktion in einem Schaubild darstellen.
→ Wie stellt er die Produktionsmenge dar?
→ Welchen Eindruck erweckt das Schaubild?
→ Erstellen Sie selbst ein Schaubild.

Da Diagramme oft anschaulicher als Tabellen sind, werden sie häufig für Berichte, Präsentationen, auf Plakaten oder in den Medien verwendet. Allerdings kann durch veränderte Diagramme schnell ein falscher Eindruck entstehen. Damit kann man Meinungen beeinflussen.

Merke

Verschiedene **Diagramme** mit den gleichen Daten können sehr unterschiedlich wirken. Dies geschieht zum Beispiel durch eine unpassend gewählte Skala (Einteilung) an den Achsen oder die Koordinatenachsen schneiden sich nicht im Punkt (0 | 0). Bei Diagrammen mit Symbolen, sogenannten Piktogrammen, kann auch durch die Veränderungen der Größenverhältnisse die Wirkung beeinflusst werden. Körper werden korrekt über ihr Volumen skaliert, Flächen über ihren Flächeninhalt.

Beispiel

a) Veränderung des Maßstabs und des Koordinatenursprungs:

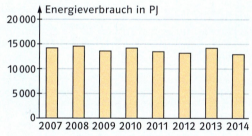

Die y-Achse beginnt im Nullpunkt. Der Energieverbrauch hat sich nur geringfügig geändert.

Durch die geänderte Skala und den geänderten Schnittpunkt der Koordinatenachsen scheint sich der Energieverbrauch stark verändert zu haben.

b) Veränderung der Größenverhältnisse:

Die Figur verdoppelt ihre Fläche.
Die Veränderung wird richtig dargestellt.

Die Figur verdoppelt ihre Höhe und ihre Breite. Dadurch vervierfacht sich die Fläche. Es entsteht ein falscher Eindruck.

4 Statistik Daten vergleichen und interpretieren

Schaubild 1

Schaubild 2

○ **1** Eine Firma hat ihren Jahresgewinn verdoppelt. Welches Schaubild auf dem Rand gibt den Sachverhalt richtig wieder? Begründen Sie kurz Ihre Entscheidung.

○ **2** Ein Hersteller will seinen Jahresumsatz in einem Säulendiagramm veranschaulichen.

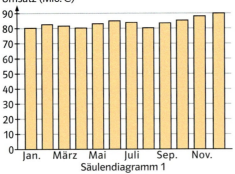

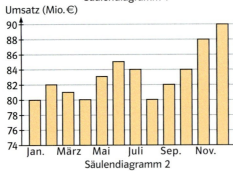

Vergleichen Sie die beiden Diagramme. Welche Wirkung wird jeweils erzielt?

Alles klar?
→ Lösungen Seite 293
D65 **Fördern**

A Die Ergebnisse der Vergleichsarbeit werden grafisch dargestellt. Lehrer Hempel erstellt zwei Säulendiagramme.
a) Beschreiben Sie die unterschiedlichen Eindrücke, die der Betrachter erhält.
b) Beschreiben Sie die Skalierung der Hochachse.

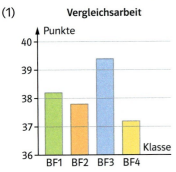

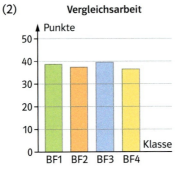

◐ **3** Ein Milchhof hat seinen Umsatz in fünf Jahren verdoppelt.
a) Gibt das Schaubild den richtigen Sachverhalt wieder?

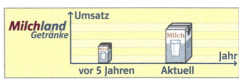

b) Zeichnen Sie ein Diagramm, das den Sachverhalt besser darstellt.

◐ **4** Mitgliederzahlen in einem Sportverein und ihre Darstellung.

Jahr	2011	2012	2013	2014	2015
Mitglieder	975	890	876	860	795

a) Erstellen Sie zu den Daten ein geeignetes Säulendiagramm, das den Eindruck vermittelt, dass sich die Mitgliederzahl in den letzten Jahren kaum geändert haben und ungefähr gleich geblieben sind.
b) Wie hat sich die Mitgliederzahl tatsächlich entwickelt? Warum wird dies im Diagramm aus Teilaufgabe a) nicht deutlich? Begründen Sie.
c) Zeichnen Sie ein Diagramm, bei dem der Mitgliederschwund deutlich wird.

● **5** Zwei Fruchtsafthersteller stellen ihre Umsätze der letzten vier Jahre in Diagrammen dar.

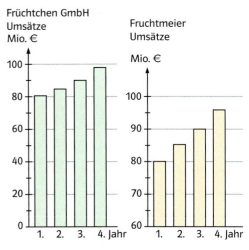

Welche Firma hat die größere Umsatzsteigerung? Begründen Sie Ihre Antwort.

7 Kenngrößen

Klasse A Einnahmen Schulfest	
Stand	€
Kuchen	246,00
Brötchen	85,50
Säfte	124,50
Torwand	99,00
Rallye	26,00
Karaoke	45,50

Klasse B Einnahmen Schulfest	
Stand	€
Würstchen	122,50
Tee	68,00
Waffeln	212,00
Quiz	43,50
Lose	85,00
Versteigerung	32,00

Schülerinnen und Schüler von zwei Klassen haben auf einem Schulfest viele Spiel- und Verkaufsstände organisiert.
→ Welcher Stand hat am meisten Geld eingenommen, welcher am wenigsten?
→ Wie viel Euro mehr hat der Stand mit den meisten Einnahmen im Vergleich zu dem mit den wenigsten Einnahmen?
→ Beschreiben Sie die Unterschiede zwischen den beiden Klassen.

Um sich nach einer Datenerhebung einen Überblick zu verschaffen, verwendet man **Kenngrößen**. Damit können statistische Erhebungen gut interpretiert und miteinander verglichen werden. Man unterscheidet dabei Lagemaße und Streuungsmaße.

Lagemaße beschreiben einen Mittelwert.

Merke
Die am häufigsten verwendeten **Lagemaße** sind die folgenden:
Die Summe aller Werte geteilt durch die Anzahl der Werte heißt **arithmetisches Mittel**. Der Wert, der am häufigsten vorkommt, heißt **Modalwert**. Einen Modalwert gibt es nicht in jeder Datenerhebung.
Der **Median** ist der Wert in der Mitte, wenn man die Daten nach der Reihenfolge in der sogenannten **Rangliste** ordnet.

Bemerkung
Bei einer geraden Anzahl von Einträgen ist der Median das arithmetische Mittel der beiden mittleren Einträge.

Beispiel
Einwohnerzahlen der 16 Bundesländer in Millionen (Stand: 2021)

Land	Einwohner (in Mio.)
Bremen	0,7
Saarland	1,0
Mecklenburg-Vorpommern	1,6
Hamburg	1,9
Thüringen	2,1
Sachsen-Anhalt	2,2
Brandenburg	2,5
Schleswig-Holstein	2,9
Berlin	3,7
Rheinland-Pfalz	4,1
Sachsen	4,1
Hessen	6,3
Niedersachsen	8,0
Baden-Württemberg	11,1
Bayern	13,1
Nordrhein-Westfalen	17,9

Das **arithmetische Mittel** berechnet sich aus der Summe aller Einwohnerzahlen geteilt durch 16, es beträgt 5,2 Millionen.
Der **Median** ist das arithmetische Mittel der beiden Werte in der Mitte der Rangliste. Er liegt zwischen Schleswig-Holstein mit 2,9 Millionen und Berlin mit 3,7 Millionen und beträgt $\frac{2,9 + 3,7}{2}$ = 3,3 Millionen.
Der **Modalwert** beträgt 4,1 Millionen, da dieser Wert als einziger zweimal vorkommt.

4 Statistik Kenngrößen

1 Bestimmen Sie für jede der Ranglisten das arithmetische Mittel und den Median. Vergleichen Sie die Werte miteinander. Was stellen Sie fest?
a) 3; 5; 7; 9; 11; 13; 15
   3; 5; 7; 9; 11; 13; 29
   3; 5; 7; 9; 11; 29; 41
b) 20; 25; 30; 35; 40; 45; 50
   6; 25; 30; 35; 40; 45; 50
   6; 11; 30; 35; 40; 45; 50
c) 15; 18; 21; 25; 28; 31
   15; 18; 23; 23; 28; 31
   15; 23; 23; 23; 23; 31
   15; 21; 21; 25; 25; 31

2 Berechnen Sie das arithmetische Mittel, den Median und wenn möglich den Modalwert.
a) 8; 12; 15; 17; 19; 23; 25; 26; 29
b) 0; 1; 10; 11; 12; 14; 15; 15; 17; 18; 20
c) 3; 5; 12; 15; 15; 16; 18; 19; 51; 65
d) 2; 2; 25; 28; 31; 39; 41; 42; 69; 88
e) 4; 4; 17; 19; 21; 23; 25; 38; 38

3 Elf verschiedene Smartphones werden nach einem Punktsystem von –5 (sehr schlecht) bis +5 (sehr gut) beurteilt:
+3; +2; +5; –1; 0; +2; –2; +3; –4; +4; –1
Bestimmen Sie das arithmetische Mittel und den Median. Begründen Sie, welcher Wert aussagekräftiger ist.

Streuungsmaße geben die Abweichung vom Mittelwert an.

Merke Die am häufigsten verwendeten **Streuungsmaße** sind:
Der kleinste Wert heißt **Minimum**. Der größte Wert heißt **Maximum**.
Die Differenz aus Maximum und Minimum heißt **Spannweite**.
Der **Median** teilt die Rangliste in zwei Hälften.
Den Median der unteren Hälfte nennt man **unteres Quartil q_u**, den Median der oberen Hälfte nennt man **oberes Quartil q_o**.
Der Unterschied zwischen q_u und q_o heißt **Quartilabstand q**.

Quartil kommt von quartus und bedeutet $\frac{1}{4}$. Die Quartile teilen daher die Verteilung in vier 25%-Abschnitte.

Beispiel In einer Klasse werden die monatlichen Ausgaben für Handy-Gebühren (in €) ermittelt.
| 7 10 14 | 18 20 23 | 23 25 28 | 30 31 38 |
Das Minimum beträgt 7 €. Das Maximum beträgt 38 €.
Die Spannweite ergibt sich aus der Differenz von Maximum und Minimum und beträgt 38 € – 7 € = 31 €.
Das untere Quartil q_u liegt zwischen 14 € und 18 € und beträgt $\frac{14+18}{2}$ € = 16 €.
Das obere Quartil q_o liegt zwischen 28 € und 30 € und beträgt $\frac{28+30}{2}$ € = 29 €.

Bemerkung Das untere Quartil q_u markiert den ersten Abschnitt. Mindestens 25 % aller Daten sind kleiner oder gleich q_u. Das obere Quartil q_o markiert den vierten Abschnitt. Mindestens 25 % aller Daten sind größer oder gleich q_o. Im Bereich von q_u bis q_o befinden sich mindestens 50 % aller Daten.

4 Bestimmen Sie für die folgende, geordnete Liste das Minimum, das Maximum, die Spannweite, unteres Quartil, oberes Quartil und den Quartilabstand.

0; 2; 5; 5; 6; 7; 8; 8; 10; 12; 13; 13; 15; 17; 20; 22; 25; 26; 28; 31; 33; 35; 35; 57; 85

5 Nicht immer werden alle Daten einzeln aufgeschrieben, sondern in einer Tabelle dargestellt, wie z. B. die Ergebnisse einer Klassenarbeit.

Note	1	2	3	4	5	6
Schüler / -in	2	7	9	6	3	1

Bestimmen Sie alle Kenngrößen. Welche gibt den Notendurchschnitt der Klasse an?

168

4 Statistik **Kenngrößen**

Alles klar?
→ Lösungen Seite 293
D66 **Fördern**

→ Seite 39

6 Bestimmen Sie alle Kenngrößen. Welche Bedeutung haben sie?

Tage	Mo	Di	Mi	Do	Fr	Sa	So
Länge in km	24	48	33	52	26	41	39

A Die Sportlehrerin notiert die Wurfweiten beim Schlagball (200 g) in einer Rangliste. Bestimmen Sie Minimum, unteres Quartil, Median, oberes Quartil und Maximum.

a) Mädchen:

Rangplatz	1	2	3	4	5
Weite in m	14	19	21	21	23

Rangplatz	6	7	8	9
Weite in m	25	26	29	33

b) Jungen:

Rangplatz	1	2	3	4	5	6	7	8
Weite in m	25	28	29	30	30	32	32	33

Rangplatz	9	10	11	12	13	14	15	16
Weite in m	34	35	35	36	38	39	39	48

B Die neun Volleyballerinnen der Frauen-Schulmannschaft notieren ihre Körpergrößen.
1,72 m; 1,63 m; 1,60 m; 1,75 m; 1,68 m; 1,72 m; 1,69 m; 1,77 m; 1,65 m

a) Erstellen Sie eine Rangliste und bestimmen Sie Minimum und Maximum.
b) Berechnen Sie das untere Quartil, den Median und das obere Quartil.

7 Schnelligkeits- und Konzentrationstest: Aus einem gut gemischten Skatspiel zieht der Spielleiter fünf Karten zufällig heraus. Der Spieler schaut sich die restlichen Karten an. Die Stoppuhr läuft, bis er drei der fünf fehlenden Karten richtig benannt hat. Jede falsche Nennung gibt fünf Strafsekunden. Nach 45 Sekunden ist Schluss.
a) Führen Sie in Gruppen einen Wettbewerb mit jeweils mindestens fünf Spielern durch. Analysieren Sie die Ergebnisse mithilfe der Kenngrößen.
b) Lohnt es sich, das Spiel zu trainieren? Spielen Sie mit einigen Freiwilligen jeweils zehnmal nacheinander. Werden die Zeiten kürzer? Ist die Tendenz bei allen gleich?

8 Betrachten Sie die beiden geordneten Listen.

0; 0; 7; 7; 7; 8; 8; 8; 9; 11; 12

0; 2; 2; 2; 3; 8; 12; 12; 12; 12; 12

a) Beschreiben Sie ohne Rechnung, was die beiden Datenlisten gemeinsam haben und worin sie sich unterscheiden.
b) Bestimmen Sie für die beiden Listen das arithmetische Mittel, die Spannweite und den Median. Was stellen Sie fest?
c) Bestimmen Sie für beide Listen das obere und untere Quartil sowie den Quartilabstand. Welche Aussage können Sie machen?

9 Bestimmen Sie für die in den Listen zusammengefasssten Ergebnisse von Befragungen das untere und das obere Quartil, den Median und den Quartilabstand.

a) Anzahl guter Freundinnen und Freunde

Anzahl	0	1	2	3	4	5	6	7	8	9	10
Häufigkeit	4	5	4	7	9	8	3	5	6	2	1

b) Ausgaben für Süßigkeiten pro Monat

Ausg. in €	2	5	6	8	10	12	15	16	20
Häufigkeit	3	8	4	2	12	5	6	1	2

10 Wie viele Kurznachrichten senden oder erhalten Lernende pro Woche? Erfassen Sie für Ihre Klasse die Daten und bestimmen Sie das Minimum, das Maximum, das arithmetische Mittel, das untere und das obere Quartil, den Median und den Quartilabstand.

11 In zwei Klassen wird die durchschnittliche Nutzung des Internets pro Woche in Stunden erhoben. Die Auswertung ergaben:

Kenngröße	Klasse 1	Klasse 2
Minimum	0	1
unteres Quartil	1	2
Median	3	4
oberes Quartil	5	7
Maximum	19	26
arithmetisches Mittel	3,12	5,2

a) Machen Sie Aussagen über Unterschiede und Gemeinsamkeiten der beiden Klassen.
b) Überprüfen Sie folgende Aussage:
Etwa 50 % der Jugendlichen in Klasse 1 nutzen das Internet 1 bis 5 Stunden in der Woche.

Boxplots

Kenngrößen werden in einem Kenngrößendiagramm, dem **Boxplot**, übersichtlich dargestellt.

Zum Zeichnen eines **Boxplots** werden über einer Skala, die alle Werte der Erhebung umfasst, die Kenngrößen Minimum (Min), Maximum (Max), Median (z), unteres und oberes Quartil (q_u und q_o) eingetragen. Der Bereich zwischen dem unteren und oberen Quartil wird als Box gezeichnet. Die Quartile werden mit dem Minimum bzw. dem Maximum verbunden.

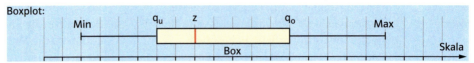

Beispiel:
Wie häufig sind Jugendliche und Erwachsene im letzten Jahr ins Kino gegangen?

Häufigkeit der Besuche	0	1	2	3	4	5	6	7	8	9	10	15	17	19	24
Anzahl der Jugendlichen (gesamt 117)	3	7	14	23	21	17	11	5	7	3	1	2	1	1	1
Anzahl der Erwachsenen (gesamt 121)	22	26	25	17	14	7	2	3	1	0	3	1	0	0	0

Zum Zeichnen der beiden Boxplots ist es hilfreich, die Kenngrößen in einer Tabelle zu erfassen.

	Jugendliche		Erwachsene	
	Rangplatz	Wert	Rangplatz	Wert
Minimum	1	0	1	0
unteres Quartil	30	3	31	1
Median	59	4	61	2
oberes Quartil	88	6	91	4
Maximum	117	24	121	15

Aus den Boxplots kann Folgendes abgelesen werden:
- Von den Erwachsenen gehen mindestens 25 % nicht mehr als einmal pro Jahr ins Kino, mindestens 25 % gehen aber auch viermal und häufiger ins Kino.
- Mindestens 50 % der Jugendlichen gehen drei- bis sechsmal im Jahr ins Kino.
- Mindestens 50 % der Erwachsenen gehen nur ein- bis viermal im Jahr ins Kino.
- Während von den Jugendlichen mindestens 75 % mehr als zweimal im Jahr ins Kino gehen, sind es bei den Erwachsenen weniger als 50 %.
- Bei den Jugendlichen setzen sich einige Ausreißer deutlicher nach oben ab als bei den Erwachsenen, das zeigen die Längen der Verbindungslinien zwischen Quartil und Minimum bzw. Maximum.
- Vergleicht man die Boxen für die Jugendlichen und die Erwachsenen, so erkennt man, sie sind gleich groß, jedoch gegeneinander versetzt.

In beiden Gruppen zeigt also die Mehrheit ein ähnliches Kinoverhalten, die Jugendlichen gehen aber insgesamt häufiger ins Kino.

V26 ▶ **Erklärfilm**
Boxplots

1 Zeichnen Sie den Boxplot.

	Mini-mum	unteres Quartil	Medi-an	oberes Quartil	Maxi-mum
a)	0	12	15	21	27
b)	17	23	31	42	59
c)	50	120	175	210	250

2 Zeichnen Sie zur geordneten Liste einen Boxplot.
a) 5; 8; 8; 12; 14; 15; 15; 17; 19; 19; 19; 24; 25; 27; 27; 28; 32; 36
b) 0; 2; 18; 26; 30; 32; 32; 33; 35; 38; 39; 40; 40; 42; 51

3 Lesen Sie die Kenngrößen aus dem Boxplot ab.
a)
b)

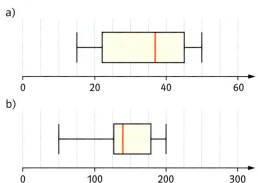

4 Welche der Datenlisten passen zum Boxplot? Begründen Sie Ihre Antwort.

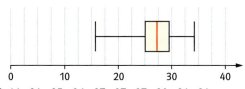

a) 16; 24; 25; 26; 27; 27; 27; 30; 31; 34
b) 16; 24; 25; 26; 27; 27; 27; 30; 31; 40
c) 16; 25; 26; 27; 29; 30; 34
d) 16; 17; 18; 19; 27; 29; 30; 31; 34

5 Zeichnen Sie für die beiden geordneten Listen die Boxplots. Was stellen Sie fest?

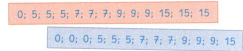

6 Die Boxplots zeigen das Ergebnis einer Umfrage nach den durchschnittlichen Handy-Kosten pro Monat, abhängig von der Altersgruppe.

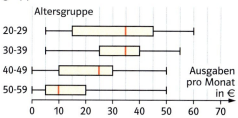

a) Fassen Sie in einer Tabelle alle Kenngrößen, die Sie ablesen können, zusammen.
b) Interpretieren Sie jeden einzelnen Boxplot.
c) Vergleichen Sie die Boxplots miteinander. Welche Aussagen können Sie machen?

7 Bei einer Umfrage wurden 69 Wissenschaftlerinnen und Wissenschaftler befragt, wie viele Beiträge sie durchschnittlich im Jahr in Fachzeitschriften veröffentlichen.

Veröffentlichungen	3	4	5	6	7	8	9
Anzahl	2	8	10	8	4	3	8

Veröffentlichungen	10	11	12	13	14	15	16
Anzahl	15	3	4	0	1	2	1

a) Erstellen Sie ein Säulendiagramm.
b) Bestimmen Sie die notwendigen Kenngrößen und zeichnen Sie einen Boxplot.

8 In einer Mehlfabrik werden 500-g-Tüten abgepackt. Um die Qualität der vier Abfüllmaschinen zu prüfen, wird von jeder Maschine eine Stichprobe genommen. Die Ergebnisse sind in den Boxplots wiedergegeben.

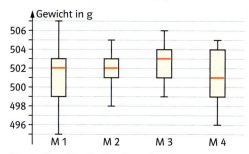

Beurteilen Sie die Qualität der Maschineneinstellung. Welche Maschinen sollten nachjustiert werden? Begründen Sie kurz Ihre Antwort.

Zusammenfassung

D67 Karteikarten

Daten erfassen
Daten einer statistischen Erhebung können durch Umfragen, Recherchen oder Experimente ermittelt werden. Dies erfolgt mit Fragebögen, Nachschlagewerken, Datenbanken oder Messmethoden.

Daten vergleichen – Häufigkeiten
Mit der Angabe von Häufigkeiten kann man statistische Daten vergleichen.

relative Häufigkeit = $\dfrac{\text{absolute Häufigkeit}}{\text{Gesamtzahl}}$

Relative Häufigkeiten kann man als als Bruch, als Dezimalzahl oder als Prozentzahl angeben.

absolute Häufigkeit	Gesamtzahl	relative Häufigkeit
70	200	$\dfrac{70}{200} = 0{,}35 = 35\,\%$

Stichprobe
Wird bei einer statistischen Erhebung nur ein Teil der Gesamtheit befragt, so spricht man von einer Stichprobe.

Klassenbildung
Bei der Klassenbildung werden die Daten in verschiedene Bereiche (Klassen) eingeteilt. Die Bereiche müssen so gewählt werden, dass man jeden Wert genau in einen Bereich einsortieren kann. Die verschiedenen Klassen werden möglichst gleich groß gewählt. Dadurch können die Daten übersichtlich dargestellt werden. Die genaue Information über den Wert geht dabei verloren.

Beispiel:
Körpergröße (in cm) einer Schulklasse:
151; 153; 155; 158; 160; 161; 162; 163;
165; 166; 166; 167; 169; 170; 174; 175;
176; 179; 184; 197

Darstellung mithilfe von Klassenbildung:

Körpergröße (in cm)	absolute Häufigkeit	relative Häufigkeit
150–159	4	$\dfrac{4}{20} = 20\,\%$
160–169	9	$\dfrac{9}{20} = 45\,\%$
170–179	5	$\dfrac{5}{20} = 25\,\%$
180–189	1	$\dfrac{1}{20} = 5\,\%$
190–199	1	$\dfrac{1}{20} = 5\,\%$

Daten darstellen
Durch Diagramme werden statistische Erhebungen veranschaulicht.
Man unterscheidet Säulendiagramme, Balkendiagramme und Liniendiagramme.

Säulen- und Balkendiagramme machen Größenunterschiede zwischen den Daten deutlich.

Monat	11	12	1	2	3	4
Schneehöhe in cm	5	15	22	26	18	12

durchschnittliche Schneehöhen

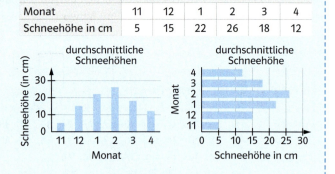

Liniendiagramme veranschaulichen die Veränderung von einem Wert zum nächsten. Die Daten müssen in einer sinnvollen Reihenfolge stehen.

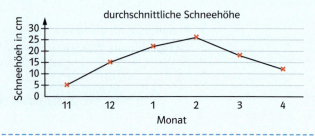

Zusammenfassung

Manipulation mit Statistik
Auf unterschiedliche Weise kann man Statistiken manipulieren. So wird beim Leser ein falscher Eindruck vermittelt. Häufig wird eine unangemessene Skalierung sowie eine optische Täuschung (bei z. B. Bildsymbolen) benutzt oder es werden nur ausgewählte Informationen dargestellt.

Kenngrößen
Kenngrößen verwendet man, um sich einen Überblick über eine statistische Datenerhebung zu verschaffen. Man unterscheidet Lagemaße und Streuungsmaße.

Beispiel: Eine Ü30-Wandergruppe schreibt die Etappen bei einer 5-Tages-Wanderung auf.

Tag	1. Tag	2. Tag	3. Tag	4. Tag	5. Tag
Streckenlänge	12 km	15 km	17 km	13 km	10 km

Lagemaße:
Arithmetisches Mittel = $\frac{\text{Summe aller Werte}}{\text{Anzahl der Werte}}$
Modalwert: Wert, der am häufigsten vorkommt
Median z: Wert in der Mitte der geordneten Datenliste

Berechnung der Kenngrößen:
Arithmetisches Mittel = $\frac{12 + 15 + 17 + 13 + 10}{5}$ km = 13,4 km
Modalwert gibt es hier keinen.
Median z = 13 km

Streuungsmaße:
Minimum: kleinster Wert
Maximum: größter Wert
Spannweite = Maximum − Minimum
Unteres Quartil q_u: Median der unteren Hälfte
Oberes Quartil q_o: Median der oberen Hälfte
Quartilabstand q: oberes Quartil − unteres Quartil
  = $q_o - q_u$

Minimum = 10 km
Maximum = 17 km
Spannweite = 17 km − 10 km = 7 km
Unteres Quartil q_u = 12 km
Oberes Quartil q_o = 15 km
Quartilabstand q = 15 km − 12 km = 3 km

Anwenden im Beruf

1 Eine Berufsschulklasse wird nach ihrem Alter gefragt. Die Umfrage ergibt das folgende Ergebnis:

19; 28; 17; 21; 18; 18; 19; 18; 17; 19; 20; 21; 19; 19; 23; 19; 32; 25; 19; 18

a) Berechnen Sie das arithmetische Mittel.
b) Bestimmen Sie den Median und vergleichen Sie mit dem arithmetischen Mittel.

2 Eine Gruppe Jugendlicher soll spontan das Münzgeld zählen, das jeder bei sich trägt. Folgende Beträge (in €) werden ermittelt:

3,26; 5,79; 12,66; 0,78; 0,13; 22,89; 7,54; 6,61; 3,47; 3,33; 4,02; 7,51; 12,12; 2,88; 1; 3,41; 4,69; 8,89; 7,04; 6,23; 11,57; 17,31; 3,55; 6,30; 5,40; 13,82; 15,60

Stellen Sie das Ergebnis übersichtlich dar, indem Sie Klassen bilden.

3 In einem Familienzentrum werden 120 Kinder betreut. Für die dort angebotenen Nachmittagskurse liegen folgende Teilnehmerzahlen vor:

Kurse	relative Häufigkeit
Spielmäuse	19,2 %
Bewegungszwerge	45,0 %
Bilderbuchcafé	35,0 %
Musik und Tanz	27,5 %
Kochkünstler	35,9 %

a) Übertragen Sie die Tabelle in Ihr Heft. Berechnen Sie die absoluten Häufigkeiten.
b) Überprüfen Sie die Summe der absoluten und der relativen Häufigkeiten. Was fällt Ihnen auf? Woran kann das liegen?
c) Wählen Sie ein geeignetes Diagramm und zeichnen Sie die absoluten Häufigkeiten der Teilnehmerzahlen der einzelnen Kurse.

4 In einem Kindergarten wurde das Alter der Spatzen-Gruppe erfragt:

Alter in Jahren	1	2	3
Häufigkeit	2	3	5
Alter in Jahren	4	5	6
Häufigkeit	3	6	1

a) Bestimmen Sie das arithmetische Mittel, den Modalwert und den Median.
b) Zeichnen Sie ein Säulendiagramm für die relativen Häufigkeiten der einzelnen Altersstufen.

5 Das Balkendiagramm zeigt die Ausbildungsvergütung (tariflich) von Ausbildungsberufen im ersten Ausbildungsjahr (Stand 2022).

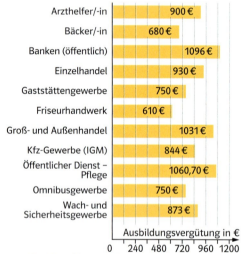

Quelle: https://www.tarifregister.nrw.de

Berechnen Sie Minimum, Maximum, unteres Quartil, oberes Quartil und den Median.

6 Klassenumfrage
a) Erstellen Sie einen Fragebogen für eine Umfrage in Ihrer Klasse (12 Fragen).
b) Führen Sie die Umfrage in Ihrer Klasse durch (anonym).
c) Fassen Sie die Ergebnisse der Umfrage in einer Tabelle zusammen.
d) Stellen Sie das Ergebnis jeder Frage grafisch dar. Berechnen Sie, wenn möglich, das arithmetische Mittel und den Median. Arbeiten Sie zu zweit und verteilen Sie die Aufgaben in der Klasse.
e) Präsentieren Sie Ihre Grafiken.

4 Statistik Anwenden im Beruf

7 Das Team eines Altenpflegeheims trainiert für einen Triathlon. Die Tabelle zeigt die Ergebnisse (h:min:sec) der einzelnen Teilnehmer.

Person	1	2	3	4	5
Geschlecht	w	w	w	m	m
Schwimmen	0:10:37	0:14:11	0:21:11	0:08:50	0:12:32
Radfahren	0:52:00	1:03:39	1:13:23	1:07:06	0:53:39
Laufen	0:29:15	0:33:41	0:46:24	0:34:06	0:27:51
Endzeit	1:31:52	1:51:31	2:20:58	1:50:02	1:34:02

a) Erklären Sie die Zeitangaben in der Tabelle.
b) Berechnen Sie das arithmetische Mittel und den Median für das Schwimmen, das Radfahren und das Laufen.

c) Berechnen Sie für die Frauen und die Männer getrennt die durchschnittliche Endzeit. Was fällt auf?

Information

Nährwertkennzeichnung von Lebensmitteln

Für verpackte Lebensmittel wird die **Nährwertkennzeichnung** ab Dezember 2016 verpflichtend. Sie erfolgt in Form einer Tabelle, die Angaben beziehen sich auf 100 g oder 100 ml des Lebensmittels. Vorgeschrieben ist die Kennzeichnung von mindestens 7 Angaben:
Brennwert (Energiegehalt), Fett, gesättigte Fettsäuren, Kohlenhydrate, Zucker, Eiweiß und Salz.

Energie enthält als Hauptnährstoffe Kohlenhydrate, Eiweiße und Fette. Sind die enthaltenen Nährwerte eines Lebensmittels bekannt, kann der zugehörige **Brennwert** (in Kilokalorien) berechnet werden:
1 g Kohlenhydrate entspricht 4,1 kcal
1 g Eiweiß entspricht 4,1 kcal
1 g Fett entspricht 9,3 kcal

8 Ein Rezept für Kartoffelpüree für 1 Kinderportion enthält folgende Zutaten: 200 g Kartoffeln, 150 g Möhren, 50 ml Milch (1,5 % Fett), 5 g Butter und Gewürze. Die Nährwerte der Zutaten sind in der Tabelle angegeben.

Nährwertangaben (pro 100 g bzw. 100 ml)	Fett	Kohlenhydrate	Eiweiß
Kartoffeln	0,0 g	15,0 g	2,0 g
Möhren	0,2 g	10,0 g	1,0 g
Milch (1,5 % Fett)	1,5 g	5,0 g	3,5 g
Butter	82,0 g	0,0 g	1,0 g

a) Berechnen Sie für jede Zutat die Kilokalorien pro 100 g bzw. pro 100 ml.
b) Wie viele Kilokalorien enthält eine Portion dieses Kartoffelpürees?

9 Die Tabelle enthält beispielhaft Angaben über die Zusammensetzung einiger Lebensmittel, die als „Dickmacher" gelten.

Nährwertangaben (pro 100 g)	Fett	Kohlenhydrate	Eiweiß	Salz
Schokolade	36 g	54 g	8,4 g	0,6 g
Gummibären	0,1 g	77 g	6,8 g	0,1 g
Chips	35 g	48 g	5,4 g	1,6 g
Erdnüsse	49 g	16 g	26 g	1,0 g

a) Berechnen Sie für jedes Produkt die relativen Anteile der Bestandteile der Nahrungsmittel und zeichnen Sie jeweils ein Säulendiagramm.
b) Vergleichen Sie die Diagramme. Was fällt auf? Warum sind diese Lebensmittel sogenannte „Dickmacher"?

4 Statistik Anwenden im Beruf

Information

Gesundheitswesen

Das statistische Bundesamt erfasst eine Vielzahl an Daten im Bereich Gesundheitswesen. Diese Daten und Statistiken sind für unterschiedliche Bereiche des Gesundheitswesens von alltäglicher Bedeutung. Zu diesen Bereichen gehören z. B. Krankenhäuser, Arztpraxen, Krankenversicherungen oder auch die Bundeszentrale für gesundheitliche Aufklärung.

10 Für ein Krankenhaus wird die monatliche Zahl der Neugeborenen für das letzte Jahr veröffentlicht.

Monat	Zahl der Neugeborenen
Januar	59
Februar	57
März	54
April	52
Mai	60
Juni	62
Juli	70
August	68
September	73
Oktober	63
November	68
Dezember	57

a) Stellen Sie die Daten in einem geeigneten Diagramm dar, sodass die unterschiedlichen Anzahlen der Geburten im Verlauf des Jahres verdeutlicht werden. Was fällt Ihnen auf?

b) Wie viele Kinder werden in diesem Krankenhaus pro Tag (pro Monat) durchschnittlich geboren?

11 Das Statistische Bundesamt veröffentlichte für das Jahr 2020 folgende Zahlen:

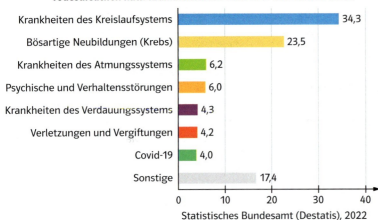

Todesursachen nach Krankheitsarten 2020 in % bei 338 000 Toten

- Krankheiten des Kreislaufsystems: 34,3
- Bösartige Neubildungen (Krebs): 23,5
- Krankheiten des Atmungssystems: 6,2
- Psychische und Verhaltensstörungen: 6,0
- Krankheiten des Verdauungssystems: 4,3
- Verletzungen und Vergiftungen: 4,2
- Covid-19: 4,0
- Sonstige: 17,4

Statistisches Bundesamt (Destatis), 2022

a) Berechnen Sie die absoluten Häufigkeiten der Todesursachen nach Krankheitsarten.

b) Das Balkendiagramm zeigt die relativen Häufigkeiten der Todesursachen an. Zeichnen Sie das Diagramm neu, und zwar so, dass die absoluten Häufigkeiten zu erkennen sind.

12 Zwei Grafiken zeigen die Bereitschaft zur Organspende.

Bereitschaft zur Organspende

Zahl der Menschen in Deutschland, die nach ihrem Tod Organe gespendet haben.

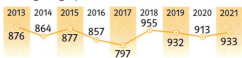

2013: 876 | 2014: 864 | 2015: 877 | 2016: 857 | 2017: 797 | 2018: 955 | 2019: 932 | 2020: 913 | 2021: 933

2021 nach dem Tod gespendete Organe (Veränderung gegenüber 2020 in Prozent)

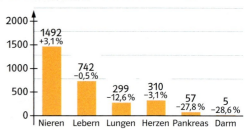

- Nieren: 1492 (+3,1 %)
- Lebern: 742 (−0,5 %)
- Lungen: 299 (−12,6 %)
- Herzen: 310 (−3,1 %)
- Pankreas: 57 (−27,8 %)
- Darm: 5 (−28,6 %)

Quelle: Deutsche Stiftung Organtransplantation

a) Erläutern Sie die obere Grafik. Ist das Diagramm gut dargestellt? Begründen Sie.

b) Wodurch könnte der Rückgang der Zahl der Organspenden bis 2017 begründet sein?

c) Erklären und erläutern Sie die untere Grafik.

d) Warum ergibt die Summe der im Jahr 2021 gespendeten Organe nicht 1046 (aus der oberen Grafik)? Erläutern Sie.

e) Zeichnen Sie ein Diagramm für die Veränderung der gespendeten Organe gegenüber 2020. Wählen Sie eine geeignete Diagrammdarstellung. Begründen Sie Ihre Wahl.

4 Statistik Anwenden im Beruf

Information

Richtlinien und Normen

Für die meisten Gegenstände und Geräte gibt es Richtlinien und Normen. Diese legen fest, welche Merkmale und Eigenschaften ein Gegenstand bzw. ein Gerät mit einem bestimmten Namen hat.
Zu diesen Geräten zählen auch medizinische Instrumente (z. B. Injektionsnadeln) oder Gegenstände wie Spielgeräte für Kindergärten und Rollstühle.
Außerdem werden in den Richtlinien und Normen die zulässigen Abweichungen (Toleranzen) angegeben. Die Abweichungen können Maß-, Form- oder Gewichtsabweichungen sein.

Bekannte Normen sind DIN-Normen (deutsche Norm), ISO-Normen (internationale Norm) und EN-Normen (europäische Norm).
Diese Standardisierung vereinfacht Bestellungen solcher Gegenstände (Geräte), weil man nur die Bezeichnung und nicht einzelne Merkmale angeben muss. Außerdem sind die zulässigen Abweichungen insbesondere bei den Maßen, der Form und dem Gewicht genau festgelegt. Im medizinischen Bereich ist die genaue Einhaltung der Richtlinien und Normen besonders wichtig, um eine bestmögliche Versorgung von Patienten zu gewährleisten.

13 Ein Hersteller von Babywindeln gibt an, dass 5 % der Windeln in Farbe oder Aufdruck abweichen. Die Windeln werden in Packungseinheiten von 48, 74, 98, 102, 126 und 158 Stück verkauft. Eine Firma zum Testen von Waren möchte die Angabe des Herstellers zu den fehlerhaften Windeln überprüfen.
Machen Sie einen Vorschlag, wie der Warentester die stichprobenhafte Kontrolle durchführen sollte.

14 Ein Hersteller von Spritzen gibt den Außendurchmesser seiner Blutentnahmekanülen mit 0,8 mm und die Genauigkeit der Kanülen mit einer Toleranz von ± 0,04 mm an.
Die Zufallsstichprobe eines Krankenhauses ergibt folgende Maße:
0,76; 0,80; 0,80; 0,77; 0,79; 0,83; 0,78; 0,81;
0,86; 0,81; 0,83; 0,75; 0,76; 0,82; 0,80; 0,88;
0,85; 0,84; 0,82; 0,80; 0,79; 0,79; 0,82; 0,80;
0,84; 0,76; 0,78; 0,81; 0,80; 0,77; 0,83; 0,75

a) Wie viel Prozent der Kanülen haben das exakte Maß?

b) Wie viel Prozent der Kanülen liegen oberhalb des exakten Maßes, wie viel Prozent liegen unterhalb?

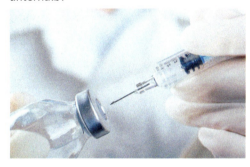

c) Wie viel Prozent liegen außerhalb des Toleranzbereichs von ± 0,04 mm?
Das Krankenhaus überprüft in einer Stichprobe die Blutentnahmekanülen eines zweiten Herstellers. Die Stichprobe ergibt folgende Maße:

0,83; 0,79; 0,80; 0,77; 0,81; 0,82; 0,82; 0,78;
0,79; 0,77; 0,81; 0,78; 0,84; 0,80; 0,78; 0,77;
0,76; 0,80; 0,84; 0,80; 0,81; 0,83; 0,80; 0,75;
0,81; 0,78; 0,81; 0,82; 0,77; 0,76; 0,75; 0,79

d) Erfassen Sie die Kenngrößen der beiden Stichproben in einer Tabelle.
e) Welchen Hersteller würden Sie dem Krankenhaus empfehlen? Begründen Sie.

Information: Body-Mass-Index

Der Body-Mass-Index (BMI) ist eine Maßzahl, die das Körpergewicht eines Menschen in Relation zu seiner Körpergröße setzt.

Berechnung des BMI: $BMI = \dfrac{\text{Körpergewicht in kg}}{(\text{Körpergröße in m})^2}$

Für Erwachsene existiert folgende Klassifikation der Weltgesundheitsorganisation WHO:

BMI	Einstufung
< 18,5 $\frac{kg}{m^2}$	Untergewicht
18,5 – 24,9 $\frac{kg}{m^2}$	Normalgewicht
25,0 – 29,9 $\frac{kg}{m^2}$	Übergewicht (Präadipositas)
30 – 39,9 $\frac{kg}{m^2}$	Adipositas Grad I und Grad II
≥ 40 $\frac{kg}{m^2}$	Adipositas Grad III

15 Die folgende Tabelle enthält die Größenverteilung und Gewichtsverteilung einer Diätgruppe.

Person	Körpergröße (in m)	Körpergewicht (in kg)
A	1,70	99
B	1,78	97
C	1,61	73
D	1,83	112
E	1,75	81
F	1,69	94
G	1,64	103
H	1,73	127
I	1,58	67
J	1,91	123
K	1,80	95
L	1,77	104

a) Berechnen Sie für alle Teilnehmerinnen und Teilnehmer den BMI. Runden Sie auf eine Nachkommastelle.
b) Ordnen Sie die Teilnehmerinnen und Teilnehmer der jeweiligen BMI-Klassifikation der WHO zu. Berechnen Sie die zugehörigen relativen Häufigkeiten.
c) Ermitteln Sie das arithmetische Mittel und den Median des BMI.

16 In einer Kindergartengruppe mit 2-Jährigen bis 4-Jährigen werden Körpergröße und Körpergewicht der Kinder erfasst.

Kind	Geschlecht	Körpergröße (in cm)	Körpergewicht (in kg)
1	m	84	12,0
2	w	88	13,5
3	w	86	13,0
4	m	92	13,5
5	w	92	14,0
6	m	91	15,0
7	m	89	13,0
8	w	97	14,5
9	m	99	16,0
10	m	104	17,5
11	m	110	19,0
12	w	89	15,0
13	m	101	18,0
14	m	105	15,5
15	w	102	15,5
16	w	95	16,0

a) Berechnen Sie für jedes Kind den BMI. Runden Sie auf eine Nachkommastelle.
b) Berechnen Sie die Kenngrößen des BMI für die Mädchen und die Jungen. Vergleichen Sie.

zu Aufgabe 16:
Für Babys und Kleinkinder gilt eine eigene BMI-Klassifikation. Die Klassifikation für Erwachsene im Informations-Kasten kann nicht herangezogen werden.

Rückspiegel

D68 Testen

Wo stehe ich?

Ich kann ...	sehr gut	gut	etwas	nicht gut	Lerntipp!
1 Daten mit geeigneten Hilfsmitteln erfassen.	☐	☐	☐	☐	→ Seite 154
2 mit absoluten und relativen Häufigkeiten rechnen.	☐	☐	☐	☐	→ Seite 156
3 Stichproben geeignet auswählen.	☐	☐	☐	☐	→ Seite 160
4 Diagramme erstellen.	☐	☐	☐	☐	→ Seite 162
5 Diagramme lesen und verstehen.	☐	☐	☐	☐	→ Seite 165
6 Kenngrößen berechnen.	☐	☐	☐	☐	→ Seite 166, 167

Überprüfen Sie Ihre Einschätzung:

1 Bei der Planung einer Klassenfahrt soll geklärt werden: das Fahrtziel, das Busunternehmen mit dem niedrigsten Preis, ob die Wanderschuhe in den Koffern der Schülerinnen und Schüler Platz finden. Beschreiben Sie geeignete Methoden.

2 Zwei Umfragen
a) 3000 Personen wurden befragt, ob mehr Verkehrskontrollen durchgeführt werden sollten. Berechnen Sie aus dem untenstehenden Ergebnis die absoluten Häufigkeiten.

auf keinen Fall	41,2 %
eigentlich dagegen	21,5 %
unentschieden	12,4 %
eigentlich dafür	16,7 %
sehr dafür	8,2 %

b) Eine Umfrage unter Schülern, wie häufig pro Woche sie sportlich aktiv sind, hat Folgendes ergeben:

gar nicht	12
1–2 mal	42
3–4 mal	30
5–6 mal	21
täglich	15

Geben Sie die relative Häufigkeit jeweils als Bruch und in Prozent an.

3 Auf einem Großmarkt kauft eine Händlerin 50 Kisten mit je 30 Äpfeln. Sie will an 25 Äpfeln die Qualität prüfen.
a) Beschreiben Sie, was die Händlerin bei der Durchführung der Stichprobe beachten muss.
b) Erläutern Sie Vorteile und Nachteile, wenn man mehr oder weniger als 25 Äpfel auswählt.

4 Besucher/innen werden gefragt, wie sie von dem Konzert erfahren haben. Stellen Sie das Ergebnis in einem Säulendiagramm dar.

Quelle	Zeitung	Plakat	Rundfunk	andere
Anzahl	296	182	106	136

5 Kommentieren Sie: „Die Reiseausgaben der Deutschen sind dramatisch eingebrochen."

6 Ergebnis einer Mathematikarbeit (in Punkten): 27; 14; 18; 29; 24; 9; 27; 18; 19; 29; 14; 27
Bestimmen Sie alle Kenngrößen.

→ Die Lösungen zum „Rückspiegel" finden Sie auf Seite 295.

5 Lineare Funktionen Standpunkt

D69 Testen

Wo stehe ich?

Ich kann ...	sehr gut	gut	etwas	nicht gut	Lerntipp!
1 Koordinaten aus einem Koordinatensystem ablesen.	☐	☐	☐	☐	→ Seite 268
2 Punkte in ein Koordinatensystem eintragen.	☐	☐	☐	☐	→ Seite 268
3 proportionale Zusammenhänge erkennen.	☐	☐	☐	☐	→ Seite 130
4 den Dreisatz anwenden.	☐	☐	☐	☐	→ Seite 134
5 Terme vereinfachen.	☐	☐	☐	☐	→ Seite 23, 25, 27, 29
6 Gleichungen lösen.	☐	☐	☐	☐	→ Seite 34
7 Sachverhalte mithilfe von Gleichungen darstellen und lösen.	☐	☐	☐	☐	→ Seite 40

Überprüfen Sie Ihre Einschätzung:

1 Geben Sie die Koordinaten der Punkte an.

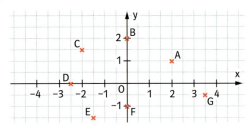

2 Zeichnen Sie die folgenden Punkte in ein Koordinatensystem ein: A(2|2); B(−2|2); C(−3,5|−2); D(0|−4); E(3,5|−2). Verbinden Sie die Punkte. Welche Figur entsteht?

3 Welche Größen sind proportional zueinander?
a) Lohn — Arbeitszeit
b) Anzahl Arbeiter — Dauer des Auftrags
c) Flaschen — Gewicht Getränkekiste
d) Alter — Lohn

4 Paul kauft 3 Schulhefte für 2,70 €. Wie viel Euro muss er für 5 Schulhefte bezahlen?

5 Vereinfachen Sie den Term.
a) $16a + 21b + 4a − 13b$
b) $−3x + (−2y) − (−4x) + 6y$
c) $5m \cdot 6 − 26n : 2$
d) $−4e \cdot (−7) + (−8f) : 4$
e) $3(x + y) − 2(3x − y)$

6 Lösen Sie die Gleichung.
a) $x + 4x = 14 − 2x$
b) $2(2x − 3) = 6x + 12$
c) $(x + 5)(x − 3) = (x + 9)(x + 7) + 6$

7 Paul hat 2,40 € in seiner Geldbörse. Er hat nur 50-Cent-Stücke und 10-Cent-Stücke. Dabei hat er 3-mal so viele 10-Cent-Stücke wie 50-Cent-Stücke. Welche Geldstücke hat Paul wie häufig?

→ Die Lösungen zum „Standpunkt" finden Sie auf Seite 297.

5 Lineare Funktionen

Ohne Handy geht nichts!
Mit dem Handy kann man auch von unterwegs mobiles Internet nutzen. Es gibt ein großes Angebot von verschiedenen Tarifen, z. B. Tarife mit Grundgebühr und Verbrauchspreis oder sogenannte Flatrates.
→ Erklären Sie die Unterschiede zwischen diesen Tarifen.
→ Wofür nutzen Sie das mobile Internet? Ist eine Flatrate immer die beste Wahl?

Zusammenhänge aus Alltag und Beruf wie zum Beispiel Mobilfunktarife, Stromtarife, Materialbedarf usw. lassen sich durch Tabellen und Graphen darstellen. Diese Zusammenhänge sind nicht immer proportional.

→ Suchen Sie in Gruppen Informationen und Angebote zu verschiedenen Internet-Tarifen für das Handy.
Tragen Sie Ihre Ergebnisse in einer Tabelle zusammen:

Tarif	Grundgebühr	Kosten pro Minute

→ Stellen Sie die Tarife aus Ihrer Tabelle grafisch dar.
→ Überlegen Sie, welcher Tarif für wen geeignet ist. Bedenken Sie, dass nicht jeder gleich viel Datenvolumen benötigt.

Ich lerne,
- wie man lineare Funktionen aufstellt,
- was ein lineares Gleichungssystem ist,
- wie man ein lineares Gleichungssystem löst,
- wie man Zusammenhänge aus Alltag und Beruf mithilfe von Geraden veranschaulichen kann.

1 Funktionen

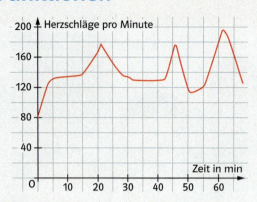

Das Diagramm zeigt die Pulsfrequenz von Svenja beim Geländelauf.
→ Lesen Sie die Pulsfrequenz nach 10; 20; 30; … Minuten möglichst genau ab.
→ Nennen Sie mögliche Gründe, weshalb die Pulsfrequenz nicht konstant gleich bleibt.

Oft gibt es Situationen, in denen eine erste Größe eine zweite bestimmt. Beispielsweise werden bei Temperaturmessungen Zuordnungen zwischen Uhrzeit und Temperatur verwendet. Dadurch entstehen **Wertepaare**, die in einer **Wertetabelle** dargestellt werden.

Uhrzeit	6:00	9:00	12:00	15:00	18:00	21:00	24:00
Temp. in °C	7,4	12,1	17,3	21,5	17,3	10,0	8,6

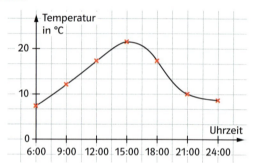

Zu jeder Uhrzeit gehört **genau** ein Temperaturwert. Deshalb ist die folgende Zuordnung **Uhrzeit → Temperatur** eine **eindeutige Zuordnung** oder **Funktion**. Der Temperaturwert 17,3 °C wird an zwei Uhrzeiten angenommen. Deshalb ist die Zuordnung **Temperatur → Uhrzeit** nicht eindeutig, es liegt **keine Funktion** vor.

Merke Unter einer **Funktion** versteht man eine **eindeutige Zuordnung**, bei der zu jeder Größe aus einem ersten Bereich (Eingabegröße, z. B. x) **genau eine** Größe aus einem zweiten Bereich (Ausgabegröße, z. B. y) gehört.

Bemerkung Eine Funktion wird durch eine **Funktionsvorschrift** oder eine **Funktionsgleichung** beschrieben und lässt sich in einer **Wertetabelle** oder als **Graph** darstellen.

Beispiel Einer Zahl x wird ihre Hälfte zugeordnet.

Funktionsvorschrift: $x \to \frac{1}{2}x$

Funktionsgleichung: $y = \frac{1}{2}x$

Für einzelne x-Werte werden die zugehörigen y-Werte berechnet.

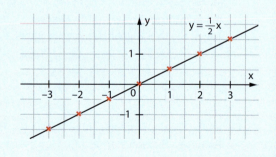

x	−3	−2	−1	0	1	2	3
y	−1,5	−1	−0,5	0	0,5	1	1,5

Mithilfe der Wertepaare wird der Graph in ein Koordinatensystem gezeichnet.

Alles klar?

→ Lösungen Seite 297

D70 Fördern

→ Seite 40

1 Nicht jede Zuordnung ist eine Funktion.
a) Welche Zuordnungen sind Funktionen? Begründen Sie Ihre Antwort.

Eingabegröße	Ausgabegröße
gefahrene Kilometer	Benzinverbrauch
verkaufte Eintrittskarten	erzielte Einnahmen
Heizölmenge	Rechnungsbetrag
ICE-Bahnkilometer	Fahrpreis
Fahrpreis	ICE-Bahnkilometer
Porto	Briefgewicht

b) Nennen Sie Situationen im Alltag, die sich durch eine Funktion darstellen lassen.

2 Entscheiden Sie anhand der Graphen, ob eine Funktion vorliegt oder nicht. Begründen Sie.

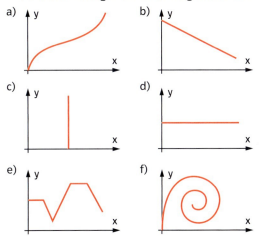

3 Gegeben sind folgende Funktionen:

Eingabegröße	Ausgabegröße
x	das Doppelte von x
x	die Summe aus x und 1
x	der dritte Teil von x
x	die Differenz von x und 2

a) Notieren Sie Funktionsvorschrift und Funktionsgleichung.
b) Legen Sie eine Wertetabelle an. Wählen Sie für x ganze Zahlen von –3 bis 3 und berechnen Sie die y-Werte.
c) Tragen Sie die Wertepaare in ein Koordinatensystem ein und zeichnen Sie den Graphen der Funktion.

A Das Schaubild zeigt den Hochwasserpegel des Rheins Ende 2012 in Köln.

a) Vervollständigen Sie die Wertetabelle mithilfe des Schaubilds.

Tag	25.11.	2.12.	9.12.	16.12.	23.12.	30.12.
Pegel in cm	▪	▪	▪	285	▪	▪

b) An welchem Tag gab es den höchsten Pegelstand in Köln, an welchem den niedrigsten Pegelstand?

B Manche Aktien ändern ihren Wert innerhalb sehr kurzer Zeit. Bestimmen Sie aus der Wertetabelle den größten und den kleinsten Wert einer Aktie. In welchem Zeitraum nahm der Wert am stärksten zu, wann sank er am stärksten?

Uhrzeit	09:00	10:00	11:00	12:00
Wert in €	42,30	42,90	41,50	42,60

Uhrzeit	13:00	14:00	15:00	16:00
Wert in €	43,40	43,70	42,90	42,80

4 Stellen Sie die Wertetabelle für ganzzahlige x-Werte von –4 bis 4 auf. Zeichnen Sie den Graphen.
a) $x \to 3x - 2$
b) $x \to 2,5x + 1$
c) $x \to -2x + 0,5$
d) $x \to -x - 1,5$
e) $x \to \frac{1}{2}x + 2$
f) $x \to -\frac{1}{4}x - 1,5$
g) $x \to (x - 1)^2$
h) $x \to 2 - x^2$

5 Lineare Funktionen Funktionen

> **Methode** **Eindeutige Zuordnung**
>
> Man kann ein Geodreieck zur Hilfe nehmen, um zu kontrollieren, ob es sich bei einem Graphen um den Graphen einer Funktion handelt. Schneidet das Geodreieck für einen x-Wert mehrmals den Graphen, sind diesem x-Wert mehrere y-Werte zugeordnet. Dann liegt keine Funktion vor, da die Zuordnung nicht eindeutig ist.
>
>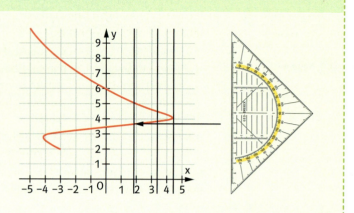

5 Tragen Sie die Wertepaare in ein Koordinatensystem ein und verbinden Sie sie zu einer Geraden. Welche Funktionsgleichung gehört zu welchem Graphen?

x	−2	−1	0	1	2	3
y	−3	−1	1	3	5	7

x	−2	−1	0	1	2	3
y	3	1	−1	−3	−5	−7

x	−4	−2	0	2	4	6
y	−4	−3	−2	−1	0	1

$y = \frac{1}{2}x - 2$ $y = -2x - 1$

$y = 2x + 1$ $y = -2x + 1$

6 Lars und Mara fahren mit dem Fahrrad zur Schule. Lars fährt zuerst ein kurzes Stück langsam bergauf, kann dann aber ein längeres Stück bergab fahren. Danach verläuft die Straße ganz eben bis zur Ampel, wo Lars ein wenig warten muss. Nach der Ampel folgt das letzte Stück bis zur Schule. Es geht leicht bergauf.
Mara fährt etwas später los. Sie kann aber auch gleich eine größere Strecke bergab fahren. Bis zur Ampel, wo sie Lars trifft, verläuft die Straße dann flach.
Den Rest der Strecke fahren sie zusammen.
a) Stellen Sie die Fahrt von Lars und Mara in einem Weg-Zeit-Diagramm dar.

b) Vergleichen Sie Ihre Ergebnisse. Was können Sie aus den Graphen alles ablesen?

7 Die unvollständigen Wertepaare gehören zur Funktionsgleichung y = 2x + 5.
a) (3 | ■) b) (−2 | ■)
c) (■ | 7) d) (■ | 5)

8 Die Werbetafel zeigt die Parkhaustarife.

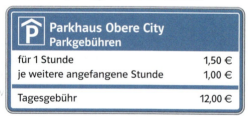

a) Zeichnen Sie dazu einen Graphen.
b) Frau Köhler parkt 3 Stunden, Herr Winter lässt sein Auto $5\frac{1}{2}$ Stunden stehen.
c) Frau Weber stellt um 08:45 Uhr ihr Fahrzeug im Parkhaus ab. Beim Verlassen des Parkhauses bezahlt sie 9,50 €.
d) Wann „lohnt" sich das Tagesticket?

Nicht alle Zuordnungen sind Funktionen

Die Erde ist umgeben von einer Gashülle, der Atmosphäre. Die beiden Schaubilder zeigen die Temperaturen in den verschiedenen Schichten der Atmosphäre.

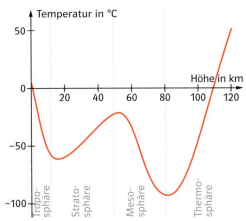
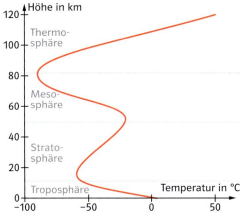

Im linken Schaubild wird jeder Höhenangabe genau eine Temperaturangabe zugeordnet. Die Zuordnung

Höhe in km ↦ *Temperatur in °C*

ist **eindeutig** und damit eine **Funktion**.

Im rechten Schaubild ist die Zuordnung *Temperatur in °C* ↦ *Höhe in km* **nicht eindeutig**. Zum Beispiel werden der Temperatur −20 °C mehrere Höhenangaben zugeordnet. Aus diesem Grund ist die Zuordnung nicht eindeutig und damit **keine Funktion**.

1 Stellt der Graph eine Funktion dar? Begründen Sie.

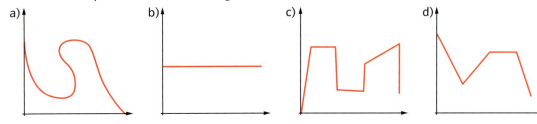

2 Gehört die Wertetabelle zu einer Funktion? Begründen Sie.

a)
1. Größe	3	4	5	6	7	8
2. Größe	5	6	7	8	9	10

b)
1. Größe	2	4	6	6	8	10
2. Größe	5	10	15	16	20	25

3 Mara macht eine Wanderung. Nach einer gewissen Zeit ruft ihre Mutter an und sie eilt nach Hause.
a) Das Schaubild zeigt den Verlauf der Wanderung. Lesen Sie im Schaubild ab, wie lange Mara bis zum Umkehrpunkt gebraucht hat. Vergleichen Sie mit dem Rückweg.
b) Vertauschen Sie nun die beiden Achsen und zeichnen Sie ein neues Schaubild. Benennen Sie die Zuordnung. Ist diese Zuordnung eindeutig? Begründen Sie.

→ Die Lösungen zur „EXTRA-Seite" finden Sie auf Seite 297.

5 Lineare Funktionen **Proportionale Funktionen**

2 Proportionale Funktionen

Auf ihrer Klassenfahrt mieteten sich die Schülerinnen und Schüler der Berufsfachschulklasse Kanus, um eine Wasserwanderung zu machen. Die Jugendlichen rechnen damit, dass sie 5,5 Kilometer in einer Stunde schaffen.
→ Erstellen Sie eine Wertetabelle und zeichnen Sie den Graphen in ein Koordinatensystem.
→ Notieren Sie die Funktionsvorschrift.
→ Lesen Sie ab, wie weit die Jugendlichen in 5 Stunden und 45 Minuten kommen.

Eine Funktion mit der **Funktionsvorschrift** der Form x ↦ 1,5 x heißt **proportionale Funktion**, weil ihr eine proportionale Zuordnung zugrunde liegt. Die zugehörige **Funktionsgleichung** ist **y = 1,5 x**.

Wertetabelle

x	y = 1,5 x
−1	−1,5
0	0
1	1,5
2	3,0

(+1 → +1,5 jeweils)

Graph

Vergrößert man x um 1, so vergrößert sich der y-Wert um **1,5**. Dieser Änderungswert wird **Steigung** genannt. Es entsteht ein **Steigungsdreieck**. Der Graph einer solchen Funktion ist eine **Gerade**, die durch den **Ursprung des Koordinatensystems** verläuft.

Merke   Eine Funktion mit der Funktionsgleichung **y = m · x** heißt **proportionale Funktion**. Ihr Graph ist eine **Gerade durch den Ursprung** des Koordinatensystems. Der Faktor **m** gibt die **Steigung** der Geraden an.

Beispiel

a) **Steigung und Steigungsdreieck**

Der Graph der Funktion y = 2 x = $\frac{2}{1}$ x zeigt: Erhöht sich der x-Wert um **1**, so vergrößert sich der y-Wert um **2**.

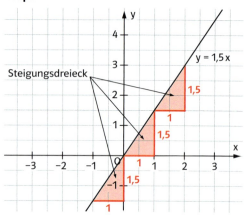

Der Graph der Funktion y = $\frac{3}{4}$ x zeigt: Erhöht sich der x-Wert um 1, so vergrößert sich der y-Wert um $\frac{3}{4}$. Ebenso kann man auch **4** Einheiten nach rechts (**Nenner**) und **3** Einheiten nach oben (**Zähler**) gehen.

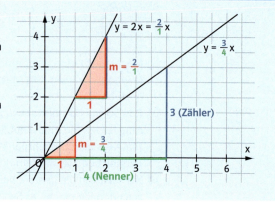

Ist die Steigung positiv, steigt die Gerade.

5 Lineare Funktionen Proportionale Funktionen

Beispiel

b) Steigungsdreieck bei negativer Steigung
Geht man vom Ursprung um **2** Einheiten nach rechts (**Nenner**), muss man **1** Einheit nach unten (**Zähler**) gehen. Daraus ergibt sich die Steigung $m = -\frac{1}{2}$ und die Funktionsgleichung $y = -\frac{1}{2}x$.
Ist die Steigung negativ, fällt die Gerade.

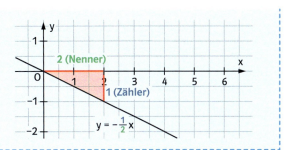

1 Zeichnen Sie die Gerade mithilfe des Steigungsdreiecks. Gehen Sie dazu vom Ursprung
a) um 1 nach rechts und 3 nach oben.
b) um 1 nach rechts und 2 nach unten.
c) um 3 nach rechts und 6 nach unten.
d) um 1 nach links und 4 nach unten.
e) um 2 nach links und 6 nach oben.

2 Zeichnen Sie den Graphen der Funktion mithilfe des Steigungsdreiecks.
a) $y = 2x$ b) $y = -4x$ c) $y = -x$
d) $y = -\frac{1}{2}x$ e) $y = \frac{1}{4}x$ f) $y = \frac{3}{4}x$
g) $y = \frac{4}{5}x$ h) $y = -\frac{2}{7}x$ i) $y = -2{,}5x$

3 Die Steigung m einer proportionalen Funktion legt den Verlauf der Geraden fest. Beschreiben Sie die Lage der Geraden mit Worten verglichen mit $y = x$ bzw. $y = -x$.
Beispiel: $y = 2x$. Die Gerade verläuft durch den 3. und 1. Quadranten. Sie ist steiler als die Gerade von $y = x$.

A Je eine Gleichung, eine Wertetabelle und ein Schaubild gehören zusammen. Ordnen Sie zu.

(1)
x	-2	-1	0	1
y	4	2	0	-2

$y = \frac{1}{2}x$

(2)
x	2	4	6	8
y	1	2	3	4

$y = -2x$

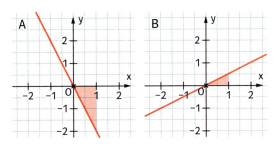

B Zeichnen Sie den Graphen der proportionalen Funktion durch den Punkt P. Geben Sie die Steigung an.
a) P(1|3)   b) P(2|5)
c) P(2|-3)   d) P(-2|1)

4 Der Graph einer proportionalen Funktion verläuft durch den Punkt P.
Zeichnen Sie den Graphen. Zeichnen Sie ein Steigungsdreieck. Notieren Sie die Steigung m des Graphen und die Funktionsgleichung.
a) P(2|4)   b) P(6|1)
c) P(4,5|4,5)   d) P(-3|2)
e) P(-1|5)   f) P(-8|2)

5 Welche Gleichung passt zu welcher Geraden?

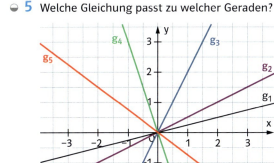

$y = 2x$ $y = -0{,}5x$ $y = -\frac{2}{3}x$ $y = \frac{1}{2}x$
$y = -\frac{3}{2}x$ $y = \frac{1}{4}x$ $y = -3x$ $y = -\frac{3}{4}x$

6 Geben Sie die Funktionsgleichungen an.

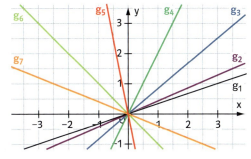

a) $y = \frac{1}{2}x$
b) $y = -\frac{1}{10}x$
c) $y = -1{,}5x$
d) $y = 3x$

Alles klar?
→ Lösungen Seite 298
D71 Fördern

→ Seite 41

?! 4–6   💬 3   △ 1, 2, 4

187

3 Lineare Funktionen

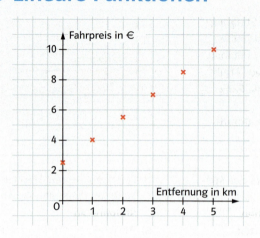

Dem Schaubild kann man den Fahrpreis einer Taxifahrt im Nahverkehr entnehmen.
→ Geben Sie für jede Entfernung an, wie viel bezahlt werden muss.
→ Weshalb verläuft die Gerade durch diese Punkte nicht auch durch den Ursprung?

Eine Funktion mit einer Funktionsvorschrift der Form $x \rightarrow \frac{1}{2}x + 2$ heißt **lineare Funktion** und man schreibt dafür die Funktionsgleichung $y = \frac{1}{2}x + 2$. Der Graph einer solchen Funktion ist eine **Gerade**, sie entsteht durch Verschieben der Geraden $y = \frac{1}{2}x$ in y-Richtung. Das zeigen die Wertetabellen der beiden Gleichungen.

Für $y = \frac{1}{2}x$ erhält man:

x	−2	−1	0	1	2	3	4
y	−1	−0,5	0	0,5	1	1,5	2

Für $y = \frac{1}{2}x + 2$ erhält man:

x	−2	−1	0	1	2	3	4
y	1	1,5	2	2,5	3	3,5	4

Jeder Punkt der Geraden mit der Gleichung $y = \frac{1}{2}x$ wurde um 2 Einheiten nach oben, also in y-Richtung verschoben.
Die Steigung von beiden linearen Funktionen ist $m = \frac{1}{2}$, ihre Graphen verlaufen parallel.
Die Gerade mit der Gleichung $y = \frac{1}{2}x + 2$ geht nicht durch den Ursprung.
Die Funktion $y = \frac{1}{2}x + 2$ ist nicht proportional.

Merke   Eine Funktion mit der Funktionsgleichung **y = m · x + b** heißt **lineare Funktion**. Ihr Graph ist eine Gerade mit der **Steigung m**. Die Gerade schneidet die y-Achse im Punkt P(0 | b). Man bezeichnet **b** als **y-Achsenabschnitt** der Geraden.

Bemerkung   Eine proportionale Funktion ist eine besondere lineare Funktion. Ihr y-Achsenabschnitt ist b = 0.

Beispiel   a) Der Graph der Funktion $y = 3x - 2$ kann mithilfe des y-Achsenabschnitts b = −2 und der Steigung m = 3 gezeichnet werden.

V27 ▶ **Erklärfilm**
Lineare Funktionen –
Zeichnen von Geraden

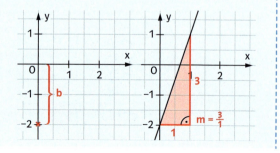

188

Beispiel

V28 ▶ **Erklärfilm**
Lineare Funktionen
– Aufstellen von Geradengleichungen

b) Aus dem Schaubild lassen sich die Werte für die Steigung m und den y-Achsenabschnitt b ablesen. $b = 1$; $m = \frac{3}{4}$
Zur Gerade gehört damit die Gleichung
$y = \frac{3}{4}x + 1$.

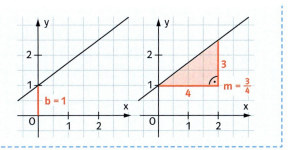

1 Wird der Zusammenhang durch eine lineare Funktion $y = mx + b$ und durch eine proportionale Funktion beschrieben? Begründen Sie.

Eingabegröße	Ausgabegröße
Kraftstoffmenge	Kraftstoffpreis
Wärmezufuhr	Wassertemperatur
Bahnkilometer	Fahrpreis
Länge einer Kerze	Brenndauer
Arbeitsstunden	Handwerkerrechnung

B Bestimmen Sie m und b. Geben Sie die Gleichung der linearen Funktion an.

a)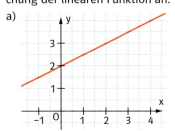

b)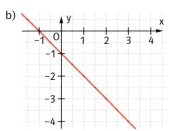

zu Aufgabe 2:
G_1: $y = \frac{1}{2}x - 1$
G_2: $y = 2x + 1$
G_3: $y = x + 1$
G_4: $y = -\frac{1}{2}x + 1$
G_5: $y = -2x + 2$
G_6: $y = -x - 1$

2 Ordnen Sie den Graphen die Funktionsgleichungen auf dem Rand zu.

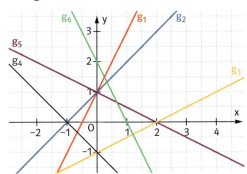

3 Zeichnen Sie den Graphen mithilfe von Achsenabschnitt und Steigungsdreieck.
a) $y = 2x + 1$
b) $y = 2x - 1$
c) $y = -2x + 1$
d) $y = -2x - 1$
e) $y = \frac{1}{4}x - 1$
f) $y = \frac{2}{3}x + 2$

4 Bestimmen Sie die Funktionsgleichungen. Was fällt Ihnen auf? Vergleichen Sie alle y-Werte für $x = 1{,}5$ und die für $x = 3$.

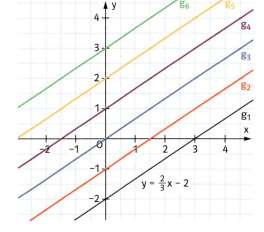

Alles klar?
→ Lösungen Seite 298
D72 Fördern
→ Seite 42

A Zeichnen Sie die Gerade in ein Koordinatensystem. Markieren Sie dazu zuerst den y-Achsenabschnitt b. Zeichnen Sie dann ein Steigungsdreieck mit der Steigung m.
a) $y = 2x - 1$
b) $y = \frac{1}{2}x + 1$
c) $y = -2x + 1$
d) $y = -\frac{1}{2}x - 2$

5 Alle Geraden gehen durch den Punkt P(0|1). Wie heißen die Funktionsgleichungen? Was fällt Ihnen an den Funktionsgleichungen auf?

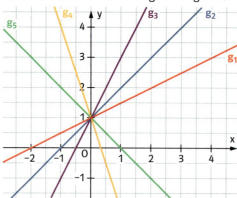

6 Bestimmen Sie die Funktionsgleichung mithilfe einer Zeichnung.
a) Die Gerade verläuft durch die Punkte P(0|1) und Q(1|2).
b) Die Gerade verläuft parallel zur Geraden y = 1,5 x + 1 und geht durch den Punkt P(2|6).
c) Die Gerade verläuft parallel zur x-Achse durch den Punkt P(3|4).
d) Die Gerade verläuft parallel zur 2. Winkelhalbierenden durch den Punkt P(2|1,5).

7 Geraden und ihre Lagen
a) Bestimmen Sie die Funktionsgleichung der Geraden g.

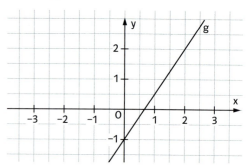

b) Zeichnen Sie g und zwei weitere, zu g parallele Geraden ins Schaubild ins Heft und geben Sie deren Funktionsgleichungen an.
c) Zeichnen Sie zwei weitere Geraden ein, die die y-Achse im selben Punkt schneiden wie die Gerade g. Bestimmen Sie deren Funktionsgleichung.

8 Die Gerade verläuft durch den Punkt T und hat den y-Achsenabschnitt b.
Bestimmen Sie die Funktionsgleichung.
a) T(3|2); b = 1
b) T(−3|−1); b = 2
c) T(4|−7); b = 1
d) T(−2|0); b = −3

Methode | **Zwei Punkte sind genug**

Zwei vorgebene Punkte einer Geraden genügen, um die Steigung und damit auch die zugehörige Funktionsgleichung zu bestimmen.

Die Gerade g geht durch die Punkte A(2|2,5) und B(−2|0,5).
Für die Steigung m gilt damit:

$m = \frac{y_1 - y_2}{x_1 - x_2}$ $m = \frac{2,5 - 0,5}{2 - (-2)}$ $m = \frac{2}{4} = \frac{1}{2}$

Um den **y-Achsenabschnitt b** zu benutzen, verwendet man die Steigung und einen der beiden Punkte.
2,5 = 0,5 · 2 + b
2,5 = 1 + b   d.h. b = 1,5.
Somit heißt die lineare Funktion y = 0,5 x + 1,5.

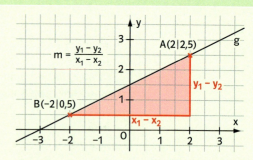

- Die Gerade geht durch die beiden Punkte. Bestimmen Sie die lineare Funktion:
  h: A(3|3); B(−1|−5)
  i: C(−2|5); D(4|−4)
  j: M(6|2,5); N(−3|−3,5)
  k: S(7|−3); T(0|1)

- Die Gerade g geht durch die Punkte A(3|6) und B(−2|−6). Die Gerade h geht durch P(−3|6) und Q(2|−4). Bestimmen Sie die Steigungen. Was fällt Ihnen auf?

- Liegen die Punkte P(6|1); Q(1|−1,5) und R(−8|−6) auf einer Geraden?

- Verlaufen die Gerade g durch A(−18|1) und B(24|22) und die Gerade h durch P(−10|−5) und Q(30|13) parallel?

Erneuerbare Energien

Der Ausbau erneuerbarer Energien wie Sonnenenergie, Wind- und Wasserkraft sowie die Nutzung von Biomasse ist eine wichtige Zukunftsaufgabe. Auf diese Weise kann man dem Klimawandel nachhaltig begegnen.

1 Die Tabelle zeigt die Tarife verschiedener Ökostrom-Anbieter. (Stand 2021)

Anbieter	Grundgebühr	Kosten pro kWh
GreenEnergie	7,49 € pro Monat	26,8 ct
Sol-Power	7,08 € pro Monat	27,2 ct
Sun-Flex	110,00 € pro Jahr	25,4 ct
StarkWind	140,00 € pro Jahr	25,0 ct

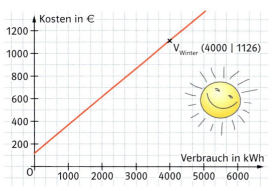

a) Familie Sommer verbraucht im Jahr 3500 kWh Strom. Für welches Angebot soll sie sich entscheiden?
b) Im Schaubild können Sie den Stromverbrauch und die Kosten von Familie Winter ablesen. Welchen Anbieter hat Familie Winter gewählt?
c) Stellen Sie alle vier Tarife in einem Schaubild dar. Welche Schwierigkeiten treten auf?

2 👥 Eine Photovoltaik-Anlage produziert Solarstrom. Familie Wirth überlegt sich, auf ihrem Dach eine 50 m² große Photovoltaik-Anlage zu installieren. Die Anschaffungskosten betragen 14 500 €. Herr Wirth recherchiert und erklärt: „Die Anlage produziert im Monat ca. 700 kWh Strom. Und für eine Kilowattstunde bekommen wir 12,3 ct." Frau Wirth gibt zu bedenken: „Wir sollten genau nachrechnen, ab wann sich das lohnt. Und wer weiß, ob die Rechnung dann auch aufgeht!"

a) Nach wie vielen Jahren kann Familie Wirth erstmals mit der Photovoltaik-Anlage Geld verdienen? Erstellen Sie eine Modellrechnung für 20 Jahre.
b) Nennen Sie Gründe für die zögerliche Haltung von Frau Wirth.

3 In einer Biogasanlage vergärt Grüngut, zum Beispiel Mais und Wiesengras. Dabei entsteht Biogas, das zur Strom- oder Wärmegewinnung verwendet wird. Bauer Grün betreibt eine Biogasanlage und baut auf 60 Hektar Land Mais an. Aus einem Hektar Mais werden ca. 10 000 m³ Biogas gewonnen. Aus 1 m³ Biogas entstehen 2 kWh Energie. Jede Kilowattstunde wird mit 17 ct vergütet. Dieser Preis wird Bauer Grün für 20 Jahre garantiert.

a) Welchen Betrag kann Bauer Grün in 20 Jahren erwirtschaften?
b) 👥 Informieren Sie sich über die Kosten und Probleme einer Biogasanlage.

→ Die Lösungen zur „EXTRA-Seite" finden Sie auf Seite 299.

4 Lineare Gleichungen mit zwei Variablen

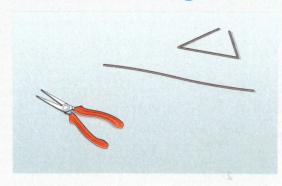

Aus einem 40 cm langen Draht lassen sich ohne Rest gleichschenklige Dreiecke biegen.
Die Maßzahlen der drei Seitenlängen sollen natürliche Zahlen sein.
→ Nennen Sie verschiedene Möglichkeiten.

Die Gleichung $2x + y = 8$ enthält **zwei Variablen**.
Die Lösungen der Gleichung sind daher **Zahlenpaare** (x ; y). Durch Probieren erhält man: (0 ; 8); (1 ; 6); (2 ; 4); (3 ; 2); (4 ; 0); (5 ; −2); ...
Die Zahlenpaare lassen sich auch in einer Wertetabelle darstellen.

x	0	1	2	3	4	5 ...
y	8	6	4	2	0	−2 ...

(4 ; 2) ≠ (2 ; 4)

Die beiden Werte hängen voneinander ab. Legt man für eine der Variablen einen Wert fest, kann man daraus den zugehörigen Wert der anderen Variablen bestimmen.
Dazu formt man die Gleichung $2x + y = 8$ nach y um und erhält $y = -2x + 8$. Alle Lösungen können als Punkte im Koordinatensystem dargestellt werden. Zum Zahlenpaar (1 ; 6) gehört der Punkt P(1 | 6).
Alle Punkte liegen auf einer Geraden.

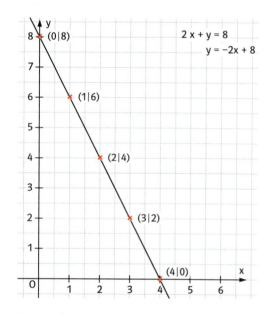

Merke | Eine Gleichung der Form $ax + by = c$ heißt **lineare Gleichung** mit den **zwei Variablen** x und y. Hierbei stehen a, b und c für gegebene Zahlen.
Lösungen dieser Gleichung sind **Zahlenpaare (x ; y)**, welche die Gleichung erfüllen.
Die zugehörigen Punkte im Koordinatensystem liegen auf einer Geraden.

Bemerkung | Wenn eine lineare Gleichung die Form $y = m \cdot x + b$ hat, sagt man, dass sie in der **Hauptform** vorliegt.

Beispiel | Die Differenz zweier Zahlen beträgt 3.
Gleichung: $x - y = 3$
$y = x - 3$
Lösungen: (0 ; −3); (2,5 ; −0,5); (3 ; 0); (3,5 ; 0,5); ...
Wertetabelle:

x	0	2,5	3	3,5	...
y	−3	−0,5	0	0,5	...

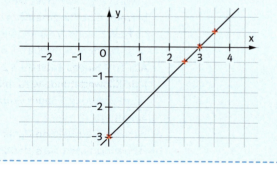

1 Stellen Sie eine Gleichung auf und geben Sie mindestens zwei mögliche Lösungen an.
a) Der Umfang eines Parallelogramms beträgt 28 cm.
b) Der Umfang zweier Quadrate beträgt 30 cm. Die Seite des ersten Quadrates ist doppelt so lang wie die Seite des zweiten Quadrates.
c) Der Umfang eines Rechtecks beträgt 30 cm. Zeichnen Sie das Rechteck in Ihr Heft.

2 Stellen Sie eine Gleichung mit zwei Variablen auf und lösen Sie das Rätsel.
a) Die Summe zweier Zahlen beträgt 9.
b) Die Summe aus einer Zahl und dem Dreifachen einer zweiten Zahl beträgt 10.
c) Die Differenz aus dem Dreifachen einer Zahl und dem Doppelten einer anderen Zahl beträgt 7.
d) Das 5-fache einer Zahl, vermehrt um die Hälfte einer zweiten Zahl, ergibt 134.

3 Geben Sie drei Lösungen für die Gleichung an. Rechnen Sie im Kopf.
a) $3x + 4y = 12$
b) $2x - 3y + 4 = 0$
c) $y = 2x + 5$
d) $-x + 3 = y + 2$
e) $x - 2y = 1$
f) $-2x - 1 = -y$

4 Stellen Sie die Gleichung um in die Form $y = mx + b$ und zeichnen Sie das Schaubild.
a) $y - 2x = 5$
b) $y - x = 3$
c) $y + 3x = 6$
d) $y + 2x = 2,5$
e) $y - 4 = x$
f) $y + 3 = \frac{1}{2}x$
g) $x - y = 5$
h) $2x - y = 3$

5 Ergänzen Sie die Zahlenpaare so, dass sie Lösung der Gleichung $y = -4x + 3$ sind.
a) (1 ; ■)
b) (0 ; ■)
c) (-2 ; ■)
d) (■ ; 4)
e) (■ ; -10)
f) (1,5 ; ■)

6 Zur zeichnerischen Darstellung benötigen Sie mindestens zwei Zahlenpaare. Prüfen Sie mit einem dritten Zahlenpaar.
Beispiel: $x - y = 2$
Zahlenpaare (4 ; 2) und (0 ; -2)

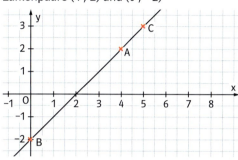

a) $x + y = 7$
b) $2x + y = 9$
c) $x - 2y = 3$
d) $3x - y = 3$
e) $2x + 3y = 5$
f) $5x - 3y = 2$

7 Es gibt mehrere Lösungen.
a) 24 Schüler werden in Zweier- und Dreiergruppen eingeteilt.
b) Dora muss im Kino 52 € bezahlen. Sie bezahlt mit 10-€-Scheinen und 2-€-Stücken.
c) Auf einer Waage sollen mit 3-kg- und 5-kg-Gewichten 68 kg zusammengestellt werden.

8 Stellen Sie eine Gleichung für die Summe der Kantenlängen auf und geben Sie drei verschiedene Lösungen an.

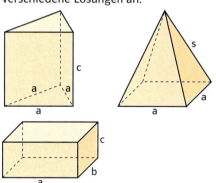

a) Die Kantensumme eines Prismas mit einem gleichseitigen Dreieck als Grundfläche beträgt 60 cm.
b) Die Summe aller Kantenlängen einer quadratischen Pyramide soll 40 cm betragen.
c) Aus einem Draht von 1 m Länge soll das Kantenmodell eines Quaders mit rechteckiger Grundfläche hergestellt werden.

Alles klar?
→ Lösungen Seite 300
D73 Fördern
→ Seite 43

A Welche Zahlenpaare sind Lösungen der Gleichung $2x + 2y = 10$?

B Xenia und Yasemin sind zusammen 15 Jahre alt. Wie alt könnte Xenia, wie alt könnte Yasemin sein? Notieren Sie mindestens vier Möglichkeiten in einer Tabelle.

1–3, 5, 8   4, 6   7

5 Lineare Gleichungssysteme

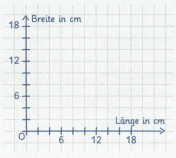

→ Welche Rechtecke mit ganzzahligen Seitenlängen lassen sich aus einem 36 cm langen Draht biegen? Stellen Sie die jeweils zusammengehörigen Seitenlängen als Punkte im Schaubild dar.
→ Überlegen Sie sich nun andere Rechtecke, die doppelt so lang wie breit sind. Es entstehen wieder Punkte.
→ Gibt es ein Rechteck, welches beide Bedingungen erfüllt?

Zwei lineare Gleichungen mit zwei Variablen bilden ein **lineares Gleichungssystem**.
Beim Lösen eines Gleichungssystems muss man Zahlenpaare (x ; y) finden, die beide Gleichungen erfüllen.

(1) $x + y = 6$

x	0	1	2	3	4	5
y	6	5	4	3	2	1

(2) $x - y = 2$

x	0	1	2	3	4	5
y	-2	-1	0	1	2	3

Das Zahlenpaar (4 ; 2) ist Lösung des linearen Gleichungssystems. Im Schaubild findet man die Lösung als **Koordinaten des Schnittpunkts** S(4|2) der beiden zugehörigen Geraden.

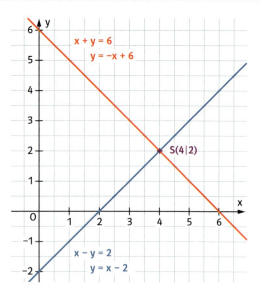

Merke Ein **lineares Gleichungssystem** besteht aus zwei Gleichungen mit jeweils zwei Variablen. Die Koordinaten des Schnittpunkts S(x|y) der Geraden im Schaubild erfüllen beide Gleichungen und sind somit **Lösung dieses Gleichungssystems**.

Beispiel In einem Stall leben Hasen und Hühner. Es sind insgesamt 9 Tiere mit 24 Füßen. Wie viele Hasen (4 Füße) und Hühner (2 Füße) sind es jeweils?
Anzahl der Hasen: x; Anzahl der Hühner: y
(1) $x + y = 9$ Gleichung für die Anzahl der Tiere
(2) $4x + 2y = 24$ Gleichung für die Anzahl der Füße
Die beiden Geraden schneiden sich im Punkt S(3|6).
Im Stall leben drei Hasen und sechs Hühner.

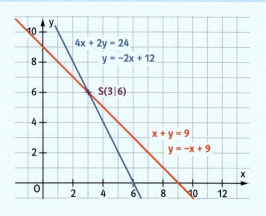

Die Anzahl der Lösungen eines linearen Gleichungssystems kann man an der Lage der zugehörigen Geraden im Koordinatensystem ablesen. Es gibt drei Fälle.

1. Fall	2. Fall	3. Fall
Das Gleichungssystem hat **genau eine Lösung**. (1) $x + 2y = 4$ (2) $x - y = 1$	Das Gleichungssystem hat **keine Lösung**. (1) $-3x + 2y = 1$ (2) $3x - 2y = 2$	Das Gleichungssystem hat **unendlich viele Lösungen**. (1) $x - y = -1$ (2) $2x - 2y = -2$

Durch Umformen erhält man zwei Funktionsgleichungen der Form $y = mx + b$, also Geradengleichungen.

(1') $y = -\frac{1}{2}x + 2$ (2') $y = x - 1$	(1') $y = \frac{3}{2}x + \frac{1}{2}$ (2') $y = \frac{3}{2}x - 1$	(1') $y = x + 1$ (2') $y = x + 1$
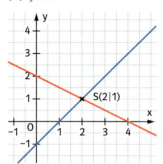	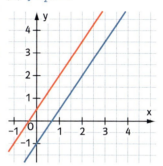	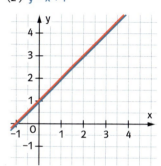
Die Geraden **schneiden sich in einem Punkt S**. Die Lösung lautet (2 ; 1).	Die Geraden **verlaufen parallel**. Sie haben keinen gemeinsamen Punkt. Es gibt keine Lösung.	Zu den zwei Gleichungen gehört **dieselbe Gerade**. Die Koordinaten aller Punkte der Gerade erfüllen beide Gleichungen.

Merke Ein lineares Gleichungssystem mit zwei Variablen hat entweder genau **eine** Lösung, **keine** Lösung oder **unendlich viele** Lösungen.

Beispiel
(1) $y = 2x - 3$ (2) $y = m \cdot x + b$

Wenn man für m und b verschiedene Zahlen einsetzt, kann das Gleichungssystem unterschiedlich viele Lösungen besitzen.

1. Fall: Für $m = -1$ und $b = 1{,}5$ ergibt sich:
   $y = -x + 1{,}5$. Die Geraden schneiden sich im Punkt $S(1{,}5 \mid 0)$. Es gibt genau eine Lösung, da die Geraden verschiedene Steigungen haben.

2. Fall: Für $m = 2$ und $b = 1$ ergibt sich:
   $y = 2x + 1$. Die Geraden verlaufen parallel, da sie die gleiche Steigung besitzen. Es gibt keine Lösung.

3. Fall: Für $m = 2$ und $b = -3$ erhält man:
   $y = 2x - 3$. Zu den Gleichungen gehört dieselbe Gerade. Es gibt unendlich viele Lösungen.

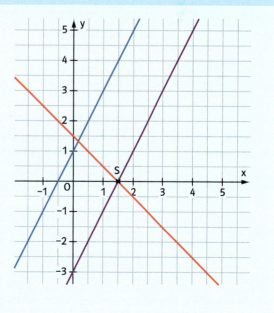

5 Lineare Funktionen Lineare Gleichungssysteme

1 Stellen Sie das Gleichungssystem zeichnerisch dar und geben Sie die Koordinaten des Schnittpunkts der beiden Geraden an. Setzen Sie zur Kontrolle die Koordinaten des Schnittpunktes in beide Gleichungen ein und prüfen Sie, ob dieser die Gleichungen erfüllt.

a) $y = 2x - 3$
   $y = -3x + 7$

b) $y = x + 1$
   $y = -\frac{1}{2}x + 4$

c) $y = -2x + 1$
   $y = -2x + 5$

d) $y = -3x - 2$
   $y = x + 6$

e) $y = -\frac{1}{4}x - 2$
   $y = -\frac{7}{4}x - 5$

f) $y = 3x - 3$
   $y = -3x$

2 Stellen Sie beide Gleichungen in die Form $y = mx + b$ um und lösen Sie das Gleichungssystem zeichnerisch.

a) $2y - x = 4$
   $2y + 3x = 12$

b) $y + 4x = 0$
   $y - 2x - 6 = 0$

c) $3x - y = -1$
   $x + y = -3$

d) $2x + 24 = 6y$
   $2x + 9 = 3y$

e) $3y + x = 3$
   $y - x = 5$

f) $4y + 2x = 8$
   $6y + 7x = 36$

3 Lösen Sie die Aufgabe zeichnerisch. Die Koordinaten des Schnittpunkts haben jeweils eine Nachkommaziffer. Zeichnen Sie besonders sorgfältig.

a) $y = \frac{1}{3}x + 4$
   $y = 2x - 2$

b) $y = \frac{1}{5}x - 4$
   $y = -3x + 4$

c) $y = -\frac{1}{2}x + 3$
   $y = \frac{1}{3}x + 5$

d) $y = -x - 3$
   $y = \frac{3}{2}x + 3$

4 Überlegen Sie gut, wie Sie die Koordinatenachsen einteilen. Lösen Sie zeichnerisch.

a) (1) $y = 50x - 300$
   (2) $y = -100x + 900$

b) (1) $y = -0,02x + 1$
   (2) $y = 0,02x + 5$

5 Die drei Geraden schneiden sich in drei Punkten und bilden so ein Dreieck ABC.

a) Lesen Sie aus der Zeichnung die Koordinaten der drei Eckpunkte des Dreiecks ab.

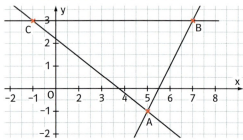

b) $y = \frac{1}{2}x$
   $y = -\frac{1}{2}x + 8$
   $y = \frac{5}{2}x - 4$

c) $y = x - 1$
   $y = -\frac{1}{2}x + 2$
   $y = \frac{1}{2}x + 4$

6 Luise fotografiert mit einer Kleinbildkamera, Max mit der Digitalkamera seines Handys. Sie vergleichen die Kosten für die Abzüge.

Kleinbildkamera	Digitalkamera
Film und Entwicklung 3,00 €	CD, Bearbeitung 2,00 €
Preis pro Bild 0,05 €	Preis pro Bild 0,15 €

a) Ermitteln Sie die jeweiligen Kosten bei einer Anzahl von 6 bzw. 20 Abzügen.

b) Stellen Sie die beiden Zusammenhänge in einem gemeinsamen Koordinatensystem dar und bestimmen Sie die Anzahl der Bilder, bei der die Kosten genau gleich sind.

7 Markus möchte mit seinen Eltern im Urlaub Fahrräder ausleihen. Er findet zwei Angebote.
A: 10 € Grundgebühr und 3 € pro Tag
B: 5 € pro Tag
Was würden Sie raten?

8 Zur Reparatur eines Daches liegen zwei Angebote vor.
A: Gerüstbau 250 €, je Arbeitsstunde 40 €
B: Gerüstbau kostenlos, je Arbeitsstunde 70 €
Beide Firmen veranschlagen 4 Arbeitstage.

Alles klar?
→ Lösungen Seite 300
D74 Fördern
→ Seiten 44 und 45

A Stellen Sie zum linearen Gleichungssystem zwei Wertetabellen auf und lesen Sie die Lösung des Gleichungssystems ab.
(1) $y = x + 1$
(2) $y = -0,5x + 5,5$

B Zeichnen Sie den Graphen des linearen Gleichungssystems in ein Koordinatensystem und geben Sie als Lösung die Koordinaten des Schnittpunkts an.

a) (1) $y = 2x - 2$
   (2) $y = -0,5x + 3$

b) (1) $y = -x + 4$
   (2) $y = 2x - 5$

9 Bestimmen Sie zeichnerisch, wie viele Lösungen das Gleichungssystem hat.
a) (1) y = 2x + 5
   (2) y = 2x − 1
b) (1) 2x + y = 4
   (2) x + y = 3
c) (1) x + y = 5
   (2) 2x + 2y = 10
d) (1) 3x + y = −2
   (2) 6x + 2y = 4

10 Bilden Sie aus den vorgegebenen Gleichungen jeweils zwei Gleichungssysteme mit einer Lösung, mit keiner Lösung und mit unendlich vielen Lösungen. Zeichnen Sie.

$y = \frac{1}{2}x + 5$ $4x - 2y - 10 = 0$
$y = \frac{1}{5}x - 3$ $2y = x + 10$
$y = -\frac{1}{2}x + 5$ $2x - y = 0$
$y = -2x - 5$ $2x + 4y - 20 = 0$
$y = -5x - 2$ $5x - 2 = y$
$5y - 2 = x$ $x - y - 5 = 0$

11 Was muss man für ■ einsetzen, damit die beiden Gleichungen ein Gleichungssystem ohne Lösung bilden? Begründen Sie Ihre Entscheidung.
a) y = ■ x + 5
   y = 2x − 5
b) y + ■ x = 3
   y = 2x − 5
c) 2y = ■ x − 3
   y = 2x − 5
d) 6x − ■ y = 1
   y = 2x − 5

12 Eine lineare Gleichung lautet 3x − y = 6. Bestimmen Sie jeweils eine zweite Gleichung, damit für das entstehende Gleichungssystem die folgende Aussage wahr ist.
a) Das lineare Gleichungssystem hat keine Lösung.
b) Das lineare Gleichungssystem hat unendlich viele Lösungen.
c) Die Lösung lautet (2 ; 0).
Formulieren Sie und lösen Sie mit einem Partner weitere derartige Aufgaben.

Methode | **Treffpunkte**

Bewegungen lassen sich zeichnerisch in einem Koordinatensystem darstellen. Im Allgemeinen wird auf der x-Achse die benötigte Zeit t und auf der y-Achse der zurückgelegte Weg s abgetragen. Der Schnittpunkt der dargestellten Geraden entspricht dem Treffpunkt.

Wenn man die Bewegungen von zwei Autos, Fahrrädern oder Schiffen in ein Koordinatensystem einträgt, kann man ablesen, wann und nach welchem Weg sich beide treffen.

Auto A fährt mit 60 km/h. Auto B fährt 40 Minuten später los, aber mit einer Geschwindigkeit von 90 km/h. Auto B holt Auto A nach 120 km und 1 h 20 min ein.

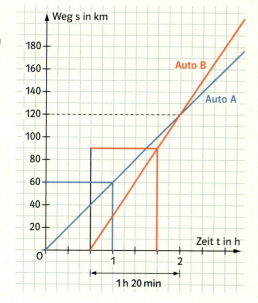

- Vom Rastplatz „Dürre Buche" startet um 5:30 Uhr ein Schwertransporter. Ein Lkw folgt ihm von dort um 6:00 Uhr. Der Schwertransporter fährt mit 40 km/h, der Lkw ist doppelt so schnell. Wo und nach welcher Fahrzeit überholt der Lkw den Schwertransporter? Zeichnen Sie ein Koordinatensystem in Ihr Heft und bestimmen Sie den Treffpunkt der Lkws zeichnerisch.

6 Lösen durch Gleichsetzen

→ Lösen Sie das Gleichungssystem zeichnerisch.

(1) $y = \frac{3}{4}x - 1$

(2) $y = \frac{3}{5}x + 1$

→ Wie genau können Sie die Lösung ablesen?
→ Welche Probleme bekommen Sie bei der zeichnerischen Lösung des Gleichungssystems

(1) $y = -x + 199$

(2) $y = x - 1$?

Die Lösungen von Gleichungssystemen lassen sich zeichnerisch nicht immer exakt bestimmen. Mit **rechnerischen Lösungsverfahren** ist dies aber möglich. Ziel ist es, aus zwei Gleichungen mit zwei Variablen eine Gleichung mit einer Variablen zu machen.

(1)	$2y = 6x - 4$	$\mid :2$
(2)	$y - 2x = 8$	$\mid +2x$
(1')	$y = 3x - 2$	
(2')	$y = 2x + 8$	gleichsetzen
	$3x - 2 = 2x + 8$	$\mid -2x + 2$
	$x = 10$	
	$y = 3 \cdot 10 - 2$	
	$y = 28$	

Beide Gleichungen werden nach y aufgelöst.

Die beiden Terme der rechten Seite werden gleichgesetzt.

Man erhält eine Gleichung mit einer Variablen, die sich lösen lässt.

Durch Einsetzen des Werts für x kann man den Wert für y berechnen.

💡 Weil beim Lösen dieses Gleichungssystems Terme **gleichgesetzt** werden, spricht man vom Gleichsetzungsverfahren.

Das Gleichungssystem hat als Lösung das Zahlenpaar $x = 10$; $y = 28$, kurz (10 ; 28).

Merke **Gleichsetzungsverfahren**
Man löst beide Gleichungen des Gleichungssystems nach derselben Variablen auf.
Durch Gleichsetzen der Terme erhält man eine Gleichung mit einer Variablen.

Bemerkung Häufig bietet es sich an, die beiden Gleichungen nach demselben Vielfachen einer Variablen aufzulösen.

Beispiel

a) (1) $y = 4x - 2$
   (2) $y - 3x = 5$ $\mid +3x$
   Hier ist eine Gleichung bereits nach y aufgelöst.
   (1') $y = 4x - 2$
   (2') $y = 3x + 5$
   Gleichsetzen von (1) und (2'):
   $4x - 2 = 3x + 5$ $\mid -3x + 2$
   $x = 7$
   Man kann in beide Gleichungen einsetzen:
   Einsetzen von $x = 7$ in (1) liefert
   $y = 4 \cdot 7 - 2$
   $y = 26$
   Die Lösung lautet (7 ; 26).

b) (1) $3x + 4y = 32$ $\mid -4y$
   (2) $3x + 7y = 47$ $\mid -7y$
   Hier ist das Auflösen beider Gleichungen nach $3x$ besonders vorteilhaft.
   (1') $3x = 32 - 4y$
   (2') $3x = 47 - 7y$
   Gleichsetzen von (1') und (2'):
   $32 - 4y = 47 - 7y$ $\mid +7y - 32$
   $3y = 15$ $\mid :3$
   $y = 5$
   Einsetzen von $y = 5$ in (1'):
   $3x = 32 - 4 \cdot 5$
   $x = 4$
   Die Lösung lautet (4 ; 5).

💡 Für die Probe müssen beide Gleichungen erfüllt sein.

5 Lineare Funktionen — Lösen durch Gleichsetzen

V29 ▶ Erklärfilm
Rechnerisch lösen durch Gleichsetzen

1 Lösen Sie das Gleichungssystem rechnerisch.
a) $y = 3x - 4$
   $y = 2x + 1$
b) $x = y + 5$
   $x = 2y + 3$
c) $5x + 4 = 2y$
   $6x - 1 = 2y$
d) $y = 4x + 2$
   $5x - 1 = y$
e) $5y = 2x - 1$
   $4x + 3 = 5y$
f) $12y + 12 = 6x$
   $6x = 25y - 1$

2 Lösen Sie nach einer Variablen auf und rechnen Sie.
a) $x + 2y = 3$
   $x + 3y = 4$
b) $2x + y = 5$
   $5x + y = 11$
c) $12x - y - 15 = 0$
   $8x - y + 1 = 0$
d) $2y - 3x = 9$
   $3x + y = 18$

3 Wenn Sie die Gleichungen geschickt umformen, gelingt Ihnen eine schnelle Lösung des linearen Gleichungssystems.
a) $3x - 2y = 3$
   $3x - y = 5$
b) $2x + 4y = 2$
   $3x + 4y = 5$
c) $2x - 5y = 7$
   $3y = 2x + 3$
d) $5x + 3y = 30$
   $4x = 3y - 3$
e) $5x = y + 6$
   $5x - 12 = 2y$
f) $5x + 2y = 3$
   $3x - 2y = 11$

Alles klar?
→ Lösungen Seite 300
D75 Fördern
→ Seite 46

A Lösen Sie mit dem Gleichsetzungsverfahren. Überprüfen Sie mit einer Probe.
a) (1) $y = -2x + 10$
   (2) $y = x + 4$
b) (1) $y + 3x = 16$
   (2) $-6x + 25 = y$
c) (1) $16 - 4y = 4x$
   (2) $2y - 5 = x$
d) (1) $2x = 9y - 12$
   (2) $-2y + x = 4$

4 Gleichungssysteme lassen sich auch mit Balkenwaagen veranschaulichen.

Wie viel Kilogramm wiegt ein Würfel?

5 Lösen Sie die Gleichungssysteme im Kopf.
a) $y = x$
   $y = -x$
b) $y = x$
   $y = -x + 2$
c) $y = x + 2$
   $y = 2x + 2$
d) $y = x - 5$
   $y = -x + 5$
Erklären Sie Ihr Vorgehen. Können Sie sich auch das Schaubild vorstellen?

6 Beschreiben Sie zunächst, wie Sie beim Umformen vorgehen wollen, um schnell zur Lösung zu kommen.
a) $x + 5y = 13$
   $2x + 6y = 18$
b) $7x + y = 37$
   $3x + 2y = 30$
c) $2x + 3y = 4$
   $4x - 4y = 28$
d) $4x = 6y + 2$
   $5y = 2x - 7$
e) $3x + 4y - 5 = 2x + 3y - 1$
   $6x - 2y + 2 = 4x - 3y + 5$

7 Die Variablen in Gleichungen müssen nicht immer x und y heißen.
a) $a = 2b + 4$
   $a = b + 5$
b) $21 + 6n = 3m$
   $12m - 36 = 6n$
c) $s = 5 + t$
   $s = 2t + 1$
d) $5p + 5q = 10$
   $3p + 5q = 14$
e) $2a + 2b = 0$
   $5a - 27 = 4b$
f) $7z + 5p = 9$
   $10p - 5z = -20$

8 Hier müssen Sie die Gleichungen zuerst umformen.
a) $2x + 3y - 4 = 3x + 6y - 5$
   $5x + 2y + 7 = 4x - 5y + 12$
b) $x + 5y + 2 = 6x + 4y - 12$
   $6x + 3y - 4 = 2x + 2y + 9$
c) $2(x + 3) + 4y = 3(x - 2) + 7y$
   $5x - 2(y + 3) = 4x + 8(y - 2,5)$

9 Bestimmen Sie die Koordinaten des Schnittpunkts der beiden Geraden auf dem Rand durch Rechnung exakt. Vergleichen Sie Ihre Lösung mit dem Schaubild. Zeichnen Sie sie.

10 Wie viele Lösungen hat das Gleichungssystem?
a) (1) $x + y = 2$ (2) $2x + 2y = 5$
b) (1) $3x + 4y = 5$ (2) $9x + 12y = 15$
c) (1) $x + y + 1 = 0$ (2) $x - y + 1 = 0$
Erklären Sie die Anzahl der Lösungen mithilfe eines Schaubildes. Was fällt Ihnen bei der Rechnung auf?

zu Aufgabe 9:
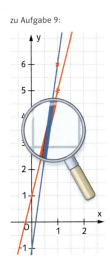

5 Lineare Funktionen — Lösen durch Gleichsetzen

11 Ergänzen Sie die Gleichung y = 2x − 3 durch eine zweite Gleichung zu einem linearen Gleichungssystem,
a) das keine Lösung hat.
b) das unendlich viele Lösungen hat.
c) Warum gibt es keine Gleichung, sodass das Gleichungssystem genau zwei Lösungen hat?

12 Lösen Sie das Gleichungssystem.
a) 5x + 2y = 20
   3x − y = 1
b) 7x + 3y = 64
   6y − 8x = 40
c) 11x − 6y = 39
   2y + 17 = 5x
d) 40 − 5x = 6y
   4y + x = 8
e) 5x + 28 = 3y
   12y − 4x = 80
f) 3(x − 3y) = 27
   3(y − 4) = 4(x − 3)

Merke

Lösen durch Einsetzen
Man löst eine Gleichung eines linearen Gleichungssystems nach einer Variablen auf. Durch Einsetzen in die andere Gleichung erhält man eine Gleichung mit nur einer Variablen und kann diese Variable berechnen.

Beispiel

V30 ▶ **Erklärfilm**
Rechnerisch lösen durch Einsetzen – Lösen von LGS mit dem Einsetzungsverfahren

Tipp!

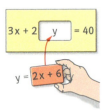

Gegeben ist ein lineares Gleichungssystem:
(1) 3x + 2y = 40
(2) y − 2x = 6

1. Eine Gleichung nach einer Variablen auflösen:
(2) y − 2x = 6 | + 2x
(2')   y = 2x + 6

2. (2') in die Gleichung (1) einsetzen:
3x + 2y = 40
3x + 2(2x + 6) = 40 | ausmultiplizieren

3. Gleichung lösen:
3x + 4x + 12 = 40 | zusammenfassen
7x + 12 = 40 | − 12
7x = 28 | : 7
x = 4

4. Lösung x = 4 in die Gleichung (2') einsetzen:
y = 2 · 4 + 6
y = 14

5. Lösung angeben: Das Zahlenpaar (4 ; 14) ist die Lösung des Gleichungssystems.

Alles klar?
→ Lösungen Seite 301
D76 Fördern

→ Seite 47

13 Lösen Sie mit dem **Einsetzungsverfahren**.
a) (1) 5x + y = 8
   (2) y = 3x
b) (1) x + 2y = 49
   (2) x = 5y
c) (1) 3x + y = 11
   (2) x + 1 = y
d) (1) x − 2y = 7
   (2) 5y + 4 = x

14 Lösen Sie mit dem Einsetzungsverfahren und mit dem Gleichsetzungsverfahren und vergleichen Sie. Beschreiben Sie die Unterschiede und die Gemeinsamkeiten.
a) (1) 5x + y = 7
   (2) 2x + y = 4
b) (1) x + 3y = 5
   (2) x − 2y = 10
c) (1) 3x − 2y = 2
   (2) 5x + 2y = 14
d) (1) 4x + 3y = 15
   (2) 4x − 2y = 10

B Lösen Sie mit dem Einsetzungsverfahren. Führen Sie eine Probe durch.
a) (1) 2x + y = 11
   (2) y = x + 2
b) (1) 4x + 6y = 26
   (2) 3y = 3x + 3
c) (1) 5y = 8x − 12
   (2) y − 2x = −3
d) (1) 15x − 3y = 15
   (2) 4y = 12x + 4

15 Lösen Sie das lineare Gleichungssystem. Vereinfachen Sie zuerst die Gleichungen.
a) (1) 8x + 4y = 16
   (2) 2(x − 2y) = 4
b) (1) 4(y + 2) = 2x
   (2) 4 − 4y − 3 = x
c) (1) 2(3x + 4) = y + 3
   (2) y = 3x + 14
d) (1) 4(x + 2y) = 8y + 28
   (2) 2(y + 10) = 5(2x − 8)

7 Lösen durch Modellieren

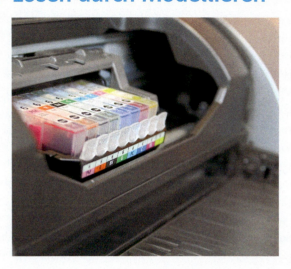

Beim Kauf eines Druckers muss man verschiedene Dinge beachten.
Neben dem Kaufpreis spielt vor allem der Preis für die Ausdrucke eine Rolle.
→ Vergleichen Sie die Preise von dem Tintenstrahldrucker mit dem Laserdrucker.
→ Von welchen Überlegungen würden Sie Ihre Kaufentscheidung abhängig machen?

Gerät	Laserdrucker G35	Tintenstrahldrucker JetX 67
Gerätepreis	270 €	100 €
Druckerkatusche/-patrone	70 € (reicht für ca. 3500 Ausdrucke)	30 € (reicht für ca. 500 Ausdrucke)

Mithilfe von linearen Gleichungssystemen lassen sich Preise oder Angebote vergleichen und Entscheidungen vorbereiten. Bevor man die Mathematik zu Hilfe nehmen kann, muss man die Situation verstehen, strukturieren und häufig auch vereinfachen.
Die mathematische Lösung muss dann noch in der Alltagssituation auf ein sinnvolles Ergebnis überprüft werden.
Diesen Kreislauf nennt man **mathematisches Modellieren**.

Reale Welt | **Mathematik**

Realsituation *Übersetzen* **Mathematisches Modell**
Martinas Vater braucht einen Leihwagen für einen Tag. Er muss sich zwischen Angebot A und Angebot B entscheiden.

Angebot A	**Angebot B**
Leihgebühr: 45 €	Leihgebühr: 35 €
Kosten pro gefahrenem Kilometer:	
35 Cent	45 Cent
Vollkaskoversicherung inklusive!	

Die Kosten lassen sich jeweils mit einer Geradengleichung darstellen.
Die Variable x wird für die Anzahl der Kilometer und die Variable y wird für die Kosten in Euro verwendet.
Angebot A: $y = 0{,}35\,x + 45$
Angebot B: $y = 0{,}45\,x + 35$
Man erhält ein lineares Gleichungssystem mit zwei Variablen.

Bewerten | *Lösen*

Reale Ergebnisse
Bei einer Fahrtstrecke von 100 km sind die Kosten gleich.
Aus einem Schaubild lässt sich auch ablesen, dass es ab 100 km billiger ist, das Angebot A zu nehmen, bei weniger als 100 km dagegen ist das Angebot B günstiger.

Interpretieren

Mathematische Ergebnisse
Als rechnerische Lösung des linearen Gleichungssystems erhält man
$x = 100$ und $y = 80$.
Ein Schaubild eignet sich gut für die Entscheidung. Die beiden Geraden schneiden sich im Punkt $P(100\,|\,80)$.

Zur Bewertung des Ergebnisses muss Martinas Vater nur noch überschlagen, wie viel Kilometer er wohl fahren wird.

5 Lineare Funktionen — Lösen durch Modellieren

Merke

Das **mathematische Modellieren** läuft in Stufen ab.
1. **Übersetzen** der Realsituation in ein mathematisches Modell
2. **Lösen:** Ermitteln der mathematischen Ergebnisse
3. **Interpretieren** der Lösung in der Realsituation
4. **Bewerten** des realen Ergebnisses

Beispiel

Familie Baumann hat zwei Angebote für die Warmwasseraufbereitung in ihrem Haus. Die Elektroanlage kostet in der Anschaffung 2000 € und 450 € Jahresenergiekosten. Die Solaranlage kostet in der Anschaffung 4000 € und 250 € Energiekosten jährlich.

1. **Übersetzen:** Als mathematisches Modell zur Darstellung der Gesamtkosten beider Anlagen können die Angebote mit Geraden veranschaulicht und verglichen werden. Sei x die Anzahl der Jahre; y die Gesamtkosten in Euro.
   Elektroanlage: $y = 450x + 2000$
   Solaranlage: $y = 250x + 4000$
2. **Lösen:** Die beiden Geraden schneiden sich nach 10 Jahren, die Gesamtkosten betragen dann 6500 €.
3. **Interpretieren:** Das Schaubild zeigt, dass in den ersten neun Jahren die Gesamtkosten bei der Elektroanlage geringer sind, ab dem elften Jahr sind die Gesamtkosten bei der Solaranlage günstiger.
4. **Bewerten:** Zur Entscheidung muss die Familie nun überlegen, ob sich die Investition lohnt. Dazu müssen noch weitere Aspekte wie z. B. die Kosten der Wartung, die Gesamtnutzungsdauer oder die Beschaffung von öffentlichen Fördermitteln berücksichtigt werden.

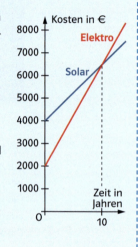

Alles klar?
→ Lösungen Seite 302
D77 Fördern

→ Seiten 48 und 49

1 Die Besucherzahlen des Freizeitparks „Dreamworld" haben in den letzten Jahren pro Jahr um etwa die gleiche Anzahl zugenommen.

| Jahr 2014 | 840 000 Besucher/innen |
| Jahr 2019 | 1 070 000 Besucher/innen |

a) Wie sehen demnach die Besucherzahlen für die Jahre 2022 bis 2024 aus?
b) Für das Jahr 2024 ist eine Erweiterung des Freizeitparks geplant. Der jährliche Zuwachs soll sich dadurch verdoppeln.

2 Tobias misst die Länge einer brennenden zylinderförmigen Kerze. Um 9:00 Uhr misst sie 14 cm, um 12:00 Uhr hat sie noch eine Länge von 9,5 cm.
a) Wie lang war die Kerze um 8:00 Uhr, wie lang wird sie um 17:00 Uhr sein?
b) Die Kerze wurde um 7:00 Uhr angezündet. Welche Länge hatte sie ursprünglich?
c) Wann ist die Kerze abgebrannt? Beachten Sie dabei das Brennverhalten, kurz bevor die Kerze abgebrannt ist.

A Eine Computerfirma erstellt ein Angebot für einen Wartungsvertrag. Der Firmeninhaber hofft, für 3000 € den Zuschlag zu bekommen. Die Stundensätze betragen 70 € für einen Techniker und 40 € für eine Hilfskraft. Für Materialkosten werden 500 € kalkuliert. Die Fahrtkostenpauschale beträgt 250 €. Wie lange können ein Techniker und eine Hilfskraft höchstens arbeiten?

B Boris möchte Tennisunterricht nehmen. Dazu prüft er zwei Angebote für Trainerstunden. Boris rechnet mit mindestens 10 Trainerstunden. Für welches Angebot soll Boris sich entscheiden?

3 Das Fahren mit der BahnCard ist in vielen Fällen preislich interessant. Die BahnCard 25 kostet für die 2. KLasse einmal jährlich 56,90 € und ermäßigt jeden Fahrpreis im Fernverkehr um 25 %.
Die BahnCard 50 kostet einmalig 234 € und halbiert jeden Preis. Die BahnCard 100 kostet pro Jahr 4144 €; es entstehen keine zusätzlichen Kosten. (Stand 2022)

Strecke	Normalpreis
Stuttgart – München	56,30 €
Köln – Hamburg	89,30 €
Frankfurt – Berlin	123,90 €

a) Tina fährt alle drei Monate die Strecke Stuttgart – München und zurück. Was können Sie empfehlen?
b) Noah fährt ebenso oft die Strecke Köln – Hamburg. Was raten Sie ihm?
c) Herr Schmid fährt dreimal im Monat die Strecke Frankfurt – Berlin.
d) Suchen Sie sich eigene Strecken und recherchieren Sie die Preise dazu. Wann lohnt sich welche BahnCard?

4 Simone will sich einen neuen Drucker anschaffen. Sie prüft zwei Angebote: Der erste Drucker kostet nur 99 €. Die Druckerpatrone kostet 30 €. Der zweite Drucker kostet 150 €, die Druckerpatrone jedoch nur 20 €.
Bei beiden Modellen reicht eine Patrone für etwa 1000 Ausdrucke.
a) Was muss Simone beim Kauf berücksichtigen, wie soll sie sich entscheiden?
b) Wie müsste der Druckerpatronenpreis beim ersten Drucker gesenkt werden, um auch bei 10 000 Ausdrucken noch günstiger zu sein?

5 Ein Sportverein plant ein Konzert. Der Eintritt kostet 4 €. Um das Kostenrisiko gering zu halten, macht die Band zwei Angebote: Entweder 300 € und zusätzlich 1 € pro Konzertbesucher oder 600 € und 0,40 € pro Besucher. Welches Angebot würden Sie wählen? Was müssen Sie überlegen?
Der Verein macht ein drittes Angebot: 450 € und ab dem 400. Besucher zusätzlich 2 € pro Besucher für die Band.

6 Das Schaubild zeigt die Kosten für unterschiedlichen Transportformen zum Transport von Gütern.
a) Welche Geraden gehören zu Schiff, Zug und Lkw, beschreiben Sie die Unterschiede.
b) Wie würden Sie Güter befördern? Geben Sie Empfehlungen für einige Beispiele. Was raten Sie an den Schnittpunkten?
c) Stellen Sie für die Geraden die Geradengleichungen auf. Geben Sie die Unterschiede der Kosten für eine Entfernung von 1200 km an.

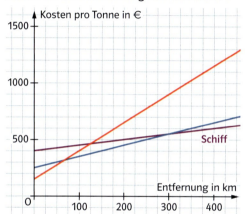

7 Familie Schwan hat im Urlaub 80 digitale Fotos geschossen und möchte diese nun auf Papier ausdrucken lassen.
Welchen Rat würden Sie geben?

Meisterfoto

Format	Ab 1 Stück	Ab 30 Stück	Ab 100 Stück
9 x 13 cm	€ 0,17	€ 0,15	€ 0,09
10 x 15 cm	€ 0,19	€ 0,17	€ 0,12
13 x 18 cm	€ 0,35	€ 0,30	€ 0,19

Fotoservice Preisübersicht

Format	Preis	ab 25 Stück
9 x 13	0,22 €	0,15 €
10 x 15	0,26 €	0,22 €
13 x 18	0,42 €	0,33 €

Zusammenfassung

D78 — Karteikarten

Funktion

Eine **Funktion** ist eine Zuordnung, bei der zu jeder Größe eines ersten Bereichs (Eingabegröße) **genau eine** Größe eines zweiten Bereichs (Ausgabegröße) gehört.

Eine **Funktion** lässt sich über eine **Wertetabelle**, die aus **Wertepaaren** besteht, einen **Graphen**, eine **Funktionsvorschrift** oder eine **Funktionsgleichung** beschreiben.

Wertetabelle

x	−3	−2	−1	0	1	2	3
y	3	2,5	2	1,5	1	0,5	0

Funktionsvorschrift $x \rightarrow -0,5x + 1,5$
Funktionsgleichung $y = -0,5x + 1,5$

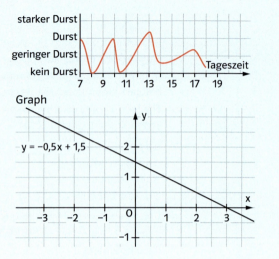

Proportionale Funktion

Eine Funktion mit der Gleichung $y = m \cdot x$ heißt **proportionale Funktion**. Der Graph ist eine **Gerade**, die durch den **Ursprung** des Koordinatensystems verläuft. Der Faktor m gibt die Steigung der Geraden an.

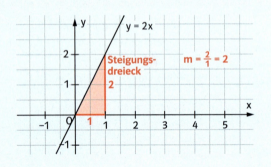

Lineare Funktion

Eine Funktion mit der Gleichung $y = m \cdot x + b$ heißt **lineare Funktion**. Der Graph ist eine Gerade mit der **Steigung m**. Die Gerade schneidet die y-Achse in $P(0|b)$. **Wert b** ist **y-Achsenabschnitt** der Geraden.

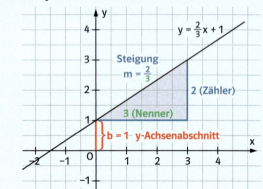

Zwei Punkte sind genug

Zwei vorgegebene Punkte einer Geraden genügen, um die Steigung und damit auch die zugehörige Funktionsgleichung zu bestimmen.

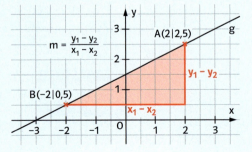

Die Gerade g geht durch die Punkte $A(2|2,5)$ und $B(-2|0,5)$.
Für die Steigung m gilt damit:

$m = \frac{y_1 - y_2}{x_1 - x_2}$; $m = \frac{2,5 - 0,5}{2 - (-2)} = \frac{2}{4} = 0,5$

Jetzt setzt man den Wert für m sowie die Koordinaten von A oder B in die Funktionsgleichung ein und berechnet b, hier mit den Koordinaten von A:

$y = m \cdot x + b$ $|-(m \cdot x)$ | Seiten tauschen
$b = y - m \cdot x$
$b = 2,5 - 0,5 \cdot 2 = 1,5$

Man erhält die gesuchte Gleichung: $y = 0,5 \cdot x + 1,5$

Zusammenfassung

Modellieren
Beim Modellieren wird eine Problemsituation aus der realen Welt in ein mathematisches Modell übersetzt. Mithilfe der Lösung werden mathematische Ergebnisse formuliert, die wiederum interpretiert werden können und zu realen Ergebnissen führen. Abschließend erfolgt eine Bewertung des Ergebnisses in der realen Situation. Zum Beispiel lassen sich mithilfe von quadratischen Gleichungen Brückenbögen, Flugbahnen usw. beschreiben.

Lineare Gleichungen mit zwei Variablen
Eine Gleichung der Form $ax + by = c$ heißt **lineare Gleichung** mit den zwei Variablen x und y. a, b und c sind gegebene Zahlen. Die Lösungen sind Zahlenpaare (x ; y), die die Gleichung erfüllen. Die zugehörigen Punkte liegen auf einer Geraden. Beispiel: $x - y = 3$

x	0	2,5	3	3,5	…
y	-3	-0,5	0	0,5	…

Lineares Gleichungssystem (LGS)
Zwei lineare Gleichungen mit jeweils zwei Variablen bilden zusammen ein **LGS**. Jedes Zahlenpaar, das beide Gleichungen erfüllt, ist eine Lösung des LGS.

(1) $x - 2y = 2$
(2) $x + y = 5$
Die Lösung besteht aus dem Zahlenpaar (4 ; 1).

Grafisches Lösungsverfahren
Lineare Gleichungen lassen sich als Geraden in einem Koordinatensystem darstellen.

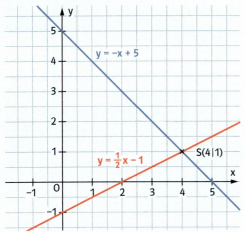

Die Koordinaten des Schnittpunkts erfüllen beide Gleichungen und sind **Lösung des LGS**. Ein LGS hat
- **genau eine Lösung**, wenn sich die zugehörigen Geraden **in einem Punkt schneiden**.
- **keine Lösung**, wenn die Geraden **parallel** verlaufen.
- **unendlich viele Lösungen**, wenn zu den zwei Gleichungen **identische Geraden** gehören.

Gleichsetzungsverfahren
Man löst beide Gleichungen des LGS nach derselben Variablen auf. Durch Gleichsetzen der Terme erhält man eine Gleichung mit einer Variablen. Man löst diese Gleichung und setzt die Lösung in eine der Gleichungen ein und erhält die Lösung für die zweite Variable.

(1) $\quad y = 2x - 1$
(2) $\quad y = -x + 5$
(1) = (2): $\quad 2x - 1 = -x + 5$
$\quad\quad\quad\quad x = 2$
Einsetzen in (1) ergibt $y = 3$. Die Lösung lautet (2 ; 3).

Einsetzungsverfahren
Man löst eine Gleichung des LGS nach einer Variablen auf. Durch Einsetzen in die andere Gleichung erhält man eine Gleichung mit nur einer Variablen und kann diese berechnen.

(1) $\quad 13x + y = 11$
(2) $\quad -8y - 3 = 13x$
(2) in (1): $\quad -8y - 3 + y = 11$
$\quad\quad\quad\quad y = -2$
Einsetzen in (1) oder (2) ergibt $x = 1$.
Die Lösung lautet (1 ; -2).

Anwenden im Beruf

1 Eine Bewohnerin eines Pflegeheims hat dem Träger des Heims ihr Vermögen von 180 000 € als Erbe überschrieben. Von diesem Betrag sollen jedes Jahr 18 000 € genutzt werden, um das Pflegeheim zu verschönern.

Jahre	Restvermögen
0	180 000 €
1	162 000 €
2	■
■	126 000 €
■	■

a) Vervollständigen Sie die Tabelle.
b) Zeichnen Sie einen Graphen aus den Werten der Tabelle. (x-Achse: Jahre; y-Achse: 1000 €)
c) Lesen Sie aus dem Graphen ab: Wann sind nur noch 100 000 € vorhanden? Wann ist das Geld aufgebraucht?

2 Die freiwillige Feuerwehr nutzt verschiedene Rohranschlüsse um Brände zu löschen.

Bezeichnung	Wasserdurchflussmenge
BM-Strahlrohr	400 l/min
CM-Strahlrohr	100 l/min
DM-Strahlrohr	25 l/min

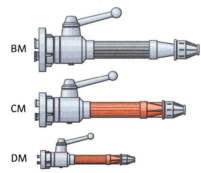

Beim Anschluss eines CM-Rohrs reicht der Tankinhalt für 26 Minuten. Wie lange reicht der Tankinhalt bei einem DM-Rohr?

3 Der Wirkstoff für Infusionen wird häufig in eine Kochsalzlösung hineingegeben. Es werden 500 Kochsalzlösungen geliefert. Eine Station benötigt etwa 35 Infusionen pro Tag.
a) Stellen Sie eine Tabelle für den Bestand an Kochsalzlösungen in den ersten 10 Tagen auf.
b) Zeichnen Sie einen Graphen zum Bestand nach Tagen. Lesen Sie ab, wann die Kochsalzlösungen verbraucht sind.

4 Bei einer Infusion wird ein Wirkstoff direkt in die Vene eingeleitet. Der Wirkstoff dringt dabei in gleichmäßigen Tropfen aus dem Beutel. Eine Infusion hat 500 ml Inhalt. Die Infusion läuft mit einer Geschwindigkeit von 1 ml pro Minute aus. Dieser Vorgang kann durch die Gleichung $y = -1t + 500$ (t in Minuten; y in ml) beschrieben werden.

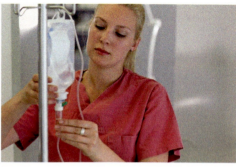

a) Erklären Sie die Bestandteile der Funktionsgleichung.
b) Wie viel ml sind nach einer Stunde noch in dem Infusionsbeutel?
c) Bestimmen Sie, wie lange es dauert bis der Infusionsbeutel leer ist.
d) Begründen Sie, wie sich die Funktionsgleichung verändert, wenn die Tropfgeschwindigkeit 2 ml pro Minute beträgt.
e) Erläutern Sie, wie sich die Funktionsgleichung verändert, wenn der Infusionsbeutel statt 500 ml nur 300 ml Fassungsvermögen hat.

5 Als Hannes krank war, wurde alle drei Stunden seine Temperatur gemessen und der Wert notiert. Zeichnen Sie die Fieberkurve.
1. Geben Sie die Daten der abgebildeten Wertetabelle in das Tabellenkalkulationsprogramm ein.

Uhrzeit	6:00	9:00	12:00	15:00
Temp. in (°C)	37,8	38,2	38,6	39,2

Uhrzeit	18:00	21:00	24:00
Temp. in (°C)	39,6	39,0	38,5

2. Markieren Sie die Daten und wählen Sie eine Diagrammart aus. Liniendiagramm und Punktdiagramm sind gut geeignet.

Methode: Kosten berechnen und darstellen

In vielen verschiedenen Bereichen müssen Kosten berechnet werden. Es gibt Verträge und Tarife, z.B. Handytarife, Energieversorgungstarife für Strom, Wasser und Gas sowie Miet- und Leasingverträge.
Für die Berechnung des **Gesamtpreises** kann man die Funktionsgleichung einer linearen Funktion verwenden: y = m · x + b

Die **Steigung m** gibt die variablen Kosten pro Einheit an, z.B. den Preis pro Tag, den Preis pro kWh usw. Der einzusetzende Betrag hängt also von der Benutzung bzw. vom Verbrauch ab.
Die **Variable x** steht für die Einheit, z.B. die Anzahl der Tage, die Anzahl der kWh usw.
Der **y-Achsenabschnitt b** gibt z.B. die Grundgebühr oder die Höhe der Lieferkosten an. Diese Beträge, die sogenannten Fixkosten, sind unabhängig von dem Verbrauch zu bezahlen.

Beispiel: Die Pflegeleitung bestellt Einmalhandschuhe. Eine Packung mit 100 Handschuhen kostet 1,78 €. Für die Lieferung werden 3,90 € Porto berechnet.
y = 1,78 x + 3,9; dabei ist y der Gesamtpreis und x ist die Anzahl der Packungen.

Mit einem **Tabellenkalkulationsprogramm** können Sie sich z.B. einen Tarifrechner für den Stromtarif erstellen. Dabei gilt: Rechnungsbetrag = Grundgebühr + Verbrauch in kWh · Preis pro kWh.

F3		▼ fx	=B3+B6*B4			
	A	B	C	D	E	F	G
1	Strom-Tarifrechner						
2							
3	Grundgebühr	65,00 €		Rechnungsbetrag:		830,00 €	
4	Preis pro kWh	0,17 €					
5							
6	Verbrauch in kWh	4500					
7							

Andererseits, wird z.B. auch Strom von privaten Solaranlagen in das öffentliche Stromnetz eingespeist und entsprechend pro kWh vergütet.

---

6 Eine Museumsführung kostet 3,50 € pro Person, als Gruppe zahlt man 30 €.
a) Ab wie vielen Personen lohnt sich die Gruppenkarte?
b) Stellen Sie die Kosten in einem geeigneten Koordinatensystem dar.

7 In der Parkanlage des Seniorenstifts sollen Tulpen und Geranien gepflanzt werden, insgesamt 100 Stück.
Die Tulpen kosten pro Stück 1,45 €, die Geranien 0,75 €. Es stehen maximal 110 € für die Blumen zur Verfügung.
a) Stellen Sie eine Gleichung für die Anzahl der Tulpen und Geranien und eine Gleichung für die Kosten auf.
b) Lösen Sie das lineare Gleichungssystem. Wie viele Tulpen können maximal gekauft werden?

8 In einer Kita werden Äpfel und Mandarinen von einem Obsthändler bezogen. Insgesamt werden 55 Portionen Obst benötigt. Pro Apfel berechnet der Händler 0,80 €, pro Mandarine 0,60 €. Insgesamt stehen der Kita 38 € zur Verfügung.
a) Stellen Sie jeweils eine Gleichung zur Menge des Obsts und zu den Kosten auf.
b) Lösen Sie das Gleichungssystem. Wie viele Äpfel und Mandarinen kann sich die Kita leisten?

9 Emre und Andreas möchten sich in einem Fitnessstudio anmelden. Neben einem monatlichen Beitrag von 24,50 € kostet die einmalige Aufnahmegebühr 49,90 €. Der Vertrag hat eine Pflichtlaufzeit von 24 Monaten.
a) Stellen Sie eine Funktionsgleichung für die Gesamtkosten in Abhängigkeit von den Mitgliedschaftsmonaten auf.
b) Berechnen Sie, wie viel Euro Emre und Andreas jeweils über die gesamte Vertragslaufzeit zahlen müssen.
c) Emre verlässt das Fitnessstudio nach 3,5 Jahren, Andreas nach 5 Jahren. Wie viel hat jeder von ihnen insgesamt gezahlt?

10 Aylin und Natalie bestellen bei einem Online Versandhandel Schuhe. Bei einer Aktion bekommt man alle Schuhe für jeweils 29,99 €. Hinzu kommen pro Bestellung 7,99 € für die Lieferung.
a) Stellen Sie eine Funktionsgleichung auf, die den Gesamtpreis in Abhängigkeit von der Anzahl der bestellten Schuhe angibt.
b) Aylin möchte drei Paar Schuhe kaufen. Bestimmen Sie, wie viel Euro sie bezahlen muss.
c) Natalie hat von ihrer Oma 130 € bekommen. Wie viele Schuhe kann sie dafür kaufen?

11 Die Anschaffungskosten einer Solarstromanlage für das Dach einer Jugendherberge belaufen sich auf 12 500 €.
Pro Monat werden ungefähr 150 kWh ins öffentliche Stromnetz eingespeist und mit 57,4 ct pro kWh vergütet.
Nach welcher Zeit hat sich die Anschaffung der Solarstromanlage bezahlt gemacht?

12 Eine ausreichende Flüssigkeitszufuhr ist wesentlicher Bestandteil der Gesundheit. Daher beauftragt die Leitung einer großen Arztpraxis ein Unternehmen einen Wasserspender zu installieren.

Die Miete des Geräts beträgt monatlich 19,80 €. Pro Wassertank von 30 Litern kommen 4,90 € hinzu.
a) Begründen Sie, dass die Funktion mit der Gleichung y = 4,9 x + 19,8 den Zusammenhang zwischen den verbrauchten Wassertanks pro Monat und den Kosten pro Monat darstellt.
b) Bestimmen Sie, wie hoch die Kosten sind, wenn in einem Monat 8 Wassertanks verbraucht werden.
c) Der wirtschaftliche Leiter möchte höchstens 80 € im Monat für den Wasserspender ausgeben. Für wie viele Wassertanks pro Monat reicht das Geld?

13 Familie Müller ist vor kurzem umgezogen. Jetzt möchte sie in den örtlichen Sportverein eintreten. Die Tarife lauten wie folgt:

Sportverein

	Erwachsene	Kinder bis 18 Jahre
einmalige Aufnahmegebühr	30 €	20 €
monatlicher Beitrag	9 €	7 €

a) Zur Familie Müller gehören neben den Eltern noch drei Kinder. Stellen Sie eine Funktion für die Gesamtkosten auf.
b) Wie hoch sind die Gesamtkosten für Familie Müller in fünf Jahren Mitgliedschaft insgesamt?
c) Familie Müller erfährt, dass es auch eine Familienmitgliedschaft gibt. Pro Monat kostet diese 20 €. Bestimmen Sie die Funktionsgleichung für diesen Beitrag bei gleichbleibenden Aufnahmegebühren.

Methode: Angebote vergleichen

rechnerische Lösung: Man kann zwei Angebote **grafisch** vergleichen. Man stellt die Funktionsgleichungen auf und zeichnet die zugehörigen Geraden in ein gemeinsames Koordinatensystem. Schneiden sich die Geraden, sind die Angebote an diesem Schnittpunkt gleich teuer. Das Angebot der „niedriger" liegenden Geraden, ist das jeweils günstigere.

Beispiel:
Ein Kindergarten bestellt mehrere Schaufeln und vergleicht zwei Angebote.
Angebot 1:   5 € pro Schaufel und 10 € Lieferkosten pro Bestellung.
Angebot 2:   4 € pro Schaufel und 30 € Lieferkosten pro Bestellung.

zeichnerische Lösung:
(1) $y = 5x + 10$
(2) $y = 4x + 30$

Bei 20 Schaufeln sind beide Angebote gleich teuer. Bei weniger als 20 Schaufeln ist Angebot 1 günstiger, bei mehr als 20 Schaufeln ist Angebot 2 günstiger.

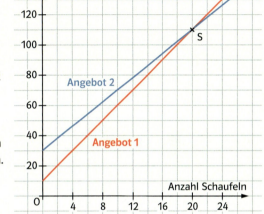

rechnerische Lösung:
Wenn man den Schnittpunkt nur ungenau ablesen kann, ist es besser den Schnittpunkt zu **berechnen**. Hierbei setzt man die beiden Funktionsgleichungen gleich und berechnet den x-Wert. Um den zugehörigen y-Wert zu berechnen, setzt man den x-Wert in eine der beiden Gleichungen ein.
(1) $y = 5x + 10$
(2) $y = 4x + 30$
Gleichsetzen von (1) und (2):
$5x + 10 = 4x + 30$ | $-4x$ | -10
$x = 20$
Einsetzen von $x = 20$ in Gleichung (1):
$y = 5 \cdot 20 + 10 = 110$
Der Schnittpunkt der Geraden ist $S(20 | 110)$.

14 Der Stromtarif eines Energieversorgungsunternehmens hat einen monatlichen Grundpreis von 9,50 € und einen Arbeitspreis von 0,26 €/kWh.
a) Bestimmen Sie die Gleichung für die jährlichen Gesamtkosten.
b) Berechnen Sie den Rechnungsbetrag bei einem jährlichen Energieverbrauch von 2000 kWh.
c) Ein anderer Stromanbieter verzichtet auf den Grundpreis, dafür beträgt der Arbeitspreis 0,30 € pro kWh. Unter welchen Umständen lohnt es sich, den Anbieter zu wechseln? Wann lohnt es sich nicht?

15 Ein Krankenhauskomplex mit angeschlossenen Pflegeeinrichtungen wurde saniert. Jetzt sollen die Verträge für Gas an die neuen Verbrauchswerte angeglichen werden. Lieferant A berechnet einen Grundbetrag von 18,90 € pro Monat bei einem Preis von 0,0505 € pro kWh. Lieferant B berechnet 0,0511 € pro kWh bei einem Grundbetrag von 15,70 € pro Monat.
a) Stellen Sie für beide Verträge die Gleichung für die monatlichen Gesamtkosten auf.
b) Berechnen Sie, welcher Vertrag sich bei welchem Gasverbrauch lohnt.

5 Lineare Funktionen Anwenden im Beruf

16 In einer großen Kita sollen aus Kostengründen die Verträge für elektrische Energie überprüft werden. Es stehen verschiedene Tarife zur Wahl.

> **Stromland**
> Arbeitspreis: 0,2379 € pro kWh
> Grundpreis: 13,79 € pro Monat

> **Energiekauf**
> Arbeitspreis: 0,2345 € pro kWh
> Grundpreis: 14,99 € pro Monat

a) Stellen Sie für die beiden Tarife jeweils die lineare Funktionsgleichung auf.
b) Berechnen Sie die Kosten für Strom von beiden Anbietern.

Stromverbrauch in kWh	Kosten	
	Stromland	Energiekauf
0		
50		
100		
150		
200		
250		
300		
350		
400		
450		
500		

c) Zeichnen Sie die Graphen zu den beiden Funktionen in ein Koordinatensystem.
x-Achse: 50 Einheiten = 1 cm;
y-Achse: 10 € = 1 cm
d) Entnehmen Sie den Graphen durch ablesen, welcher Tarif sich wann lohnt.
e) Bestimmen Sie rechnerisch den Schnittpunkt der beiden Tarife.

17 Die Eisdiele in einer Begegnungsstätte hat zwei Möglichkeiten Eis zu produzieren. Zum einen kann das Eis in Handarbeit hergestellt werden. Dabei betragen die Fixkosten 250 € und die variablen Kosten pro Kilogramm Eis 2 €. Zum anderen ist die maschinelle Herstellung möglich. Hier liegen die Fixkosten bei 300 € und die variablen Kosten bei 1,20 € pro Kilogramm Eis.

a) Zeichnen Sie die Graphen der beiden Kostenfunktionen in ein Koordinatensystem.
x-Achse: Eis in Kilogramm;
y-Achse: Kosten in Euro
b) Geben Sie die Produktionsmengen für jedes Herstellungsverfahren an, für das das jeweilige Verfahren günstiger als das andere Verfahren ist.
c) Eine Kundenumfrage hat ergeben, dass für das maschinell produzierte Eis ein Preis von 80 Cent pro Kugel zu 100 g, für das handgefertigte ein Preis von 1 € pro Kugel erzielt werden kann.
Für welche Produktionsmengen würden Sie nun welches Verfahren empfehlen?

18 Das Schaubild zeigt den Wasserverbrauch und die zugehörigen Kosten von Familie Schneider innerhalb eines Jahrs.

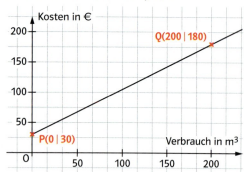

a) Was beschreiben die Punkte P und Q?
b) Wovon hängt der y-Achsenabschnitt, wovon die Steigung der Geraden ab?
c) Was kostet 1 m³ Wasser?
d) Abwasser wird gesondert berechnet. Pro Kubikmeter Wasser fallen 1,60 € an. Berechnen Sie die Gesamtkosten von Familie Schneider.
Rechnen Sie auch mit den Gebührensätzen in Ihrem Wohnort.

Rückspiegel

D79 Testen

Wo stehe ich?

Ich kann ...	sehr gut	gut	etwas	nicht gut	Lerntipp!
1 mithilfe einer erstellten Wertetabelle eine Gerade zeichnen.	☐	☐	☐	☐	→ Seite 188
2 die Steigung sowie den y-Achsenabschnitt aus einer Geradengleichung ablesen und damit die Gerade ohne Wertetabelle zeichnen.	☐	☐	☐	☐	→ Seite 188
3 Geradengleichungen bestimmen.	☐	☐	☐	☐	→ Seite 188
4 ein Gleichungssystem zeichnerisch lösen.	☐	☐	☐	☐	→ Seite 194
5 ein Gleichungssystem rechnerisch lösen.	☐	☐	☐	☐	→ Seite 198
6 Lösungsmöglichkeiten bei Gleichungssystemen erkennen und die Lösung bestimmen.	☐	☐	☐	☐	→ Seite 194, 198
7 Probleme mithilfe linearer Funktionen modellieren.	☐	☐	☐	☐	→ Seite 201, 202

Überprüfen Sie Ihre Einschätzung:

1 Erstellen Sie eine Wertetabelle und zeichnen Sie die Gerade.
a) $y = 2,5x$
b) $y = -2x - 1$
c) $y = 0,4x + 1,5$
d) $y = -\frac{3}{5}x + 0,8$

2 Bestimmen Sie den y-Achsenabschnitt und die Steigung. Zeichnen Sie das Steigungsdreieck sowie die Gerade, die durch die Gleichung angegeben ist.
a) $y = 2x + 1$
b) $y = -\frac{1}{4}x + 5$
c) $y = -x - 0,5$
d) $y = \frac{3}{4}x - 6$

3 Bestimmen Sie die Gleichung jeder Geraden.

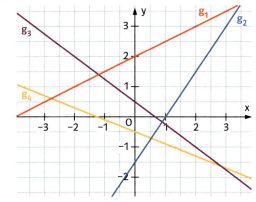

4 Lösen Sie das lineare Gleichungssystem. Überprüfen Sie Ihre Lösung durch Zeichnen.
a) $y = -3x + 7$
   $y = -\frac{1}{3}x - 1$
b) $y = -\frac{1}{2}x + 4$
   $y = x - 2$

5 Lösen Sie das Gleichungssystem rechnerisch. Wählen Sie ein geeignetes Verfahren.
a) $2x + 2y = 10$
   $y = 2x - 1$
b) $2x - 3y = 4$
   $4x + 3y = 2$

6 Stellen Sie das Gleichungssystem grafisch dar und geben Sie an, ob es eine oder keine Lösung hat.
a) $y = \frac{2}{3}x - 3$
   $y = \frac{2}{3}x + 3$
b) $y = \frac{3}{4}x - 1$
   $y = \frac{4}{3}x - 1$

7 Familie Munz liegen zwei Angebote für die Stromversorgung vor.
Tarif A: Grundgebühr 45,50 €
         Kosten pro kWh 16,5 ct
Tarif B: Grundgebühr 75,25 €
         Kosten pro kWh 15,5 ct
Für welchen Tarif soll sich Familie Munz entscheiden? Welche Bedingungen sollen bei der Entscheidung berücksichtigt werden?

→ Die Lösungen zum „Rückspiegel" finden Sie auf Seite 302.

6 Quadratische Funktionen Standpunkt

D80 Testen

Wo stehe ich?

Ich kann ...	sehr gut	gut	etwas	nicht gut	Lerntipp!
1 Zahlen quadrieren.	☐	☐	☐	☐	→ Seite 264
2 Quadratwurzeln im Kopf berechnen.	☐	☐	☐	☐	→ Seite 94
3 Koordinaten im Koordinatensystem ablesen.	☐	☐	☐	☐	→ Seite 93, 268
4 Koordinaten im Koordinatensystem eintragen.	☐	☐	☐	☐	→ Seite 93, 268
5 Klammern ausmultiplizieren.	☐	☐	☐	☐	→ Seite 21, 29
6 Gleichungen lösen.	☐	☐	☐	☐	→ Seite 34
7 lineare Funktionen grafisch darstellen.	☐	☐	☐	☐	→ Seite 188

Überprüfen Sie Ihre Einschätzung:

1 Quadrieren Sie im Kopf.
a) 4^2 b) $(-4)^2$ c) 9^2
d) $2{,}5^2$ e) 1^2 f) 0^2

2 Ziehen Sie die Wurzel.
a) $\sqrt{9}$ b) $\sqrt{16}$ c) $\sqrt{49}$
d) $\sqrt{2{,}25}$ e) $\sqrt{144}$ f) $\sqrt{1{,}44}$

3 Lesen Sie die Koordinaten der Punkte im Koordinatensystem ab und schreiben Sie sie auf.

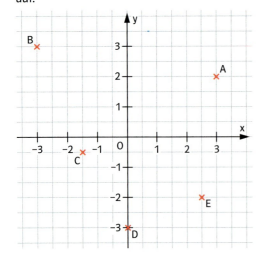

4 Zeichnen Sie ein Koordinatensystem und tragen Sie folgende Punkte ein:
A(−3|5)   B(0|−2)   C(3,5|−4)
D(−2|−1)   E(−5,5|−3) F(3|0)

5 Multiplizieren Sie die Klammern aus.
a) $(6x + 3) \cdot (2x + 3)$ b) $(7x - 9)(4 - 3x)$
c) $(x + 3)^2$ d) $(x - 5)^2$

6 Lösen Sie die Gleichungen.
a) $2(3x - 5) = 5x$
b) $-3(x - 6) = 18$
c) $6x = (4 - 2x) \cdot (-4)$
d) $x - 2(x - 1) = 3x - (8 - x)$

7 Zeichnen Sie den Graphen der linearen Funktion.
a) $y = \frac{1}{3}x + 2$ b) $y = 4x - 3$
c) $y = -\frac{3}{2}x$ d) $y = \frac{4}{5}x + 3$

→ Die Lösungen zum „Standpunkt" finden Sie auf Seite 304.

6 Quadratische Funktionen

In manchen Ländern braucht man eine Lizenz als staatlich geprüfter Mountainbikelehrer um eine eigene Mountainbikeschule zu führen. Das erfordert neben einer umfangreichen, theoretischen Ausbildung auch, dass man sein eigenes Fahrkönnen weiter verbessert und trainiert.
Ein angehender Mountainbiker führt einen Sprung aus.
→ Beschreiben Sie seine Flugbahn.
→ Schätzen Sie die maximale Sprunghöhe und die Sprungweite des Fahrers.

Ich lerne,

- wie man Normalparabeln durch Gleichungen angeben und zeichnen kann,
- dass es Parabeln mit verschiedener Form und Lage gibt,
- wie man quadratische Gleichungen löst,
- was Nullstellen sind und wie sie bestimmt werden,
- wie man Schnittpunkte von Parabeln mit den Koordinatenachsen, mit Geraden oder mit anderen Parabeln bestimmt.

In verschiedenen Bereichen kann man eine bestimmte Art von Kurven beobachten. Betrachtet man die Sprungkurven von Sportlern oder die Flugbahnen von Raketen in der Pyrotechnik, so sind dies sogenannte Parabeln. Auch die Form mancher Brücken oder Bauwerke lässt sich durch eine Parabel beschreiben.
Parabeln kann man mithilfe von Gleichungen angeben und in ein Koordinatensystem einzeichnen.

Eine Wohnung besteht aus mehreren Zimmern mit unterschiedlicher quadratischer Grundfläche. Bestimmen Sie den möglichen Flächeninhalt dieser Zimmer.
→ Geben Sie allgemein an, wie man den Flächeninhalt von Quadraten berechnen kann.
→ Erstellen Sie eine Tabelle der verschiedenen Seitenlängen und zugehörigen Flächeninhalten der Zimmer.
→ Übertragen Sie die Wertepaare aus der Tabelle in ein Koordinatensystem.
→ Beschreiben Sie den Kurvenverlauf.

1 Die quadratische Funktion $y = x^2 + c$

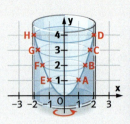

Die Abbildung zeigt den Querschnitt eines Glases.
→ Lesen Sie die Koordinaten der Punkte A, B, C, D, E, F, G, und H in dem hinterlegten Koordinatensystem ab. Was fällt Ihnen auf?

Viele Bogenformen in Architektur und Alltag lassen sich mithilfe von Funktionsgleichungen beschreiben. Dabei kommt die Variable x im Quadrat vor wie z. B. in $y = x^2$. Man spricht deshalb von einer quadratischen Funktion.

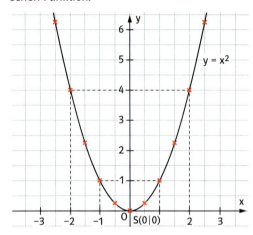

Zum Zeichnen des Graphen von $y = x^2$ wird eine Wertetabelle für den Bereich $-3 \leq x \leq 3$ mit der Schrittweite 0,5 erstellt:

x	-3	-2,5	-2	-1,5	-1	-0,5	0
y	9	6,25	4	2,25	1	0,25	0

x	0,5	1	1,5	2	2,5	3
y	0,25	1	2,25	4	6,25	9

Den tiefsten Punkt $S(0|0)$ dieser **Normalparabel** bezeichnet man als **Scheitelpunkt S**.
Die x-Werte 2 und –2 zum Beispiel haben denselben y-Wert 4. Da für andere x-Werte Ähnliches gilt, ist die Normalparabel achsensymmetrisch zur y-Achse.

> **Merke** Die einfachste **quadratische Funktion** hat die Gleichung $y = x^2$.
> Ihr Graph heißt **Normalparabel**.

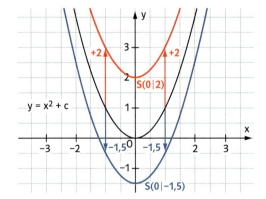

Addiert man zu den y-Werten der Normalparabel einen festen Summanden c, so verschiebt sich der Graph in y-Richtung. Die Form des Graphen bleibt erhalten.
Die Graphen der Funktionen $y = x^2 + c$ entstehen aus der Normalparabel durch Verschiebung in y-Richtung. Der Summand c gibt dabei die Länge und die Richtung der Verschiebung an:
$c > 0$ bedeutet eine Verschiebung nach oben,
$c < 0$ bedeutet eine Verschiebung nach unten.
Der Scheitelpunkt hat dann die Koordinaten $S(0|c)$.

> **Merke** Der Graph der Funktion $y = x^2 + c$ entsteht aus der Normalparabel durch Verschiebung um c in y-Richtung. Der Scheitelpunkt hat die Koordinaten $S(0|c)$.

6 Quadratische Funktionen Die quadratische Funktion $y = x^2 + c$

1 Erstellen Sie eine Wertetabelle zu der Funktion mit der Gleichung $y = x^2 + 3$ für folgende x-Werte: −100; −2,5; 0; 5; 10.
Erweitern Sie die Tabelle um Werte zu den x-Werten −10; −5; 2,5; und 100 ohne neu zu rechnen.

2 Zeichnen Sie den Graphen der Funktion $y = x^2$ im Intervall $-1 \leq x \leq 1$. Eine Einheit soll 5 cm betragen. Untersuchen Sie den Graphen.

3 Entscheiden und begründen Sie, ob eine lineare Funktion oder eine quadratische Funktion vorliegt.
a) $y = 2x$
b) $y = x^2 + 2$
c) $y = -x + \left(\frac{1}{2}\right)^2$
d) $y = x^2 + 0,5$
e) $y = 3x + 2^2$
f) $y = 3x^2 + 2$

4 Welche dieser Punkte liegen nicht auf der Normalparabel?
A(1|1) B(1|−1) C(−1|1)
D(2|−2) E(0,5|0,5) F(−2|4)
G(1,5|3) H(−1,5|−2,25) I(2,5|6,25)

Alles klar?
→ Lösungen Seite 304
D81 Fördern
→ Seite 50

A Geben Sie den Scheitelpunkt an und zeichnen Sie das Schaubild der verschobenen Normalparabel in Ihr Heft.
a) $y = x^2 + 1$
b) $y = x^2 - 3$
c) $y = x^2 + 2,5$
d) $y = x^2 - 4,5$

B Ordnen Sie jeder Parabel die richtige Funktionsgleichung zu. Zeichnen Sie für die vierte Funktionsgleichung ein Schaubild in Ihr Heft.

a)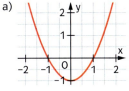
b)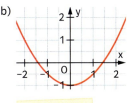

c)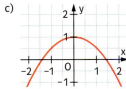

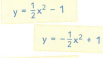
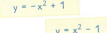

5 Liegt der Punkt P auf der Normalparabel, oberhalb oder unterhalb der Kurve? Lösen Sie die Aufgabe zunächst ohne Zeichnung und überprüfen Sie dann Ihr Ergebnis mithilfe des Graphen.
a) P(3,5|12,25)
b) P(−2,4|5,76)
c) P(1,4|2,1)
d) P(0,9|1,0)
e) P(−0,4|0,4)
f) P(−1,8|3,6)

6 Die Punkte liegen auf der Normalparabel. Wie lautet die fehlende Koordinate?
a) $P_1(6|\blacksquare)$ b) $P_3(1,2|\blacksquare)$
   $P_2(1,2|\blacksquare)$ $P_4(0,8|\blacksquare)$
c) $P_5(-0,5|\blacksquare)$ d) $P_7(-3,5|\blacksquare)$
   $P_6(0,1|\blacksquare)$ $P_8(2,9|\blacksquare)$
e) $P_9(\blacksquare|1,69)$ f) $P_{11}(\blacksquare|6)$
   $P_{10}(\blacksquare|10)$ $P_{12}(\blacksquare|3)$

7 Zeichnen Sie den Graphen.
a) $y = x^2 + 2$
b) $y = x^2 - 3$
c) $y = x^2 + 1,6$
d) $y = x^2 - 4,2$
e) $y = 5 + x^2$
f) $y = x^2 + \frac{13}{4}$

8 Geben Sie die Funktionsgleichungen der verschobenen Normalparabeln an.

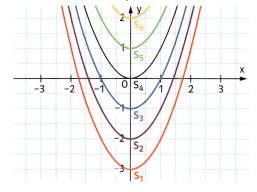

9 Eine Parabel mit der Gleichung $y = x^2 + c$ verläuft durch den Punkt P. Bestimmen Sie die Parabelgleichung.
Beispiel: Der Punkt P(1|2) hat die Koordinaten x = 1 und y = 2. In $y = x^2 + c$ eingesetzt erhält man: 2 = 1 + c; c = 1
Es gilt: $y = x^2 + 1$.
a) P(1|3)
b) P(2|6)
c) P(−1|3)
d) P(1|−3)
e) P(0,5|2,75)
f) P(−2|2)
g) P(−3|1)
h) P(−0,5|−1,75)
i) P(−2|−7)
j) P(−10|102)

2 Die quadratische Funktion $y = a \cdot x^2 + c$

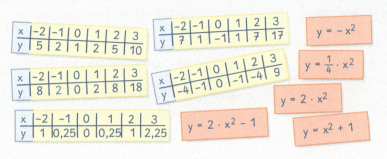

Hier sind Wertetabellen und Funktionsgleichungen durcheinandergeraten.
→ Welche Wertetabelle gehört zu welcher Gleichung?
→ Zwei Gleichungen beschreiben eine veränderte Lage der Normalparabel.
→ Drei Gleichungen beschreiben eine veränderte Form der Normalparabel. Versuchen Sie sie zu skizzieren.

Multipliziert man die y-Werte der Funktion $y = x^2$ mit einem konstanten Faktor a, erhält man die Funktionsgleichung $y = a \cdot x^2$. An dem Faktor a lässt sich die Form und Öffnung der Parabel erkennen.
Ist der Faktor **a positiv** (a > 0), ist die Parabel nach oben geöffnet.
Ist der Faktor **a negativ** (a < 0), ist die Parabel nach unten geöffnet.
Die Graphen zeigen:

a > 0		a < 0	
Die Parabel ist			
nach oben geöffnet		nach unten geöffnet	
a > 1	0 < a < 1	a < −1	−1 < a < 0
Die Parabel ist			
schmaler	breiter	schmaler	breiter
als die Normalparabel			

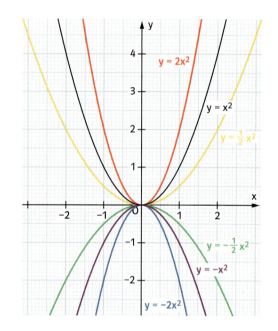

Merke Der Graph der Funktion $y = a \cdot x^2 + c$ ist eine Parabel.
Der Faktor a bestimmt die Form und die Öffnung der Parabel, der Summand c die Lage. Der Scheitelpunkt hat die Koordinaten $S(0 \mid c)$.

Beispiel Der Graph der Funktion $y = \frac{1}{8}x^2 - 2{,}5$ ist eine nach oben geöffnete Parabel. Sie ist breiter als die Normalparabel und der Scheitelpunkt hat die Koordinaten $S(0 \mid -2{,}5)$.

x	−6	−4	−2	0	2	4	6
y	2	−0,5	−2	−2,5	−2	−0,5	2

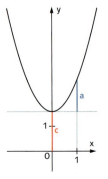
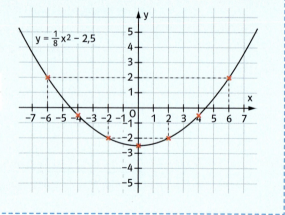

6 Quadratische Funktionen Die quadratische Funktion $y = a \cdot x^2 + c$

Die Symmetrieeigenschaften aus der vorigen Lerneinheit ersparen Ihnen das Rechnen!

Zum raschen Skizzieren von Parabeln multipliziert man die y-Werte der Normalparabel mit dem angegebenen Faktor.

Für $y = \frac{1}{2}x^2$ erhält man:

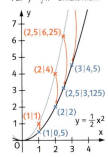

1 Zeichnen Sie die Parabel. Erstellen Sie dazu eine Wertetabelle. Wenn Sie Werte geschickt wählen, können Sie sich Arbeit sparen.

a) $y = 2x^2$
b) $y = \frac{1}{2}x^2$
c) $y = 3x^2$
d) $y = -\frac{1}{4}x^2$
e) $y = \frac{5}{2}x^2$
f) $y = -2x^2$

2 Beschreiben Sie Form und Öffnung der Parabel. Skizzieren Sie sie im Koordinatensystem.

a) $y = 5x^2$
b) $y = \frac{1}{5}x^2$
c) $y = -4x^2$
d) $y = -\frac{1}{4}x^2$
e) $y = 0{,}3x^2$
f) $y = \frac{6}{5}x^2$

3 Zeichnen Sie den Graphen der Funktion.

a) $y = 2x^2 + 1$
b) $y = \frac{1}{2}x^2 - 4$
c) $y = 3x^2 - 2$
d) $y = \frac{1}{3}x^2 + 2$
e) $y = \frac{5}{2}x^2 - 1$
f) $y = 1{,}5x^2 - 3$

4 Vergleichen Sie die drei Parabeln und stellen Sie ihre Unterschiede fest. Zeichnen Sie ggf. die Graphen der Parabeln.

a) $y = x^2 + 3$
   $y = x^2 - 3$
   $y = x^2$

b) $y = x^2$
   $y = 2x^2$
   $y = x^2 + 2$

c) $y = x^2 + 2$
   $y = 2x^2 + 2$
   $y = \frac{1}{2}x^2 + 2$

d) $y = \frac{1}{2}x^2 + 3$
   $y = \frac{1}{3}x^2 + 3$
   $y = \frac{1}{4}x^2 + 4$

5 Beschreiben Sie Lage und Form der Parabel im Vergleich zur Normalparabel ohne Zeichnung.

a) $y = 10x^2$
b) $y = x^2 - 100$
c) $y = -x^2 + 100$
d) $y = -0{,}01x^2 + 10$

A Bestimmen Sie c und a. Geben Sie dann die Funktionsgleichungen der Parabeln an.

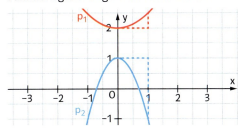

B Gegeben sind drei Funktionsgleichungen.

$y = 3x^2 - 1$ $y = \frac{1}{2}x^2 - 2$ $y = -\frac{1}{4}x^2 + 1$

a) Entscheiden Sie, ob die zugehörigen Parabeln breiter oder schmaler als die Normalparabel sind.

b) Skizzieren Sie nur die Parabel, die nach unten geöffnet ist, in einem Koordinatensystem.

6 Zeichnen Sie die Graphen der quadratischen Funktion $y = ax^2 - a$ für

$a = 0{,}5$ $a = 1$ $a = 1{,}5$
$a = 2$ $a = 2{,}5$ $a = 3$.

7 Stellen Sie sich gegenseitig die Aufgabe, an einer Funktionsgleichung die Besonderheiten der zugehörigen Parabel zu erkennen, ohne zu zeichnen.

Beispiel: $y = -2{,}5x^2 + 1$

„Die Parabel ist nach unten geöffnet und ist schmaler als die Normalparabel. Ihr Scheitelpunkt ist $S(0|1)$."

8 Geben Sie die Funktionsgleichung der Parabel in der Form $y = ax^2 + c$ an.

a) $a = 1$; $S(0|-2)$
b) $a = -0{,}5$; $S(0|4)$
c) $a = -3$; $S(0|3)$
d) $a = \frac{5}{6}$; $S(0|-5)$

9 Eine Parabel mit der Funktionsgleichung $y = ax^2$ verläuft durch den Punkt P. Bestimmen Sie die Parabelgleichung.

a) $P(1|3)$
b) $P(-1|-3)$
c) $P(4|5)$
d) $P(2|0)$
e) $P(-2|6)$
f) $P(0|-2{,}5)$

10 Lesen Sie den Faktor a ab und geben Sie die Funktionsgleichung an.

Beispiel für (A):
$P(2|1)$ eingesetzt in $y = ax^2$ ergibt:
$1 = a \cdot 4$; $a = \frac{1}{4}$ Lösung: $y = \frac{1}{4}x^2$

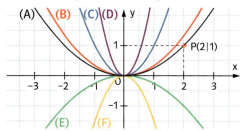

Alles klar?

→ Lösungen Seite 304
D82 Fördern

→ Seite 51

6 Quadratische Funktionen Die quadratische Funktion $y = a \cdot x^2 + c$

11 Ordnen Sie die Funktionsgleichungen und die Schaubilder quadratischer Funktionen einander zu.

a) $y = \frac{1}{2}x^2 - 3$ b) $y = \frac{1}{3}x^2$

c) $y = -x^2 + 2$ d) $y = -2x^2 + 3$

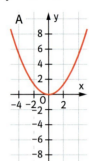

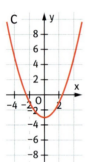

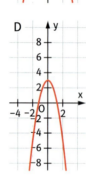

12 Die Parabel wird an der x-Achse gespiegelt. Geben Sie die neue Funktionsgleichung an.

a) $y = -x^2$

b) $y = 3x^2$

c) $y = x^2 - 1$

d) $y = \frac{1}{2}x^2 + 2$

13 Ordnen Sie zu. Welcher Punkt liegt auf welchem Graph?

A(1 | 2) $y = \frac{1}{2}x^2 + 4$

B(2 | 6) $y = x^2 - 2$

C(−2 | 2) $y = -2x^2 + 4$

14 Die Wertetabelle gehört zu einer quadratischen Funktion. Bestimmen Sie ihre Funktionsgleichung.

a)
x	−2	−1	0	1	2
y	9	3	1	3	9

b)
x	−2	−1	0	1	2
y	−4	−2,5	−2	−2,5	−4

15 Bestimmen Sie die Funktionsgleichung der Form $y = ax^2 + c$. Gegeben sind c und ein Punkt P.

a) $c = 1;\ P(2 | 2)$ b) $c = -2;\ P(1 | 3)$

c) $c = 3;\ P(-2 | -4)$ d) $c = -4;\ P(-4 | -5)$

Methode — **Dynamische Geometriesoftware (DGS) I**

Mit dem Computer lassen sich Parabeln der Form **y = a · x² + c** grafisch darstellen. Die Variablen **a** und **c** kann man über die Schieberegler der dynamischen Geometriesoftware verändern.

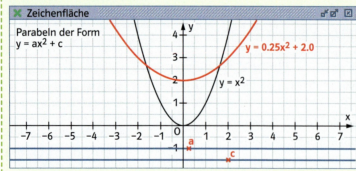

- Entdecken Sie die Wirkung der beiden Variablen a und c experimentell.
- Beschreiben Sie die Graphen $y = ax^2 - c$ für $a = c$.

Skizzieren Sie einige Graphen ins Heft. Was fällt Ihnen auf?

3 Die Scheitelpunktform y = (x – d)² + c

x	–4	–3	–2	–1	0	1	2
y = (x + 1)²	9						

x	–2	–1	0	1	2	3	4
y = (x – 1)²		4					

x	–5	–4	–3	–2	–1	0	1
y = (x + 2)²			1				

x	–1	0	1	2	3	4	5
y = (x – 2)²				1			

Diese Wertetabellen gehören zu verschobenen Normalparabeln.
→ Ergänzen Sie die Wertetabellen.
→ Was fällt Ihnen beim Ausfüllen auf?
→ Wo vermuten Sie den Scheitelpunkt?
→ Sehen Sie einen Zusammenhang zwischen Scheitelpunkt und Funktionsgleichung?

Setzt man in die Funktionsgleichung $y = (x – 4)^2$ für x den Wert 4 ein, erhält man die y-Koordinate des Scheitelpunkts S(4|0).
Man erkennt an der **blauen** Parabel, dass der Scheitelpunkt gegenüber der Normalparabel um 4 LE nach rechts verschoben ist.
Allgemein gilt, dass die Graphen der Funktionsgleichungen $y = (x – d)^2$ für alle **positiven** Werte von **d** nach **rechts** verschoben sind. Für **d < 0** ergibt sich eine Verschiebung nach **links**.
Das rote Schaubild der Parabel $y = (x – d)^2 + c$ erhält man, indem die Normalparabel zunächst um

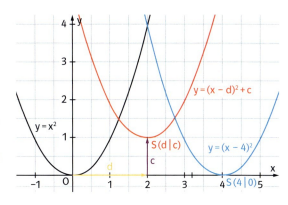

d Einheiten in x-Richtung und um c Einheiten in y-Richtung verschoben wird. Da man die Koordinaten des Scheitelpunkts S(d|c) leicht bestimmen kann, nennt man $y = (x – d)^2 + c$ die Scheitelpunktform der quadratischen Funktion.

Merke Der Graph einer quadratischen Funktion mit $y = (x – d)^2 + c$ ist eine um **d in x-Richtung** und um **c in y-Richtung** verschobene Normalparabel mit dem Scheitelpunkt **S(d|1c)**.
$y = (x – d)^2 + c$ heißt die **Scheitelpunktform** der quadratischen Funktion.

Beispiel
a) Zum Zeichnen des Graphen der quadratischen Funktion $y = (x + 4)^2 + 3$ verschiebt man den Scheitelpunkt der Normalparabel um **4** Einheiten in x-Richtung nach **links** und um **3** Einheiten in y-Richtung nach **oben**.

b) Eine verschobene Normalparabel hat den Scheitelpunkt S(–1,5|–2,5).
Man bestimmt die zugehörige Funktionsgleichung, indem man die Koordinaten in die Scheitelpunktform einsetzt:
$y = (x – (–1,5))^2 – 2,5$
Die Funktionsgleichung lautet:
$y = (x + 1,5)^2 – 2,5$

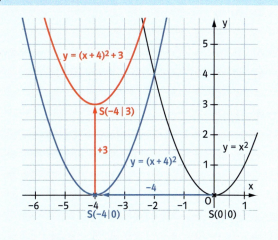

6 Quadratische Funktionen Die Scheitelpunktform $y = (x - d)^2 + c$

Erinnerung an die
1. binomische Formel:
$x^2 + 6x + \ldots$
$x^2 + 2 \cdot 3 \cdot x + \ldots$
$a^2 + 2 \cdot a \cdot b + \ldots$

Auch quadratische Funktionen der Form $y = x^2 + px + q$ haben verschobene Normalparabeln als Graphen. Das erkennt man, indem man die Funktionsgleichung auf die Scheitelpunktform $y = (x - d)^2 + c$ bringt.

Für $y = x^2 + 6x + 7$ gilt:

$y = x^2 + 6x + \left(\frac{6}{2}\right)^2 + 7 - \left(\frac{6}{2}\right)^2$

$y = (x + 3)^2 - 2$

$y = (x - (-3))^2 - 2$

$S(-3 \mid -2)$

Für $y = x^2 + px + q$ gilt allgemein:

$y = x^2 + px + \left(\frac{p}{2}\right)^2 + q - \left(\frac{p}{2}\right)^2$

$y = \left(x + \frac{p}{2}\right)^2 + q - \left(\frac{p}{2}\right)^2$

${-d}\,+c\quad S(d \mid c)$

Diese Vorgehensweise nennt man **quadratisches Ergänzen**.

> **Merke** Die Funktionsgleichung $y = x^2 + px + q$ lässt sich durch **quadratisches Ergänzen** auf die Scheitelpunktform bringen. Daran lassen sich die Koordinaten des Scheitelpunkts der verschobenen Normalparabel ablesen.

Hilfe beim Skizzieren
- Gehen Sie vom Scheitelpunkt aus 1 LE nach rechts und 1 LE nach oben, dann 2 LE nach rechts und 4 LE nach oben, dann 3 nach rechts und 9 nach oben, usw.
- Nutzen Sie dann die Achsensymmetrie der Parabel.

Beispiel:
$y = (x + 1,5)^2 + 1$

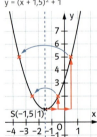

Alles klar?
→ Lösungen Seite 305
D83 Fördern

→ Seite 52

> **Beispiel**
> **a)** Bestimmung des Scheitelpunkts der quadratischen Funktion mit
> $y = x^2 - 3x + 2,75$
> $y = x^2 - 3x + \left(\frac{3}{2}\right)^2 + 2,75 - \left(\frac{3}{2}\right)^2$
> $y = (x - 1,5)^2 + 0,5$
> Damit ergibt sich der Scheitelpunkt $S(1,5 \mid 0,5)$.
>
> **b)** Eine Parabel besitzt den Scheitelpunkt $S\left(-\frac{1}{2} \mid \frac{3}{4}\right)$. Daraus lässt sich die Funktionsgleichung bestimmen.
> $y = \left(x - \left(-\frac{1}{2}\right)\right)^2 + \frac{3}{4}$
> $y = x^2 + x + \frac{1}{4} + \frac{3}{4}$
> Funktionsgleichung: $y = x^2 + x + 1$.

1 Geben Sie die Koordinaten des Scheitelpunkts der Parabel an und zeichnen Sie dann.
a) $y = (x - 2)^2 + 3$ b) $y = (x + 1)^2 + 2$
c) $y = (x + 3)^2 - 6$ d) $y = (x - 4)^2 - 7$

2 Geben Sie die Funktionsgleichung und die Koordinaten des Scheitelpunkts an. Die Normalparabel ist verschoben um
a) 3 LE nach rechts und um 2 LE nach oben.
b) 2,5 LE nach rechts und um 4,5 LE nach unten.

A Geben Sie den Scheitelpunkt der verschobenen Normalparabel an.
a) $y = (x - 3)^2 + 4$ b) $y = (x + 2)^2 - 5$
c) $y = (x - 1,5)^2 - 2$ d) $y = (x + 3,5)^2 + 0,5$

B Bestimmen Sie die Funktionsgleichung der verschobenen Normalparabel.

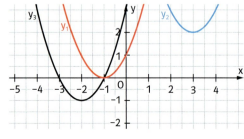

3 Eine verschobene Normalparabel hat den Scheitelpunkt S. Geben Sie die Gleichung der Funktion in Scheitelpunktform an.
a) $S(3 \mid 2)$ b) $S(4 \mid -3)$ c) $S(-2 \mid 1)$
d) $S(-3 \mid -6)$ e) $S(0 \mid 1)$ f) $S(-5 \mid 0)$

4 Lesen Sie den Tipp auf dem Rand.
a) Skizzieren Sie $y = (x - 0,5)^2 - 3,5$.
b) Notieren Sie verschiedene Scheitelpunkte und skizzieren Sie die zugehörigen Graphen.

5 Liegt der Punkt P auf der Parabel? Rechnen und überprüfen Sie durch eine Zeichnung.
a) $y = (x - 4)^2$ $P(1 \mid 9)$
b) $y = (x - 2)^2 - 1$ $P(0 \mid -5)$
c) $y = (x + 1)^2 + 2$ $P(-2 \mid 3)$
d) $y = (x + 3)^2 - 3$ $P(-4 \mid -2)$

6 Zeichnen Sie das Parabelpaar und lesen Sie die Koordinaten der Schnittpunkte ab.
a) $y = (x + 3)^2 + 2$ b) $y = (x + 1)^2 - 2$
 $y = (x - 1)^2 + 2$ $y = (x - 2)^2 + 1$
c) $y = (x - 1,5)^2 - 1,5$ d) $y = (x - 6,5)^2 + 0,5$
 $y = (x + 1,5)^2 + 1,5$ $y = (x - 1,5)^2 - 4,5$

6 Quadratische Funktionen — Die Scheitelpunktform $y = (x - d)^2 + c$

Alles klar?
→ Lösungen Seite 305
D84   Fördern

7 Eine verschobene Normalparabel geht durch die Punkte P_1 und P_2. Finden Sie den Scheitelpunkt mithilfe der Achsensymmetrie.
a) $P_1(1\,|\,3)$ und $P_2(3\,|\,3)$
b) $P_1(3\,|\,4)$ und $P_2(7\,|\,4)$
c) $P_1(-2\,|\,0)$ und $P_2(-4\,|\,0)$

8 Der Punkt P liegt auf der Parabel. Bestimmen Sie die vollständige Funktionsgleichung.
a) $y = x^2 + 6x + q$ \qquad $P(1\,|\,17)$
b) $y = x^2 - 4x + q$ \qquad $P(2\,|\,2)$
c) $y = x^2 - px - 4$ \qquad $P(3\,|\,-1)$

9 Formen Sie um in Scheitelpunktform. Wo liegt der Scheitelpunkt der Parabel?
a) $y = x^2 + 8x + 7$ \qquad b) $y = x^2 + 20x + 50$
c) $y = x^2 - 7x$ \qquad d) $y = x^2 - x$

C Geben Sie zum Scheitelpunkt einer verschobenen Normalparabel die Scheitelpunktform an. Wandeln Sie dann in Normalform um.
a) $S(4\,|\,1)$ \qquad b) $S(3\,|\,-2)$
c) $S(-2\,|\,5)$ \qquad d) $S(-3\,|\,-4)$

D Bringen Sie die Funktionsgleichung zunächst auf Scheitelpunktform. Wie heißen die Koordinaten des Scheitelpunkts S?
a) $y = x^2 - 2x + 3$ \qquad b) $y = x^2 + 10x + 26$
c) $y = x^2 - 4x + 3$ \qquad d) $y = x^2 - 8x + 15$

10 Bestimmen Sie aus den Koordinaten des Scheitelpunkts der Parabel die Funktionsgleichung in der Form $y = x^2 + px + q$.
a) $S(2\,|\,1)$ \qquad b) $S(-1\,|\,3)$
c) $S(3\,|\,-4)$ \qquad d) $S(-4\,|\,-5)$

Methode

Die Parabelgleichung $y = a \cdot (x - d)^2 + c$
Der zusätzliche Faktor a ($a \neq 0$) bestimmt die Öffnung der Parabel.

$y = \tfrac{1}{2}(x - 2)^2 + 1$

1. Schritt: Der Faktor $\tfrac{1}{2}$ bewirkt, dass die Parabel breiter wird als die Normalparabel.
2. Schritt: Verschiebung des Scheitelpunkts von $(0\,|\,0)$ nach $S(2\,|\,1)$.

- Skizzieren Sie ebenso:
  $y = 0{,}5(x + 1)^2 + 2$
  $y = -(x - 1)^2 - 3$
- Bestimmen Sie den Scheitelpunkt und skizzieren Sie die Parabel.
  $y = \tfrac{1}{2}(x - 3)^2$
  $y = -(x + 1)^2 + 4$
- Geben Sie die Gleichungen der Parabeln a) bis d) an.
- Zeichnen Sie den Graphen mithilfe einer Wertetabelle in Ihr Heft und bestimmen Sie den Scheitelpunkt sowie die Öffnung der Parabel.
  a) $y = 2x^2 - 4x + 3$
  b) $y = 3x^2 + 12x + 10$
  c) $y = -x^2 - 4x - 7$
  d) $y = -0{,}5x^2 - 4x - 6$

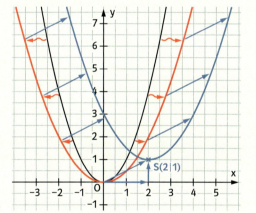

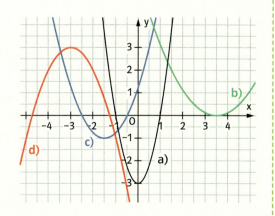

6 Quadratische Funktionen EXTRA

Die allgemeine quadratische Funktion $y = a(x - d)^2 + e$

Außer der Normalparabel können auch Parabeln der Form $y = ax^2$ beliebig verschoben werden. Solche Parabeln können entweder in **Scheitelpunktform** mit der Gleichung $y = a(x - d)^2 + e$ oder in **Normalform** mit der Gleichung $y = ax^2 + bx + c$ angegeben werden.

Die Scheitelpunktform bietet den Vorteil, dass der Scheitelpunkt der verschobenen Parabel direkt abgelesen werden kann. So hat die Parabel mit der Gleichung $y = 2(x - 3)^2 - 1$ den Scheitelpunkt S(3|−1). Sie ist nach oben geöffnet und wegen $a = 2$ schmaler als die Normalparabel.

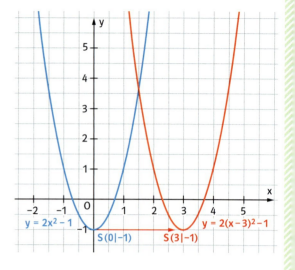

1 Geben Sie den Scheitelpunkt S an.
a) $y = 2(x - 2)^2 + 3$
b) $y = 3(x + 1)^2 - 4$
c) $y = 4(x - 1)^2 - 2$
d) $y = -\frac{2}{5}(x - 1)^2 + 1{,}5$

2

x	−2	−1	0	...	5
p_1: $y = \frac{1}{2}x^2$	2	■	■	...	■
p_2: $y = \frac{1}{2}(x - 2)^2$	8	■	■	...	■
p_3: $y = \frac{1}{2}(x - 2)^2 - 1$	7	■	■	...	■
p_4: $y = -\frac{1}{2}(x - 2)^2 - 1$	−9	■	■	...	■

a) Vervollständigen Sie die Wertetabelle und markieren Sie die Scheitelpunkte.
b) Zeichnen Sie die Schaubilder.
c) Vergleichen Sie p_3 und p_4. Welchen Einfluss hat das negative Vorzeichen?

3 Geben Sie die Funktionsgleichungen der abgebildeten Parabeln an.

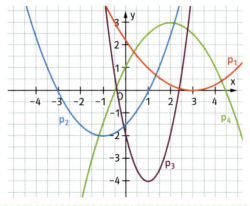

4 Bestimmen Sie aus der gegebenen Funktionsgleichung den Scheitelpunkt der Parabel. Beantworten Sie dann die folgenden Fragen.
- Verläuft die Parabel breiter oder schmaler als die Normalparabel?
- Ist die Parabel nach oben oder nach unten geöffnet?
- Liegt der Scheitel oberhalb oder unterhalb der x-Achse?

a) $y = \frac{1}{3}(x + 3)^2 - 2$
b) $y = 2(x - 1{,}5)^2 + 0{,}5$
c) $y = -3(x - 5{,}5)^2 - 4{,}5$
d) $y = -\frac{2}{5}(x - 1)^2 + 1{,}5$

5 Das Beispiel zeigt, wie man eine Funktionsgleichung in die Scheitelpunktform umformen kann.

Beispiel:
$y = 2x^2 - 4x + 5$
$y = 2x^2 - 4x \qquad\qquad + 5$
$y = 2(x^2 - 2x + 1 - 1) \qquad + 5$
$y = 2(x^2 - 2x + 1) - 2 \cdot 1 \quad + 5$
$y = 2(x - 1)^2 - 2 \qquad\qquad + 5$
$y = 2(x - 1)^2 + 3 \qquad\qquad \rightarrow S(1|3)$

a) Besprechen Sie zu zweit das Beispiel.
b) Formen Sie um in Scheitelpunktform und bestimmen Sie die Scheitelpunkte.
p_1: $y = 2x^2 + 8x + 10$
p_2: $y = 3x^2 - 18x + 25$
p_3: $y = -4x^2 - 8x - 6$

4 Quadratische Gleichungen

Familie Hauber möchte ihre Terrasse mit quadratischen Platten auslegen. Die Gesamtfläche beträgt 10,80 m². Peter hat ausgerechnet, dass man die Fläche mit 30 Platten genau auslegen kann.
→ Welche Seitenlänge hat eine Platte?
→ Wie viele Platten würde man bei einer Seitenlänge von 30 cm benötigen?
→ Passen für die Form der Terrasse auch noch andere quadratische Plattengrößen?

Wenn in einer Gleichung die Variable im Quadrat vorkommt, spricht man von einer **quadratischen Gleichung** oder einer Gleichung 2. Grades.
Kommen außer dem Quadrat der Variablen nur Zahlen vor, so ist die Gleichung **rein quadratisch**.

$\sqrt{9} = 3$,
aber $x^2 = 9$
hat zwei Lösungen,
nämlich $+3$ und -3.

Rein quadratische Gleichungen können immer so umgeformt werden, dass das Quadrat der Variablen allein steht.

Es gibt zwei Zahlen, die dieses Quadrat ergeben. Deshalb hat diese Gleichung auch zwei Lösungen, die mit x_1 und x_2 bezeichnet werden.

$5x^2 + 12 = 192 \quad |-12$
$5x^2 = 180 \quad |:5$
$x^2 = 36 \quad |$
$x_{1,2} = \pm\sqrt{36}$

$x_1 = +6$ und $x_2 = -6$

Merke | Rein quadratische Gleichungen kann man lösen, indem man die Gleichung nach x^2 auflöst und dann auf beiden Seiten die **Wurzel zieht**.
Der Radikand ist der Term unter der Wurzel.
Ist der Radikand positiv, hat die Gleichung immer zwei Lösungen.

Bemerkung | Ist der Radikand negativ, so hat die Gleichung keine Lösung.
Hat der Radikand den Wert null, so hat die Gleichung nur eine Lösung, nämlich $x = 0$.

Beispiel | a) $3x^2 + 4 = 79 \quad |-4$
$3x^2 = 75 \quad |:3$
$x^2 = 25 \quad |$
$x_{1,2} = \pm\sqrt{25}$
$x_1 = +5$ und $x_2 = -5$

b) $5x^2 + 132 = 52 \quad |-132$
$5x^2 = -80 \quad |:5$
$x^2 = -16 \quad |$
$x_{1,2} = \pm\sqrt{-16}$
Da der Radikand negativ ist, hat die Gleichung keine Lösung.

c) Aus dem Flächeninhalt 2 m² eines quadratischen Tisches kann man die Länge der Tischkanten berechnen.
$a^2 = 2 \quad |$
$a_{1,2} = \pm\sqrt{2}$
$a \approx 1{,}41$
Der negative Wert $-1{,}41$ ist hier unbrauchbar, weil es negative Längen nicht gibt.
Hier ist es sinnvoll, das Ergebnis auf zwei Dezimalen zu runden, da die zweite Stelle Zentimeter angibt.
Die Tischkante ist 1,41 m oder 141 cm lang.

6 Quadratische Funktionen Quadratische Gleichungen

1 Lösen Sie die Gleichung.
a) $5x^2 = 125$
b) $3x^2 = 243$
c) $2x^2 - 50 = 0$
d) $8x^2 - 8 = 0$
e) $\frac{1}{2}x^2 = 8$
f) $\frac{1}{3}x^2 - 27 = 0$

2 Runden Sie die Lösung auf eine Dezimale.
a) $4x^2 = 200$
b) $7x^2 = 91$
c) $\frac{1}{2}x^2 = 45$
d) $3x^2 - 100 = 0$
e) $6x^2 - 17 = 28$
f) $1{,}5x^2 - 0{,}16 = 0{,}08$

3 Lösen Sie die Gleichung im Kopf.
a) $x^2 = 25$
b) $x^2 = 196$
c) $x^2 = 1{,}44$
d) $x^2 = 0{,}36$
e) $x^2 - 49 = 0$
f) $x^2 - 0{,}25 = 0$
g) $x^2 = \frac{4}{9}$
h) $x^2 = \frac{25}{16}$
i) $x^2 = \frac{9}{25}$

4 Runden Sie auf zwei Nachkommaziffern.
a) $x^2 = 10$
b) $x^2 = 1{,}8$
c) $x^2 = \frac{1}{3}$
d) $x^2 = \frac{16}{7}$
e) $x^2 - 7 = 0$
f) $x^2 - 4{,}5 = 0$

5 Prüfen Sie, welche der Gleichungen nur eine oder keine Lösung hat.
Wie weit müssen Sie jeweils rechnen?
a) $x^2 + 2 = 0$
b) $3x^2 + 3 = 3$
c) $\frac{1}{2}x^2 - \frac{1}{2} = 0$
d) $x^2 + 2 = 3x^2 + 4$
e) $x(x + 2) = 2x$
f) $2x(x - 2) = 1 - 4x$

6 Geben Sie die Lösungen als Bruch an.
a) $15x^2 - 2 = 6x^2 - 1$
b) $39x^2 + 3 = 3x^2 + 4$
c) $10x^2 - 8 = -6x^2 + 1$
d) $8x^2 - 21 = -x^2 - 5$

7 Hier kommen Brüche vor.
a) $\frac{x^2}{3} = 12$
b) $\frac{1}{4}x^2 = 25$
c) $\frac{2x^2}{5} = 10$

8 Schreiben Sie als Term.
a) Wenn man vom Quadrat einer Zahl 17 subtrahiert, erhält man 127. Um welche positive Zahl handelt es sich?
b) Multipliziert man das Quadrat einer natürlichen Zahl mit 5, so erhält man 45.
c) Addiert man zum Quadrat einer Zahl 32, so erhält man dasselbe, wie wenn man das Quadrat der Zahl mit 3 multipliziert.

9 Wie lang ist x?

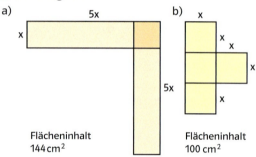

a) Flächeninhalt 144 cm²
b) Flächeninhalt 100 cm²

10 Stellen Sie einen Term auf.
a) Ein Quadrat wird auf der einen Seite um 8 cm verlängert und auf der anderen Seite um 8 cm verkürzt. Das entstandene Rechteck hat einen Flächeninhalt von 512 cm². Welche Seitenlänge hatte das Quadrat?
b) Länge und Breite eines Rechtecks stehen im Verhältnis 5 : 4. Der Flächeninhalt beträgt 180 cm². Bestimmen Sie die Länge und die Breite des Rechtecks.

11 Formen Sie um und lösen Sie.
a) $12x + 10{,}5 - 16x - 2x^2 = 8x^2 - 4x - 12$
b) $2(2x^2 - 5) + 12 = 3x^2 + 6$
c) $(8x - 8)(5x + 5) = 40 - 85x^2$
d) $(5x + 1)^2 = 10x + 5$
e) $(3x + 1)(3x - 1) = 15$

12 Erklären Sie.
a) Erklären Sie ohne zu rechnen, warum die Gleichung $x^2 + 10 = 0$ keine Lösung hat.
b) Warum hat die Gleichung $x^2 + 10 = 10$ nur eine Lösung?

Alles klar?
→ Lösungen Seite 306
D85 Fördern

A Lösen Sie die Gleichung.
a) $x^2 = 289$
b) $x^2 - 324 = 0$
c) $0{,}5x^2 = 98$
d) $x^2 + 15 = 33 - x^2$

B Lösen Sie die Gleichung. Wie heißt das Lösungswort?
a) $x^2 + 169 = 0$
b) $12x^2 - 160 = 2x^2$
c) $4x^2 + 12 = 12$
d) $0{,}4x^2 - 47{,}6 = 20$

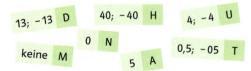

5 Quadratische Ergänzung

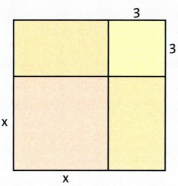

Das gesamte Quadrat hat einen Flächeninhalt von 64 cm².
Patrick setzt die Teilflächen zusammen und formuliert für den Flächeninhalt die Gleichung $x^2 + 6x + 9 = 64$.
Carmen betrachtet das ganze Quadrat und stellt die Gleichung $(x + 3)^2 = 64$ auf.
→ Patrick und Carmen versuchen die Länge der Strecke x zu finden.

Quadratische Gleichungen der Form $x^2 + px + q = 0$ bezeichnet man als **gemischt quadratische Gleichungen**, weil die Variable nicht nur als Quadrat, sondern auch in der 1. Potenz vorkommt.
Die Gleichung $x^2 + 10x + 25 = 64$ lässt sich lösen, indem man den linken Term in ein Binom umwandelt und dann wie beim Lösen einer rein quadratischen Gleichung auf beiden Seiten die Wurzel zieht. Man erhält die beiden Lösungen x_1 und x_2.

$$x^2 + 10x + 25 = 64$$
$$(x + 5)^2 = 64 \qquad |\sqrt{}$$
$$x + 5 = \pm\sqrt{64}$$
$$x + 5 = \pm 8$$
$$x_{1,2} = -5 \pm 8$$
$$x_1 = 3 \quad \text{und} \quad x_2 = -13$$

Um die Gleichung $x^2 + 8x + 7 = 0$ zu lösen, müssen die Summanden mit Variablen auf der einen Seite stehen und die Summanden ohne Variablen auf der anderen Seite des Gleichheitszeichens.
Die linke Seite der Gleichung $x^2 + 8x = -7$ wird zu einem Binom ergänzt. Dazu addiert man auf beiden Seiten den zuerst **halbierten** und dann quadrierten Koeffizienten von x.
Dieses Vorgehen nennt man **quadratische Ergänzung**.
Die umgeformte Gleichung lässt sich wie eine rein quadratische Gleichung lösen.

$$x^2 + 8x + 7 = 0 \qquad |-7$$
$$x^2 + 8x = -7$$
$$x^2 + 8x + \left(\tfrac{8}{2}\right)^2 = -7 + \left(\tfrac{8}{2}\right)^2$$
$$x^2 + 8x + 16 = -7 + 16$$
$$(x + 4)^2 = 9 \qquad |\sqrt{}$$
$$x_{1,2} = -4 \pm 3$$
$$x_1 = -1 \quad \text{und} \quad x_2 = -7$$

> **Merke** Gemischt quadratische Gleichungen der Form $x^2 + px + q = 0$ kann man lösen, indem man den Term $x^2 + px$ mit $\left(\tfrac{p}{2}\right)^2$ **quadratisch ergänzt**.

Beispiel

V31 ▶ Erklärfilm
Quadratische Ergänzung, Lösungsvielfalt – abc-Formel

V32 ▶ Erklärfilm
Quadratische Ergänzung, Lösungsvielfalt – pq-Formel

a) Die Gleichung $x^2 - 3x - 4 = 0$ wird mithilfe der quadratischen Ergänzung gelöst.
$$x^2 - 3x - 4 = 0 \qquad |+4$$
$$x^2 - 3x = 4 \qquad |+\left(\tfrac{3}{2}\right)^2$$
$$x^2 - 3x + \left(\tfrac{3}{2}\right)^2 = 4 + \left(\tfrac{3}{2}\right)^2$$
$$x^2 - 3x + \tfrac{9}{4} = \tfrac{25}{4}$$
$$\left(x - \tfrac{3}{2}\right)^2 = \tfrac{25}{4} \qquad |\sqrt{}$$
$$x - \tfrac{3}{2} = \pm\tfrac{5}{2} \qquad |+\tfrac{3}{2}$$
$$x_1 = 4 \quad \text{und} \quad x_2 = -1$$

b) Die Gleichung $x^2 + 6x + 13 = 0$ hat keine Lösung.
Dies erkennt man nach der quadratischen Ergänzung.
$$x^2 + 6x + 13 = 0 \qquad |-13$$
$$x^2 + 6x = -13 \qquad |+\left(\tfrac{6}{2}\right)^2$$
$$x^2 + 6x + \left(\tfrac{6}{2}\right)^2 = -13 + \left(\tfrac{6}{2}\right)^2$$
$$x^2 + 6x + 9 = -4$$
Aus der negativen Zahl −4 kann keine Wurzel gezogen werden.

6 Quadratische Funktionen — Quadratische Ergänzung

1 Wandeln Sie in eine binomische Formel um.
a) $x^2 + 6x + 9$
b) $b^2 + 10b + 25$
c) $x^2 - 4x + 4$
d) $a^2 - 12a + 36$
e) $y^2 - 5y + 6{,}25$
f) $m^2 + m + 0{,}25$

2 Formen Sie mithilfe der quadratischen Ergänzung um.
Beispiel: $x^2 + 4x + 5 = (x+2)^2 + 1$
a) $x^2 + 8x + 20$
b) $x^2 + 10x + 50$
c) $x^2 - 6x + 6$
d) $b^2 - 3b - 1$
e) $a^2 + 5a + 3$
f) $y^2 - y + 1$

3 Lösen Sie die Gleichung.
a) $(x+3)^2 = 4$
b) $(x-2)^2 = 9$
c) $(x-1)^2 - 16 = 0$
d) $(x+3)^2 - 0{,}25 = 0$
e) $2(x+3)^2 = 50$
f) $3(x-4)^2 - 48 = 0$

A Lösen Sie die Gleichung.
a) $(x+7)^2 = 9$
b) $x^2 + 18x + 81 = 4$
c) $x^2 - 10x + 25 = 9$
d) $x^2 + 12x = -27$
e) $x^2 + 16x + 39 = 0$
f) $x^2 - 8x - 30 = -10$
g) $x^2 + 12x = 0$
h) $x^2 - 10x = 0$

Alles klar?
→ Lösungen Seite 307
D86 Fördern
→ Seite 53

4 Formen Sie die Gleichung um und lösen Sie sie.
a) $x^2 + 6x + 9 = 25$
b) $x^2 - 4x + 4 = 9$
c) $x^2 - 18x + 81 = 64$
d) $x^2 - 20x + 100 = 1$
e) $x^2 + x + 0{,}25 = 0{,}36$
f) $x^2 + 7x + \frac{49}{4} = \frac{9}{4}$

5 Lösen Sie die Gleichung durch quadratische Ergänzung.
a) $x^2 + 8x + 15 = 0$
b) $x^2 + 14x + 48 = 0$
c) $x^2 + 3x + 1{,}25 = 5{,}25$
d) $x^2 - 2x + 3 = 11$
e) $x^2 - 4x = 12$
f) $x^2 - 5x = 2{,}75$

6 Achten Sie auf die Reihenfolge.
a) $8 + x^2 + 6x = 0$
b) $10 - x^2 = 3x$
c) $x^2 = 125 - 20x$
d) $28x = 60 - x^2$
e) $10x - x^2 = 0$
f) $1{,}5x = 4{,}5x^2$

7 Nicht jede gemischt quadratische Gleichung hat zwei Lösungen.
a) $(x+4)^2 = 0$
b) $(x+1)^2 + 2 = 0$
c) $(x-2)^2 + 3 = 3$
d) $x^2 + 6x + 10 = 0$

Methode — **Satz vom Nullprodukt**

Hat ein Produkt den Wert null, muss mindestens ein Faktor den Wert null haben. Wenn $a \cdot b = 0$ ist, dann ist $a = 0$ oder $b = 0$ oder beides.

Die Gleichung $x^2 + 6x = 0$ kann leicht durch Ausklammern gelöst werden.
$x \cdot (x+6) = 0$ ergibt die Lösungen $x_1 = 0$ und $x_2 = -6$.

• Lösen Sie die Gleichung.
a) $x^2 + 5x = 0$
b) $x^2 - 10x = 0$
c) $x^2 = 3x$
d) $3x^2 + 5x = 2x^2 - 12x$

Die Gleichung $x^2 + 6x + 9 = 0$ kann auch in Form eines Produkts geschrieben werden:
$(x+3)^2 = 0$ oder $(x+3)(x+3) = 0$. Man erhält die Lösung $x = -3$ für beide Faktoren und schreibt $x_1 = x_2 = -3$. In der quadratischen Gleichung $(x-3)(x-5) = 0$ lassen sich die beiden Lösungen leicht bestimmen, indem man jeden der beiden Faktoren gleich null setzt, d.h. $x - 3 = 0$ und $x - 5 = 0$. Es ist also $x_1 = 3$ und $x_2 = 5$. Die Darstellung einer quadratischen Gleichung in dieser Form bezeichnet man als **Produkt von Linearfaktoren**.

• Lösen Sie die Gleichungen.
a) $(x+4)(x+5) = 0$
b) $(x+1001)(x-999) = 0$
c) $(2x+1)(2x-4) = 0$
d) $3(x+5)(x-10) = 0$

• Wie lauten die quadratischen Gleichungen mit den Lösungen x_1 und x_2 in der Form $x^2 + px + q = 0$?
a) $x_1 = 4;\ x_2 = 5$
b) $x_1 = -4;\ x_2 = 5$
c) $x_1 = 4;\ x_2 = -5$
d) $x_1 = -4;\ x_2 = -5$

6 Nullstellen quadratischer Funktionen

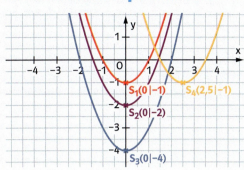

Gegeben sind vier verschobene Normalparabeln und ihre Scheitelpunkte.
→ Geben Sie die x-Koordinaten der Schnittpunkte mit der x-Achse an.
→ Bestimmen Sie die Funktionsgleichungen und setzen Sie die x-Werte der Schnittpunkte ein. Was stellen Sie fest?

Es kann vorkommen, dass eine quadratische Funktion die x-Achse schneidet. Da bei diesen x-Werten der zugehörige y-Wert Null ist, nennen wir diese x-Werte auch **Nullstellen**. Die Nullstellen lassen sich zeichnerisch und rechnerisch bestimmen.

Merke Die x-Koordinaten der Schnittpunkte von x-Achse und Funktionsgraph heißen **Nullstellen der Funktion**. Um die Nullstellen zu berechnen, setzt man den Funktionsterm gleich null.

Beispiel Die Nullstellen der Funktion $y = x^2 + 6x + 8$ werden durch Zeichnung und Rechnung bestimmt.

Für eine Zeichnung ist es hilfreich, mit dem Taschenrechner eine Wertetabelle zu erstellen.

Nullstellenbestimmung durch Zeichnen
Um die Parabel zu skizzieren, bringt man
$y = x^2 + 6x + 8$ in die Scheitelpunktform:
$y = (x + 3)^2 - 1$, d.h. $S(-3|-1)$.

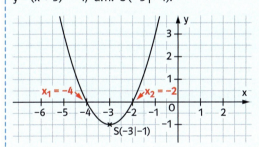

Nullstellenbestimmung durch Rechnen
Für $y = 0$ gilt für die Scheitelpunktform der Funktionsgleichung:

$$0 = (x + 3)^2 - 1 \quad |+1$$
$$(x + 3)^2 = 1 \quad |\sqrt{}$$
$$x + 3 = \pm 1 \quad |-3$$
$$x_{1,2} = -3 \pm 1$$
$$x_1 = -4 \text{ und } x_2 = -2$$

Die Nullstellen sind $x_1 = -4$ und $x_2 = -2$.

Alles klar?
→ Lösungen Seite 307
D87 Fördern

○ **1** Bestimmen Sie die Nullstellen der Funktion durch Rechnung.
 a) $y = x^2 - 16$
 b) $y = x^2 + 9$
 c) $y = (x + 2)^2 - 9$
 d) $y = (x - 4)^2 - 1$

○ **2** Bringen Sie die Gleichung zuerst auf die Scheitelpunktform. Geben Sie die Nullstellen an.
 a) $y = x^2 + 6x + 9$
 b) $y = x^2 - 7x + 12\frac{1}{4}$
 c) $y = x^2 - 6x + 5$
 d) $y = x^2 - 4x$

● **3** Bestimmen Sie die Nullstellen der Funktionsgleichungen im Kopf.
 a) $y = x^2 - 25$
 b) $y = x^2 - 121$
 c) $y = x^2 - 0{,}25$
 d) $y = x^2 - 6{,}25$

A S ist der Scheitelpunkt einer nach oben geöffneten, verschobenen Normalparabel. Zeichnen Sie die Parabel und lesen Sie dann die Nullstellen ab.
 a) $S(3|-1)$
 b) $S(4|-9)$
 c) $S(-3|-4)$
 d) $S(-5|-9)$

B Berechnen Sie die Nullstellen im Kopf.
 a) $y = x^2 - 1$
 b) $y = x^2 - 16$
 c) $y = x^2 - 25$
 d) $y = x^2 - 0{,}25$

● **4** Lesen Sie die Nullstellen aus dem zugehörigen Schaubild ab.
 a) $y = x^2 - 4$
 b) $y = x^2 - 1$
 c) $y = (x - 3)^2 - 1$
 d) $y = (x + 2{,}5)^2 - 4$

6 Quadratische Funktionen Nullstellen quadratischer Funktionen

Die Anzahl der Nullstellen einer Gleichung kann man an der Lage der zugehörigen Parabel im Koordinatensystem ablesen. Es gibt drei Fälle:

1. Fall	2. Fall	3. Fall
zwei Nullstellen Die Gleichung $x^2 + 4x + 3 = 0$ hat die Lösungen $x_1 = -3$ und $x_2 = -1$. Zeichnerische Lösung: $y = x^2 + 4x + 3$ $y = (x + 2)^2 - 1$ $S(-2 \mid -1)$	**keine Nullstelle** Die Gleichung $x^2 + 2x + 4 = 0$ hat keine Lösung. Zeichnerische Lösung: $y = x^2 + 2x + 4$ $y = (x + 1)^2 + 3$ $S(-1 \mid 3)$	**genau eine Nullstelle** Die Gleichung $x^2 + 2x + 1 = 0$ hat die Lösung $x_1 = x_2 = -1$. Zeichnerische Lösung: $y = x^2 + 2x + 1$ $y = (x + 1)^2$ $S(-1 \mid 0)$
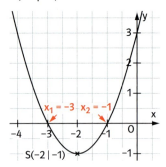	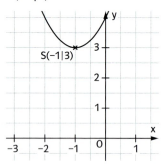	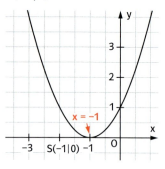
Es gibt zwei Nullstellen: $x_1 = -3$ und $x_2 = -1$.	Es gibt keine Nullstellen.	Es gibt eine Nullstelle: $x_1 = -1$.

💡 Besitzt eine Normalparabel zwei Nullstellen, liegt die x-Koordinate ihres Scheitelpunkts in der Mitte zwischen den beiden Nullstellen.

5 Die Scheitelpunktform der Funktion lautet
$y = (x - d)^2 + c$.
Geben Sie an, für welche Werte von c die Parabel zwei Nullstellen, keine Nullstelle oder eine Nullstelle besitzt.

6 Bestimmen Sie die Gleichung der quadratischen Funktion und die zugehörigen Nullstellen.

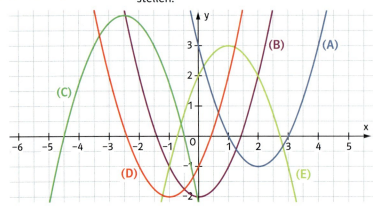

7 Entnehmen Sie dem Schaubild die Nullstellen und den Scheitelpunkt. Stellen Sie die Funktionsgleichung auf. Überprüfen Sie die Nullstellen durch Rechnung.

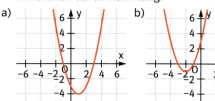

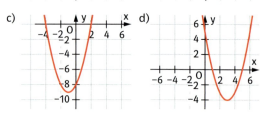

8 Geben Sie zu den Nullstellen die Gleichung der verschobenen Normalparabel an.
a) $x_1 = 1$; $x_2 = 3$ b) $x_1 = -1$; $x_2 = 4$
c) $x_1 = 2$; $x_2 = -5$ d) $x_1 = -1{,}5$; $x_2 = 4{,}5$

6 Quadratische Funktionen Nullstellen quadratischer Funktionen

Merke

Die Nullstellen einer quadratischen Gleichung der Form $ax^2 + bx + c = 0$ kann man mit der **abc-Formel** berechnen. Man erhält

$$x_1 = \frac{-b + \sqrt{b^2 - 4ac}}{2a} \text{ und } x_2 = \frac{-b - \sqrt{b^2 - 4ac}}{2a}.$$

Liegt die Gleichung in der Normalform $x^2 + px + q = 0$ vor, wird die **p-q-Formel** benutzt. Man erhält

$$x_1 = -\frac{p}{2} + \sqrt{\left(\frac{p}{2}\right)^2 - q} \text{ und } x_2 = -\frac{p}{2} - \sqrt{\left(\frac{p}{2}\right)^2 - q}.$$

Beispiel

a) Die Gleichung $3x^2 = 42 - 39x$ wird mit der abc-Formel gelöst:
$3x^2 = 42 - 39x$
$3x^2 + 39x - 42 = 0$
$a = 3;\ b = 39;\ c = -42$
$x_1 = \frac{-39 + \sqrt{(-39)^2 + 4 \cdot 3 \cdot 42}}{6} = \frac{-39 + 45}{6} = 1$ und
$x_2 = \frac{-39 - 45}{6} = -14$

b) Die Gleichung $x^2 - 18x + 17 = 0$ besitzt die Koeffizienten $p = -18$ und $q = +17$. Sie werden in die p-q-Formel eingesetzt.
$x_{1,2} = -\frac{(-18)}{2} \pm \sqrt{\left(\frac{-18}{2}\right)^2 - 17}$
$x_{1,2} = +9 \pm \sqrt{81 - 17}$
$x_{1,2} = +9 \pm 8$
$x_1 = 17$ und $x_2 = 1$

Bemerkung

- Um herauszufinden, wie viele Lösungen eine quadratische Gleichung hat, muss man die Gleichung nicht vollständig lösen. Es genügt, den Radikanden der Wurzel in der Lösungsformel zu untersuchen.
  Man bezeichnet den Radikanden $b^2 - 4ac$ in der Formel $x_{1,2} = \frac{-b \pm \sqrt{b^2 - 4ac}}{2a}$ als **Diskriminante D**.
  Man unterscheidet drei Fälle: Die Diskriminante kann **positiv**, **Null** oder **negativ** sein.
  Dementsprechend kann die Gleichung **zwei Lösungen**, **eine Lösung** oder **keine Lösung** haben.

  $2x^2 + 12x + 2 = 0$ | $2x^2 + 12x + 18 = 0$ | $2x^2 + 12x + 20 = 0$
  $D = 144 - 16 = 128$ | $D = 144 - 144 = 0$ | $D = 144 - 160 = -16$
  zwei Lösungen, da $D > 0$ | eine Lösung, da $D = 0$ | keine Lösung, da $D < 0$

- Der **Satz von Vieta** lautet: Für die Lösungen x_1 und x_2 der quadratischen Gleichung $x^2 + px + q = 0$ gilt: $x_1 + x_2 = -p$ und $x_1 \cdot x_2 = q$.
  Man kann diesen Satz auch zur Überprüfung von Lösungen anwenden.

Alles klar?
→ Lösungen Seite 307
D88 Fördern

→ Seiten 54 und 55

💡 Achten Sie beim Einsetzen in die abc-Formel besonders auf **die Vorzeichen**!

9 Lösen Sie mithilfe der p-q-Formel.
a) $x^2 + 8x + 7 = 0$
b) $x^2 + 7x + 10 = 0$
c) $x^2 + 2x - 3 = 0$
d) $x^2 - 5x - 24 = 0$
e) $x^2 + 10x - 11 = 0$
f) $x^2 - 22x + 72 = 0$
g) $x^2 + 2{,}5x + 1 = 0$
h) $x^2 - 5{,}2x + 1 = 0$

10 Lösen Sie die Gleichung und runden Sie das Ergebnis auf zwei Dezimalen.
a) $x^2 + 6x + 3 = 0$
b) $x^2 + 6x - 3 = 0$
c) $x^2 - 6x + 3 = 0$
d) $x^2 - 6x - 3 = 0$

11 Lösen Sie mithilfe der abc-Formel.
a) $2x^2 + 12x + 10 = 0$
b) $3x^2 + 9x - 84 = 0$
c) $5x^2 - 25x - 120 = 0$
d) $\frac{1}{2}x^2 - x - 4 = 0$

12 Lösen Sie zuerst die Klammern auf.
a) $5(2x - 3) = x(8 - x)$
b) $(x + 2)(8x - 3) = 3x - 3$
c) $2x(x + 3) = (x + 1)(x - 2) - 10$

C Lösen Sie die quadratische Gleichung mit der Lösungsformel.
a) $x^2 + 10x + 24 = 0$
b) $x^2 - 6x + 8 = 0$
c) $x^2 - 14x + 48 = 0$
d) $2x^2 - 16x - 40 = 0$

D Berechnen Sie die Diskriminante und entscheiden Sie, wie viele Lösungen die Gleichung hat.
a) $x^2 + 6x + 5 = 0$
b) $x^2 + 6x + 9 = 0$
c) $x^2 - 8x - 9 = 0$
d) $2x^2 - 28x + 100 = 0$

13 Welches Lösungspaar gehört zu welcher Gleichung?

$(x - 5)(x + 3) = 9$ | $x_1 = 7;\ x_2 = 1$
$(x - 5)(x - 3) = 8$ | $x_1 = 1;\ x_2 = -9$
$(x + 5)(x - 3) = -7$ | $x_1 = 6;\ x_2 = -4$
$(x + 5)(x + 3) = 24$ | $x_1 = 2;\ x_2 = -4$

14 Bestimmen Sie die Diskriminante D und geben Sie die Anzahl der Lösungen an.
a) $x^2 - 10x - 11 = 0$
b) $x^2 + 6x + 10 = 0$
c) $x^2 + \frac{6}{7}x + \frac{3}{14} = 0$
d) $9x^2 - 36x + 4 = 0$

Satz von Vieta

Der Franzose François Viète, bekannter unter dem lateinischen Namen Franciscus Vieta, war Rechtsanwalt und Mathematiker.
Das Rechnen mit Variablen zur Bezeichnung vorhandener und gesuchter Zahlen lässt sich hauptsächlich auf ihn zurückführen, deshalb gilt er als „Vater" der heutigen Algebra.
Vieta entdeckte bei quadratischen Gleichungen der Form
$x^2 + bx + c = 0$ einen Zusammenhang zwischen b und c und den Lösungen x_1 und x_2.

1 Übertragen Sie die Tabelle ins Heft. Lösen Sie die Gleichungen, vervollständigen Sie die Tabelle. Betrachten Sie und vergleichen Sie die Eintragungen in den Spalten. Was fällt Ihnen auf?

Gleichung	b	c	x_1	x_2	$x_1 + x_2$	$x_1 \cdot x_2$
$x^2 + 8x + 12 = 0$	+8	+12				
$x^2 + 10x - 24 = 0$						
$x^2 - 7x + 12 = 0$						
$x^2 - 4x - 21 = 0$						

Vieta formulierte seine Erkenntnisse in einem Satz, den man „Satz von Vieta" nennt:
Für die Lösungen x_1 und x_2 der quadratischen Gleichung $x^2 + bx + c = 0$ gilt:
$x_1 + x_2 = -b$ und $x_1 \cdot x_2 = c$.

2 Man kann den Satz von Vieta zur Überprüfung von Lösungen verwenden.

Beispiel: Die Gleichung $x^2 - 23x + 120 = 0$ hat die Lösungen $x_1 = 15$ und $x_2 = 8$.
Nach dem Satz von Vieta gilt:
$c = 15 \cdot 8 = 120$; $c = 120$; die Aussage von Vieta ist erfüllt.
$-b = 15 + 8 = +23$; $b = -23$; die Aussage von Vieta ist erfüllt.
Es ist richtig, dass $x_1 = 15$ und $x_2 = 8$ Lösungen der Gleichung sind.

Überprüfen Sie mit dem Satz von Vieta, ob die angegebenen Lösungen richtig sind.
a) $x^2 - 11x + 28 = 0$
   $x_1 = 7$ und $x_2 = 4$
b) $x^2 + 11x + 28 = 0$
   $x_1 = -4$ und $x_2 = -7$
c) $x^2 - 3x - 28 = 0$
   $x_1 = 7$ und $x_2 = -4$
d) $x^2 + 3x - 28 = 0$
   $x_1 = 4$ und $x_2 = -7$

3 Welche Lösungen passen zur Gleichung?

$x_1 = 5; x_2 = 3$ $x_1 = 5; x_2 = -3$ $x_1 = 3; x_2 = -5$ $x_1 = -3; x_2 = -5$

a) $x^2 + 8x + 15 = 0$
b) $x^2 - 8x + 15 = 0$
c) $x^2 + 2x + 15 = 0$
d) $x^2 - 2x + 15 = 0$
e) $x^2 + 8x - 15 = 0$
f) $x^2 - 8x - 15 = 0$
g) $x^2 + 2x - 15 = 0$
h) $x^2 - 2x - 15 = 0$

4 Geben Sie eine quadratische Gleichung zu den angegebenen Lösungen an. Ihre Partnerin oder Ihr Partner überprüft anschließend Ihre Gleichung mithilfe der Lösungsformel.
a) $x_1 = 3$ und $x_2 = 9$
b) $x_1 = -3$ und $x_2 = -7$
c) $x_1 = 9$ und $x_2 = -8$

5 Sind b und c sowie die Lösungen einer Gleichung in der Normalform ganzzahlig, so kann man durch Probieren die Lösungen ermitteln.
Zerlegen Sie zunächst c in alle möglichen Produkte mit ganzzahligen Faktoren x_1 und x_2.
Prüfen Sie dann, ob auch $x_1 + x_2 = -b$ gilt. Falls ja, sind x_1 und x_2 Lösungen.
a) $x^2 - 6x + 5 = 0$
b) $x^2 + 6x - 16 = 0$
c) $x^2 + 8x + 12 = 0$
d) $x^2 - 13x + 40 = 0$
e) $x^2 - 12x + 35 = 0$
f) $x^2 - 10x + 14 = 0$

7 Schnittpunkte

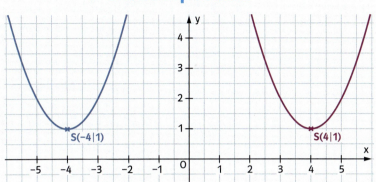

Arthur und Nina sind sich nicht einig, ob sich die beiden Parabeln schneiden. Arthur meint sogar, er könne den Schnittpunkt im Kopf bestimmen.
→ Was meinen Sie?
→ Haben die verschobenen Normalparabeln mit den Scheitelpunkten $S_1(-36|0)$ und $S_2(36|0)$ einen Schnittpunkt? Vielleicht hilft Ihnen der Taschenrechner.
→ Bettina findet viele Paare von Parabeln, die sich nicht schneiden.

Will man die Schnittpunkte zweier Graphen rechnerisch ermitteln, setzt man die beiden Funktionsterme einander gleich.

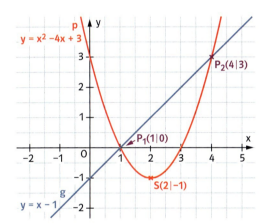

Parabel p: $y = x^2 - 4x + 3$
Gerade g: $y = x - 1$
Durch Gleichsetzen erhält man:
$x^2 - 4x + 3 = x - 1$ $\quad |-x+1$
$x^2 - 5x + 4 = 0$
$\quad x_{1,2} = 2{,}5 \pm \sqrt{(2{,}5)^2 - 4}$
$\quad x_1 = 2{,}5 - 1{,}5 = 1$ und
$\quad x_2 = 2{,}5 + 1{,}5 = 4$
Durch Einsetzen ergibt sich:
$y_1 = 1 - 1 = 0; \; y_2 = 4 - 1 = 3$.
Die Schnittpunkte sind: $P_1(1|0)$ und $P_2(4|3)$.

Merke Zur Bestimmung der **Schnittpunkte** der Graphen von zwei Funktionen setzt man die beiden Funktionsterme gleich.

Beispiel a) Gesucht sind Schnittpunkte von zwei quadratischen Funktionen.
$p_1: y = x^2 + 2x - 1$
$p_2: y = x^2 - 4x + 5$
Durch Gleichsetzen erhält man:
$x^2 + 2x - 1 = x^2 - 4x + 5 \quad |-x^2 + 4x$
$\quad 6x - 1 = 5 \quad\quad\quad\quad\quad\;\; |+1$
$\quad\quad 6x = 6$
$\quad\quad\;\; x = 1$
Für $x = 1$ ergibt dies:
$y = 1^2 + 2 \cdot 1 - 1$
$y = 2$
Der einzige Schnittpunkt der beiden Parabeln ist $P(1|2)$.

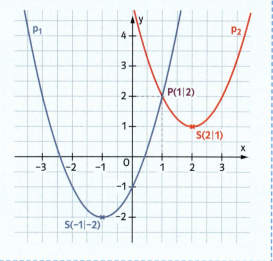

6 Quadratische Funktionen **Schnittpunkte**

Beispiel

b) Gesucht sind gemeinsame Punkte der beiden quadratischen Funktionen.

p_1: $y = (x + 2)^2 + 2$
p_2: $y = -x^2 + 4$

Durch Gleichsetzen erhält man

$(x + 2)^2 + 2 = -x^2 + 4$
$x^2 + 4x + 6 = -x^2 + 4$ $\quad | +x^2 - 4$
$2x^2 + 4x + 2 = 0$ $\quad\quad\quad | :2$
$x^2 + 2x + 1 = 0$
$\quad x_{1,2} = -1 \pm \sqrt{(1)^2 - 1}$
$\quad\quad x = -1$

Für $x = -1$ erhält man:
$y = -1 + 4$; d.h. $y = 3$ und $T(-1|3)$.
Die Parabeln haben nur den Punkt $T(-1|3)$ gemeinsam, sie berühren einander.

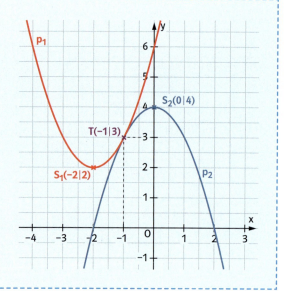

○ **1** Bestimmen Sie die Koordinaten der gemeinsamen Punkte der Graphen der Funktionen.
a) $y = x^2$ $\quad\quad y = (x - 1)^2$
b) $y = x^2 + 1$ $\quad\quad y = (x - 2)^2$
c) $y = x^2 + 2$ $\quad\quad y = (x - 3)^2$
d) $y = x^2 - 1$ $\quad\quad y = (x + 1)^2$

○ **2** Berechnen Sie die Koordinaten der gemeinsamen Punkte der Graphen der Funktionen. Überprüfen Sie das Ergebnis anschließend zeichnerisch.
a) $y = (x + 3)^2 + 1$ $\quad y = x^2 + 2$
b) $y = (x - 1)^2 + 3$ $\quad y = x^2 + 1$
c) $y = (x - 2)^2 - 10$ $\quad y = (x + 3)^2 + 11$
d) $y = x^2 - 4x - 4$ $\quad y = x^2 - x + 8$

○ **3** Wie viele gemeinsame Punkte besitzen die Parabeln? Lösen Sie die Gleichungen im Kopf.
a) $y = x^2$ $\quad\quad y = x^2 + 1$
b) $y = 2x^2$ $\quad\quad y = -x^2$
c) $y = x^2 + 2$ $\quad\quad y = -x^2 + 3$
d) $y = (x + 1)^2$ $\quad y = (x - 1)^2$

A $S(1|-4)$ ist der Scheitelpunkt einer nach oben geöffneten, verschobenen Normalparabel p. Die Gerade g mit $y = -x + 3$ schneidet p in zwei Punkten. Ermitteln Sie sie zeichnerisch.

B Berechnen Sie die Nullstellen.
a) $y = x^2 - 1$ $\quad\quad$ b) $y = \frac{1}{4}x^2 - 4$
c) $y = x^2 + 10x + 21$ $\quad$ d) $y = (x + 1)^2 - 9$

● **4** Wie viele Schnittpunkte kann es beim Schnitt der Normalparabel mit einer beliebigen Geraden geben? Geben Sie die Geradengleichung zu Ihrer Lösung an.

● **5** Berechnen Sie Koordinaten verschiedener Schnittpunkte der verschobenen Normalparabeln auf dem Rand. Was fällt Ihnen bei den x-Koordinaten auf?

● **6** Berechnen Sie die Koordinaten der Schnittpunkte von Parabel p und Gerade g.
a) p: $y = x^2 - 5$ $\quad\quad$ g: $y = 2x + 3$
b) p: $y = (x - 3)^2$ $\quad$ g: $y = -2x + 6$
c) p: $y = (x + 2)^2$ $\quad$ g: $y = x + 4$
d) p: $y = -(x - 1)^2 + 3$ $\quad$ g: $y = 0,5x - 0,5$

● **7** Bestimmen Sie die Gleichungen der quadratischen Funktionen und berechnen Sie ihre Schnittpunkte.

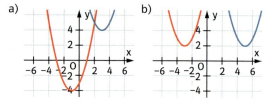

Alles klar?
→ Lösungen Seite 310
D89 Fördern
→ Seite 56

8 Gegeben ist die Parabel mit der Funktionsgleichung $y = (x + 2)^2$.
Bestimmen Sie jeweils mehrere Geraden, die mit der Parabel zwei Schnittpunkte, genau einen bzw. keinen Schnittpunkt haben. Geben Sie jeweils mehrere Lösungen an.

9 Beschreiben Sie zuerst die Lage der Parabeln. Berechnen Sie dann ihre Schnittpunkte.
a) p_1: $y = 1{,}01 x^2$ p_2: $y = x^2 + 100$
b) p_1: $y = 0{,}99 x^2$ p_2: $y = 1{,}01 x^2 - 2$
c) p_1: $y = \frac{1}{100} x^2 + 100$ p_2: $y = \frac{1}{50} x^2$
d) p_1: $y = -\frac{1}{1000} x^2 + 80$ p_2: $y = -\frac{1}{2000} x^2$

10 Eine Gerade, die mit einer Parabel nur einen Punkt T gemeinsam hat, heißt **Tangente** an der Parabel.
Berechnen Sie die Koordinaten des Berührpunkts T und überprüfen Sie durch Zeichnung.
a) g: $y = 2x - 5$ p: $y = (x - 3)^2 + 2$
b) g: $y = -2x - 3$ p: $y = x^2 + 4x + 6$
c) g: $y = -x - 3{,}25$ p: $y = x^2 + 2x - 1$

11 Verschieben Sie zwei Normalparabeln im Koordinatensystem so, dass sich ein Schnittpunkt oder kein Schnittpunkt ergibt. Geben Sie dazu die Gleichungen in Scheitelpunktform an.

12 Eine verschobene Normalparabel hat den Scheitelpunkt $S(-3 | -5)$. Eine Gerade verläuft durch den Punkt $P(1 | -3)$ und hat die Steigung $m = -1$.
a) Berechnen Sie die Koordinaten der Schnittpunkte der Parabel mit der Geraden.
b) Eine weitere Gerade verläuft parallel zur ersten Geraden und geht durch den Scheitelpunkt der Parabel. Geben Sie die Gleichung dieser zweiten Geraden an.

13 Eine nach oben geöffnete verschobene Normalparabel hat den Scheitelpunkt $S_1(4 | -7)$. Eine zweite Parabel hat die Gleichung $y = x^2 - 4x + 3$.
a) Berechnen Sie die Koordinaten des Scheitelpunkts S_2 und geben Sie die Entfernung $\overline{S_1 S_2}$ an.
b) Berechnen Sie die Koordinaten des Schnittpunkts T.

Methode | **Dynamische Geometriesoftware (DGS) II**
Mit dem Computer lassen sich Schnittpunkte bestimmen.

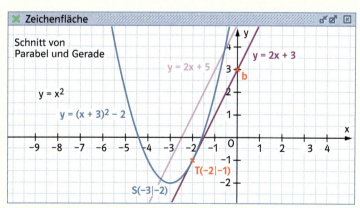

- Durch Ziehen am Schnittpunkt **b** der Geraden mit der y-Achse lässt sich die Gerade parallel verschieben.
- Experimentieren Sie mit der Geraden so, dass es zwei Schnittpunkte, keinen oder genau einen Schnittpunkt gibt. Prüfen Sie Ihre Ergebnisse rechnerisch nach.

8 Lösen durch Modellieren

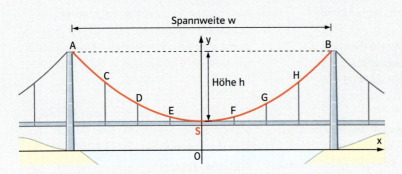

An Brücken findet man oft Bögen, die die Form von Parabeln haben. Eine solche Hängebrücke soll gebaut werden.
Die Stützpfeiler A und B sollen 100 m hoch werden, die Spannweite der Brücke soll 1200 m betragen. Sechs Halteseile werden in gleichmäßigen Abständen befestigt.
→ Wie lang müssen die einzelnen Halteseile sein?

Mithilfe von quadratischen Funktionen kann man den Verlauf eines Brückenbogens oder einer Wurfparabel recht genau beschreiben und auch berechnen. Dazu braucht man Angaben wie z. B. die Spannweite des Bogens oder die Höhe des Bogens vom Scheitelpunkt aus gemessen.
Es wird geprüft, ob ein Schwertransporter mit einer Überbreite von 10 m und einer Höhe von 4,80 m unter einer Brücke mit den gegebenen Maßen durchfahren kann.

Reale Welt

Realsituation
Der Brückenbogen hat eine Spannweite von 24 m und eine Höhe von 6 m. Passt der Schwertransporter unter der Brücke durch?

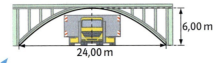

Übersetzen

Mathematik

Mathematisches Modell
Mithilfe der Parabelgleichung $y = ax^2 + c$ wird für $x = 12$; $y = 0$ und $c = 6$ der Faktor a berechnet: $0 = a \cdot 12^2 + 6$
$$a = -\frac{6}{144} = -\frac{1}{24}$$

Die Parabelgleichung für den Brückenbogen lautet: $\quad y = -\frac{1}{24}x^2 + 6$

Bewerten — *Lösen*

Reale Ergebnisse
Die Höhe des Brückenbogens über dem Rand der Ladung ist 4,96 m. Da der Schwertransporter eine Höhe von 4,80 m hat, verbleibt also zwischen Ladung und Brückenbogen ein Abstand von 16 cm.

Mathematische Ergebnisse
Der Schwertransporter braucht von der Straßenmitte aus 5 m Breite nach beiden Seiten. Durch Einsetzen von $x = 5$ in die Parabelgleichung erhält man die Höhe des Brückenbogens.
$$y = -\frac{1}{24} \cdot 5^2 + 6 = 4,96$$

Interpretieren

Für eine Bewertung muss der Fahrer des Transporters weitere Überlegungen anstellen:
– Lässt sich die Fahrbahnmitte exakt einhalten?
– Welche Rolle spielt der Reifendruck bzw. die Federung?
– Gibt es Befestigungen am Brückenbogen? …

Merke — Das **mathematische Modellieren** läuft in Stufen ab.
1. **Übersetzen** der Realsituation in ein mathematisches Modell
2. **Lösen:** Ermitteln der mathematischen Ergebnisse
3. **Interpretieren** der Lösung in der Realsituation
4. **Bewerten** des realen Ergebnisses.

Beispiel

1. Realsituation:
Gelingt es der Golferin, das Hindernis „Baum" in 120 m Entfernung zu überspielen?

2. Mathematisches Modell
Die Flugkurve eines Golfballs lässt sich mit einer quadratischen Funktion modellieren. Hier ist es günstig, den Ursprung des Koordinatensystems auf Höhe 0 m senkrecht unterhalb des Scheitelpunkts zu legen.
Allgemeine Gleichung einer quadratischen Funktion: $y = -a \cdot x^2 + c$
Durch Einsetzen der Zahlenwerte erhält man:
$0 = -a \cdot 72^2 + 32 \quad |+(a \cdot 72^2) \quad |:72^2$
$a = \frac{32}{72^2} = \frac{1}{162}$
$y = -\frac{1}{162} x^2 + 32$

3. Mathematisches Ergebnis
$y_B = -\frac{1}{162} \cdot 48^2 + 32 = 17{,}8$

4. Reales Ergebnis
Im Idealfall fliegt der Ball etwa 2,8 m über den Baumwipfel hinweg.

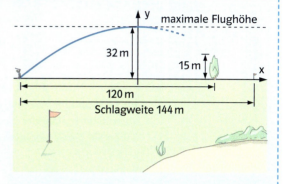

○ **1** Brückenbögen haben unterschiedliche Formen. Auf den ersten Blick kann man die Form dieser Brücke nicht erkennen.
Überprüfen Sie anhand der Daten, ob der unten abgebildete Brückenbogen die Form einer Parabel hat.
Wie lautet dann die Gleichung der Funktion?

○ **2** Der Bogen der Müngstener Brücke lässt sich durch eine Parabel mit der Gleichung $y = -\frac{1}{90} x^2$ beschreiben. Die Spannweite beträgt 158 m, die Bogenhöhe 69 m. Passen diese Angaben zusammen?

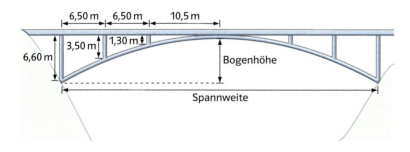

6 Quadratische Funktionen Lösen durch Modellieren

Alles klar?
→ Lösungen Seite 310
D90 Fördern

→ Seite 57

A Überprüfen Sie, ob die Daten von Spannweite und Höhe der Brücke zur angegebenen Parabelgleichung passen.

Brücke	Golden Gate Bridge	Brooklyn Bridge
Spannweite	1280 m	486 m
Höhe	160 m	88 m
Gleichung	$y = \frac{1}{2560} x^2$	$y = \frac{1}{600} x^2$

B Die Bogenbrücke führt über ein Tal. Die Höhe am Rand und der Abstand der großen Brückenpfeiler zueinander ist bekannt.
Geben Sie die Parabelgleichung in der Form $y = ax^2 + c$ an.

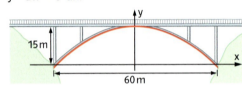

3 Bei einem Freistoß fliegt ein Fußball – horizontal gemessen – 50 m weit. Der höchste Punkt seiner Flugbahn liegt 5 m hoch.
a) Gehen Sie von einer parabelförmigen Flugbahn aus und skizzieren Sie die Flugbahn in einem Koordinatensystem.
b) Wählen Sie den Ursprung des Koordinatensystems geschickt. Bestimmen Sie die Koordinaten des Scheitelpunkts und die Gleichung der quadratischen Funktion.

4 Die Flugbahn eines Fußballs bei einem Schuss lässt sich beschreiben mit
$y = -\frac{1}{160} x^2 + 4$ (x und y in m).
a) Wie hoch ist der Ball nach einem Meter Flug horizontal gerechnet?
b) Für welchen x-Wert hat der Ball die Höhe 2 m?
c) Für welchen x-Wert erreicht der Ball seine größte Höhe?
d) Ein 1,90 m großer Gegenspieler steht 10 m entfernt. Kann er den Ball abwehren?

Methode | **Dynamische Geometriesoftware (DGS) III**
Mit dem Computer lassen sich Flugkurven von Skifahrern mit einer **Parabel modellieren**.
Den Ursprung des Koordinatensystems legt man in den Scheitelpunkt der Kurve.

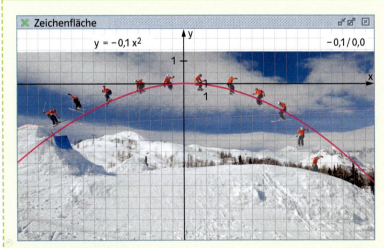

- Vergleichen Sie die Flugbahn des Skifahrers mit dem Parabelbogen.
- Können Sie die Abweichungen der Parabelkurve erklären?
- Suchen Sie ähnliche Sportbilder und hinterlegen Sie sie mit einer Parabel.
Erklären Sie Ihre Ergebnisse.

Zusammenfassung

D91 Karteikarten

Normalparabel
Der Graph der einfachsten quadratischen Funktion mit der Gleichung $y = x^2$ ist die **Normalparabel**. Sie ist achsensymmetrisch zur y-Achse und ihr **Scheitelpunkt** liegt im Koordinatenursprung $S(0|0)$.

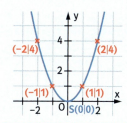

Quadratische Funktionsgleichung $y = a \cdot x^2 + c$
Der Graph der Funktion mit der Gleichung $y = a \cdot x^2 + c$ ist eine nach oben oder unten geöffnete Parabel, die schmaler oder breiter als die Normalparabel sein kann. Sie ist zusätzlich um den Summanden c in Richtung der y-Achse verschoben. Ihr Scheitelpunkt ist $S(0|c)$.

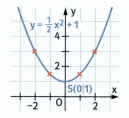

$0 < a < 1$: breiter
$a > 1$: schmaler
als die Normalparabel

Quadratische Funktionsgleichung in der Scheitelpunktform $y = (x - d)^2 + c$
Der Graph der Funktion mit der Gleichung $y = (x - d)^2 + c$ ist eine um d in Richtung der x-Achse und um c in Richtung der y-Achse **verschobene Normalparabel**.
Ihr **Scheitelpunkt** ist $S(d|c)$.
Durch quadratisches Ergänzen kann die Parabelgleichung $y = x^2 + px + q$ in die Scheitelpunktform umgewandelt werden.

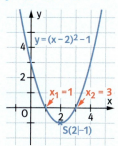

$y = x^2 - 4x + 3$
$y = x^2 - 4x + \left(\frac{4}{2}\right)^2 + 3 - \left(\frac{4}{2}\right)^2$
$y = (x - 2)^2 - 1$
$S(2|-1)$

Nullstellen einer quadratischen Funktion
An den Schnittstellen des Graphen mit der x-Achse ist der Funktionswert y gleich null. Den x-Wert eines Schnittpunkts des Graphen mit der x-Achse nennt man **Nullstelle**.

Schnittpunkte zweier quadratischer Funktionen
Um die Koordinaten der Schnittpunkte zweier quadratischer Funktionen zu berechnen, setzt man die Funktionsterme gleich.

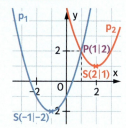

$p_1: y = x^2 + 2x - 1$
$p_2: y = x^2 - 4x + 5$
Gleichsetzen:
$x^2 + 2x - 1 = x^2 - 4x + 5 \quad |-x^2 + 4x + 1$
$\qquad\qquad 6x = 6 \qquad\qquad\quad |:6$
$\qquad\qquad\; x = 1$
x einsetzen: $\quad y = 1^2 + 2 \cdot 1 - 1$
$\qquad\qquad\qquad\; y = 2$
Schnittpunkt: $P(1|2)$

237

Zusammenfassung

Schnittpunkte einer linearen Funktion mit einer quadratischen Funktion

Um die Koordinaten des Schnittpunkts einer linearen Funktion mit einer quadratischen Funktion zu berechnen, setzt man die Funktionsterme gleich.

$p: y = x^2 - 4x + 3$
$g: y = x - 1$

Gleichsetzen:
$x^2 - 4x + 3 = x - 1 \quad | -x + 1$
$x^2 - 5x + 4 = 0$
$\quad x_{1,2} = 2{,}5 \pm \sqrt{(2{,}5)^2 - 4}$
$\quad x_1 = 2{,}5 - 1{,}5 = 1 \quad$ und
$\quad x_2 = 2{,}5 + 1{,}5 = 4$

x_1 und x_2 einsetzen:
$y_1 = 1 - 1 = 0 \quad y_2 = 4 - 1 = 3$
Die Schnittpunkte sind $P_1(1|0)$ und $P_2(4|3)$.

Rein quadratische Gleichungen

Rein quadratische Gleichungen kann man lösen, indem man die Gleichung nach x^2 auflöst und dann auf beiden Seiten die Wurzel zieht. Ist der Radikand positiv, hat die Gleichung zwei Lösungen; ist er negativ, gibt es keine Lösung. Hat der Radikand den Wert null, gibt es genau eine Lösung.

$7x^2 - 13 = 15 \quad | +13$
$\quad 7x^2 = 28 \quad | :7$
$\quad x^2 = 4 \quad | \sqrt{}$
$\quad x_{1,2} = \pm\sqrt{4}$
$\quad x_1 = 2;\ x_2 = -2$

Quadratische Ergänzung

Gemischt quadratische Gleichungen der Form $x^2 + px + q = 0$ kann man lösen, indem man den Term $x^2 + px$ quadratisch ergänzt.

$x^2 + 6x + 5 = 0 \quad | -5$
$x^2 + 6x = -5 \quad | +\left(\frac{6}{2}\right)^2$
$x^2 + 6x + \left(\frac{6}{2}\right)^2 = -5 + \left(\frac{6}{2}\right)^2 \quad |$ 1. Binomische Formel
$(x + 3)^2 = -5 + 9 \quad | \sqrt{}$
$x + 3 = \pm\sqrt{4} \quad | -3$
$x_{1,2} = -3 \pm 2$
$x_1 = -1;\ x_2 = -5$

abc-Formel

Die Nullstellen einer quadratischen Funktion mit der Gleichung $y = ax^2 + bx + c$ lauten

$x_{1,2} = \frac{-b \pm \sqrt{b^2 - 4ac}}{2a}.$

$y = 2x^2 + 6x + 4$
$x_{1,2} = \frac{-6 \pm \sqrt{36 - 32}}{4}$
$\quad = \frac{-6 \pm 2}{4} = -\frac{3}{2} \pm \frac{1}{2}$
$x_1 = -1;\ x_2 = -2$

p-q-Formel

Eine gemischt quadratische Gleichung in der Normalform $x^2 + px + q = 0$ hat die Koeffizienten p und q. Die Lösung der Gleichung kann auch mit der p-q-Formel

$x_{1,2} = -\frac{p}{2} \pm \sqrt{\left(\frac{p}{2}\right)^2 - q}$

bestimmt werden.

Die Gleichung $x^2 + 4x - 21 = 0$ hat die Koeffizienten $p = 4$ und $q = -21$.
Einsetzen ergibt:

$x_{1,2} = -\frac{4}{2} \pm \sqrt{\left(\frac{4}{2}\right)^2 - (-21)}$
$x_{1,2} = -2 \pm \sqrt{4 + 21}$
$x_{1,2} = -2 \pm 5$
$x_1 = 3;\ x_2 = -7$

Anwenden im Beruf

Ein Querschnitt entsteht durch einen Schnitt durch einen Körper.

1 Paula und Lea spielen „Ich sehe was, was du nicht siehst". Paula beschreibt: „Es sieht aus wie eine Parabel aus der Schule. Es ist durchsichtig und es gibt diesen Gegenstand in verschiedenen Formen."
Lea überlegt. Paula hat ein Sektglas beschrieben. Der Querschnitt kann durch die Funktion mit der Gleichung $y = 2{,}5\,x^2 + 3$ beschrieben werden.
a) Stellen Sie eine Wertetabelle für den Bereich $-2 \leq x \leq 2$ auf und zeichnen Sie den Graphen der Funktion.
b) Treffen Sie eine Aussage, wo der Durchmesser des Glases am größten ist. Wie groß ist er dort?

2 Viele Jugendliche nehmen Nachhilfe in Mathematik. Mina hat den Scheitelpunkt einer Funktion falsch bestimmt.

$$y = -\tfrac{1}{4}x^2 + \tfrac{5}{2}x - 3$$
$$= -\tfrac{1}{4}(x^2 + \tfrac{5}{2}x) - 3$$
$$= -\tfrac{1}{4}(x^2 + \tfrac{5}{2}x + 5^2 - 5^2) - 3$$
$$= -\tfrac{1}{4}((x-5)^2 - 25) - 3$$
$$= -\tfrac{1}{4}(x-5)^2 - \tfrac{25}{4} - 3$$
$$= -\tfrac{1}{4}(x-5)^2 - \tfrac{22}{4}$$

Finden Sie die Fehler und korrigieren Sie. Beschreiben Sie den Graphen der Funktion.

3 Ein Meeresvogel fliegt im Sturzflug auf die Wasseroberfläche und taucht ein, um Fische zu fangen. Unter der Wasseroberfläche bewegt sich der Vogel parabelförmig. Einen solchen Tauchgang beschreibt man mit folgender Gleichung: $y = 1{,}33\,x^2 - 2$.
a) Erstellen Sie eine Wertetabelle und zeichnen Sie die Tauchbahn des Vogels in ein geeignetes Koordinatensystem.
b) Berechnen Sie die Tiefe und die Weite des Tauchgangs.

4 Pia besucht ihre Oma im Krankenhaus und schenkt ihr einen Blumenstrauß. Sie bekommt eine Vase vom Pflegepersonal und stellt die Blumen hinein. Ihr fällt auf, dass der Querschnitt der Vase wie eine Parabel aussieht. Die zugehörige Funktionsgleichung lautet: $y = 5\,x^2 - 7{,}5$. Berechnen Sie die Höhe und den maximalen Durchmesser der Vase. Achten Sie darauf, dass die Öffnung der Vase an der x-Achse endet.

5 Die Schulklasse macht einen Ausflug zum Schulbildungszentrum für Experimente. Dort beobachtet sie die Springkünste von verschiedenen Tieren. Eine Heuschrecke hüpft parabelförmig. Der Sprung kann mit folgender Funktionsgleichung beschrieben werden: $y = -2{,}8\,x^2 + 1$.
a) Zeichnen Sie den Graphen vom Sprung der Heuschrecke in ein geeignetes Koordinatensystem.
b) Bestimmen Sie, wie hoch die Heuschrecke maximal springt.
c) Elias behauptet, dass die Heuschrecke 1,10 m weit gehüpft ist. Naomi sagt, dass die Heuschrecke 1,20 m weit gehüpft ist. Wer von den beiden hat recht? Begründen Sie.

Nora beobachtet einen Frosch, der ins Wasser hüpft. Max bemerkt, dass auch dieser Sprung parabelförmig aussieht. Der Frosch hüpft 1,30 m hoch und 1,50 m weit.
d) Erstellen Sie die Funktionsgleichung für den Sprung des Froschs.
e) Zeichnen Sie den zugehörigen Graphen in das Koordinatensystem der Heuschrecke.
f) Schneiden sich die Sprünge der beiden Tiere? Dokumentieren Sie Ihr Vorgehen.

6 Quadratische Funktionen Anwenden im Beruf

> **Information** | **Flugkurven**
>
> Kenntnisse über Flugbahnen sind für viele Sportlerinnen und Sportler wichtig.
> Mathematik kann helfen, die Flugbahnen genauer zu beschreiben, sie zu analysieren und zu interpretieren, um damit bessere sportliche Leistungen zu erzielen.
> Besonders in den Ballsportarten wie Fußball, Handball, Basketball, Volleyball, Polo und Golf ist die Beschreibung von Flugbahnen mithilfe der Mathematik wichtig. Aber auch in der Leichtathletik spielt Flugbahnen eine große Rolle, wie z. B. beim Kugelstoßen, beim Speerwurf, beim Hochsprung und beim Stabhochsprung.

Horizontal —
Vertikal |

○ **6** Die Flugkurve eines Golfballs gleicht einer Parabel mit der Gleichung $y = -\frac{1}{400}x^2 + 25$ (x und y in m).
a) Wie weit kann der Ball, horizontal gemessen, höchstens fliegen?
b) Für welchen x-Wert erreicht der Ball den höchsten Punkt der Flugbahn?

○ **7** Der Körperschwerpunkt eines Hochspringers beschreibt annähernd eine parabelförmige Flugbahn mit der Gleichung $y = -0,18 x^2 + 2,4$ (x und y in m).
a) Welche Sprunghöhe kann der Hochspringer erreichen?
b) In welcher Entfernung zur Sprunglatte sollte der Hochspringer abspringen?

◎ **8** Ein Speerflug kann näherungsweise mit der Parabelgleichung $y = -0,013 x^2 + 15,93$ (x und y in m) beschrieben werden.
Was können Sie daraus über die Höhe und die horizontale Flugstrecke des Speers schließen?

● **9** Der Speer einer Speerwerferin fliegt 18 m hoch und nur 30 m weit.
a) Mit welcher Gleichung lässt sich die Flugkurve beschreiben?
b) Nach welcher horizontal zurückgelegten Strecke erreicht der Speer eine Höhe von 10 m?

● **10** Kathrin stößt bei den Bundesjugendspielen die Kugel auf einer Flugbahn, die mit folgender Gleichung beschrieben werden kann: $y = -0,08 x^2 + 0,4 x + 1,6$.
a) Berechnen Sie, wie weit die Kugel fliegt, die Kathrin gestoßen hat.
b) Der Sportlehrer ist 1,75 m groß und steht 4 m von der Abwurflinie entfernt. Muss er sich bei Kathrins Kugelstoß ducken?
c) An welcher Stelle erreicht die Kugel den höchsten Punkt ihrer Flugbahn? Geben Sie die Koordinaten dieses Punkts an.
d) Volker behauptet, die Flugbahn seiner Kugel könne mit der Parabelgleichung $y = 0,16 x^2 + 1,1 x + 1,7$ beschrieben werden. Kann das sein? Erklären Sie.

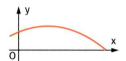

● **11** Ein Basketballspieler erzielt mit dem Wurf eines Basketballs einen Korb.

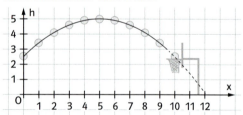

a) Welche Form stellt die Wurfbahn des Basketballs dar?
b) Ist die Wurfbahn für jeden Ballwurf die gleiche?
c) Stellen Sie eine Parabelgleichung auf, die die Wurfbahn beschreibt.

6 Quadratische Funktionen Anwenden im Beruf

Information — Brücken und Brückenbögen

Viele Autobahnen, Landstraßen oder Fußgängerwege verlaufen auch über Brücken. Sie dienen dazu tiefe Täler, Flüsse und Straßen zu überqueren ohne dabei hinabsteigen oder hinunterfahren zu müssen. Viele Brücken werden von Parabelbögen getragen.

12 Die Hauptkabel von Hängebrücken beschreiben einen annähernd parabelförmigen Bogen. Mit w ist die Spannweite, mit h die Bogenhöhe bezeichnet.

Bestimmen Sie die Gleichung $y = ax^2$ für die Brooklyn Bridge in New York: w = 486 m; h = 88 m

13 Das Halteseil einer Hängebrücke hat näherungsweise die Form einer Parabel. Die Spannweite w beträgt 800 m, die Höhe h der Stützpfeiler 72 m.
Bestimmen Sie die Gleichung der Parabel.

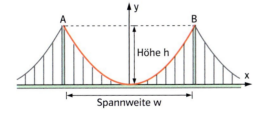

14 Eine Wohngruppe Beeinträchtigter und deren Betreuer fahren mit einem großen Reisebus auf eine Erholungsfreizeit. Der Bus muss unter einer Brücke durchfahren. Die Brücke hat eine Spannweite von 7 m.

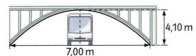

Der Busfahrer weiß, dass der Bus 4 m hoch und 2,55 m breit ist. Passt der Bus unter der Brücke durch?

15 Die Abschlussklasse fährt zu einem Konzert in die Lanxess Arena in Köln. Tobias fällt auf, dass über der Arena eine parabelförmige Stahlkonstruktion montiert ist. Er erkundigt sich über die Maße.

Der höchste Punkt liegt in 76 m Höhe, die Spannweite beträgt 184 m.
a) Bestimmen Sie mit den bekannten Maßen die Parabelgleichung der Konstruktion.
b) Berechnen Sie, wie hoch die Parabelkonstruktion 50 m vom Befestigungspunkt ist.
c) Zeichnen Sie die Parabelkonstruktion mithilfe der Funktionsgleichung.

16 Frederike und Edress spielen in der Bauecke der Kita mit den Holzbausteinen. Edress entdeckt mehrere Bauklötze mit einer bogenförmigen Aussparung.

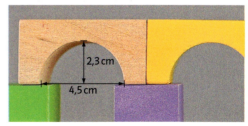

a) Beschreiben Sie die Aussparung in eigenen Worten.
b) Bestimmen Sie die Funktionsgleichung, die die Aussparung näherungsweise darstellt.

6 Quadratische Funktionen Anwenden im Beruf

> **Information** **Wasserstrahl**
>
> Ein Wasserstrahl, der aus einem Gartenschlauch oder einem Springbrunnen spritzt, ist ungefähr parabelförmig. Die Form dieser Parabel hängt von der Richtung ab, in die man z. B. den Gartenschlauch hält oder von welcher Seite man sich den Springbrunnen anschaut.

17 Zwei Kinder spielen mit einem Wasserschlauch. Anne hält den Wasserschlauch am Boden so fest, dass das Wasser parabelförmig aus dem Schlauch spritzt. Es ist 2 m von Anne entfernt mit einer Höhe von 2,5 m am höchsten. Skizzieren Sie den Verlauf des Wasserstrahls mithilfe der angegebenen Punkte. Silke ist 1,5 m groß. Nennen Sie drei Punkte, an denen Silke vom Wasserstrahl getroffen werden würde. Vergleichen Sie diese mit Ihrem Nachbarn.

18 Die Fontäne im Krankenhauspark wird versetzt. Der Strahl der Anlage kann mit der Funktionsgleichung
$y = -0,4x^2 + 1,1x + 0,3$ (x und y in m)
beschrieben werden.

a) Legen Sie eine Wertetabelle an und zeichnen Sie den Graphen der Funktion.
b) Prüfen Sie, ob die Sitzbänke in 2,8 m Entfernung nass werden.
c) Wie weit weg müsste die Bewässerungsanlage platziert werden, wenn zwischen Bank und dem Ende des Wasserstrahls 1,20 m Platz sein soll?

19 Mimi und Mirco spielen mit ihren Wasserpistolen. Der parabelförmige Strahl kann mit der Gleichung $y = -0,6x^2 + 2x + 1,5$ beschrieben werden. Die beiden Kinder stehen sich gegenüber, wobei Mimi die Wasserpistole in 1,5 m Höhe hält. Zeichnen Sie die Parabel. Bestimmen Sie den Punkt, an dem der Wasserstrahl auf dem Kopf vom 1,8 m großen Mirco landet.

20 Die Walking-Runde einer Seniorengruppe endet auf dem Schlossplatz. Walter fällt auf, dass sich die parabelförmigen Wasserfontänen des Brunnens gegenseitig schneiden.

Zwei sich gegenüberliegende Wasserfontänen können mit folgenden Parabelgleichungen beschrieben werden:
Wasserfontäne 1: $y = -1,2(x+1)^2 + 3,2$
Wasserfontäne 2: $y = -1,2(x-1)^2 + 3,2$
a) Berechnen Sie, in welcher Höhe sich die Wasserfontänen treffen.
b) Zeichnen Sie die Graphen der Funktionen.
c) Bestimmen Sie die beiden Punkte, bei denen jeweils der Wasserstrahl beginnt.

21 Im Kindergarten findet ein Sommerfest statt. Die Erzieher Camilla und Anton planen die Station „Wasserparcours". Der Verlauf des Wasserstrahls kann mit der Gleichung $y = -0,4x^2 + 1,5x + 1,1$ dargestellt werden. Der Gartenschlauch wird in 1,1 m Höhe gehalten.
a) Beschreiben Sie den Verlauf der Parabel mathematisch, ohne diese zu zeichnen.
b) Berechnen Sie, in welcher Höhe der Eimer zum Auffangen platziert werden muss, wenn dieser 4 m entfernt von Camilla und Anton steht.
c) Für die Absperrung der Station wollen die beiden wissen, wie weit der Wasserstrahl reicht, wenn er nicht mit einem Eimer aufgefangen wird. Berechnen Sie, in welcher Entfernung der Wasserstrahl auf den Boden trifft. Berücksichtigen Sie für die Absperrung, dass diese um 15 % weiter entfernt aufgestellt werden muss, damit niemand nass wird.

6 Quadratische Funktionen **Anwenden im Beruf**

Information

Reaktion	Reaktionszeit in Sekunden
schnell	1,3
normal	1,5
langsam	2,0
unter Alkohol	3,0
normal nach der Rechtsprechung	1,0

Bremsen und Bremsweg

Vielfach wird unterschätzt, welchen Weg man braucht, um ein Fahrzeug zum Stillstand zu bringen. Bemerkt ein Autofahrer eine Gefahr, z. B. ein Kind auf der Straße, vergeht eine gewisse **Reaktionszeit t_R**, bis er überhaupt auf die Bremse tritt und diese zu wirken beginnt. Die Strecke, die ein Fahrzeug während der Reaktionszeit ungebremst zurücklegt, nennt man **Reaktionsweg s_R**. Danach schließt sich der **Bremsweg s_B** an. Addiert man beide, erhält man den **Anhalteweg s_A**.

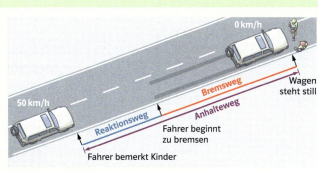

Reaktionsweg = Geschwindigkeit · Reaktionszeit $\quad s_R = v \cdot t_R$

Bremsweg = $\dfrac{\text{Geschwindigkeit}^2}{2 \cdot \text{Bremsverzögerung}}$ $\quad s_B = \dfrac{v^2}{2 \cdot a}$

Anhalteweg = Reaktionsweg + Bremsweg $\quad s_A = s_R + s_B = v \cdot t_R + \dfrac{v^2}{2 \cdot a}$

(t_R in s; Geschwindigkeit v in m/s; Bremsverzögerung a in m/s²)

Faustformel für den Anhalteweg: Anhalteweg = Geschwindigkeit in km/h · $\dfrac{3}{10}$ + $\left(\dfrac{\text{Geschwindigkeit in km/h}}{10}\right)^2$

Bremsverzögerungen a in m/s² für einen Pkw:
nasser Asphalt 5,5
trockener Asphalt 7,0

Beachten Sie:
1 m/s = 3,6 km/h;
1 km/h = 0,28 m/s

○ **22** Nach welcher Strecke steht das Auto?
 a) Legen Sie eine Tabelle an, in der Sie den Reaktionsweg, den Bremsweg und den Anhalteweg für verschiedene Geschwindigkeiten 0 km/h; 10 km/h; 20 km/h; …; 200 km/h eintragen. Verwenden Sie für die Berechnung die Faustformel.
 b) Wie ändert sich der Bremsweg, wenn sich die Geschwindigkeit verdoppelt?

○ **23** Sind die angegebenen Höchstgeschwindigkeiten nach der Faustformel vertretbar?

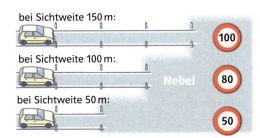

● **24** Ein Pkw hat vor dem Aufprall auf ein stehendes Fahrzeug eine 40 m lange Bremsspur auf dem Asphalt gezeichnet.
 a) Wurde die Höchstgeschwindigkeit von 60 km/h eingehalten?
 b) Berechnen Sie, wie lang der Bremsweg bei einer Überschreitung der Höchstgeschwindigkeit um 20 % ist.

● **25** Lukas besucht den Theorieunterricht seiner Fahrschule, um den Führerschein zu erwerben. Heute befassen sie sich mit dem Bremsweg. Für den Bremsweg auf nassem oder trockenem Asphalt gelten unterschiedliche Bremsverzögerungen.
 a) Berechnen Sie die Bremswege für folgende Geschwindigkeiten auf nassem bzw. trockenem Asphalt: 30 km/h; 50 km/h; 75 km/h; 100 km/h; 120 km/h.
 b) Überlegen Sie, wie sich der Bremsweg bei doppelter Geschwindigkeit verändert. Können Sie das Ergebnis begründen?

6 Quadratische Funktionen Anwenden im Beruf

Information

Kosten, Erlös und Gewinn

Auch im Kindergarten, in Krankenhäusern oder bei öffentlichen Trägern berechnet man Kosten, Erlöse und Gewinne:

Unter **Kosten** versteht man finanzielle Ausgaben. Die Kostenfunktion setzt sich aus zwei Teilen zusammen: Den **Fixkosten b**, die immer entstehen, also ein festgesetzter Betrag und den **variablen Kosten a · x**, die von den zusätzlichen Angeboten (Menge x) abhängen.
Eine typische Geradengleichung für die Kostenfunktion hat daher die Form $y_K = a \cdot x + b$, mit $a > 0$ variable Kosten pro Angebot und $b \geq 0$ Fixkosten.

Beispiel: Ein Sportverein hat feste Mietkosten (Fixkosten) die jeden Monat gezahlt werden müssen. Dazu kommen je nach Bedarf Kosten für Trainer, neue Trikots, usw. (variable Kosten). Somit setzen sich die Gesamtkosten aus den Fixkosten und den variablen Kosten zusammen.

Erlöse sind die Einnahmen, die bei einem Verkauf entstehen. Den Erlös berechnet man durch Multiplikation vom Preis pro verkaufter Menge oder Dienstleistung **p** mit der Anzahl der verkauften Menge **x**, also $y_E = p \cdot x$.
Der Preis kann entweder ein festgesetzter Betrag sein, dann ist die Erlösfunktion eine lineare Funktion. Hängt der Preis von der Nachfrage in einem Monopol ab, so ist der Preis eine lineare Funktion. In diesem Fall ist die Erlösfunktion quadratisch.

Unter dem Begriff **Gewinn** versteht man den Betrag, der nach Abzug aller Kosten von den Erlösen (Einnahmen) übrig bleibt: Gewinn = Erlös – Kosten

Ein Monopol ist eine Marktform in der Wirtschaft: Es gibt nur einen alleinigen Anbieter eines Produkts (keine Konkurrenz).

○ **26** Im Kindergarten findet ein Flohmarkt statt. Die Standgebühr kostet 2 € pro m. Die 6-jährige Isa möchte mit ihren Eltern Kleidung, alte Spielsachen und den Babykindersitz auf einem 3 m langen Stand verkaufen. Nach 2 Stunden haben sie bereits 154 € eingenommen. In der letzten halben Stunde wollen sie die übrigen 20 Sachen zu je 4 € verkaufen. Isa gelingt dies.
   a) Berechnen Sie die Kosten.
   b) Bestimmen Sie den Gewinn.

Bei Kosten-, Erlös- und Gewinnfunktionen sind nur die positiven Werte interessant.

◐ **27** Der Stromversorger bietet dem Kindergarten einen monatlichen Grundpreis von 8,50 € und einen Arbeitspreis von 0,37 €/kWh an.
   a) Erstellen Sie eine Funktionsgleichung für die Gesamtkosten.
   b) Der Kindergarten verbraucht 2500 kWh Strom im Jahr. Berechnen Sie die Kosten.
   c) Würde es sich für den Kindergarten lohnen, zu einem anderen Anbieter (0,45 €/kWh, 3,20 € Grundpreis) zu wechseln?

● **28** Ein Unternehmen verkauft Windeln. Bei einem Besuch einer Schulklasse im Rahmen einer Betriebsführung verrät der Chef des Unternehmens, dass die Erlöse mit der Gleichung $y_E = -x^2 + 15x$ beschrieben werden können. Die Kosten setzen sich aus den Fixkosten (10 €) und den variablen Kosten (4 € pro Stück) zusammen.
   a) Stellen Sie die Funktionsgleichung für die Kosten auf.
   b) Zeichnen Sie die Graphen der Funktionen in ein geeignetes Koordinatensystem.
   c) Berechnen Sie die Gewinnfunktion. Zeichnen Sie den Graphen der Funktion in das bestehende Koordinatensystem.
   d) Bestimmen Sie die Schnittpunkte zwischen Kostenfunktion und Erlösfunktion. Fällt Ihnen eine Übereinstimmung zur Gewinnfunktion auf?
   e) Wo liegen die Nullstellen der Gewinnfunktion?

6 Quadratische Funktionen Rückspiegel

Rückspiegel

D92 Testen

Wo stehe ich?

Ich kann ...	sehr gut	gut	etwas	nicht gut	Lerntipp!
1 den Scheitelpunkt einer quadratischen Funktion angeben.	☐	☐	☐	☐	→ Seite 214
2 quadratische Funktionsgleichungen bestimmen.	☐	☐	☐	☐	→ Seite 216, 219, 220
3 quadratische Gleichungen lösen.	☐	☐	☐	☐	→ Seite 223
4 die quadratische Ergänzung anwenden.	☐	☐	☐	☐	→ Seite 225
5 Schnittpunkte von Funktionen bestimmen.	☐	☐	☐	☐	→ Seite 231
6 Nullstellen von Parabeln berechnen.	☐	☐	☐	☐	→ Seite 227, 229
7 Probleme mithilfe quadratischer Funktionen modellieren.	☐	☐	☐	☐	→ Seite 234

Überprüfen Sie Ihre Einschätzung:

1 Geben Sie die Koordinaten des Scheitelpunkts der quadratischen Funktion an.
a) $y = x^2 - 5$
b) $y = -x^2$
c) $y = (x - 3)^2$
d) $y = (x + 1)^2 - 4$

2 Geben Sie die Funktionsgleichungen an.

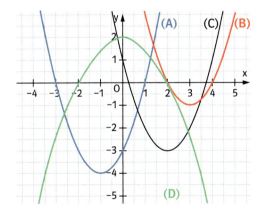

3 Lösen Sie die Gleichung.
a) $x^2 - 36 = 0$
b) $x^2 - 79 = 42$
c) $2x^2 = 800$
d) $4x^2 - 15 = 2x^2 + 3$
e) $-x^2 + 100 = 0$
f) $-x^2 - 59 = -4x^2 + 88$

4 Lösen Sie durch quadratische Ergänzung.
a) $x^2 + 8x + \square = 33 + \square$
b) $x^2 - 14x + \square = 15 + \square$
c) $x^2 - 10x + \square = 231 + \square$

5 Berechnen Sie die Koordinaten der Schnittpunkte der Graphen.
a) g: $y = 2x + 11$
   p: $y = x^2 + 4x + 8$
b) g: $y = -x + 5{,}5$
   p: $y = x^2 - 2x + 3{,}5$
c) p_1: $y = x^2 - 8x + 7$
   p_2: $y = x^2 - 3x - 4$
d) p_1: $y = -0{,}5x^2 - 1$
   p_2: $y = x^2 - 6x + 5$

6 Berechnen Sie die Nullstellen der Parabeln und geben Sie die Koordinaten der Schnittpunkte der zugehörigen Parabeln an.
a) p_1: $y = x^2 - 4x + 3$
   p_2: $y = x^2 + 2x - 3$
b) p_1: $y = x^2 + 6x - 7$
   p_2: $y = x^2 + 3{,}5x - 2$

7 Das Kreuz überdeckt 50 % der Flagge. Wie breit sind die beiden Streifen?

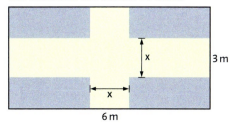

→ Die Lösungen zum „Rückspiegel" finden Sie auf Seite 310.

Standpunkt

D93 Testen

Wo stehe ich?

Ich kann ...	sehr gut	gut	etwas	nicht gut	Lerntipp!
1 Anteile vom Ganzen bestimmen.	▪	▪	▪	▪	→ Seite 61, 265
2 Brüche in Dezimalzahlen umwandeln.	▪	▪	▪	▪	→ Seite 61, 266
3 Dezimalzahlen in Prozentangaben umwandeln.	▪	▪	▪	▪	→ Seite 61, 266
4 Brüche in Prozentangaben umwandeln.	▪	▪	▪	▪	→ Seite 61, 266
5 Brüche addieren und subtrahieren.	▪	▪	▪	▪	→ Seite 266
6 Brüche multiplizieren.	▪	▪	▪	▪	→ Seite 266

Überprüfen Sie Ihre Einschätzung:

1 Bestimmen Sie die Anteile als Bruch, Dezimalzahl und Prozentangabe.

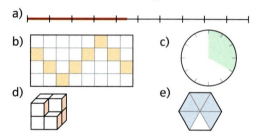

a)
b)
c)
d)
e)

2 Schreiben Sie als Dezimalzahlen.
a) $\frac{4}{10}$; $\frac{4}{5}$; $\frac{12}{20}$; $\frac{28}{40}$; $\frac{63}{70}$; $\frac{25}{125}$
b) $\frac{3}{4}$; $\frac{1}{8}$; $\frac{4}{25}$; $\frac{11}{50}$; $\frac{48}{200}$; $\frac{225}{300}$

3 Wandeln Sie in Prozentangaben um.
a) 0,5; 0,9; 0,35; 0,08; 0,005; 1,05
b) 0,8; 0,13; 0,035; 0,002; 1,08; 2,25

4 Schreiben Sie den Bruch als Prozentsatz wie im Beispiel.
Beispiel: $\frac{1}{2} = \frac{50}{100} = 50\,\%$

a) $\frac{3}{5}$; $\frac{8}{32}$; $\frac{5}{8}$; $\frac{1}{6}$; $\frac{1}{12}$; $\frac{2}{3}$
b) $\frac{3}{8}$; $\frac{11}{20}$; $\frac{28}{32}$; $\frac{12}{64}$; $\frac{7}{12}$; $\frac{7}{15}$

5 Berechnen Sie.
a) $\frac{1}{2} + \frac{3}{4}$ b) $\frac{2}{5} + 1/6$ c) $\frac{1}{3} + \frac{2}{5}$ d) $\frac{1}{2} + \frac{2}{5}$
e) $\frac{1}{4} + \frac{1}{8}$ f) $\frac{1}{2} + \frac{2}{3}$ g) $1 + \frac{2}{3}$ h) $\frac{7}{6} + \frac{4}{3}$
i) $\frac{2}{5} - \frac{1}{10}$ j) $\frac{3}{4} - \frac{1}{5}$ k) $2 - \frac{1}{3}$ l) $\frac{18}{7} - 1$

6 Multiplizieren Sie die Brüche.
a) $\frac{1}{2} \cdot \frac{1}{3}$ b) $\frac{1}{3} \cdot \frac{2}{5}$ c) $\frac{2}{7} \cdot \frac{2}{3}$ d) $\frac{2}{4} \cdot \frac{3}{5}$
e) $\frac{3}{4} \cdot \frac{4}{3}$ f) $\frac{5}{6} \cdot \frac{7}{8}$ g) $\frac{2}{9} \cdot \frac{3}{8}$ h) $\frac{6}{4} \cdot \frac{12}{30}$
i) $\frac{15}{32} \cdot \frac{8}{9}$ j) $\frac{21}{48} \cdot \frac{14}{28}$ k) $\frac{33}{35} \cdot \frac{21}{22}$ l) $\frac{51}{56} \cdot \frac{72}{34}$

→ Die Lösungen zum „Standpunkt" finden Sie auf Seite 311.

7 Wahrscheinlichkeitsrechnung

Wahrscheinlichkeiten kennt man aus dem Alltag, z. B. von Wettervorhersagen oder von der Angabe der Risiken bei der Einnahme von Medikamenten. Die Wahrscheinlichkeit, dass ein bestimmtes Ereignis eintrifft, wird meist in Prozent oder mithilfe von Brüchen angegeben.
→ Auf dem Beipackzettel eines Medikaments steht, dass in 5 von 1000 Fällen der Patient Nebenwirkungen hat. Wie hoch ist also die Wahrscheinlichkeit in Prozent?
→ Nennen Sie weitere Beispiele für Wahrscheinlichkeiten aus Ihrem Alltag.

Viele Hersteller versuchen mithilfe von Wahrscheinlichkeiten ihre Kunden vom Kauf der eigenen Produkte zu überzeugen. Sie machen dies z. B. durch Qualitätsversprechen. Ähnliche Strategien verfolgen auch Losverkäufer auf einer Kirmes. Sie versprechen z. B., dass jedes dritte Los gewinnt.

Für das Abschlussfest im Kindergarten kaufen die Gruppenleiterin Frau Bremer und der Praktikant Lun im Supermarkt Schokoladeneier ein. Die Schokoladeneier haben einen Hohlraum, in dem entweder ein Spielzeug oder eine Figur ist. Frau Bremer weiß, dass die Kinder besonders die Figuren mögen. Der Hersteller wirbt damit, dass in jedem 7. Ei eine Figur ist.
→ Wie viele Schokoladeneier müssen sie kaufen, damit jedes der zehn Abschlusskinder eine Figur in seinem Ei haben könnte?
→ Lun meint, bei 70 Eiern hat jedes Kind eine Figur. Kann Frau Bremer sicher sein, dass 70 Eier ausreichen?

Ich lerne,
- wie man die Ergebnisse eines Zufallsversuchs benennt,
- Wahrscheinlichkeiten von Zufallsversuchen zu berechnen,
- wie man Wahrscheinlichkeiten in einem Baumdiagramm darstellt,
- die Produktregel und die Summenregel zur Berechnung von Wahrscheinlichkeiten anzuwenden.

1 Wahrscheinlichkeiten

Eine unangenehme Aufgabe übernimmt niemand gerne. Häufig entscheidet das Los darüber, wer diese Aufgabe übernimmt. Ein beliebtes Losverfahren ist das „Hölzchen ziehen". Soll z. B. unter drei Personen gelost werden, werden zwei normal lange und ein kurzes Streichholz mit den Enden verdeckt in der Hand gehalten. Wer das kurze zieht, hat verloren.

→ Ist es günstiger, als Erster oder als Letzter zu ziehen?
→ Ist es vielleicht sogar egal, wann man zieht?

💡 Man kann Wahrscheinlichkeiten als Bruch oder Dezimalzahl oder in Prozent angeben.
Z. B. $\frac{2}{5}$ = 0,4 = 40 %.

Wird eine Münze geworfen, so sind die möglichen **Ergebnisse** Wappen oder Zahl. Es kann nicht vorhergesagt werden, ob Wappen oder Zahl oben liegt. Das Ergebnis des Münzwurfs ist **zufällig**. Deshalb heißt ein solcher Versuch auch **Zufallsversuch**. Es besteht die gleiche Chance Wappen zu werfen wie Zahl zu werfen. Die Wahrscheinlichkeit für beide Ergebnisse ist jeweils $\frac{1}{2}$ = 0,5 = 50 %.
Die Summe der beiden Wahrscheinlichkeiten ist $\frac{1}{2} + \frac{1}{2}$ = 1.

Mögliche Ergebnisse eines Münzwurfs:

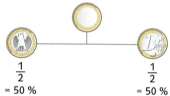

$\frac{1}{2}$ = 50 % $\frac{1}{2}$ = 50 %

Merke | Bei einem Zufallsversuch erhält man verschiedene, zufällige Ergebnisse.
Die Chance, dass ein bestimmtes Ergebnis eintritt, nennt man **Wahrscheinlichkeit**.
Die Summe aller Wahrscheinlichkeiten ist 1 = 100 %.

Beispiel | Bei einer Tombola wirbt der Anbieter mit der Ankündigung „Jedes dritte Los gewinnt."
Welche möglichen Ergebnisse gibt es? Berechnen Sie auch die jeweilige Wahrscheinlichkeit der Ergebnisse, falls diese zufällig sind.
Antwort: Das Ergebnis Gewinn oder Niete ist nicht vorhersagbar, also zufällig. Das Ziehen eines Loses ist ein Zufallsversuch. Wird ein Los gezogen, ist die Wahrscheinlichkeit für einen Gewinn $\frac{1}{3}$ und für eine Niete $\frac{2}{3}$.

Bemerkung | Die Wahrscheinlichkeit wird als Bruch, Dezimalzahl oder in Prozent angegeben.

○ **1** Beschreiben Sie die möglichen Ergebnisse. Welche sind zufällig, welche nicht?
a) Ein Würfel wird geworfen.
b) Eine Kerze wird ausgeblasen.
c) Ein Wasserhahn wird aufgedreht.
d) Aus dem Skatspiel wird eine Karte gezogen.
e) Zwei Münzen werden geworfen.

zu Aufgabe 2:

○ **2** Welche möglichen Ergebnisse haben folgende Zufallsversuche?
a) Unter vier Streichhölzern befindet sich eines, das kürzer ist. Ein Streichholz wird gezogen.
b) Das abgebildete Glücksrad wird gedreht.
c) Es werden zwei Würfel geworfen.

○ **3** Wahrscheinlichkeiten
a) In der Wettervorhersage wird für das Wochenende eine Regenwahrscheinlichkeit von 20 % angegeben. Sandra veranstaltet eine Gartenparty. Es regnet. Sie behauptet, dass dies nach dem Wetterbericht gar nicht möglich sei. Hat sie Recht? Begründen Sie Ihre Antwort.
b) In einem Glas befinden sich 1000 Kugeln, davon sind drei blau. Beschreiben Sie die Wahrscheinlichkeit, eine blaue Kugel zu ziehen und die Wahrscheinlichkeit, keine blaue Kugel zu ziehen. Vergleichen Sie die Wahrscheinlichkeiten.

248

Alles klar?
→ Lösungen Seite 311
D94 Fördern

→ Seite 58

A Das Zufallsexperiment wird einmal durchgeführt. Berechnen Sie die Wahrscheinlichkeit.

a) P(rot)   b) P(blau)

c) P(erste Kugel ist die 5)

4 Bastelanleitung zur Herstellung eines achteckigen Glücksrads.
- Zeichnen Sie einen Kreis mit einem Radius von 4 cm und unterteilen Sie ihn in acht gleich große Ausschnitte.
- Färben Sie die Felder wie abgebildet und nummerieren Sie sie von 1 bis 8.
- Um ein regelmäßiges Achteck zu erhalten, müssen Sie entlang der gestrichelten Linie die Kreisabschnitte abschneiden.
- Stecken Sie durch den Mittelpunkt des Achtecks einen Zahnstocher oder Ähnliches mit der Spitze nach unten.

Zwei Spielerinnen oder Spieler drehen nun nacheinander jeweils einmal das Glücksrad.
1. Spielvariante:
   Ein Spieler gewinnt bei einer geraden, der andere bei einer ungeraden Zahl.
2. Spielvariante:
   Ein Spieler gewinnt bei Rot, der andere bei Blau. Bei Grün ist das Spiel unentschieden.
a) Beurteilen Sie die beiden Varianten. Bei welcher Variante möchten Sie welcher der Spieler sein?
b) Haben Sie eine Idee, wie man das Glücksrad manipulieren könnte?

5 Jedes vierte Los gewinnt.
a) Wie groß ist die Wahrscheinlichkeit für einen Gewinn?
b) Arno kauft vier Lose. Hat er genau einen Gewinn? Begründen Sie Ihre Antwort.
c) Petra kauft acht Lose. Wie viele Gewinne kann sie haben? Könnte sie auch keinen Gewinn haben? Begründen Sie.

6 Aus einem Skatspiel mit 32 Karten wird zufällig eine Karte gezogen.
a) Wie groß ist die Wahrscheinlichkeit, eine rote Karte zu ziehen?
b) Wie groß ist die Wahrscheinlichkeit, ein Ass zu ziehen?

7 In einem Beutel sind acht verschiedenfarbige Kugeln, darunter eine gelbe.
a) Es werden nacheinander drei Kugeln gezogen und zur Seite gelegt. Darunter befindet sich die gelbe Kugel nicht. Wie groß ist die Wahrscheinlichkeit, im nächsten Zug die gelbe Kugel zu ziehen?
b) Wie groß ist die Wahrscheinlichkeit, im vierten Zug die gelbe Kugel zu ziehen, wenn die drei zuvor gezogenen Kugeln jedes Mal wieder zurückgelegt wurden?

8 Bei einer Qualitätssicherung werden 2000 neu produzierte Fernseher auf Fehler untersucht. Im Test werden 10 defekte Geräte entdeckt. Der Hersteller gibt an, dass die Wahrscheinlichkeit für ein defektes Gerät geringer als 0,5 % sei. Nehmen Sie zu dieser Angabe Stellung.

2 Einstufige Zufallsversuche

Drei Jugendliche würfeln mit unterschiedlichen Würfeln.

→ Beschreiben Sie die Würfel. Achten Sie auf Flächenform und Anzahl der Flächen.
→ Oles Würfel wird als Tetraeder (Viererwürfel) bezeichnet. Wie würden Sie die anderen Würfel nennen?
→ Wer hat die größte Chance, wer hat die kleinste Chance, eine Sechs zu würfeln?
→ Wer hat die größte Chance, eine gerade Zahl zu würfeln?

Ole  Jannik  René

Zahlen, die man würfelt, sind zufällig. Daher sagt man auch, dass man beim Würfeln einen Zufallsversuch durchführt. Wenn man einmal würfelt, nennt man den Zufallsversuch einstufig. Mithilfe der Wahrscheinlichkeiten für die verschiedenen Ergebnisse lassen sich die Chancen für eine bestimmte Zahl ausrechnen.

Merke

Ein Zufallsversuch, der einmal durchgeführt wird, wird **einstufiger Zufallsversuch** genannt. Die möglichen Ergebnisse lassen sich in einem Baumdiagramm veranschaulichen. Haben alle möglichen Ergebnisse die gleiche Chance, dann sagt man, dass jedes Ergebnis gleich wahrscheinlich ist.

Es gilt für die **Wahrscheinlichkeit eines Ergebnisses**: $P(E) = \frac{1}{\text{Anzahl aller möglichen Ergebnisse}}$.

$P(E)$ bedeutet Wahrscheinlichkeit des Ergebnisses E.

P kommt von dem englischen Wort Probability und bedeutet Wahrscheinlichkeit.

Beispiel

Aus dem Behälter mit vier Kugeln wird eine Kugel gezogen.

mögliche Ergebnisse
gelbe Kugel, rote Kugel, blaue Kugel, lila Kugel
Jedes Ergebnis ist gleich wahrscheinlich, da alle möglichen Ergebnisse die gleiche Chance haben.

Berechnen der Wahrscheinlichkeiten

$P(\text{gelbe Kugel}) = \frac{1}{4} = \frac{25}{100} = 25\%$

$P(\text{rote Kugel}) = \frac{1}{4} = \frac{25}{100} = 25\%$

$P(\text{blaue Kugel}) = \frac{1}{4} = \frac{25}{100} = 25\%$

$P(\text{lila Kugel}) = \frac{1}{4} = \frac{25}{100} = 25\%$

Baumdiagramm
Die Wahrscheinlichkeit wird am Pfad als Bruch notiert.

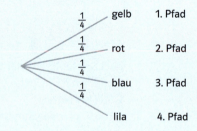

Bemerkung

- Mit Wahrscheinlichkeiten kann man Chancen bei Glücksspielen ausrechnen. Man kann mithilfe von Wahrscheinlichkeiten aber beispielsweise auch die Qualität von Produkten, den Umsatz von Firmen oder den Ausgang von Wahlen abschätzen.
- Zufallsversuche, bei denen alle Ergebnisse die gleiche Wahrscheinlichkeit haben, nennt man **Laplace-Versuche**. Die Wahrscheinlichkeit heißt dann **Laplace-Wahrscheinlichkeit**.

○ **1** Es wird mit folgenden Gegenständen gewürfelt. Bei welchem Versuch haben alle Ergebnisse die gleiche Chance?

○ **2** Es wird mit einem Sechserwürfel gewürfelt.
a) Zeichnen Sie ein Baumdiagramm.
b) Berechnen Sie P(6).

○ **3** In einem Beutel liegen nur noch die Spielsteine A, E, M, T und S.
a) Zeichnen Sie ein Baumdiagramm.
b) Berechnen Sie P(M).

Merke Von allen möglichen, gleich wahrscheinlichen Ergebnissen können mehrere zu einem Ereignis gehören. Diese nennt man **günstige Ergebnisse**.
Wahrscheinlichkeit eines Ereignisses: $P(E) = \frac{\text{Anzahl der günstigen Ergebnisse}}{\text{Anzahl aller möglichen Ergebnisse}}$

Beispiel Aus dem Behälter mit zwölf Kugeln wird eine Kugel gezogen.

Berechnen der Wahrscheinlichkeiten
$P(\text{schwarze Kugel}) = \frac{4}{12} = \frac{1}{3}$
$= 0{,}333\ldots \approx 33{,}3\,\%$

Baumdiagramm
4 von **12** Kugeln sind schwarz. Deshalb ist beim ersten Pfad der Zähler **4** und der Nenner **12**.

$P(\text{gelbe Kugel}) = \frac{5}{12} = 0{,}4166\ldots \approx 41{,}7\,\%$

$P(\text{rote Kugel}) = \frac{2}{12} = 0{,}166\ldots \approx 16{,}7\,\%$

$P(\text{blaue Kugel}) = \frac{1}{12} = 0{,}0833\ldots \approx 8{,}3\,\%$

$P(\text{eine Kugel}) = \frac{12}{12} = 1 = 100\,\%$

Es wird auf jeden Fall eine Kugel gezogen. Das Ereignis tritt sicher ein.

$P(\text{grüne Kugel}) = \frac{0}{12} = 0 = 0\,\%$

In dem Behälter gibt es keine grüne Kugel. Das Ereignis ist unmöglich.

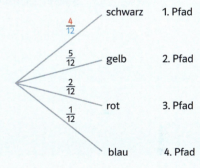

zu Aufgabe 4:

○ **4** In einem Eimer mit Losen sind 150 Nieten, 45 Kleingewinne und 5 Hauptgewinne. Berechnen Sie die Wahrscheinlichkeit.
a) P(Hauptgewinn)   b) P(Niete)
c) P(Gewinn)

A Ein Glücksrad hat zehn gleich große Felder: 2 Felder grün, 3 Felder blau und der Rest ist orange. Das Glücksrad wird einmal gedreht.
a) Stellen Sie die Wahrscheinlichkeiten für die einzelnen Farben in einer Tabelle dar.
b) Bestimmen Sie die Wahrscheinlichkeit P(nicht Blau).
c) Bestimmen Sie die Wahrscheinlichkeit P(Grün oder Orange).

◐ **5** Schwarzfahrer gesucht
In einer U-Bahn sitzen 120 Personen, sechs haben kein Ticket und vier haben eine falsche Fahrkarte. Wie groß ist die Wahrscheinlichkeit, dass die erste Person, die der Kontrolleur fragt, eine gültige Fahrkarte hat?

● **6** An einem Grenzübergang überqueren an einem Tag ungefähr 5000 Personen die Grenze. Davon werden 400 kontrolliert. 28 der kontrollieren Personen verstoßen gegen die geltenden Zollbestimmungen. Berechnen Sie, wie viele Personen ungefähr täglich gegen die Zollbestimmungen verstoßen.

Alles klar?
→ Lösungen Seite 311
D95   **Fördern**

→ Seite 59

3 Zweistufige Zufallsversuche

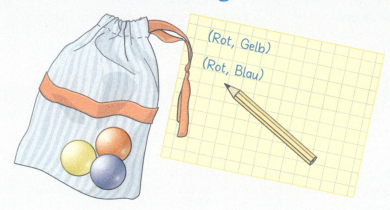

Aus dem Säckchen wird zufällig eine Kugel gezogen. Ihre Farbe wird auf dem Zettel notiert. Anschließend wird die Kugel wieder zurückgelegt. Es wird erneut eine Kugel gezogen und deren Farbe notiert.
→ Notieren Sie alle möglichen Ergebnisse.
→ Lukas behauptet, die Wahrscheinlichkeit, zweimal die blaue Kugel zu ziehen, sei $\frac{1}{9}$.
→ Michelle meint, die Wahrscheinlichkeit für das Ereignis, zweimal eine gleichfarbige Kugel zu ziehen, liegt bei $\frac{3}{9} = \frac{1}{3} \approx 33{,}3\,\%$.

Würfelt man mit einem Sechserwürfel zweimal hintereinander, führt man einen Zufallsversuch aus, der aus zwei Teilversuchen besteht.

Die möglichen Ergebnisse sind $(1;1)$, $(1;2)$, …, $(2;1)$, …, $(6;6)$. Es gibt insgesamt $6 \cdot 6 = 36$ mögliche Ergebnisse.

Die Wahrscheinlichkeit für ein Ergebnis erhält man, wenn man die Wahrscheinlichkeiten für die Ergebnisse der Teilversuche miteinander multipliziert. So ist beispielsweise $P(2;1) = \frac{1}{6} \cdot \frac{1}{6} = \frac{1}{36} \approx 2{,}8\,\%$.

Merke | Ein Zufallsversuch, der aus zwei Teilversuchen besteht, wird **zweistufiger Zufallsversuch** genannt. Die möglichen Ergebnisse lassen sich in einem **Baumdiagramm** veranschaulichen. Jeder **Pfad** eines Baumdiagramms führt zu einem möglichen Ergebnis. Die **Wahrscheinlichkeit** eines Pfades berechnet man, indem man die Wahrscheinlichkeiten entlang des Pfades multipliziert. Diese Rechenvorschrift nennt man **Pfadregel** oder **Produktregel**.

Beispiel | Eine Münze wird zweimal geworfen.

Baumdiagramm

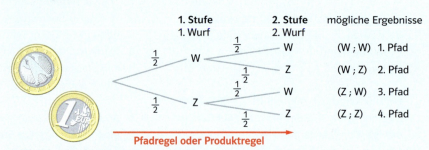

Berechnen der Wahrscheinlichkeiten

$P(W;W) = \frac{1}{2} \cdot \frac{1}{2} = \frac{1}{4} = 25\,\%$ $P(W;Z) = \frac{1}{2} \cdot \frac{1}{2} = \frac{1}{4} = 25\,\%$

$P(Z;W) = \frac{1}{2} \cdot \frac{1}{2} = \frac{1}{4} = 25\,\%$ $P(Z;Z) = \frac{1}{2} \cdot \frac{1}{2} = \frac{1}{4} = 25\,\%$

Tipp zu Aufgabe 3:
Nachdem man die ersten zwei Stufen des Baumdiagramms aufgezeichnet hat, wird jeder Pfad um zwei Äste ergänzt.

zu Aufgabe 4:
Auf Seite 278 wirft Ole einen Tetraeder.

1 Das Glücksrad wird zweimal gedreht.

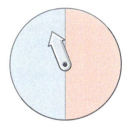

a) Zeichnen Sie das Baumdiagramm.
b) Berechnen Sie die Wahrscheinlichkeiten P(rot;rot) und P(blau;blau).

2 Das Glücksrad wird zweimal gedreht.

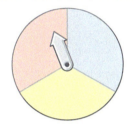

a) Zeichnen Sie das Baumdiagramm.
b) Berechnen Sie die Wahrscheinlichkeiten P(blau;blau) und P(gelb;gelb).

3 Eine Münze wird dreimal hintereinander geworfen.
a) Zeichnen Sie ein Baumdiagramm.
b) Wie groß ist die Wahrscheinlichkeit, dass dreimal Wappen fällt?

4 Torsten wirft zweimal mit einem Tetraeder.
a) Zeichnen Sie ein Baumdiagramm.
b) Berechnen Sie die Wahrscheinlichkeit P(4;4) mithilfe der Produktregel.
c) Berechnen Sie P(1;1), P(1;4) und P(3;2).

5 Eine Reißzwecke wird zweimal geworfen. Die Abbildung zeigt, mit welcher Wahrscheinlichkeit Kopf bzw. Seite fällt.

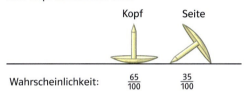

Wahrscheinlichkeit: $\frac{65}{100}$ $\frac{35}{100}$

a) Zeichnen Sie ein Baumdiagramm.
b) Berechnen Sie die Wahrscheinlichkeit für zweimal Seitenlage.
c) Berechnen Sie die Wahrscheinlichkeit für zweimal Kopflage.

Merke | Gehören bei einem zweistufigen Zufallsversuch mehrere günstige Ergebnisse zu einem Ereignis, so addiert man die einzelnen Pfadwahrscheinlichkeiten. Diese Rechenvorschrift nennt man **Summenregel**.

Beispiel | Eine Münze wird zweimal geworfen.

Baumdiagramm

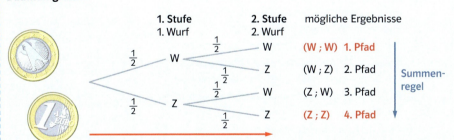

Berechnen der Wahrscheinlichkeit für zweimal Wappen oder zweimal Zahl

$P(W;W) = \frac{1}{2} \cdot \frac{1}{2} = \frac{1}{4} = 25\%$ $P(Z;Z) = \frac{1}{2} \cdot \frac{1}{2} = \frac{1}{4} = 25\%$

Das Ereignis setzt sich aus zweimal Wappen oder zweimal Zahl zusammen:
P(gleiche Münzseite) = P(W;W) + P(Z;Z) = $\frac{1}{4} + \frac{1}{4} = \frac{2}{4} = \frac{1}{2} = 50\%$

Bemerkung | Die Pfadregel (Produktregel) und die Summenregel gelten auch für Zufallsversuche, die häufiger als zweimal durchgeführt werden.

7 Wahrscheinlichkeitsrechnung Zweistufige Zufallsversuche

zu Aufgabe 6:

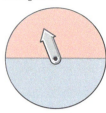

6 Das Glücksrad wird zweimal gedreht.
a) Zeichnen Sie ein Baumdiagramm.
b) Berechnen Sie die Wahrscheinlichkeit P(gleiche Farbe).
c) Berechnen Sie die Wahrscheinlichkeit P(unterschiedliche Farbe).

7 Aus dem Behälter wird eine Kugel gezogen und zurückgelegt. Dann wird wieder eine Kugel gezogen.

a) Zeichnen Sie ein Baumdiagramm.
b) Wie groß ist die Wahrscheinlichkeit, zwei gleichfarbige Kugeln zu ziehen?

A Aus einer Schale wird ohne hinzuschauen eine Kugel gezogen, die Farbe notiert und die Kugel wieder zurückgelegt. Dann wird noch einmal eine Kugel gezogen. Bestimmen Sie die Wahrscheinlichkeit folgender Ereignisse:
a) „zwei grüne Kugeln" zu ziehen.
b) „zwei verschiedenfarbige Kugeln" zu ziehen.
c) „genau eine rote Kugel" zu ziehen.
d) „eine rote und eine blaue Kugel" zu ziehen.

B Entscheiden Sie, ob es sich bei dem Beispiel um ein Zufallsexperiment mit Zurücklegen oder ohne Zurücklegen handelt.
a) Aus einem Korb mit einzelnen Socken werden zwei Socken gleichzeitig entnommen.
b) Mit zwei Würfeln wird gleichzeitig geworfen.
c) Beim Poker erhält ein Spieler nacheinander zwei Karten.
d) Zwei gleiche Glücksräder werden einmal gedreht.

8 Eine Münze wird dreimal geworfen.
a) Zeichnen Sie ein Baumdiagramm.
b) Wie groß ist die Wahrscheinlichkeit, genau zweimal Zahl zu werfen?
c) Wie groß ist die Wahrscheinlichkeit, mindestens zweimal Zahl zu werfen?

zu Aufgabe 10:

Alles klar?
→ Lösungen Seite 311
D96 **Fördern**

→ Seite 60 und 61

9 Aus der Schale wird eine Kugel gezogen und zurückgelegt. Dann wird erneut eine Kugel gezogen. Wie groß ist die Wahrscheinlichkeit, zwei Kugeln der gleichen Farbe zu ziehen?

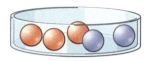

10 Mit dem Würfel, dessen Netz unten abgebildet ist, wird zweimal gewürfelt.

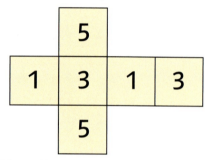

a) Zeichnen Sie ein Baumdiagramm.
b) Berechnen Sie die Wahrscheinlichkeit, zwei gleiche Zahlen zu würfeln.

11 Mögliche und unmögliche Ergebnisse
a) Die Abbildung eines Krokodils und eines Elefanten werden in drei waagerechte Streifen geschnitten. Die so erhaltenen Kopf-, Bauch- und Fußteile lassen sich nun zu Fantasietieren wie „Krokofant", „Eledil" usw. kombinieren. Wie viele möglichen Kombinationen gibt es? Wie groß ist die Wahrscheinlichkeit, einen „Krokofant" auszuwählen? Erstellen Sie zur Veranschaulichung ein Baumdiagramm.
b) Bei Zahlenschlössern müssen mit Ziffern versehene Räder in die richtige Einstellung gebracht werden. Auf jedem Rad gibt es die Zahlen 0, 1, 2, ..., 9.
Wie viele Einstellungen sind bei einem Zahlenschloss mit 3 (4, 5) Rädern möglich? Wie groß ist die Wahrscheinlichkeit, die richtige Kombination zufällig auszuwählen?
c) Ein Datumsstempel hat drei Drehräder. Mit dem 1. Rad (0, 1, 2, 3) und mit dem 2. Rad (0 bis 9) stellt man den Tag ein. Mit dem 3. Rad (Januar, Februar usw.) stellt man den Monat ein. Wie viele Einstellungen sind möglich? Wie viele Einstellungen davon sind sinnvoll?

Zufallsexperimente am Computer

Ein Tabellenkalkulationsprogramm kann auch Zufallszahlen erzeugen. Mit diesen Zufallszahlen kann man Zufallsexperimente durchführen und auswerten.
Da nicht reale Zufallsgeräte verwendet werden, spricht man von einer **Computersimulation**.
Mit der Formel =ZUFALLSBEREICH(untere_Zahl;obere_Zahl) kann man eine ganzzahlige Zufallszahl erzeugen. Die Zahl liegt im Bereich zwischen der unteren und der oberen Zahl.

1 Dreistellige Glückszahlen erzeugen
  a) Erstellen Sie das abgebildete Tabellenblatt.
  b) Drücken Sie die F9-Taste und beobachten Sie, was passiert.
  c) 👥 Jeder von Ihnen schreibt zehn dreistellige Glückszahlen auf. Wie oft müssen Sie die F9-Taste drücken, bis einer von Ihnen eine seiner Glückszahlen erhält?

	A	B	C
1	Glückszahl		
2			
3	=ZUFALLSBEREICH(100;999)		
4			
5			
6			
7			
8			

2 Würfeln mit zwei Würfeln
  a) Gestalten Sie das abgebildete Tabellenblatt und simulieren Sie das 100-fache Würfeln mit zwei normalen Spielwürfeln und lassen Sie die Augensumme bilden.

	A	B	C	D
1	Augensumme beim Würfeln mit 2 Würfeln			
2				
3	Wurf	Würfel 1	Würfel 2	Augensumme
4	1	=ZUFALLSBEREICH(1;6)	=ZUFALLSBEREICH(1;6)	=SUMME(B4:C4)
5	2	=ZUFALLSBEREICH(1;6)	=ZUFALLSBEREICH(1;6)	=SUMME(B5:C5)
6	3	=ZUFALLSBEREICH(1;6)	=ZUFALLSBEREICH(1;6)	=SUMME(B6:C6)
7	…	…	…	…

  b) Welche Augensummen können auftreten?
  Mit der Formel =ZÄHLENWENN(Bereich;Suchkriterien) können Sie den Computer zählen lassen, wie oft eine bestimmte Augensumme aufgetreten ist. Bestimmen Sie die Anzahlen der verschiedenen Augensummen bei den 100 Versuchen aus Teilaufgabe a).

D	E	F	G
Augensumme		Auswertung	
=SUMME(B4:C4)	Augensumme 2	=ZÄHLENWENN(D4:D103;2)	
=SUMME(B5:C5)	Augensumme 3	=ZÄHLENWENN(D4:D103;3)	
=SUMME(B6:C6)	Augensumme 4	=ZÄHLENWENN(D4:D103;4)	
=SUMME(B7:C7)	Augensumme 5	=ZÄHLENWENN(D4:D103;5)	
…	…	…	

  c) Erstellen Sie ein Säulendiagramm zu den Anzahlen der Augensummen.
  d) Simulieren Sie jetzt den Versuch mit 200; 300; 500 und 1000 Würfen und erstellen Sie jeweils ein Säulendiagramm.
  e) Vergleichen Sie die Diagramme mit dem Diagramm rechts. Was fällt Ihnen auf?
  f) 👥 Spielen Sie das Experiment mit 3 Würfeln durch. Besprechen Sie zu zweit, wie Sie das Tabellenblatt dafür anpassen müssen.

→ Die Lösungen zur „EXTRA-Seite" finden Sie auf Seite 311.

Zusammenfassung

D97 Karteikarten

Zufallsversuch
Bei einem **Zufallsversuch** erhält man verschiedene, zufällige Ergebnisse. Wird ein Zufallsversuch einmal durchgeführt, heißt er **einstufig**, wird er zweimal durchgeführt, nennt man ihn **zweistufig**.

Ergebnis und Ereignis
Jeder denkbare Ausgang eines Zufallsversuchs heißt mögliches Ergebnis. Alle Ergebnisse, die zu einem Ereignis E gehören, sind günstige Ergebnisse.

Aus einem Säckchen wir zufällig eine Kugel gezogen. Ihre Farbe wird auf einem Zettel notiert. Anschließend wird die Kugel in den Sack zurückgelegt. Es wird erneut eine Kugel gezogen und die Farbe notiert.
Mögliche Ergebnisse dieses Zufallsversuchs sind (rot; gelb); (rot; blau); (rot; rot); (gelb; rot); (gelb; blau); (gelb; gelb); (blau; gelb); (blau; rot); (blau; blau).
Das Ereignis „es wird zweimal eine gleichfarbige Kugel gezogen" beinhaltet nur die folgenden Ergebnisse (rot; rot); (blau; blau); (gelb; gelb).

Wahrscheinlichkeit
Die Chance, dass ein bestimmtes Ergebnis eintritt, nennt man **Wahrscheinlichkeit**.

Wenn **jedes Ergebnis gleichwahrscheinlich** ist, dann gilt:
Wahrscheinlichkeit eines Ergebnisses:

$P(E) = \dfrac{1}{\text{Anzahl aller möglichen Ergebnisse}}$

Gehören **mehrere gleichwahrscheinliche Ergebnisse** zu einem Ereignis, dann gilt:
Wahrscheinlichkeit eines Ereignisses:

$P(E) = \dfrac{\text{Anzahl der günstigen Ergebnisse}}{\text{Anzahl aller möglichen Ergebnisse}}$

Der Münzwurf mit zwei Münzen ist ein Zufallsversuch. Es gibt vier mögliche Ergebnisse WW, WZ, ZW und ZZ.
Jedes der vier möglichen Ergebnisse E ist gleichwahrscheinlich und hat die Wahrscheinlichkeit

$P(E) = \dfrac{1}{4} = \dfrac{25}{100} = 0{,}25 = 25\,\%$.

Soll mindestens ein Wappen geworfen werden, so gibt es drei günstige Ergebnisse (W;W), (W;Z) und (Z;W).
Die drei Ergebnisse (W;W), (W;Z) und (Z;W) bilden das Ereignis „mindestens ein Wappen werfen".
Die Wahrscheinlichkeit beträgt

$P(\text{mindestens ein Wappen}) = \dfrac{3}{4} = \dfrac{75}{100} = 0{,}75 = 75\,\%$.

Baumdiagramm, Pfadregel und Summenregel
Die möglichen Ergebnisse lassen sich in einem **Baumdiagramm** veranschaulichen.
Wahrscheinlichkeiten von Zufallsversuchen kann man mit der **Pfadregel** (Produktregel) und der **Summenregel** berechnen.

Produktregel:

$P(W;W) = \dfrac{1}{2} \cdot \dfrac{1}{2} = \dfrac{1}{4} = 25\,\%$

Summenregel:
$P(\text{gleiche Seite}) = P(W;W) + P(Z;Z) = \dfrac{1}{4} + \dfrac{1}{4} = \dfrac{2}{4} = \dfrac{1}{2} = 50\,\%$

Eine Münze wird zweimal hintereinander geworfen.

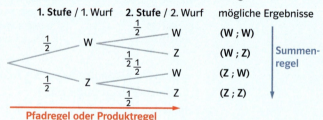

Anwenden im Beruf

1 Frau Augustin leitet einen Kindergarten. Sie bestellt bei einem Großhändler Zahnbürsten. 30 % dieser Zahnbürsten sind rot, 45 % der Zahnbürsten sind weiß und 25 % sind blau.
  a) Wie groß ist die Wahrscheinlichkeit, dass von drei bestellten Zahnbürsten alle rot sind?
  b) Wie groß ist die Wahrscheinlichkeit, dass von drei bestellten Zahnbürsten alle drei unterschiedliche Farben haben?
  c) Es werden 200 Zahnbürsten mit den gleichen Farbanteilen beim Großhandel nachbestellt. Wie viele der nachbestellten Zahnbürsten sind rot, weiß oder blau?

2 Das Krankenhaus St. Marien veranstaltet zum 25-jährigen Jubiläum eine Tombola.

Wer mit dem Glücksrad ein gelbes Feld trifft, erhält einen Trostpreis, wer auf einen Stern trifft, nimmt an einer Verlosung für ein Fahrrad teil. Bestimmen Sie die Wahrscheinlichkeiten
  a) einen Trostpreis zu gewinnen.
  b) an der Fahrradverlosung teilzunehmen.
  c) einen Trostpreis zu erhalten und zusätzlich an der Fahrradverlosung teilzunehmen.
  d) an der Fahrradverlosung teilzunehmen, obwohl man keinen Trostpreis erhält.
  e) weder einen Trostpreis zu erhalten noch an der Fahrradverlosung teilzunehmen.

3 Für das Sommerfest im Seniorenheim soll ein Glücksrad gebaut werden. Der Heimleiter, Herr Burak, möchte ein Glücksrad, bei dem sich die Farben so verteilen, dass sie mit folgender Wahrscheinlichkeit ausgewählt werden: P(rot) = 30 %, P(gelb) = 20 %, P(schwarz) = 10 %, der Rest bleibt weiß. Erstellen Sie eine Zeichnung des Glücksrads.

4 Anne besitzt folgendes Superlos.

  a) Wie groß ist die Wahrscheinlichkeit, dass die letzte Ziffer richtig ist?
  b) Wie groß ist jeweils die Wahrscheinlichkeit, dass die letzten beiden oder die letzten drei Ziffern richtig sind?

5 In einer medizinischen Studie werden folgende Daten zum Cholesterinwert von Patientinnen und Patienten erfasst:

Geschlecht Cholesterinwert	männlich	weiblich
zu hoch	57	61
gut	24	35
zu niedrig	19	4

Berechnen Sie die folgenden Wahrscheinlichkeiten.
  a) Eine Frau hat einen zu hohen Cholesterinwert.
  b) Ein Mann hat einen zu niedrigen Cholesterinwert.
  c) Eine Person hat einen guten Cholesterinwert.
  d) Eine Person einen zu hohen Cholesterinwert.

6 Auf einem Stadtteilfest verkaufen drei Kindergärten Lose.
Der erste Kindergarten hat unter 120 Losen drei Hauptgewinne, der zweite Kindergarten hat unter 180 Losen vier Hauptgewinne und der dritte Kindergarten hat unter 60 Losen zwei Hauptgewinne.
  a) Wo sollte man seine Lose kaufen?
  b) Merve hat beim dritten Kindergarten fünf Lose gekauft und hat einen Hauptgewinn. Wo sollte sie das nächste Los kaufen?

7 Wahrscheinlichkeitsrechnung Anwenden im Beruf

Information

Qualitätssicherung

Der Begriff Qualität wird im Alltag sehr subjektiv verwendet.
Um z. B. beurteilen zu können, ob eine Hose oder ein T-Shirt qualitativ hochwertig ist, muss man den Verwendungszweck berücksichtigen. Allgemein bedeutet Qualität, dass die Beschaffenheit den Zweck erfüllt.

Die Qualität eines Produkts oder einer Dienstleistung ergibt sich einerseits aus den Anforderungen und Erwartungen der Kundinnen und Kunden, andererseits aus den Zusagen und Garantien des Unternehmers. Außerdem gibt es häufig gesetzlich vorgeschriebene Mindeststandards oder Richtlinien und Normen, die erfüllt werden müssen.

Um die Qualität zu sichern, gibt es drei verschiedene Ansatzpunkte:
- nach dem Zeitpunkt: Eingangskontrolle, Zwischenkontrolle, Endkontrolle
- nach der Person: Selbstkontrolle, Fremdkontrolle
- nach dem Verfahren: Stichprobenkontrolle, Vollkontrolle

7 Ein Hersteller für medizinische Einwegspritzen überprüft die Qualität der Nadeln mithilfe einer Sortiermaschine. Diese sortiert 1 % der geprüften Nadeln als Ausschuss aus. Die Maschine hat eine Sortierleistung von 500 Nadeln pro Minute.
a) Wie viele Nadeln können in einer Stunde überprüft werden?
b) Wie viele Nadeln werden in einer Stunde aussortiert?
c) Der Hersteller liefert an einen Großhändler 30 000 Nadeln. Wie viele fehlerhafte Nadeln wurden durch die Sortiermaschine aussortiert?

8 Eine Hüpfburg funktioniert, wenn der Kompressor und die Hülle in einwandfreiem Zustand sind. Der Kompressor funktioniert mit einer Wahrscheinlichkeit von 0,95. Die Hülle ist mit einer Wahrscheinlichkeit von 0,87 dicht.
a) Wie groß ist die Wahrscheinlichkeit, dass die Hüpfburg einsatzfähig ist?
b) Ein Großhandel bestellt 50 dieser Hüpfburgen. Wie viele davon sind nicht einsetzbar?

9 Bei der Herstellung von Verbandmaterial weichen 10 % der Mullbinden mehr von ihrer angegebenen Größe ab, als der Hersteller tolerieren kann. Maßabweichungen bei Mullbinden werden bei der Qualitätskontrolle mit einer Wahrscheinlichkeit von 85 % erkannt.

a) Wie groß ist die Wahrscheinlichkeit, dass trotz Qualitätskontrolle Mullbinden mit falschem Maß in den Handel kommen?
b) Der Händler wirbt damit, dass aufgrund der sorgfältigen Qualitätskontrollen weniger als 2 % der Mullbinden im Handel das falsche Maß haben. Nehmen Sie zu dieser Aussage Stellung.
c) Eine Verbraucherorganisation möchte die Angabe: „Weniger als 2 % der Mullbinden haben das falsche Maß" überprüfen. Überlegen Sie, welches Vorgehen dabei sinnvoll ist.

Rückspiegel

D98 Testen

Wo stehe ich?

Ich kann ...	sehr gut	gut	etwas	nicht gut	Lerntipp!
1 die Ergebnisse eines Zufallsversuchs benennen.	☐	☐	☐	☐	→ Seite 248
2 Wahrscheinlichkeiten von einstufigen Zufallsversuchen berechnen.	☐	☐	☐	☐	→ Seite 250, 251
3 Wahrscheinlichkeiten von zweistufigen Zufallsversuchen berechnen.	☐	☐	☐	☐	→ Seite 252
4 Wahrscheinlichkeiten in einem Baumdiagramm darstellen.	☐	☐	☐	☐	→ Seite 251, 253
5 die Produktregel und die Summenregel zur Berechnung von Wahrscheinlichkeiten anwenden.	☐	☐	☐	☐	→ Seite 252, 253

Überprüfen Sie Ihre Einschätzung:

1 Nennen Sie alle möglichen Ergebnisse.
a) Auf eine Torwand mit zwei Löchern wird mit dem Fußball geschossen.
b) Es wird eine Münze geworfen.

2 Das unten abgebildete Glücksrad wird einmal gedreht.
a) Mit welcher Wahrscheinlichkeit hält das Glücksrad auf einem roten Feld?
b) Mit welcher Wahrscheinlichkeit bleibt das Glücksrad nicht auf Rot stehen?

3 Das unten abgebildete Glücksrad wird zweimal gedreht. Bestimmen Sie die Wahrscheinlichkeiten für die folgenden Ereignisse.
a) Das Glücksrad bleibt zweimal auf Rot oder zweimal auf Blau stehen.
b) Man erhält kein Gelb.

4 Es werden zwei Kugeln gezogen. Die erste Kugel wird nicht zurückgelegt.

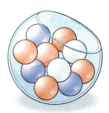

Stellen Sie den zweistufigen Zufallsversuch in einem Baumdiagramm dar und beschriften Sie die Pfade mit den zugehörigen Wahrscheinlichkeiten.

5 Berechnen Sie die Wahrscheinlichkeit, bei dem Zufallsversuch aus Aufgabe 4 die folgenden Ereignisse zu erhalten.
a) Es werden nur weiße Kugeln gezogen.
b) Es werden zwei gleichfarbige Kugeln gezogen.
c) Es ist mindestens eine blaue Kugel unter den gezogenen Kugeln.

→ Die Lösungen zum „Rückspiegel" finden Sie auf Seite 312.

Basiswissen

D99 Karteikarten

Länge, Fläche, Volumen

V33 ▷ Erklärfilm
Umrechnung von Längeneinheiten

V34 ▷ Erklärfilm
Umrechnung von Flächeneinheiten

V35 ▷ Erklärfilm
Umrechnung von Volumeneinheiten

Die **Länge** einer Strecke wird angegeben in
- Kilometer (km),   1 km = 1000 m
- Meter (m),   1 m = 10 dm
- Dezimeter (dm),   1 dm = 10 cm
- Zentimeter (cm),   1 cm = 10 mm
- Millimeter (mm).

Die Größe einer **Fläche** wird angegeben in
- Quadratkilometer (km^2),   1 km^2 = 100 ha
- Hektar (ha),   1 ha = 100 a
- Ar (a),   1 a = 100 m^2
- Quadratmeter (m^2),   1 m^2 = 100 dm^2
- Quadratdezimeter (dm^2), 1 dm^2 = 100 cm^2
- Quadratzentimeter (cm^2), 1 cm^2 = 100 mm^2
- Quadratmillimeter (mm^2).

Das **Volumen** eines Körpers wird angegeben in
- Kubikmeter (m^3),   1 m^3 = 1000 dm^3
- Kubikdezimeter (dm^3),   1 dm^3 = 1000 cm^3
- Kubikzentimeter (cm^3),   1 cm^3 = 1000 mm^3
- Kubikmillimeter (mm^3).
- Bei Flüssigkeiten verwendet man statt dm^3 und cm^3 die Einheiten Liter (l) und Milliliter (ml). 1 l = 1 dm^3, 1 ml = 1 cm^3.

Zum Vergleichen von und Rechnen mit Längen, Flächen oder Volumina wandeln Sie, wenn nötig, in dieselbe Einheit um.

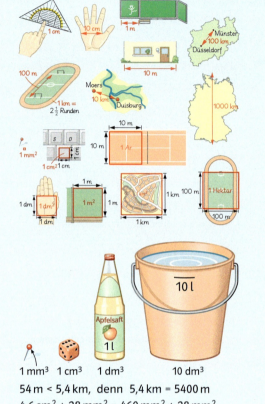

54 m < 5,4 km, denn 5,4 km = 5400 m
4,6 cm^2 + 28 mm^2 = 460 mm^2 + 28 mm^2
= 488 mm^2 = 4,88 cm^2
5 l > 480 cm^3, denn 5 l = 5 dm^3 = 500 cm^3

1 Ordnen Sie die Einheiten richtig zu.
3 km^2; 5 mm; 6,2 a; 7,5 m^3; 44 dm; 31 l

Länge	Fläche	Volumen
▪	▪	▪

2 In welcher Einheit würden Sie messen?
a) Entfernung zwischen Schule und Schwimmbad
b) Inhalt einer Mülltonne
c) Fläche des Schulhofs
d) Flüssigkeit in einem Trinkglas
e) Dicke des Schulbuchs

3 Paul meint: „Mein Schulmäppchen fasst 10 dm^3." Was meinen Sie dazu?

4 Wandeln Sie in die nächstgrößere Einheit um.
a) 50 mm; 350 m   b) 400 cm^2; 7500 m^2
c) 3000 mm^3; 4000 ml; 15 500 cm^3

5 Wandeln Sie in die nächstkleinere Einheit um.
a) 7 cm; 30 dm; 4,3 km   b) 3 cm^2; 8,2 m^2; 70 ha
c) 6 cm^3; 4,9 l; 81 dm^3

6 Wandeln Sie um.
a) 21 cm = ▪ mm   b) 3,5 m^2 = ▪ dm^2
   21 000 m = ▪ dm   17 ha = ▪ m^2
c) 7 dm^3 = ▪ cm^3 d) 250 ml = ▪ l
   4,8 m^3 = ▪ cm^3 1,5 dm^3 = ▪ ml

Basiswissen

Natürliche Zahlen | Die **natürlichen Zahlen** werden auf dem **Zahlenstrahl** aufgereiht, die kleinere liegt weiter links.

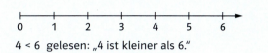

4 < 6 gelesen: „4 ist kleiner als 6."

7 Wie heißen die auf dem Zahlenstrahl markierten Zahlen?

a)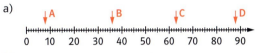

b)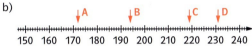

c)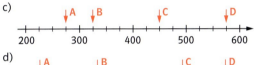

d)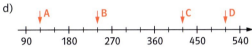

8 Zeichnen Sie einen geeigneten Zahlenstrahl und markieren Sie die Punkte.
a) 116; 135; 97; 153; 124; 108
b) 470; 270; 390; 210; 410; 150

9 Setzen Sie eines der Zeichen < oder > ein.
a) 89 ▨ 98   b) 178 ▨ 159   c) 345 ▨ 543
   65 ▨ 56   421 ▨ 412   887 ▨ 878
   87 ▨ 78   421 ▨ 412   989 ▨ 998

10 Ordnen Sie die Zahlen der Größe nach. Beginnen Sie mit der kleinsten.
a) 53; 49; 94; 35; 74; 47
b) 612; 261; 126; 162; 621; 216

Dezimalzahlen ordnen | Um **Dezimalzahlen** zu **vergleichen** und zu **ordnen**, muss man die Stellenwerte von links nach rechts untersuchen. Entscheidend ist die erste Stelle, an der verschiedene Ziffern stehen.

0,3**2**4   also: 0,324 < 0,343   1,24**5**   also: 1,245 < 1,246
0,3**4**3   1,24**6**

0,0**1**   also 0,009 < 0,01   4,62; 2,46;   also: 2,46 < 2,64 < 4,62
0,0**0**9   2,64

11 Ordnen Sie die Dezimalzahlen.
a) 7,84; 4,87; 8,74; 4,78; 8,47; 7,48
b) 459,8; 45,98; 49,58; 458,9; 495,8
c) 8,0981; 8,0109; 8,0819; 8,0918

12 Ordnen Sie.
a) 81,57 m; 8,175 m; 81,75 m; 8,71 m
b) 2,22 kg; 2,2 kg; 2,202 kg; 2,02 kg
c) 333,3 g; 0,3 kg; 0,000 03 t; 0,33 kg

13 Wie heißen die markierten Zahlen?

a)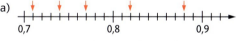

b)

c)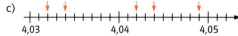

→ Die Lösungen finden Sie auf Seite 312.

Basiswissen

Addieren und Subtrahieren von Dezimalzahlen

V36 ▷ **Erklärfilm**
Addition und Subtraktion von Dezimalzahlen

Beim **Addieren** und **Subtrahieren von Dezimalzahlen** werden die Zahlen stellengerecht untereinander geschrieben. Komma steht unter Komma. Die Einer stehen untereinander, die Zehner stehen untereinander, usw. Manchmal muss man Nullen ergänzen.

```
  274,31          4,752
+  49,87        − 0,970
  1 1 1           1 1
  324,18          3,782
```

14 Übertragen Sie ins Heft und addieren Sie. Ergänzen Sie fehlende Nullen.
a) 4,723
   + 9,43
b) 7,64
   − 3,578

15 Schreiben Sie stellengerecht untereinander in Ihr Heft und berechnen Sie.
a) 73,84 + 6,7 + 24 + 25,67
b) 426,7 + 68,58 + 4,846
c) 79,86 − 24,63 − 45,9

Multiplizieren von Dezimalzahlen

V37 ▷ **Erklärfilm**
Multiplikation von Dezimalzahlen

Dezimalzahlen werden zunächst ohne Berücksichtigung des Kommas **multipliziert**. Das Ergebnis hat gleich viele Nachkommastellen, wie die beiden Faktoren zusammen.

```
6,24 · 7,1        0,36 · 0,8
4368              0,288
 624
44,304
```

16 Übertragen Sie ins Heft. Setzen Sie das Komma beim Ergebnis.
a) 4,82 · 2,7 = 13014
b) 7 · ,123 = 861
c) 0,27 · 0,54 = 1458
d) 2,7 · 0,54 = 1458

17 Multiplizieren Sie schriftlich in Ihrem Heft.
a) 52,7 · 5
b) 6,67 · 9
c) 3,47 · 6,4
d) 5,4 · 6,42
e) 0,37 · 2,4
f) 0,18 · 0,045

Dividieren von Dezimalzahlen

V38 ▷ **Erklärfilm**
Division von Dezimalzahlen

Wenn beim **Dividieren einer Dezimalzahl** durch eine natürliche Zahl das Komma überschritten wird, muss man auch im Ergebnis das Komma setzen.
Beim **Dividieren von zwei Dezimalzahlen** muss man bei Dividend und Divisor das Komma so weit nach rechts verschieben, bis der Divisor eine natürliche Zahl ist.

```
51,2 : 8 = 6,4      2,46 : 0,6 = 4,1
− 48                24,6 : 6 = 4,1
  32                − 24
− 32                  06
   0                 − 6
                      0
```

18 Dividieren Sie im Kopf.
a) 2,7 : 3
b) 12,8 : 2
c) 0,54 : 6
d) 4,2 : 0,7
e) 7,2 : 0,8
f) 3,8 : 0,02

19 Dividieren Sie in Ihrem Heft.
a) 14,04 : 4
b) 7,56 : 3
c) 17,78 : 7
d) 1,77 : 5
e) 1,3084 : 0,2
f) 0,5384 : 0,08

Basiswissen

Runden

	Auf eine Nachkommastelle	Auf zwei Nachkommastellen
Für das **Runden** von Zahlen gelten die folgenden Regeln:		
Abrunden: Die Ziffer an der Rundungsstelle bleibt gleich, wenn eine der Ziffern 0; 1; 2; 3; oder 4 folgt.	3,6417 ≈ 3,6	3,6417 ≈ 3,64
Aufrunden: Die Ziffer an der Rundungsstelle wird um 1 erhöht, wenn eine der Ziffern 5; 6; 7; 8 oder 9 folgt.	3,6562 ≈ 3,7	3,6562 ≈ 3,66

20 Runden Sie
  a) auf eine Nachkommastelle.
     5,723; 0,8384; 21,191; 0,356; 0,09 173
  b) auf drei Nachkommastellen.
     9,1234; 0,00 854; 2,21976; 0,00 991

21 Runden Sie sinnvoll.
  a) Jeder bezahlt 14,2795 €.
  b) Die Radtour ist 21,1726 km lang.
  c) Benzinverbrauch 7,382 l auf 100 km.

Terme

Terme sind Rechenausdrücke aus Zahlen, Variablen und Rechenzeichen.

Ersetzt man die Variablen durch Zahlen, kann man den **Wert eines Terms** berechnen.

Für $x = 4$ und $y = 7$ kann man den Wert des Terms $3 \cdot x - y$ berechnen.
$3 \cdot 4 - 7 = 12 - 7 = 5$

Den Term $8 + 19$ nennt man Summe. Die Zahl 8 ist der **1. Summand**, die Zahl 19 ist der **2. Summand**.

8 + 19	=	27
Summe		Wert der Summe

Den Term $24 - 6$ nennt man Differenz. Die Zahl 24 ist der **Minuend**, die Zahl 6 der **Subtrahend**.

24 − 6	=	18
Differenz		Wert der Differenz

Den Term $6 \cdot 7$ nennt man Produkt. Die Zahl 6 ist der **1. Faktor**, die Zahl 7 ist der **2. Faktor**.

6 · 7	=	42
Produkt		Wert des Produkts

Den Term $54 : 9$ nennt man Quotient. Die Zahl 54 ist der **Dividend**, die Zahl 9 der **Divisor**.

54 : 9	=	6
Quotient		Wert des Quotienten

22 Berechnen Sie den Wert des Terms.
  a) $4 \cdot x - 3$ für $x = 5$
  b) $10 + 8x$ für $x = 4$
  c) $x - 2 \cdot y$ für $x = 2$; $y = 6$
  d) $8 + 2 \cdot y - 6 \cdot x$ für $x = 8$; $y = 3$
  e) $2 \cdot (a - 2) - 0{,}5 \cdot b$ für $a = 9$; $b = 1$
  f) $c - 4{,}5 \cdot (1 + c)$ für $c = 5$

23 Notieren Sie den Term und berechnen Sie ihn.
  a) Das Produkt aus 6 und 12.
  b) Der Quotient aus 72 und 4.
  c) Addieren Sie 1,8 zur Differenz der Zahlen 5,4 und 1,6.

24 Ordnen Sie den richtigen Term zu. Berechnen Sie den Wert des Terms für $x = -3{,}8$.
  a) Der Quotient aus der Zahl x und 2.
  b) Das Vierfache der Differenz aus einer Zahl x und 5,2.
  c) Die Hälfte des Produkts aus x und 8.
  d) Addieren Sie 9,8 zur Summe von x und 8,9.
  e) Der Quotient aus x und der Summe von 3 und 2^2.

$4 \cdot (x - 5{,}2)$ $x : 2$ $\dfrac{x \cdot 8}{2}$ $\dfrac{x}{3 + 2^2}$

$(x + 8{,}9) + 9{,}8$

→ Die Lösungen finden Sie auf Seite 313.

Basiswissen

Potenzen

Eine **Potenz** besteht aus **Basis** und **Exponent**. Der Exponent gibt an, wie oft die Basis im Produkt als Faktor vorkommt.

$$\underbrace{2 \cdot 2 \cdot 2 \cdot 2}_{\text{4 gleiche Faktoren}} = 2^4 \quad \text{Exponent, Basis} \quad \text{„2 hoch 4"}$$

$$\underbrace{a \cdot a \cdot a}_{\text{3 gleiche Faktoren}} = a^3 \quad \text{Exponent, Basis} \quad \text{„a hoch 3"}$$

Eine Potenz mit dem Exponenten 2 heißt **Quadratzahl** und mit dem Exponenten 3 **Kubikzahl**.

$12^2 = 12 \cdot 12 = 144$
$5^3 = 5 \cdot 5 \cdot 5 = 125$
$a^1 = a$
$a^0 = 1$

25 Berechnen Sie im Kopf.
a) 2^2 b) 3^2 c) 5^2 d) 7^2
e) 9^2 f) 11^2 g) 1^2 h) 0^2

26 Berechnen Sie.
a) 2^3 b) 1^5 c) 5^3
d) 4^3 e) 3^4 f) 5^4

Potenzgesetze für Potenzen mit gleicher Basis

Potenzen mit gleicher Basis können **multipliziert** werden, indem man die Exponenten addiert und die Basis beibehält:
$a^m \cdot a^n = a^{m+n}$

Potenzen mit gleicher Basis können **dividiert** werden, indem man die Exponenten subtrahiert und die Basis beibehält: $\frac{a^m}{a^n} = a^{m-n}$
Für $a = 0$ gibt es keine Division.

Potenzen können potenziert werden, indem man ihre Exponenten multipliziert:
$(a^m)^n = a^{m \cdot n} = a^{mn}$

27 Wenden Sie die Potenzgesetze an.
a) $5^4 \cdot 5^3$ b) $6^3 \cdot 6^8$ c) $2^{10} \cdot 2^{10}$
d) $5^7 : 5^3$ e) $6^8 : 6^2$ f) $2^{15} : 2^8$

28 Schreiben Sie mit einer Potenz.
a) $2^3 \cdot 2^5$ b) $7^9 \cdot 7^3$ c) $5 \cdot 5^4 \cdot 5^5$
d) $a^1 \cdot a^2 \cdot a^3 \cdot a^4$ e) $b^k \cdot b^m \cdot b^n$
f) $(-x)^x \cdot (-x)^y$ g) $\left(-\frac{x}{2}\right)^m \cdot \left(-\frac{x}{2}\right)$

29 Schreiben Sie mit einer Potenz.
a) $8^7 : 8^3$ b) $9^{12} : 9^6$ c) $\frac{a^{13}}{a^{11}}$
d) $m^{10} : m^9$ e) $(3^p : 3^q) : 3^r$
f) $\frac{y^m}{y^n}$ g) $\frac{(-b)^{2m}}{(-b)^m}$ h) $\frac{(-0,05)}{(-0,05)^p}$

30 Berechnen Sie im Kopf.
a) $5^{13} : 5^{11}$ b) $2^{100} : 2^{90}$ c) $3^{333} : 3^{330}$
d) $4^{32} : 4^{28}$ e) $10^{259} : 10^{247}$ f) $\frac{6^{37}}{6^{34}}$

31 Vereinfachen Sie den Term so weit wie möglich.
a) $a^2 \cdot a^3 \cdot a^4$
b) $x^3 \cdot x^3 \cdot x^5$
c) $5^a \cdot 5^b \cdot 2^c \cdot 2^d$
d) $x^m \cdot y^n \cdot z^p \cdot x^q \cdot y^r \cdot z$
e) $a \cdot b^y \cdot c^m \cdot a^x \cdot b^{2y} \cdot c^7 \cdot a^y \cdot b^{3y}$

Potenzgesetze für Potenzen mit gleichen Exponenten

Potenzen mit gleichen Exponenten können **multipliziert** werden, indem man ihre Basen multipliziert und den Exponenten beibehält:
$a^n \cdot b^n = (a \cdot b)^n$

Potenzen mit gleichen Exponenten können **dividiert** werden, indem man ihre Basen dividiert und den Exponenten beibehält:
$\frac{a^n}{b^n} = \left(\frac{a}{b}\right)^n$; $b \neq 0$

Basiswissen

32 Rechnen Sie im Kopf.
a) $2^3 \cdot 5^3$
b) $5^4 \cdot 20^4$
c) $1{,}5^2 \cdot 4^2$
d) $1{,}25^3 \cdot 8^3$
e) $(-2)^5 \cdot 5^5$
f) $2{,}5^4 : 0{,}5^4$
g) $22^6 : 11^6$
h) $36^4 : 12^4$

33 Berechnen Sie im Kopf.
a) $\frac{60^5}{30^5}$
b) $\frac{36^3}{12^3}$
c) $\frac{44^6}{(-22)^6}$
d) $\frac{(-85)^3}{17^3}$
e) $\frac{72^4}{6^2 \cdot 6^2}$
f) $\frac{16^3 \cdot 16^4}{(-64)^7}$

34 Berechnen Sie ohne Taschenrechner.
a) $12{,}5^3 \cdot 8^3$
b) $0{,}25^9 \cdot 4^9$
c) $2^4 \cdot \left(\frac{1}{2}\right)^4$
d) $(0{,}75)^2 \cdot 4^2$
e) $(-0{,}2)^6 \cdot 10^6$
f) $\left(\frac{1}{3}\right)^4 \cdot 9^4$

35 Formen Sie um.
a) $x^2 \cdot y^2$
b) $a^5 \cdot b^5$
c) $2^3 \cdot z^3$
d) $10^4 \cdot x^4$
e) $m^7 \cdot n^7$
f) $y^6 \cdot 0{,}5^6$
g) $\frac{c^5}{d^5}$
h) $\frac{x^{10}}{y^{10}}$
i) $\frac{(3m)^2}{(2m)^2}$
j) $\frac{(8a)^4}{(2a)^4}$

Potenzen mit negativen ganzen Zahlen im Exponenten

Potenzen mit **negativen ganzen Zahlen im Exponenten** sind erklärt durch $a^{-n} = \frac{1}{a^n}$.

Potenzen mit Exponent 0 sind erklärt durch $a^0 = 1$.

In beiden Fällen muss gelten $a \neq 0$.

---

36 Schreiben Sie die Potenz als Bruch.
a) 2^{-3}
b) 2^{-4}
c) 5^{-2}
d) 1^{-8}
e) $1{,}5^{-2}$
f) $0{,}05^{-4}$
g) $(-5)^{-2}$
h) $(-6)^{-5}$
i) $(-10)^{-10}$

37 Schreiben Sie den Bruch als Potenz mit negativem Exponenten.
a) $\frac{1}{2^5}$
b) $\frac{1}{5^3}$
c) $\frac{1}{7^9}$
d) $\frac{1}{10^{10}}$

38 Berechnen Sie.
a) 2^{-6}
b) 3^{-4}
c) 4^{-3}
d) $0{,}2^{-3}$
e) 1^{-7}
f) 11^{-2}
g) 2^{-10}
h) $0{,}5^{-2}$

39 Berechnen Sie jeweils für $n = 10; 9; 8; \ldots; 0; -1; \ldots; -10$.
a) 2^n
b) 3^n
c) $0{,}1^n$
d) $(-3)^n$
e) $(-0{,}01)^n$
f) $(-1)^n$

Brüche

V39 ▶ Erklärfilm
Erweitern und Kürzen

Teile eines Ganzen werden in **Brüchen** angegeben. Der **Nenner** gibt an, in wie viele gleich große Teile ein Ganzes zerlegt wird. Der **Zähler** gibt an, wie viele dieser Teile jeweils ausgewählt werden.

$\frac{2}{5}$ — Zähler / Bruchstrich / Nenner

Lies: „**zwei Fünftel**"

Will man Brüche **vergleichen**, bringt man sie auf den **gleichen Nenner** und vergleicht die **Zähler**.

$\frac{3}{4} < \frac{15}{16}$, denn $\frac{3}{4} = \frac{12}{16}$ und $\frac{12}{16} < \frac{15}{16}$

→ Die Lösungen finden Sie auf Seite 313.

Basiswissen

40 Welcher Bruchteil ist gefärbt? Kürzen Sie, wenn möglich.

a)   b)

c)   d)

41 Welche Brüche sind dargestellt?

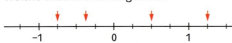

42 Zeichnen Sie eine Zahlengerade (1 Einheit = 2 cm) auf ein Blatt. Tragen Sie folgende Brüche ein:

$\frac{3}{4}$; $1\frac{1}{2}$; $-1\frac{1}{4}$; $-1\frac{5}{8}$

43 Vergleichen Sie.

a) $\frac{13}{18}$ und $\frac{10}{18}$ b) $\frac{8}{16}$ und $\frac{15}{20}$

c) $\frac{2}{3}$ und $\frac{5}{6}$ d) $\frac{3}{5}$ und $\frac{8}{15}$

44 Setzen Sie > oder < ein.

a) $\frac{8}{10}$ ▨ $\frac{15}{25}$ b) $\frac{1}{4}$ ▨ $\frac{3}{16}$

c) $\frac{7}{36}$ ▨ $\frac{5}{12}$ d) $\frac{10}{17}$ ▨ $\frac{39}{85}$

Brüche, Dezimalzahlen und Prozente

V40 ▶ Erklärfilm
Dezimalschreibweise

> **Brüche** mit dem Nenner 10; 100; 1000; … kann man als **Dezimalzahl** darstellen. Manche Brüche kann man so erweitern oder kürzen, dass sie den Nenner 10; 100; … haben.
> **Prozente** sind Brüche mit dem Nenner 100. Sie lassen sich auch als Dezimalzahlen schreiben.
>
> $\frac{7}{10} = 0{,}7 = 70\,\%$ $\frac{3}{20} = \frac{15}{100} = 0{,}15 = 15\,\%$
>
> $2\,\% = \frac{2}{100} = 0{,}02$ $14\,\% = \frac{14}{100} = 0{,}14$

45 Schreiben Sie als Dezimalzahl und in Prozent.

a) $\frac{9}{10}$; $\frac{9}{100}$; $\frac{9}{1000}$; $\frac{90}{100}$; $\frac{90}{1000}$; $\frac{900}{1000}$; $\frac{900}{10\,000}$

b) $\frac{8}{50}$; $\frac{13}{20}$; $\frac{24}{25}$; $\frac{4}{250}$; $\frac{5}{8}$; $\frac{7}{125}$

c) $\frac{72}{600}$; $\frac{120}{800}$; $\frac{260}{1000}$; $\frac{27}{300}$; $\frac{48}{1200}$

V41 ▶ Erklärfilm
Addition und Subtraktion von Brüchen

46 Schreiben Sie als Dezimalzahl und als Bruch.

a) 80 % b) 8 % c) 0,8 % d) 800 %

47 Schreiben Sie in Prozent und als Bruch.

a) 0,09 b) 0,19 c) 0,019 d) 1,9

Bruchrechnung

V42 ▶ Erklärfilm
Vervielfachen und Teilen von Brüchen

V43 ▶ Erklärfilm
Multiplikation von Brüchen

V44 ▶ Erklärfilm
Division von Brüchen

> **Addition:** Zwei Brüche werden addiert, indem man beide Brüche gleichnamig macht und dann die Zähler addiert.
>
> $\frac{3}{4} + \frac{2}{3} = \frac{9}{12} + \frac{8}{12} = \frac{17}{12} = 1\frac{5}{12}$
>
> **Subtraktion:** Zwei Brüche werden subtrahiert, indem man beide Brüche gleichnamig macht und dann die Zähler subtrahiert.
>
> $\frac{3}{4} - \frac{2}{3} = \frac{9}{12} - \frac{8}{12} = \frac{1}{12}$
>
> **Multiplikation:** Zwei Brüche werden multipliziert, indem man Zähler mit Zähler und Nenner mit Nenner multipliziert. Kürzen Sie, falls möglich, vor dem Ausrechnen.
>
> $\frac{4}{5} \cdot \frac{2}{3} = \frac{4 \cdot 2}{5 \cdot 3} = \frac{8}{15}$ $\frac{\overset{3}{27}}{\underset{1}{32}} \cdot \frac{\overset{2}{64}}{\underset{5}{45}} = \frac{6}{5} = 1\frac{1}{5}$
>
> **Division:** Zwei Brüche werden dividiert, indem man den ersten Bruch mit dem Kehrbruch des zweiten Bruches multipliziert. Der Kehrbruch zu $\frac{a}{b}$ ist $\frac{b}{a}$.
>
> $\frac{4}{5} : \frac{3}{7} = \frac{4 \cdot 7}{5 \cdot 3} = \frac{28}{15} = 1\frac{13}{15}$ $\frac{9}{32} : \frac{45}{64} = \frac{\overset{1}{9}}{\underset{1}{32}} \cdot \frac{\overset{2}{64}}{\underset{5}{45}} = \frac{2}{5}$

💡 Haben Zähler und Nenner gemeinsame Teiler, ist der Bruch kürzbar. Zähler und Nenner sind dann Vielfache derselben Zahl.

$\frac{56}{48} = \frac{8 \cdot 7}{8 \cdot 6} = \frac{7}{6}$

8 ist **Teiler** von 56 und von 48, also **gemeinsamer Teiler** der Zahlen 56 und 48. 56 und 48 sind **Vielfache** von 8. 56 ist auch Vielfaches von 7.

48 Gegeben sind die Brüche $\frac{2}{5}$ und $\frac{2}{3}$.
a) Addieren Sie die beiden Brüche.
b) Multiplizieren Sie die beiden Brüche.
c) Welcher der beiden Brüche liegt näher an der 1? Begründen Sie.

49 Die Schulstunde dauert 45 Minuten. Leider sind $\frac{2}{3}$ des Unterrichts schon vorbei. Wie viele Minuten verbleiben noch?

50 Wie viel sind
a) $\frac{1}{2}$ von 560,00 €?   b) $\frac{3}{4}$ von 560,00 €?
c) $\frac{3}{8}$ von 560,00 €?

51 Berechnen Sie.
a) $\frac{3}{5} + \frac{7}{30}$ b) $\frac{4}{5} - \frac{3}{13}$
c) $\frac{8}{9} - \frac{5}{12}$ d) $\frac{34}{45} \cdot \frac{15}{68}$
e) $\frac{11}{13} \cdot \frac{3}{7} \cdot \frac{39}{33} \cdot \frac{14}{3}$ f) $\frac{17}{6} : \frac{7}{4}$

Strecke und Gerade

Die geradlinige Verbindung zwischen den zwei Punkten A und B ist die **Strecke**. Sie wird mit $\overline{AB}$ bezeichnet.

Eine **Gerade** ist eine in beide Richtungen beliebig weit verlängerte Strecke. Geraden werden mit g, h, i, … bezeichnet.

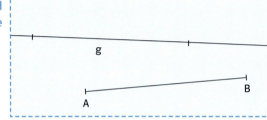

52 Verbinden Sie alle Punkte und bezeichnen Sie die Strecken.
a)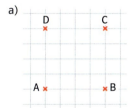
b)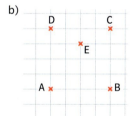

53 Wie viele Geraden und wie viele Strecken finden Sie?
a)
b)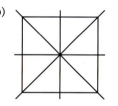
c)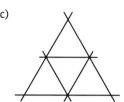

senkrechte und parallele Geraden

Zwei Geraden oder Strecken sind **zueinander senkrecht**, wenn sie so zueinander liegen wie die lange Seite und die Mittellinie des Geodreiecks. Zwei Geraden, die zur selben Geraden senkrecht stehen, sind **parallel**. Strecken heißen parallel, wenn sie auf parallelen Geraden liegen.

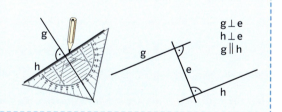

Entfernung und Abstand

Die Länge der Strecke zwischen zwei Punkten A und B heißt **Entfernung von A und B**.
Die kürzeste Entfernung zwischen einem Punkt B und einer Geraden h ist der **Abstand von B und h**. Er ist die Länge der Strecke, die von B senkrecht zu h verläuft.
Der **Abstand zweier Geraden g und h** kann auf der Strecke gemessen werden, die g und h senkrecht verbindet.

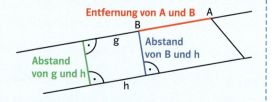

→ Die Lösungen finden Sie auf Seite 314.

Basiswissen

Koordinatensystem Im **Koordinatensystem** kann man Gitterpunkte durch zwei Zahlen angeben. Dazu zeichnet man zueinander senkrecht die **x-Achse** und die **y-Achse**. Für den Punkt P mit dem **x-Wert** 2 und dem **y-Wert** −1 schreibt man P(2|−1).
Die beiden Achsen teilen die Zeichenebene in vier Felder, die **Quadranten**.

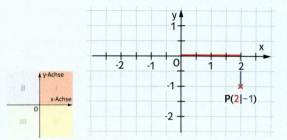

54 Welche der Geraden sind zueinander senkrecht, welche parallel?

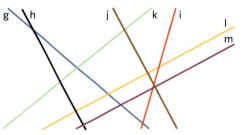

55 Bestimmen Sie die Koordinaten der eingetragenen Punkte. Beispiel: P(−3|2)

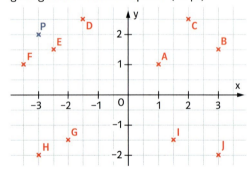

56 Übertragen Sie die Tabelle ins Heft und füllen Sie sie aus.

Quadrant	Vorzeichen des	
	x-Werts	y-Werts
I	■	■
II	■	■
III	■	■
IV	■	■

57 Tragen Sie die Punkte in ein Koordinatensystem ein und verbinden Sie sie: A(1|1), B(5|5).
a) Zeichnen Sie eine Parallele zur Strecke $\overline{AB}$, die durch den Punkt C(0|3) verläuft.
b) Zeichnen Sie eine Senkrechte zur Strecke $\overline{AB}$, die durch D(3|3) verläuft.
c) Messen Sie den Abstand, den die beiden Parallelen voneinander haben.
d) Zeichnen Sie zu der Senkrechten aus Teilaufgabe b) zwei Parallelen im Abstand von 3 cm.

Kreis Alle Punkte eines **Kreises** haben von seinem Mittelpunkt dieselbe Entfernung. Jede Strecke vom Mittelpunkt zu einem Punkt auf dem Kreis heißt **Radius r**. Jede Strecke, die zwei Punkte auf dem Kreis verbindet und durch den Mittelpunkt geht, heißt **Durchmesser d**. Es gilt d = 2 · r.

Winkel Ein **Winkel** wird von zwei **Schenkeln** begrenzt. Der gemeinsame Anfangspunkt der Schenkel heißt **Scheitel S**. Die Maßeinheit für die Größe eines Winkels heißt **Grad** (kurz °).

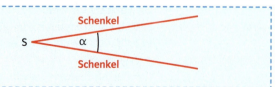

268 → Die Lösungen finden Sie auf Seite 315.

Basiswissen

Winkelbezeichnung

Winkel werden nach ihrer Größe eingeteilt:
- **spitze** Winkel — α < 90°
- **rechte** Winkel — α = 90°
- **stumpfe** Winkel — 90° < α < 180°
- **gestreckte** Winkel — α = 180°
- **überstumpfe** Winkel — 180° < α < 360°
- **volle** Winkel — α = 360°

V45 ▷ Erklärfilm
Zeichnen von Winkeln bis 180°

V46 ▷ Erklärfilm
Zeichnen und messen von Winkeln größer 180°

Scheitelwinkel sind gleich groß.
Nebenwinkel ergänzen sich zu 180°.
Stufenwinkel an geschnittenen Parallelen sind gleich groß.
Wechselwinkel an geschnittenen Parallelen sind gleich groß.

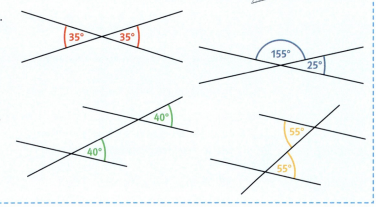

---

58 Zeichnen Sie den Kreis.
a) r = 3,0 cm   b) r = 35 mm   c) d = 5,0 cm

59 Zeichnen Sie die Winkel ins Heft.
Der erste Schenkel soll nicht immer waagerecht verlaufen.
Welche Winkelarten erkennen Sie?
a) 40°; 25°; 65°   b) 70°; 180°; 120°
c) 45°; 90°; 160°   d) 60°; 220°; 360°

60 Winkel und ihre Größen
a) Schätzen Sie die Größe der Winkel.
b) Übertragen Sie die Winkel ins Heft und geben Sie ihre Größe in Grad an. Verlängern Sie die Schenkel der Winkel, bevor Sie sie messen.

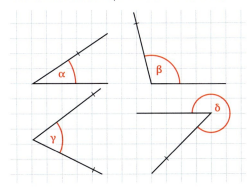

61 Berechnen Sie den Winkel α mithilfe der Winkeldifferenz.

a)   b)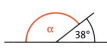

c)   d)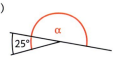

62 Wie groß sind α, β und γ an den parallelen Geraden g und h?

a) 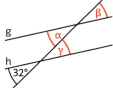   b)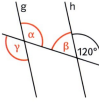

→ Die Lösungen finden Sie auf Seite 315.

Basiswissen

Quadrat und Rechteck

Quadrat und **Rechteck** sind Vierecke mit vier rechten Winkeln.
Man kann sie mithilfe des Geodreiecks zeichnen.

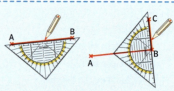

Im Rechteck
- sind benachbarte Seiten zueinander senkrecht.
- sind gegenüberliegende Seiten parallel und gleich lang.
- sind die Diagonalen gleich lang.
- ist der Flächeninhalt $A = a \cdot b$, der Umfang eines Rechtecks ist $u = 2a + 2b$.

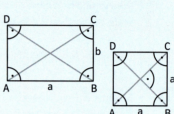

Ein Quadrat ist ein besonderes Rechteck.
Es hat vier gleich lange Seiten.
Die Diagonalen stehen zueinander senkrecht.

63 Zeichnen Sie das Viereck auf kariertem Papier und auf weißem Papier:
ein Rechteck mit $a = 5\,cm$; $b = 3{,}5\,cm$;
ein Quadrat mit $a = 4\,cm$:
Zeichnen Sie in beide Figuren die Diagonalen ein.

64 Zeichnen Sie zwei Quadrate mit der Seitenlänge 6 cm und schneiden Sie sie aus. Zerlegen Sie das erste Quadrat so, dass sich die Teile zusammen mit dem zweiten Quadrat zu einem größeren Quadrat zusammenlegen lassen.

Dreiecke

Die **Summe der Winkel eines Dreiecks** beträgt 180°.
$\alpha + \beta + \gamma = 180°$

spitzwinklig
Alle Winkel sind kleiner als 90°.

rechtwinklig
Ein Winkel beträgt 90°.

stumpfwinklig
Ein Winkel ist größer als 90°.

allgemein
Alle Seiten sind verschieden lang.

gleichschenklig
Zwei Seiten sind gleich lang.

gleichseitig
Drei Seiten sind gleich lang.

Basiswissen

Beziehungen im Dreieck

Seiten-Winkel-Beziehung
In jedem Dreieck liegt der größeren von zwei Seiten auch der größere Winkel gegenüber und umgekehrt.

Dreiecksungleichung
In jedem Dreieck ist die Summe der Längen zweier Seiten größer als die Länge der dritten Seite.

65 Ergänzen Sie die Winkel des Dreiecks. Benennen Sie die Dreiecksart nach den Winkeln.

	α	β	γ
a)	60°	60°	■
b)	■	125°	15°
c)	45°	■	90°

66 Ein Winkel fehlt. Ergänzen Sie ihn.

	α	β	γ
a)	40°	60°	■
b)	30°	■	90°
c)	105°	25°	■

Konstruktion eines Dreiecks

Zum **Konstruieren** eines Dreiecks mit Geodreieck und Zirkel benötigt man drei Stücke. Wir unterscheiden drei Grundkonstruktionen. Vor der Konstruktion fertigt man eine Planfigur (Skizze) an und kennzeichnet die gegebenen Stücke farbig.

SSS-Konstruktion

WSW-Konstruktion

SWS-Konstruktion

Gegeben:
b = 8 cm; c = 7 cm; α = 40°
SWS-Konstruktion

Konstruktion:
1. Seite c
2. Winkel α
3. der Kreis um A mit Radius b
4. Schnittpunkt des Kreises mit dem freien Schenkel von α.

Es gibt nur ein solches Dreieck.

Planfigur

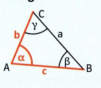

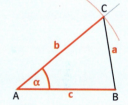

67 Konstruieren Sie das Dreieck.
a) a = 6 cm; b = 7 cm; c = 8 cm
b) a = 5 cm; c = 8 cm; β = 100°
c) b = 6,5 cm; α = 85°; γ = 50°
d) a = 11 cm; c = 7 cm; α = 42°

68 Konstruieren Sie das Dreieck ABC.
a) a = 3 cm; b = 3,5 cm; c = 4 cm
b) b = 8 cm; c = 7 cm; α = 45°
c) c = 10 cm; α = 60°; β = 50°

→ Die Lösungen finden Sie auf Seite 315.

Tabellenkalkulation Mithilfe von Programmen zur **Tabellenkalkulation** können mathematische Sachverhalte leicht berechnet oder dargestellt werden.

- Der Eingabebereich, also der Bereich, in den Sie etwas hineinschreiben, heißt **Tabellenblatt**. Es ist in **Spalten** (A; B; C; ...) und **Zeilen** (1; 2; 3; ...) aufgeteilt. Die Zellen werden entsprechend ihrer Spalte und Zeile benannt, z. B. B3.
- In die **Zellen** können sowohl Texte als auch Zahlen eingetragen werden.

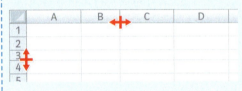

- Die **Spaltenbreite** oder **Zeilenhöhe** ändern Sie, indem Sie an den Rand zwischen die Zeilen oder Spalten gehen und bei gedrückter linker Maustaste die Höhe oder Breite verändern.
- Jede **Formel** beginnt mit „=" und wird in die **Bearbeitungszeile** = eingegeben. Die Zellen, die Sie in der Formel verwenden, werden zur Kontrolle farbig umrahmt. Beenden Sie jede Formeleingabe mit der **Enter**-Taste.

Rechenart	Addition	Subtraktion	Multiplikation	Division
Beispiel	=E3+D3	=A7−F2	=G1*H1	=B4/C3

- Formeln können auch Zahlen und mehr als zwei Zellen enthalten. Achten Sie auf die Rechenregeln und setzen Sie gegebenenfalls Klammern.

  Beispiel:
  a) Bearbeitungszeile: *=(E5+D5)/100* b) Bearbeitungszeile: *=D5+D6+D7+D8+D9*

- In den Registern finden Sie verschiedene Befehle. Markieren Sie zu Beginn immer die Zellen, die Sie bearbeiten möchten. Einige Beispiele finden Sie hier:

Start
Rahmenlinien einfügen

Einfügen
Diagramme einfügen

Formeln
Formeln einfügen

Tabellenkalkulation

- **Zellen formatieren**
  Um Zellen mit dem €-Symbol zu versehen, klicken Sie mit der rechten Maustaste auf die Zelle und wählen **Zellen formatieren** aus. Wählen Sie unter Kategorie **Währung** aus. Unter den weiteren Registerkarten können Sie auch Zellen verbinden, Zellen farbig markieren oder einen Rahmen um die Zellen legen.

- **Zellen umbenennen**
  Um beim Rechnen mit Kalkulationsprogrammen den Überblick zu behalten, kann man Zellen umbenennen und ihnen eigene Namen geben.

69 Geben Sie im Namenfeld (rot markiert) „Stückpreis" ein und bestätigen Sie die Eingabe mit *ENTER*. Die Zelle hat jetzt den Namen „Stückpreis" und nicht mehr B2.

70 Ausfüllen angrenzender Zellen:
Kommt in einem Tabellenblatt eine Formel zur Berechnung einer Aufgabe häufiger vor, braucht man diese nicht immer wieder neu einzugeben.
Klicken Sie in der Zelle (hier B5), in der die Formel eingegeben wurde, auf die untere rechte Ecke (siehe roter Pfeil) und markieren Sie bei gedrückter rechter Maustaste alle weiteren Zellen, in denen die entsprechende Formel stehen soll.

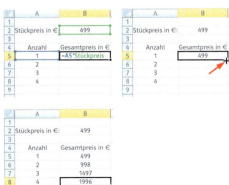

71 Diagramme einfügen:
In der Häufigkeitsliste steht das Ergebnis einer Umfrage über das Fernsehverhalten von Jugendlichen.
a) Übertragen Sie diese Liste in ein Tabellenblatt.

	A	B	C	D	E
1	Fernsehverhalten von Jugendlichen				
2	Aussage trifft … zu	voll	teilweise	kaum	nicht
3	Ich sehe viel fern	45	33	19	3

b) Markieren Sie mit der Maus die Zellen B 3 bis E 4 und erstellen Sie ein Diagramm.
Wählen Sie dazu den geeigneten Diagrammtyp Säule aus.

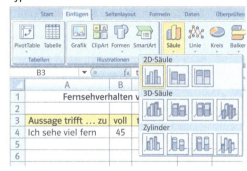

Lösungen Kapitel 1

1 Rechnen, Formeln, Prozente und Zinsen | Standpunkt, Seite 8

1. a) 62 b) 26
   c) 192 d) 13

2. a) $-39 < -38 < -5 < -3 < 0 < 3 < 5 < 40$
   b) $0,6 < 1,784 < 2,46 < 24,6 < 105,8$
   c) $\frac{1}{8} < \frac{1}{4} < \frac{1}{3} < \frac{1}{2} < \frac{3}{5} < \frac{3}{4}$

3. a)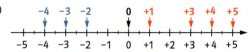
   b)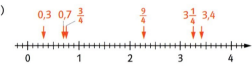

4. a) $-27; -12; -4; +7; +19$
   b) $-2060; -2035; -2005; -1995; -1975$
   c) $0,5; \frac{2}{3} \approx 0,67; 0,7; 1\frac{1}{4} = 1,25; 1,5; 2; 2,8$

    Der größere Strich in der Mitte zwischen den Zahlen hilft Ihnen, die Einteilung zu finden.

5. a) 38,01 b) 13,66 c) 412,775
   d) 40,904 e) 166,08 f) 171,51
   g) 315,792 h) 6,54 i) 1,1
   j) 50,4 k) 625,25 l) 499,2

6. a) $\frac{15}{24} = \frac{5}{8}$ b) $\frac{3}{2} = 1\frac{1}{2}$
   c) $\frac{2}{4} = \frac{1}{2}$ d) $\frac{20}{7} = 2\frac{6}{7}$
   e) $\frac{2}{15}$ f) $\frac{5}{4} = 1\frac{1}{4}$

7. a) $\frac{3}{8}$ b) $\frac{3}{10}$
   c) $\frac{7}{6} = 1\frac{1}{6}$ d) $\frac{11}{20}$
   e) $1\frac{2}{3}$ f) $1\frac{2}{3}$

   Machen Sie die Brüche zuerst gleichnamig.

1 Rationale Zahlen | Alles klar?, Seite 12

A a) $+2,5 > -4,7$ b) $+68,2 > -82,6$
   $-0,25 < +0,25$ $-9,75 < +7,59$
   $-5,7 > -6,2$ $-20,7 > -70,2$

   c) $\frac{3}{4} > -\frac{4}{5}$ d) $-1,3 < -1\frac{1}{4}$
   $-0,7 > -\frac{3}{4}$ $+1\frac{1}{2} > -2\frac{1}{2}$
   $-\frac{3}{5} < \frac{4}{7}$ $-3,6 > -3\frac{5}{8}$

B A: $-3,8$ B: $-2,7$ C: $-2,1$
   D: $-1,9$ E: $-0,9$ F: $-0,2$
   G: $+0,4$ H: $+0,6$ I: $+1,9$

2 Überschlagsrechnung | Alles klar?, Seite 14

A a) $365 + 281 \approx 370 + 280 = 650$
   Das gerundete Ergebnis ist größer als das exakte Ergebnis, weil $5 = 370 - 365 > 280 - 281 = 1$.
   Exaktes Ergebnis ist $365 + 281 = 646$.
   b) $48 \cdot 58 \approx 50 \cdot 60 = 3000$
   Das gerundete Ergebnis ist größer als das exakte Ergebnis, weil beide Zahlen aufgerundet wurden.
   Exaktes Ergebnis ist $48 \cdot 58 = 2784$.
   c) $3068 : 59 \approx 3060 : 60 = 51$
   Das gerundete Ergebnis ist kleiner als das exakte Ergebnis, weil die Zahl, durch die geteilt wird, vergrößert wird und die andere Zahl verkleinert wird.
   Exaktes Ergebnis ist $3068 : 59 = 52$.
   d) $7243 - 3522 \approx 7200 - 3500 = 3700$
   Das gerundete Ergebnis ist größer als das exakte Ergebnis, weil $43 = 7243 - 7200 > 3522 - 3500 = 22$.
   Exaktes Ergebnis ist $7243 - 35522 = 3721$.

3 Addition und Subtraktion von rationalen Zahlen | Alles klar?, Seite 16

A a) $(+8) + (-3) = +5$
   b) $(-5) - (+3) = (-5) + (-3) = -8$
   c) $(+4) - (-2) = (+4) + (+2) = +6$
   d) $(-6) + (-4) = -10$

4 Multiplikation und Division von rationalen Zahlen | Alles klar?, Seite 18

A a) $(+6) \cdot (+2) = 12$
   b) $(-7) \cdot (-4) = +(7 \cdot 4) = 28$
   c) $(-9) \cdot (-3) = +(9 \cdot 3) = 27$
   d) $(+5) \cdot (-3) = -(5 \cdot 3) = -15$
   e) $(+12) : (-3) = -(12 : 3) = -4$
   f) $(-27) : (-9) = +(27 : 9) = 3$

5 Rechengesetze | Alles klar?, Seite 22

A
a) $37 - 12 + 13 = 25 + 13 = 38$
b) $5 \cdot 12 + 5 \cdot 6 = 5 \cdot (12 + 6) = 5 \cdot 18 = 90$
c) $-3 \cdot (-2 + 3) = -3 \cdot 1 = -3$
d) $19 - 38 + 11 - 12 = (19 + 11) - (38 + 12)$
   $= 30 - 50 = -20$
e) $4 \cdot 8 + 6 \cdot 8 - 10 \cdot 8 = (4 + 6 - 10) \cdot 8$
   $= 0 \cdot 8 = 0$
f) $6 - 3 \cdot 7 = 6 - 21 = -15$
g) $18 : 3 + 6 = 6 + 6 = 12$
h) $18 : (3 + 6) = 18 : 9 = 2$

6 Terme und Variablen | Alles klar?, Seite 24

A
a) $x + 4 = 2 + 4 = 6$
b) $2 \cdot x + 3 \cdot y = 2 \cdot 2 + 3 \cdot 5 = 4 + 15 = 19$
c) $x \cdot y = 2 \cdot 5 = 10$

B Gesamtkosten $K = x \cdot 45 + y \cdot 15 + z \cdot 20$

7 Addition und Subtraktion von Termen | Alles klar?, Seite 26

A
a) $4x + 3y + 7x - 2y =$
   $4x + 7x + 3y - 2y = 11x + y$
b) $3z + 8y + 2z =$
   $3z + 2z + 8y = 5z + 8y$
c) $4x + 6x + 8x - 2x = 16x$
d) $2x^2 + 4y + 3x - 3y - 5x - y + 2x =$
   $2x^2 + 3x - 5x + 2x + 4y - 3y - y =$
   $2x^2 + 0x - 0y = 2x^2$

8 Multiplikation von Termen | Alles klar?, Seite 28

A
a) $3x \cdot 4y \cdot 2x \cdot 3y$
   $= 3 \cdot 4 \cdot 2 \cdot 3 \cdot x \cdot x \cdot y \cdot y$
   $= 72 x^2 y^2$
b) $5xy \cdot 2x : 5 = 5 \cdot 2 \cdot x \cdot x \cdot y : 5 = 2x^2 y$
c) $4x \cdot x \cdot 3y = 4 \cdot 3 \cdot x \cdot x \cdot y = 12 x^2 y$

9 Ausmultiplizieren und Ausklammern | Alles klar?, Seite 30

A
a) $5 \cdot (x + y) = 5x + 5y$
b) $6x(a - y) = 6xa - 6xy$

B
a) $3xy - 7xy = (3 - 7) \cdot xy$
b) $2a^2 b^2 + 3ab = ab \cdot (2ab + 3)$
c) $8xy^2 - 16y^2 = 8y^2 \cdot (x - 2)$

10 Multiplikation von Summen | Alles klar?, Seite 32

A
a) $(x + 5)(y - 3) = xy + 5y - 3x - 15$
b) $(a + 2b)(3t + 2p)$
   $= 3at + 6bt + 2ap + 4bp$
c) $(2x + t)(r + s + t)$
   $= 2xr + 2xs + 2xt + tr + ts + t^2$

11 Binomische Formeln | Alles klar?, Seite 33

A
a) $(a + b)(a + b) = a^2 + 2ab + b^2$
b) $(3 + b)(3 + b) = 9 + 6b + b^2$
c) $(m + t)(m - t) = m^2 - t^2$
d) $(8 + t)(8 - t) = 64 - t^2$
e) $(r - s)(r - s) = r^2 - 2rs + s^2$
f) $(s - 5)(s - 5) = s^2 - 10s + 25$

12 Gleichungen | Alles klar?, Seite 36

A
a) $x + 7 = 16$ $\quad |-7$
   $x = 9$
b) $3a - 5 = 4$ $\quad |+5$
   $3a = 9$ $\quad |:3$
   $a = 3$
c) $6x + 8 = 4x - 6$ $\quad |-4x - 8$
   $2x = -14$ $\quad |:2$
   $x = -7$
d) $3{,}5x + 1{,}4 = 1{,}8x + 4{,}8$ $\quad |-1{,}8x - 1{,}4$
   $1{,}7x = 3{,}4$ $\quad |:1{,}7$
   $x = 2$

13 Gleichungen mit Klammern | Alles klar?, Seite 38

A
a) $(x + 2)(x - 4) = x^2 + 6$
   $x^2 + 2x - 4x - 8 = x^2 + 6$
   $x^2 - 2x - 8 = x^2 + 6$ $\quad |-x^2 + 8$
   $-2x = 14$ $\quad |:(-2)$
   $x = -7$
b) $(3a - 2)(4a + 5) = (6a - 2)(2a + 6)$
   $12a^2 + 15a - 8a - 10 = 12a^2 + 36a - 4a - 12$
   $12a^2 + 7a - 10 = 12a^2 + 32a - 12$ $\quad |-12a^2$
   $7a - 10 = 32a - 12$ $\quad |+12 - 7a$
   $2 = 25a$ $\quad |:25$
   $\frac{2}{25} = a$
c) $(x + 2)(x - 2) + x = x^2 - 4$
   $x^2 - 4 + x = x^2 - 4$ $\quad |-(x^2 - 4)$
   $x = 0$

EXTRA: Rechentricks, Seite 39

1. a) Zum Beispiel: 3 und 5 oder 10 und 12
   Es gilt: $3 \cdot 5 + 1 = 16 = 4^2$;
   $10 \cdot 12 + 1 = 121 = 11^2$
   b) Gegebene Zahlen: x und x + 2;
   $x(x+2) + 1 = x^2 + 2x + 1 = (x+1)^2$
   (1. binomische Formel)
   Man erhält immer eine Quadratzahl. Die Behauptung gilt also für alle Zahlen.

2. a) Pauline multipliziert die zwei ganzen Zahlen, zwischen denen die Dezimalzahl liegt, und addiert 0,25.
   b) $1,5^2 = 1 \cdot 2 + 0,25 = 2,25$
   $2,5^2 = 2 \cdot 3 + 0,25 = 6,25$
   $3,5^2 = 3 \cdot 4 + 0,25 = 12,25$
   $4,5^2 = 4 \cdot 5 + 0,25 = 20,25$
   $5,5^2 = 5 \cdot 6 + 0,25 = 30,25$
   $6,5^2 = 6 \cdot 7 + 0,25 = 42,25$
   $7,5^2 = 7 \cdot 8 + 0,25 = 56,25$
   $8,5^2 = 8 \cdot 9 + 0,25 = 72,25$
   $9,5^2 = 9 \cdot 10 + 0,25 = 90,25$
   Die Ergebnisse sind richtig.
   c) Für eine natürliche Zahl x gilt:
   $(x + 0,5)^2 = x^2 + x + 0,25 = x \cdot (x+1) + 0,25$ ✓
   Die Behauptung gilt also für alle Zahlen.

3. a) $19 \cdot 21$
   $= (20 - 1)(20 + 1)$
   $= 20^2 - 1^2$
   $= 400 - 1$
   $= 399$

   $85 \cdot 75$
   $= (80 + 5)(80 - 5)$
   $= 80^2 - 5^2$
   $= 6400 - 25$
   $= 6375$

   $37 \cdot 43$
   $= (40 - 3)(40 + 3)$
   $= 40^2 - 3^2$
   $= 1600 - 9$
   $= 1591$

   $51 \cdot 49$
   $= (50 + 1)(50 - 1)$
   $= 50^2 - 1^2$
   $= 2500 - 1$
   $= 2499$

   $28 \cdot 32$
   $= (30 - 2)(30 + 2)$
   $= 30^2 - 2^2$
   $= 900 - 4$
   $= 896$

   $102 \cdot 98$
   $= (100 + 2)(100 - 2)$
   $= 100^2 - 2^2$
   $= 10\,000 - 4$
   $= 9996$

   b) Die Faktoren müssen den gleichen Abstand, nach oben bzw. nach unten, von einem Vielfachen von 10 haben. Weitere Beispiele: $54 \cdot 46$; $57 \cdot 63$; $112 \cdot 108$

4. a) Individuelle Lösungen
   b) Zum Beispiel:
   Trick von Tobias:
   $34^2 - 33^2 = 34 + 33 = 67$
   $66^2 - 65^2 = 66 + 65 = 131$
   Trick von Mia:
   $34^2 - 32^2 = (34 + 32) \cdot 2 = 132$
   $66^2 - 64^2 = (66 + 64) \cdot 2 = 260$
   c) Trick von Tobias: Beschreibung (2) und Aussage A
   Trick von Mia: Beschreibung (1) und Aussage B
   d) Aussage A: Man formt den linken Term so um, dass man die Gleichheit der beiden Terme erkennt.
   $(x + 1)^2 - x^2 = (x + 1) + x$
   $x^2 + 2x + 1 - x^2 = (x + 1) + x$
   $2x + 1 = (x + 1) + x$
   $x + x + 1 = (x + 1) + x$
   $(x + 1) + x = (x + 1) + x$ ✓

   Aussage B: Man formt beide Terme so um, dass man die Gleichheit der beiden Terme erkennt.
   $(x + 2)^2 - x^2 = ((x + 2) + x) \cdot 2$
   $x^2 + 4x + 4 - x^2 = (x + 2 + x) \cdot 2$
   $4x + 4 = (2x + 2) \cdot 2$
   $4x + 4 = 4x + 4$ ✓

5. a) $100 - 91 = 9$ $100 - 92 = 8$
   $91 - 9 = 82$ $92 - 8 = 84$
   $9^2 = 81$ $8^2 = 64$
   $91^2 = 8281$ $92^2 = 8464$

   $100 - 95 = 5$ $100 - 98 = 2$
   $95 - 5 = 90$ $98 - 2 = 96$
   $5^2 = 25$ $2^2 = 4$
   $95^2 = 9025$ $98^2 = 9604$

   b) In der 1. Zeile wird $100 - x$ berechnet.
   In der 2. Zeile wird diese Differenz von der gegebenen Zahl x subtrahiert, also $x - (100 - x)$.
   Diese Zahl liefert die zwei ersten Ziffern für das Endergebnis (Tausender- und Hunderterstelle), weshalb man die Zahl mit 100 multipliziert: $100 \cdot (x - (100 - x))$
   In der dritten Zeile rechnet man $(100 - x)^2$, dies ergibt die zwei letzten Ziffern (Zehner- und Einerstelle) des Endergebnisses.
   Der Rechentrick lässt sich also mit folgendem Term beschreiben:
   $100 \cdot (x - (100 - x)) + (100 - x)^2$
   $= 100 \cdot (x - 100 + x) + 100^2 - 200x + x^2$
   $= 100x - 100^2 + 100x + 100^2 - 200x + x^2$
   $= x^2$
   Der Term hat also denselben Wert wie x^2.

14 Lesen und Lösen | Alles klar?, Seite 41

A Malek: x; Sinem: x + 5; Marie: 2x

$$\begin{aligned} x + x + 5 + 2x &= 45 \\ 4x + 5 &= 45 \quad | -5 \\ 4x &= 40 \quad | :4 \\ x &= 10 \end{aligned}$$

Malek bezahlt 10 €, Sinem 15 € und Marie bezahlt 20 €.

15 Bruchterme und Bruchgleichungen | Alles klar?, Seite 44

A a) $\frac{1}{x} + \frac{3}{x} = 8$ d.h. $x \neq 0$.

$$\begin{aligned} \tfrac{1}{x} + \tfrac{3}{x} &= 8 \quad | \cdot x \\ 1 + 3 &= 8x \\ 4 &= 8x \quad | :8 \\ 0{,}5 &= x \quad L = \{0{,}5\} \end{aligned}$$

b) $\frac{16}{x+2} = 4$ d.h. $x \neq -2$.

$$\begin{aligned} \tfrac{16}{x+2} &= 4 \quad | \cdot (x+2) \\ 16 &= 4 \cdot (x+2) \\ 16 &= 4x + 8 \quad | -8 \\ 8 &= 4x \quad | :4 \\ 2 &= x \quad L = \{2\} \end{aligned}$$

c) $\frac{3}{x-2} - \frac{2}{x} = \frac{5}{x}$ d.h. $x \neq 2$ und $x \neq 0$.

$$\begin{aligned} \tfrac{3}{x-2} - \tfrac{2}{x} &= \tfrac{5}{x} \quad | \cdot (x-2)x \\ 3x - 2(x-2) &= 5(x-2) \\ 3x - 2x + 4 &= 5x - 10 \\ x + 4 &= 5x - 10 \quad | -x + 10 \\ 14 &= 4x \quad | :4 \\ 3{,}5 &= x \quad L = \{3{,}5\} \end{aligned}$$

16 Lineare Ungleichung | Alles klar?, Seite 47

A a) $3x < 9 \quad | :3$
   $x < 3 \quad L = \{x \in \mathbb{N} \mid x < 3\}$
b) $3x \leq 9 \quad | :3$
   $x \leq 3 \quad L = \{x \in \mathbb{Q} \mid x \leq 3\}$
c) $-2x > 8 \quad | :(-2)$
   $x < -4 \quad L = \{x \in \mathbb{Q} \mid x < -4\}$
d) $-4x \leq -16 \quad | :(-4)$
   $x \geq 4 \quad L = \{x \in \mathbb{N} \mid x \geq 4\}$

17 Potenzen | Alles klar?, Seite 49

A a) $3 \cdot 3 \cdot 3 \cdot 3 \cdot 3 = 3^5$
b) $a \cdot a \cdot a = a^3$

B a) 9 b) −64 c) $\frac{2^4}{3^4} = \frac{16}{81}$

18 Potenzen mit gleicher Basis | Alles klar?, Seite 51

A a) $3^5 \cdot 3^7 = 3^{5+7} = 3^{12} = 531441$
b) $x^3 \cdot x^2 = x^{3+2} = x^5$
c) $8^{99} : 8^{98} = 8^{99-98} = 8^1 = 8$
d) $x^{15} : x^7 = x^{15-7} = x^8$

19 Potenzen mit gleichen Exponenten | Alles klar?, Seite 53

A a) $3^5 \cdot 2^5 = (3 \cdot 2)^5 = 6^5 = 7776$
b) $12^3 \cdot 6^3 = (12 \cdot 6)^3 = 72^3 = 373248$
c) $\frac{56\,000^3}{14\,000^3} = \left(\frac{56\,000}{14\,000}\right)^3 = 4^3 = 64$
d) $x^3 \cdot y^3 = (x \cdot y)^3$
e) $a^6 : b^6 = (a : b)^6 = \left(\frac{a}{b}\right)^6$

20 Potenzen mit negativen Exponenten | Alles klar?, Seite 55

A a) $2^{-6} = \frac{1}{2^6}$
b) $\frac{3^2}{3^5} = 3^{2-5} = 3^{-3} = \frac{1}{3^3}$
c) $\frac{1}{3^4} = 3^{-4}$
d) $x^{-3} = \frac{1}{x^3}$
e) $\frac{1}{x^4} = x^{-4}$

21 Zehnerpotenzschreibweise | Alles klar?, Seite 57

A a) $8{,}45 \cdot 10^6$ b) $3{,}457 \cdot 10^{-4}$
c) 38 004   d) 0,000 380 04

22 Formeln | Alles klar?, Seite 60

A Stundenlohn $s = \frac{l}{t}$; Arbeitszeit $t = \frac{l}{s}$

Stundenlohn s	15	14	12
Arbeitszeit t	3	5	8
Lohn l	45	70	96

23 Prozente | Alles klar?, Seite 62

A

p %	4 %	75 %	5 %
W	120 €	60 €	40 €
G	3000 €	80 €	800 €

B 1200 € · 0,03 = 36 €; 1200 € − 36 € = 1164 €
Für den Fernseher müssen 1164 € bezahlt werden.

EXTRA: Prozentband | Seite 63

1 a) Individuelle Schätzungen
b) Individuelle Lösungen; zum Beispiel:
Tisch mit einer Länge von 130 cm

Anteil	100 %	50 %	25 %	75 %	10 %
Länge	130 cm	65 cm	32,5 cm	97,5 cm	13 cm

2 a) 10 % von 60 cm = 6 cm
80 % von 60 cm = 48 cm
b) 5 % von 90 cm = 4,5 cm
30 % von 90 cm = 27 cm
c) 25 % von 180 cm = 45 cm
85 % von 180 cm = 153 cm
d) 15 % von 200 cm = 30 cm
75 % von 200 cm = 150 cm

3 Individuelle Lösungen

4 Das Mathematikbuch ist etwa 20 cm breit.
a) Für 100 % misst man 200 cm = 2 m.
b) Für 100 % misst man 100 cm = 1 m.
c) Für 100 % misst man 80 cm.
d) Für 100 % misst man 50 cm.
Mögliche Beschreibung: Zuerst wählt man ein Prozentband, das auf den entsprechenden Prozentsatz gedehnt werden kann (siehe auch Foto im Schulbuch). Dann misst man mit dem Maßband die Länge von 0 % bis 100 % ab.

EXTRA: Rabatt, Skonto und Mehrwertsteuer | Seite 64

1 a) Lösen mit der Formel:
W = G · p % = 37 500 · 3 % = 37 500 · 0,03 = 1125
Familie Peters spart 1125 €.
b) 37 500 − 1125 = 36 375
Der Wagen kostet noch 36 375 €.

2 25 % Rabatt sind $\frac{1}{4}$ des Preises:
259 : 4 = 64,75
Reduzierter Preis + Versandkosten:
259,00 − 64,75 + 4,95 = 199,20
Jannik muss insgesamt 199,20 € bezahlen.

3 a) 739 − 599 = 140
Wenn man das Mountainbike im Februar bestellt, spart man 140,00 €.
b) Überprüfung der Rabattangabe des Händlers:
p % = $\frac{W}{G}$ = $\frac{140}{739}$ = 0,1894… ≈ 18,9 %

Die Angabe des Händlers stimmt nicht. Der Winterrabatt beträgt knapp 19 %, also weniger als 20 %.
c) Im Winter wird aufgrund der Witterung weniger Fahrrad gefahren. Entsprechend kaufen die meisten Kundinnen und Kunden ein neues Fahrrad im Frühling. Vermutlich versucht der Händler, mit der Rabattaktion sein Wintergeschäft zu beleben.

4 Lösen mit der Formel:
- Berechnung der Mehrwertsteuer:
W = G · p %
W = 5436,09 · 19 % = 5436,09 · 0,19 ≈ 1032,86
Gesamtbetrag:
5436,09 € + 1032,86 € = 6468,95 €
- Berechnung des Skontos:
W = G · p %
W = 6468,95 · 2 % = 6468,95 · 0,02 ≈ 129,38
Betrag abzüglich Skonto:
6468,95 € − 129,38 € = 6339,57 €

5 Es gibt vier Kombinationsmöglichkeiten:
- Schuhe, Hose für 32,50 € und T-Shirt für 33,98 €.
Die Summe beträgt:
89,90 € + 32,50 € + 33,98 € = 156,38 €.
Es werden ihm 32,50 € erlassen.

p % = $\frac{W}{G}$ = $\frac{32,50}{156,38}$ = 0,2078… ≈ 20,8 %

- Schuhe, Hose für 32,50 € und T-Shirt für 24,95 €.
Die Summe beträgt:
89,90 € + 32,50 € + 24,95 € = 147,35 €.
Es werden ihm 24,95 € erlassen.

p % = $\frac{W}{G}$ = $\frac{24,95}{147,35}$ = 0,1693… ≈ 16,9 %

- Schuhe, Hose für 24,98 € und T-Shirt für 33,98 €
Die Summe beträgt:
89,90 € + 24,98 € + 33,98 € = 148,86 €.
Es werden ihm 24,98 € erlassen.

p % = $\frac{W}{G}$ = $\frac{24,98}{148,86}$ = 0,1678… ≈ 16,8 %

- Schuhe, Hose für 24,98 € und T-Shirt für 24,95 €
Die Summe beträgt:
89,90 € + 24,98 € + 24,95 € = 139,83 €.
Es werden ihm 24,95 € erlassen.

p % = $\frac{W}{G}$ = $\frac{24,95}{139,83}$ = 0,1784… ≈ 17,8 %

Prozentual gesehen erhält Finn den höchsten Rabatt, wenn er die teuersten Sachen kauft: Schuhe, Hose für 32,50 € und T-Shirt für 24,95 €. Der Rabatt beträgt dann mehr als 20 %.

24 Prozentuale Veränderung | Alles klar?, Seite 66

A a) q = 0,9; 83,00 € · 0,9 = 74,70 €
b) q = 1,05; 120,00 € · 1,05 = 126,00 €
c) q = 1,08; 108,00 € : 1,08 = 100,00 €
d) q = 0,8; 18,00 € : 0,2 = 90,00 €

25 Zinsrechnung | Alles klar?, Seite 68

A p % = 1 %; 500 € · 0,01 = 5 €; 500 € + 5 € = 505 €
Nach einem Jahr ist der Kontostand 505 €.

B p % = 12 %; 2400 € : 0,12 = 20 000 €
Herr Scholz hat sich 20 000 € geliehen.

1 Rechnen, Terme | Rückspiegel, Seite 83

1 a) 6   b) 14   c) −2   d) 18   e) −124

2 a) ≈ 400 + 700 + 0 − 400 = 700
b) ≈ 100 · (−3) + 1000 : 4 = −50
c) ≈ −300 · (−2) − (−200) + 200 = 1000
d) ≈ 1200 · $\frac{1}{3}$ − 30 · 10 = 100

3 a) −3x + 8y   b) 6xy − 7x   c) $36x^2$
d) $62a^2$ e) 9x   f) $22x^2$

4 a) 20x + 2y   b) −2a − 18b
c) 14a − 4b   d) 60k − 40n + 9m

5 a) 4x + 8y   b) $36x^2$ − 90xy
c) $9ac + 24c^2$ d) 156m − 144km
e) 140xy   f) $5a − 126a^2$

6 a) 3x(6y + 7)   b) 3a(3 + 4b − 6c)
c) 5k(7m − 1)   d) 8x(2 + 3x − 4y)
e) $24x^2 − 12x + 132xy = 12x(2x − 1 + 11y)$
f) $56a^2b + 48ab + 40ab^2 = 8ab(7a + 6 + 5b)$

7 a) $8x^2 + 108x + 52$
b) $12a^2 − 102ab + 126b^2$
c) $4x^2 − x + 12$
d) $(x + 5)(x + 4) = x^2 + 9x + 20$
e) $(x − 3)(x − 4) = x^2 − 7x + 12$
f) $(x + 8)(x − 6) = x^2 + 2x − 48$

1 Gleichungen und Ungleichungen | Rückspiegel, Seite 84

1 a) $x^2 + 8x + 16$ b) $4x^2 − 12x + 9$ c) $25x^2 − y^2$

2 a) x = 2,5   b) x = 4   c) x = 2
d) x = 3   e) x = 84   f) x = −15
g) x = 8

3 a) x = −10   b) x = −4   c) x = 0,25

4 a) Länge einer Seite des Quadrats: x (in cm)
4x = 144 cm
Die Seitenlänge beträgt 36 cm.
b) gesuchte Zahl: x
(x − 7)(4 + 2,5) = 15x − 3
Die gesuchte Zahl ist −5.

💡 Definieren Sie zuerst, was die Variable x ist. Stellen Sie dann die Gleichung auf.

5 a) D = ℚ\{0}, L = {3}   b) D = ℚ\{2}, L = {8}

6 a) L = {x ∈ ℤ | x < −5}
b) L = {x ∈ ℚ | x > −0,5}
c) L = {x ∈ ℕ | x ≤ 11}
d) Die Lösung ist ganz ℚ.
−2 ≥ −6 ist eine falsche Aussage. Daher gibt es keine Lösung. Die Lösungsmenge ist leer. L = { }

1 Rechnen, Formeln und Prozente | Rückspiegel, Seite 85

1 a) $2^8 = 256$ b) $(−3)^5 = −243$
c) $3^3 = 27$ d) $10^{−4} = 0{,}0001$
e) $2^{10} = 1024$ f) $(−3)^4 = 81$

2 a) n = 13   b) n = 4   c) n = 6   d) n = 22

3 a) $1{,}987\,669\,87 · 10^8$ b) $1{,}000\,000\,000\,1 · 10^{10}$
c) $6{,}7 · 10^{−4}$ d) $1{,}000\,02 · 10^{−7}$

4 a) $5{,}1675 · 10^7$ b) $7{,}8387 · 10^{−19}$

5 a) b = $\frac{A}{a}$; b = 38 cm   b) a = $\frac{u}{2}$ − b; a = 22 cm

6 a)

Grundwert	Prozentwert	Prozentsatz
520 €	56 €	10,77 %
48,5 m	60,625 m	125 %
46,05 kg	17,5 kg	38 %

b) 0,65 · 298 € = 193,70 €
Der neue Preis für den Mantel beträgt 193,70 €.

c) 80 % des ursprünglichen Preises (des Preises ohne Rabatt) sind 720 €. 720 € : 0,8 = 900 €
Der Preis ohne Rabatt betrug 900 €.

d) 5 % des ursprünglichen Preises entsprechen 12,50 €.
12,50 € : 0,05 = 250 €. 250 € − 12,50 € = 237,50 €
Marina musste 237,50 € für das Zelt bezahlen.

💡 Was wird jeweils gesucht? Beachten Sie: ursprünglicher Preis = neuer Preis + Rabatt.

Lösungen Kapitel 2

2 Geometrie | Standpunkt, Seite 86

1 a) 750; 4820; 5 720 700   b) 234 600; 789 300
   c) 1,2; 4,4; 6,4; 2,9   d) 31,49; 40,78
   e) 5,784; 7,036   f) 3,0; 4,7

2 a) 25   b) 49   c) 225
   d) 441   e) 0,16   f) 1,5625
   g) 0   h) 256   i) 0,0625

3 a) 8   b) 27   c) 1000
   d) 64   e) 0,001   f) 0,125
   g) 1 000 000 h) 1   i) 8000

4 Die Gerade b steht senkrecht zur Geraden a, die Gerade c ist parallel zu a.

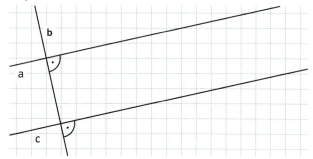

5 a) für $4x - 3$: $4 \cdot 5 - 3 = 20 - 3 = 17$;
      für $3 \cdot x^2$: $3 \cdot 5^2 = 3 \cdot 25 = 75$;
      für $4 \cdot x^2 - 10x$: $4 \cdot 5^2 - 10 \cdot 5 = 4 \cdot 25 - 50 = 50$
   b) für $a + 6$: $1,5 + 6 = 7,5$;
      für $2,5 a^2$: $2,5 \cdot 1,5^2 = 2,5 \cdot 2,25 = 5,625$;
      für $0,25 a^2 + 1,75 a$: $0,25 \cdot 1,5^2 + 1,75 \cdot 1,5$
      $= 0,25 \cdot 2,25 + 2,625$
      $= 0,5625 + 2,625 = 3,1875$

6 a) $7x = 16,4a - 3x$ $| + 3x$
        $10x = 16,4a$ $| : 10$
        $x = 1,64a$
   b) $b = \frac{b+z}{2}$ $| \cdot 2$
        $2b = b + z$ $| - b$
        $b = z$ | Seiten tauschen
        $z = b$

1 Größen und ihre Einheiten | Alles klar?, Seite 89

A a) 500 g = 0,5 kg; 2 t 300 kg = 2300 kg;
      43,3 t = 43 300 kg
   b) 420 min = 7 h; 90 min = 1,5 h;
      3600 s = 60 min = 1 h

c) 3,4 km = 3400 m; 745 cm = 7,45 m;
2654 mm = 2,654 m
d) 3,62 € = 362 ct; 380,00 € = 38 000 ct;
0,85 € = 85 ct
e) 30 000 cm² = 3 m²; 15 dm² = 0,15 m²;
1 km² = 1 000 000 m²
f) 2 l = 2000 cm³; 12 dm³ = 12 000 cm³;
1000 mm³ = 1 cm³

2 Messen und Koordinatensysteme | Alles klar?, Seite 92

A $\alpha = 20°$; $\beta = 160°$; $\gamma = 90°$

B a) b)

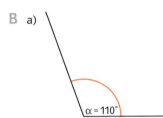
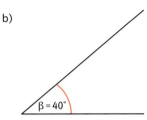

c) d)

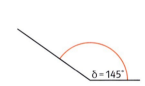

Seite 93

C a) Der Abstand der Punkte A und B beträgt 4 cm.
b) Die Koordinaten vom Punkt C(3|5) sind x = 3 und
y = 5; der Abstand vom Punkt C zur Geraden g beträgt
2 cm.
c) Der Winkel zwischen den Geraden g und f beträgt 45°
bzw. 135°C.

3 Quadratwurzeln und Kubikwurzeln | Alles klar?, Seite 94

A $\sqrt{256} = 16$, denn $16 \cdot 16 = 256$.
$\sqrt{169} = 13$, denn $13 \cdot 13 = 169$.
$\sqrt{144} = 12$, denn $12 \cdot 12 = 144$.
$\sqrt{225} = 15$, denn $15 \cdot 15 = 225$.
$\sqrt{196} = 14$, denn $14 \cdot 14 = 196$.
$\sqrt{121} = 11$, denn $11 \cdot 11 = 121$.
$\sqrt{289} = 17$, denn $17 \cdot 17 = 289$.
Die Kärtchen $\sqrt{264}$ und 18 bleiben übrig.

Seite 95

B $\sqrt[3]{1} = 1$, denn $1 \cdot 1 \cdot 1 = 1$.
$\sqrt[3]{343} = 7$, denn $7 \cdot 7 \cdot 7 = 343$.
$\sqrt[3]{64} = 4$, denn $4 \cdot 4 \cdot 4 = 64$.

C $\sqrt[3]{150} \approx 5{,}313$; $\sqrt[3]{40} \approx 3{,}420$; $\sqrt[3]{8{,}3} \approx 2{,}047$

4 Quadrat und Rechteck | Alles klar?, Seite 97

A a) u = 2a + 2b = 2 · 7 cm + 2 · 5 cm
= 14 cm + 10 cm = 24 cm
A = 7 · 5 cm² = 35 cm²
b) u = 2a + 2b = 2 · 3 dm + 2 · 4 dm
= 6 dm + 8 dm = 14 dm
A = 3 · 4 dm² = 12 dm²

B a) b = A : a = 50 cm² : 10 cm = 5 cm
b) a = A : b = 90 cm² : 4 cm = 22,5 cm

5 Dreieck | Alles klar?, Seite 99

A a) $A = \frac{1}{2} \cdot 5 \cdot 3$ cm²   b) $A = \frac{1}{2} \cdot 6 \cdot 5{,}3$ cm²
A = 7,5 cm²   A = 15,9 cm²

c) $A = \frac{1}{2} \cdot 4{,}7 \cdot 5{,}1$ cm²   d) $A = \frac{1}{2} \cdot 6 \cdot 2{,}5$ cm²
A ≈ 12,0 cm²   A = 7,5 cm²

B

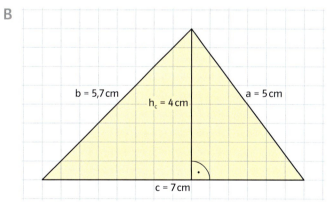

a) u = a + b + c
u = 5 + 5,7 + 7 = 17,7
Der Umfang beträgt 17,7 cm.
b) Am einfachsten ist es, die Höhe h_c einzuzeichnen und
den Flächeninhalt mithilfe von c und h_c zu berechnen.
$A = \frac{1}{2} \cdot c \cdot h_c$

$A = \frac{1}{2} \cdot 7 \cdot 4 = 14$ Der Flächeninhalt beträgt 14 cm².

EXTRA: Satz des Pythagoras | Seite 100

1. a) Es wird ein Quadrat mit einer Fläche von 25 cm² + 9 cm² = 34 cm² bzw. ein Quadrat mit der Kantenlänge c ≈ 5,83 cm benötigt.
   b) Es wird ein Quadrat mit einer Fläche von 9 cm² + 4 cm² = 13 cm² bzw. ein Quadrat mit der Kantenlänge c ≈ 3,61 cm benötigt.

2. a) a = $\sqrt{16\,cm^2}$ = 4 cm;
      b = $\sqrt{20\,cm^2}$ ≈ 4,47 cm;
      c = $\sqrt{36\,cm^2}$ = 6 cm
   b) a = $\sqrt{10\,cm^2}$ ≈ 3,16 cm;
      b = $\sqrt{15,5\,cm^2}$ ≈ 3,94 cm;
      c = $\sqrt{25,5\,cm^2}$ ≈ 5,05 cm
   c) a = $\sqrt{100\,cm^2}$ = 10 cm;
      b = $\sqrt{115,5\,cm^2}$ ≈ 10,75 cm;
      c = $\sqrt{215,5\,cm^2}$ ≈ 14,68 cm

   💡 Die drei Seiten des rechtwinkligen Dreiecks sind genau so lang wie die Seiten der verschiedenen Quadrate.

3. a) $v^2 + x^2 = u^2$; $y^2 + w^2 = v^2$; $z^2 + y^2 = x^2$
   b) $a^2 + e^2 = f^2$; $b^2 + c^2 = a^2$; $b^2 + d^2 = e^2$

4. a) ja, Hypotenuse ist z   b) nein, da 25 + 100 ≠ 121
   c) ja, Hypotenuse ist c   d) ja, Hypotenuse ist s
   e) ja, Hypotenuse ist n

Seite 101

5. a) $6,2^2 + 8,4^2 = 109 = c^2$; d.h. c ≈ 10,44 cm.
   b) $158^2 - 127^2 = 8835 = a^2$; d.h. a ≈ 94 dm.
   c) $9,41^2 - 2,43^2 = 82,6432 = b^2$; d.h. b ≈ 9,09 m.
   d) $6,2^2 - 4,3^2 = 19,95 = b^2$; d.h. b ≈ 4,47 cm.

6. a) $15,4^2 + 17,8^2 = 554 = x^2$; d.h. x ≈ 23,54 cm.
   b) $9,7^2 - 5,9^2 = 59,28 = x^2$; d.h. x ≈ 7,7 cm.
   c) $34,8^2 - 27,3^2 = 465,75 = x^2$; d.h. x ≈ 21,58 cm.
   d) $9,7^2 - 7,9^2 = 31,68 = x_1^2$; d.h. x_1 ≈ 5,63 cm.
      $8,3^2 - 7,9^2 = 6,48 = x_2^2$; d.h. x_2 ≈ 2,55 cm.
      $x_1 + x_2$ = 5,63 + 2,55 = 8,18; x_{gesamt} = 8,18 cm.

7. a)
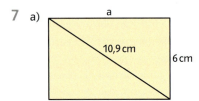

   b) Mithilfe des Satzes von Pythagoras lässt sich die Länge der fehlenden Seite a exakt bestimmen.
      Es gilt: $a^2 + 6^2 = 10,9^2$.
      Umstellen ergibt a = 9,1 cm.
      A = 6 cm · 9,1 cm = 54,6 cm²
      Der Flächeninhalt beträgt 54,6 cm².

8. x = $\sqrt{(627\,m)^2 + (280\,m)^2}$ ≈ 686,68 m
   Die Länge x des Sees beträgt etwa 686,68 m.

9. a) $x^2 = 16\,cm^2 + 20\,cm^2 = 36\,cm^2$; d.h. x = 6 cm.
   b) $x^2 = 169\,cm^2 - 144\,cm^2 = 25\,cm^2$; d.h. x = 5 cm.

10. a) d = $\sqrt{(60\,cm)^2 + (45\,cm)^2}$ = 75 cm
       Die Bildschirmdiagonale beträgt 75 cm.
    b) 75 : 2,54 = 29,53
       d = 75 cm = 29,53 Zoll
       Richtig wäre die Aussage „Fast 30 Zoll Bildschirmdiagonale." in der Werbung.

11. a) $10^2 - 6^2 = 64 = b^2$; d.h. b = 8 dm.
    b) $12^2 - 8^2 = 80 = c^2$; d.h. c ≈ 8,94 m.
    c) A = $\frac{1}{2}$ab; es folgt b = 24 cm² : 3,6 cm = $6\frac{2}{3}$ cm.
       $\left(6\frac{2}{3}\right)^2 + 7,2^2 ≈ 96,28 = c^2$; d.h. c ≈ 9,81 cm.
    d) A = $\frac{1}{2}$bc; es folgt c = 14,4 cm² : 4,6 cm ≈ 3,13 cm.
       $3,13^2 + 9,2^2 ≈ 94,44 = a^2$; d.h. a ≈ 9,72 dm

12. a)
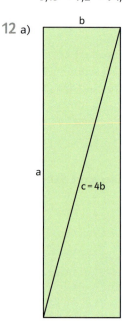

b) $(8\,cm)^2 + b^2 = c^2$
$64\,cm^2 + b^2 = (4b)^2$
$64\,cm^2 + b^2 = 16b^2 \quad |-b^2$
$64\,cm^2 = 15b^2 \quad |:15$
$4{,}27\,cm^2 \approx b^2 \quad |\sqrt{}$
$2{,}07\,cm \approx b$
$c = 4b \approx 8{,}27\,cm$
Damit hat das Rechteck die Seite b = 2,07 cm und die Diagonale c = 8,27 cm.

13 a) $\overline{AB}$ = 7,8 LE   b) $\overline{CD}$ = 11,4 LE
c) $\overline{EF}$ = 8,5 LE   d) $\overline{GH}$ = 12,2 LE

💡 LE steht für Längeneinheit. Wählt man ein Koordinatensystem mit der Einheit 1 cm, so sind die Entfernungsangaben in cm.

e) u ≈ 25,6 LE; A ≈ 36,5 FE

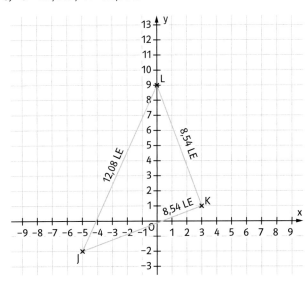

6 Kreisumfang | Alles klar?, Seite 103

A a) $u = 2\pi r$
$u = 2 \cdot \pi \cdot 3{,}5$
$u \approx 22{,}0\,cm$

b) $u = \pi d$
$u = \pi \cdot 9$
$u \approx 28{,}3\,cm$

B a) $u = \pi d$
$11 = \pi \cdot d \quad |:\pi$
$3{,}5 \approx d$
$d \approx 3{,}5\,cm$

b) $u = 2\pi r$
$47{,}2 = 2 \cdot \pi \cdot r \quad |:2 \quad |:\pi$
$7{,}5 \approx r$
$r \approx 7{,}5\,dm$

7 Kreisflächen und Kreisteile | Alles klar?, Seite 105

A a) $A = \pi r^2$
$A = \pi \cdot 9^2$
$A \approx 254{,}5\,cm^2$

b) $A = \pi r^2$
$A = \pi \cdot \left(\frac{4{,}6}{2}\right)^2$
$A \approx 16{,}6\,dm^2$

B a) $A = \pi r^2$
$27 = \pi \cdot r^2 \quad |:\pi\,|\sqrt{}$
$\sqrt{\frac{27}{\pi}} = r$
$2{,}9 \approx r$
$r \approx 2{,}9\,cm$

b) $A = \pi r^2$
$75 = \pi \cdot r^2 \quad |:\pi\,|\sqrt{}$
$\sqrt{\frac{75}{\pi}} = r$
$4{,}89 \approx r$
$r \approx 4{,}89\,m$;
also d ≈ 9,8 m.

Seite 106

C a) $b = 2\pi r \cdot \frac{\alpha}{360°}$
$b = 2 \cdot \pi \cdot 2{,}5 \cdot \frac{75°}{360°}$
$b \approx 3{,}3\,cm$

$A_S = \pi r^2 \cdot \frac{\alpha}{360°}$
$A_S = \pi \cdot 2{,}5^2 \cdot \frac{75°}{360°}$
$A_S \approx 4{,}1\,cm^2$

b) $b = 2\pi r \cdot \frac{\alpha}{360°}$
$b = 2 \cdot \pi \cdot 3{,}5 \cdot \frac{50°}{360°}$
$b \approx 3{,}1\,cm$

$A_S = \frac{b\,r}{2}$
$A_S = \frac{3{,}1 \cdot 3{,}5}{2}$
$A_S \approx 5{,}4\,cm^2$

D a) $b = 2\pi r \cdot \frac{\alpha}{360°}$
$5{,}1 = 2 \cdot \pi \cdot 4 \cdot \frac{\alpha}{360°} \quad |:(2 \cdot \pi \cdot 4)$
$0{,}20 = \frac{\alpha}{360°} \quad |\cdot 360°$
$72° = \alpha$
$\alpha = 72°$

b) $A_S = \pi r^2 \cdot \frac{\alpha}{360°}$
$120 = \pi \cdot r^2 \cdot \frac{120°}{360°}$
$120 = \pi \cdot r^2 \cdot \frac{1}{3} \quad |:\pi\,|\cdot 3$
$114{,}6 \approx r^2 \quad |\sqrt{}$
$10{,}7 \approx r$
$r \approx 10{,}7\,cm$

8 Zusammengesetzte Flächen | Alles klar?, Seite 108

A r = 3 cm

$A = A_{Quadrat} - A_{Halbkreis}$

$A = a^2 - \frac{1}{2}\pi r^2$

$A = 6^2 - \frac{1}{2} \cdot \pi \cdot 3^2$

$A \approx 21{,}9\ cm^2$ Die blaue Fläche ist 21,9 cm² groß.

B $d^2 = 5{,}8^2 + 5{,}8^2$ $|\sqrt{\ }$

$d = \sqrt{5{,}8^2 + 5{,}8^2}$

$d = 8{,}20\ cm$

$r = 4{,}10\ cm$

$A = A_{Dreieck} + A_{Halbkreis}$

$A = \frac{1}{2}ab + \frac{1}{2}\pi r^2$

$A = \frac{1}{2} \cdot 5{,}8 \cdot 5{,}8 + \frac{1}{2} \cdot \pi \cdot 4{,}1^2$

$A \approx 43{,}2\ cm^2$

Der Flächeninhalt der gelben Fläche beträgt 43,2 cm².

$u = a + h + \frac{1}{2} \cdot 2\pi r$

$u = 5{,}8 + 5{,}8 + \frac{1}{2} \cdot 2 \cdot \pi \cdot 4{,}1$

$u \approx 24{,}5\ cm$ Der Umfang beträgt 24,5 cm.

9 Quader und Würfel | Alles klar?, Seite 110

A

	a	b	c	O	V
a)	3 cm	4 cm	5 cm	94 cm²	60 cm³
b)	2 cm	5 cm	6 cm	104 cm²	60 cm³
c)	4 cm	1 cm	8 cm	88 cm²	32 cm³
d)	5 cm	5 cm	5 cm	150 cm²	125 cm³

Zu Teilaufgabe d):

$O = 2(ab + bc + cd)$, d. h.

150 = 2(5 b + 25 + 5 b) | : 2

75 = 10 b + 25 | − 25

50 = 10 b | : 10

b = 5

EXTRA: Quader in der Architektur | Seite 112

1 a) weiße Fläche: 8 · 8 m² = 64 m²

Wohnfläche: (8 − 2) · (8 + 1) m² =
    6 · 9 m² = 54 m²

Die Wohnfläche wird verkleinert.

b) obere Etage: (8 − 1,6) · 8 m² =
    6,4 · 8 m² = 51,2 m²

$\frac{51{,}2\ m^2}{64{,}0\ m^2} = 0{,}8 = 80\,\%$

100 % − 80 % = 20 %

Die Wohnfläche der oberen Etage wurde um 20 % verringert.

c) (54 + 51,2) · 3 = 315,6

Der umbaute Raum ist 315,6 m³ groß.

2 a) Die Würfelkante ist etwa 5,5-mal so lang, wie der Mann unterhalb der Kante groß ist.
Ein Mann ist etwa 1,80 m groß.
5,5 · 1,80 m = 9,90 m
Die Würfelkante ist etwa 10 m lang.
V = 10 · 10 · 10 m³ = 100 m³
Das Volumen des Würfels beträgt etwa 100 m³.

b) 5 · 10 · 10 m² = 500 m²
Die vier Seitenwände und das Dach haben zusammen eine Fläche von 500 m².

c) 500 m² = 500 · 10 · 10 dm² = 50 000 dm²

$50\,000\ dm^2 \cdot 2{,}6\ \frac{kg}{dm^2} = 130\,000\ kg = 130\ t$

Die gesamte Außenverglasung wiegt 130 t.

3 a) Volumen des „Kubus":
V = 26 · 26 · 26 = 17 576; V = 17 576 m³

b) Glasfläche an den Seitenwänden:
4 · 700 m² = 2800 m²
Glasfläche des Dachs:
26 · 26 = 678 ≈ 700; A ≈ 700 m²
Die gesamte Glasfläche einschließlich des Dachs beträgt ca. 3500 m².

4 a) Anzahl der Stockwerke: 9
geschätzte Höhe eines Stockwerks: 4 m
Daraus ergibt sich eine geschätzte Gebäudehöhe von etwa 40 m, da oben noch ein fensterloser Teil dazu kommt.
Für das Volumen ergibt dies
$V = V_{Würfel} + V_{Oberteil}$
V = 36 · 36 · 36 + 36 · 36 · 4 = 46 656 + 5184
   = 51 840; V = 51 840 m³

b) Der hohe Wert des Bruttovolumens könnte zum einen auf eine falsch geschätzte Höhe zurückzuführen sein. So ergibt eine Höhe von 4,5 m schon eine Gesamthöhe von 45 m und ein Volumen von etwa 73 811 m³. Der Maulwurf auf der Randspalte macht uns zusätzlich darauf aufmerksam, dass sich ein Teil des Gebäudes unter der Erde befindet.

10 Zylinder | Alles klar?, Seite 114

A Länge des Mantelrechtecks: u = 2πr = 12,6 cm

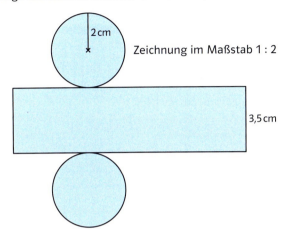

Zeichnung im Maßstab 1 : 2

B a) O = 2G + M
O = 2πr² + 2πrh
O = 2·π·5² + 2·π·5·20
O ≈ 157,08 + 628,32
O ≈ 785,4 cm²
Der Oberflächeninhalt des Zylinders beträgt 785,4 cm².

b) V = G·h
V ≈ 78,54·20 cm³
V ≈ 1570,8 cm³
Das Volumen des Zylinders beträgt 1570,8 cm³.

2 Längen und Winkel | Rückspiegel, Seite 124

1 a) 0,45 m = 45 cm;
150 mm = 15 cm;
30 cm;
0,002 km = 200 cm
der Größe nach geordnet:
15 cm < 30 cm < 45 cm < 200 cm

b) 40 cm² = 0,004 m²;
100 m²;
0,5 km² = 500 000 m²;
2500 mm² = 0,0025 m²;
der Größe nach geordnet:
0,0025 m² < 0,004 m² < 100 m² < 500 000 m²

c) 0,001 m³ = 1 000 000 mm³;
12 dm³ = 12 000 000 mm³;
0,3 cm³ = 300 mm³;
5 l = 5 dm³ = 5 000 000 mm³
der Größe nach geordnet:
300 mm³ < 1 000 000 mm³ < 5 000 000 mm³
< 12 000 000 mm³

2 Abstand von P zu g 2,6 cm
Abstand von Q zu g 1,5 cm
Abstand von R zu g 1,9 cm

3 a) α = 45°; β = 108,4°; γ = 306,9°
b)

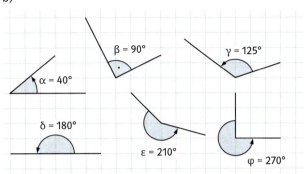

4 Dreieck ABC: stumpfwinklig (ein stumpfer und zwei spitze Winkel)
Dreieck ABD: stumpfwinklig (ein stumpfer und zwei spitze Winkel)
Dreieck BCD: stumpfwinklig (ein stumpfer und zwei spitze Winkel)
Dreieck ACD: spitzwinklig (drei spitze Winkel)

2 Flächen und Körper | Rückspiegel, Seite 125

1 a) 0,2 b) 1,2 c) 2,5
d) $\frac{2}{3}$ e) 5 f) $\frac{9}{7}$

2 a) In den Abbildungen entspricht 1 Kästchenbreite einer Länge von 2 cm.

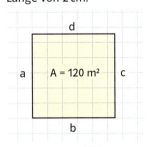

a = b = c = d = √120 m ≈ 10,95 m
u = 4a ≈ 4·10,95 m = 43,8 m

b)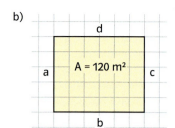

$a = c = 10\,m;\ b = d = \frac{A}{a} = \frac{120\,m^2}{10\,m} = 12\,m$
$u = 2 \cdot (a + b) = 2 \cdot 22\,m = 44\,m$

3 a)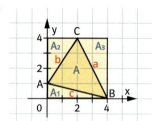

$a = \sqrt{4^2 + 2^2}\,cm \approx 4{,}47\,cm$
$b = \sqrt{3^2 + 2^2}\,cm \approx 3{,}61\,cm$
$c = \sqrt{1^2 + 4^2}\,cm \approx 4{,}12\,cm$
$u = a + b + c;\ u = (4{,}47 + 3{,}61 + 4{,}12)\,cm = 12{,}2\,cm$
Berechnung des Flächeninhalts A des Dreiecks:

$A_1 = \frac{1}{2} \cdot 1 \cdot 4\,cm^2 = 2\,cm^2$

$A_2 = \frac{1}{2} \cdot 3 \cdot 2\,cm^2 = 3\,cm^2$

$A_3 = \frac{1}{2} \cdot 4 \cdot 2\,cm^2 = 4\,cm^2$

$A = 4 \cdot 4\,cm^2 - (A_1 + A_2 + A_3)$
$ = 16\,cm^2 - (2 + 3 + 4)\,cm^2 = 7\,cm^2$

b)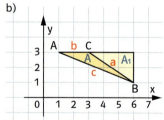

$a = \sqrt{2^2 + 3^2}\,cm \approx 3{,}61\,cm$
$b = 2\,cm$
$c = \sqrt{2^2 + 5^2}\,cm \approx 5{,}39\,cm$
$u = a + b + c$
$u = (2 + 3{,}61 + 5{,}39)\,cm = 11\,cm$
Berechnung des Flächeninhalts A des Dreiecks:

$A_1 = \frac{1}{2} \cdot 2 \cdot 3\,cm^2 = 3\,cm^2$

$A = \frac{1}{2} \cdot 2 \cdot 5\,cm^2 - 3\,cm^2$

$ = 2\,cm^2$

c)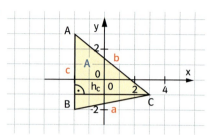

$a = \sqrt{1^2 + 5^2}\,cm = 5{,}10\,cm$
$b = \sqrt{4^2 + 5^2}\,cm = 6{,}40\,cm$
$c = 5\,cm$
$u = a + b + c$
$u = (6{,}40 + 5{,}10 + 5)\,cm = 16{,}5\,cm$
Berechnung des Flächeninhalts A des Dreiecks:

$A = \frac{1}{2} \cdot c \cdot h_c$

$A = \frac{1}{2} \cdot 5 \cdot 5\,cm^2 = 12{,}5\,cm^2$

4 a) $u = 2 \cdot \pi \cdot 5\,cm = 31{,}42\,cm$
$A = \pi \cdot 5^2\,cm = 78{,}54\,cm^2$

b) $u = \pi \cdot 108\,mm = 339{,}29\,mm$

$A = \pi \cdot \frac{108^2}{4}\,mm^2$
$ = 9160{,}88\,mm^2 = 91{,}61\,cm^2$

c) $b = 2 \cdot \pi \cdot 6{,}1\,cm \cdot \frac{70°}{360°} = 7{,}45\,cm$

$u = 2r + b;\ u = 19{,}65\,cm$

$A = \frac{7{,}45 \cdot 6{,}1}{2}\,cm^2 = 22{,}72\,cm^2$

d) $b = 2 \cdot \pi \cdot \frac{5}{2} \cdot \frac{120°}{360°}\,m = 5{,}24\,m$
$u = 5\,m + 5{,}24\,m = 10{,}24\,m$
$r = 2{,}5\,m;$

$A = \pi \cdot 2{,}5^2 \cdot \frac{120°}{360°}\,m^2 \approx 6{,}55\,m^2$

5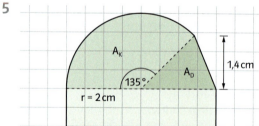

Flächeninhalt:
$A_{Kreisausschnitt} = \frac{135°}{360°} \cdot \pi \cdot 2^2\,cm^2 \approx 4{,}71\,cm^2$

$A_{Dreieck} = \frac{1}{2} \cdot 2 \cdot 1{,}4\,cm^2 = 1{,}4\,cm^2$

$A_{Rechteck} = 4 \cdot 2\,cm^2 = 8\,cm^2$
$A_{gesamt} \approx 4{,}71\,cm^2 + 1{,}4\,cm^2 + 8\,cm^2 = 13{,}11\,cm^2$
Der Flächeninhalt der zusammengesetzten Figur beträgt ungefähr $13{,}11\,cm^2$.

Umfang:
$u = \pi \cdot 2\,cm \cdot \frac{135°}{360°} + 2\,cm + 4\,cm + 2\,cm$
$\quad + \sqrt{(1{,}4\,cm)^2 + (0{,}6\,cm)^2}$

$u \approx 2{,}36\,cm + 8\,cm + 1{,}52\,cm = 11{,}88\,cm$
Der Umfang der Figur beträgt $11{,}88\,cm$.

6 $V = 1080\,cm^3$; $O = 663\,cm^2$

7 a) $O = 791{,}68\,cm^2$; $V = 1696{,}5\,cm^3$
   b) $O = 678{,}8\,cm^2$; $V = 1096{,}7\,cm^3$
   c) $O = 9{,}58\,m^2$; $V = 2{,}22\,m^3$

Lösungen Kapitel 3

3 Zuordnungen | Standpunkt, Seite 126

1 a) A(2|4); B(3|4); C(4|2); D(6|5)
   b) F(4|3); G(6|4); H(2|2)

2 a) 3876   b) 183   c) 29,92   d) 17,7
   e) 1,02   f) 1,7   g) 0,8   h) 4
   i) $\frac{7}{3}$ j) $\frac{2}{9}$ k) 4   l) $\frac{4}{25}$
   m) $\frac{1}{10}$ n) $\frac{7}{5}$

3 a) Teiler der Zahl 24 sind 1, 2, 3, 4, 6, 8, 12 und 24.
      Teiler der Zahl 20 sind 1, 2, 4, 5, 10 und 20.
      Gemeinsame Teiler der Zahlen 24 und 20 sind 1, 2 und 4.
   b) Teiler der Zahl 15 sind 1, 3, 5 und 15.
      Teiler der Zahl 16 sind 1, 2, 4, 8 und 16.
      Gemeinsamer Teiler der Zahlen 15 und 16 ist 1.
   c) Teiler der Zahl 13 sind 1 und 13.
      Teiler der Zahl 52 sind 1, 4, 13 und 52.
      Gemeinsame Teiler der Zahlen 13 und 52 sind 1 und 13.
   d) Teiler der Zahl 120 sind 1, 2, 3, 4, 5, 6, 8, 10, 12, 15, 20, 24, 30, 40, 60 und 120.
      Teiler der Zahl 36 sind 1, 2, 3, 4, 6, 9, 12, 18 und 36.
      Gemeinsame Teiler der Zahlen 120 und 36 sind 1, 2, 3, 4, 6 und 12.

4 a) Gemeinsame Vielfache von 3 und 4 sind 12; 24; …
   b) Gemeinsame Vielfache von 10 und 15 sind 30; 60; …
   c) Gemeinsame Vielfache von 12 und 15 sind 60; 120; …
   d) Gemeinsame Vielfache von 5 und 7 sind 35; 70; …

5

Rang	Name	Punktzahl
1	Mia	73
2	Samantha	67
3	Paul	62
4	Paul	59
5	Paul	58

6 a) 0,3 m; 500 m; 1,75 km; 2,6 m
   b) 190 min; 9 min; 30 min; 1,5 min
   c) $500\,cm^3$; 4000 l; $0{,}1\,m^3$; $1\,000\,000\,cm^3$

7 a) 13,49 € = 1349 ct
   b) 179 € 99 ct = 17 999 ct
   c) 0 € 22 ct = 0,22 €

Lösungen

1 Zuordnungen und Schaubilder | Alles klar?, Seite 129

A a) Schaubild (2): Im unteren Teil steigt das Wasser gleichmäßig an. Im oberen Teil steigt es ebenfalls gleichmäßig, jedoch schneller an.
b) Schaubild (1): Im unteren Teil steigt das Wasser gleichmäßig an, im oberen Teil dann immer schneller.

2 Proportionale Zuordnungen | Alles klar?, Seite 131

A

Anzahl der Kinokarten	1	2	3	4	5	6	7	8	9	10
Preis in €	6	12	18	24	30	36	42	48	54	60

B a) Walnüsse

Gewicht in g	100	200	300	400	500	600
Preis in €	0,40	0,80	1,20	1,60	2,00	2,40

Erdnüsse

Gewicht in g	100	200	300	400	500	600
Preis in €	0,30	0,60	0,90	1,20	1,50	1,80

b)
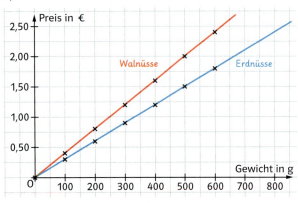

c) 250 g Walnüsse kosten 1,00 € und 250 g Erdnüsse kosten 0,75 €.

3 Schaubilder proportionaler Zuordnungen | Alles klar?, Seite 133

A

Gewicht in kg	1	2	3	4	5	10
Preis in €	0,50	1,00	1,50	2,00	2,50	5,00

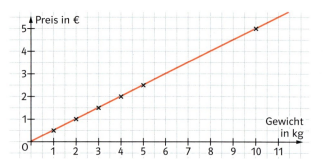

B

Arbeitszeit in h	1	2	3	5	6	8	9
Lohn in €	20	40	60	100	120	160	180

4 Dreisatz | Alles klar?, Seite 135

A a)
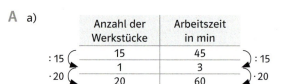

Für 20 Werkstücke braucht man 60 min.

b)

	Anzahl der Kuchenstücke	Preis in €
:5	10	16,00
·6	2	3,20
	12	19,20

12 Kuchenstücke kosten 19,20 €.

B a)

	Zeit in Tagen	Preis in €
:5	5	180
·7	1	36
	7	252

Die Miete für 7 Tage kostet 252 €.

b)

Für 10 € bekommt man 8 Flaschen Obstsaft.

EXTRA: Schätzen mithilfe von Proportionen | Alles klar?, Seite 136

1

Maße Ei in cm	Maße Riesen-Ei in cm
4	440
1	110
6	660

:4 ·6   :4 ·6

Das Riesen-Ei ist ungefähr 660 cm = 6,6 m hoch.

2

Breite Mütze in cm	Größe Mensch in cm
18	180
1	10
400	4000

:18 ·400   :18 ·400

Der Mensch wäre 4000 cm, also 40 m groß.

💡 Der Durchmesser einer Mütze sollte vorher gemessen werden.

3 Eine Sitzbank ist etwa 40 cm hoch. Die große Sitzbank auf dem Bild ist etwa $\frac{3}{4}$ so hoch wie die Frau groß ist.

Höhe Bank in cm	Größe Mensch in cm
40	160
1	4
120	480

:40 ·120   :40 ·120

Der Mensch wäre 480 cm, also 4,80 m groß.

5 Antiproportionale Zuordnungen | Alles klar?, Seite 138

A a)

Anzahl der Portionen	1	2	3	4	6	8	12	24
Anzahl der Pralinen	24	12	8	6	4	3	2	1

b)

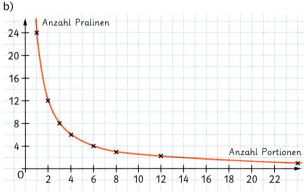

EXTRA: Antiproportionale Zuordnungen | Seite 139

1

Anzahl der Schüler	Kosten je Schüler in €
24	25
1	600
48	12,50

:24 ·48   ·24 :48

Jeder Schüler muss 12,50 € zahlen.

2 a) Die Zuordnung ist antiproportional: Dem Doppelten einer Größe (40 = 2·20) entspricht die Hälfte der anderen Größe $\left(30 = \frac{1}{2} \cdot 60\right)$.
b) Die Zuordnung ist proportional: Dem Doppelten einer Größe (40 = 2·20) entspricht das Doppelte der anderen Größe (1000 = 2·500).

3 a)

Gruppengröße	3	4	6	8	12
Anzahl der Gruppen	8	6	4	3	2

b) Die Zuordnung ist antiproportional, denn es gilt: Dem Doppelten der einen Größe entspricht die Hälfte der anderen Größe. Das bedeutet, je mehr Gruppen es gibt, umso kleiner ist die Gruppengröße.

4 a)

tägliche Einschaltdauer	Dauer in Tagen
4	15
1	60
6	10

:4 ·6   ·4 :6

b) Individuelle Lösungen
Man geht von einer gegebenen Brenndauer der Batterie aus (hier: 60 Stunden). Dividiert man die Einschaltdauer durch eine Zahl, so multipliziert sich die Dauer der Batterie um die gleiche Zahl. Es handelt sich um eine antiproportionale Zuordnung. Das heißt, je weniger die Batterie genutzt wird, desto länger hält sie.

5

Anzahl der Gewinner	Gewinn pro Person
2	24 000
3	16 000
4	12 000
5	9600
6	8000
8	6000
10	4800
12	4000

6 Es gilt: (Länge in cm) · (Breite in cm) = 48 cm²

Länge in cm	48	24	12	8	6	4,8
Breite in cm	1	2	4	6	8	10

7 Hat man eine Länge für die Stücke festgelegt, z. B. 10 cm, so berechnet man die Anzahl der einzelnen Stücke, indem man die Gesamtlänge durch die Länge der Stücke dividiert: 240 cm : 10 cm = 24.
Also entstehen bei einer Länge der Stücke von 10 cm genau 24 Stücke.

Länge pro Stück in cm	5	10	20	30	40	60	80	120
Anzahl Stücke	48	24	12	8	6	4	3	2

6 Schaubilder antiproportionaler Zuordungen | Alles klar?, Seite 141

x	1	2	3	4	6	12
y	12	6	4	2	2	1

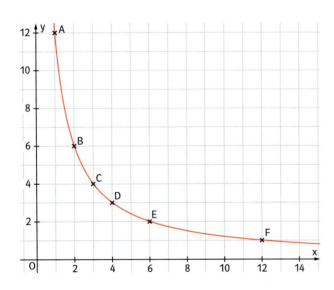

7 Umgekehrter Dreisatz | Alles klar?, Seite 143

A

	Anzahl der Arbeiter	Zeit in Tagen	
:9	9	20	·9
·10	1	180	:10
	10	18	

10 Arbeiter brauchen 18 Tage.

B

	Anzahl der Schüler/-innen	Dienst in min	
:4	24	60	·4
·5	6	240	:5
	30	48	

Bei 30 Schülerinnen und Schülern müsste jeder 48 min da sein.

8 Zusammengesetzter Dreisatz | Alles klar?, Seite 145

A

Anzahl Fachkräfte	Arbeitszeit in Minuten	Anzahl Bewohner/-innen
7	60	40
1	420	40
5	84	40
5	84	40
5	2,1	1
5	105	50

Von fünf Fachkräften benötigt jeder 105 min bei 50 Bewohnerinnen und Bewohnern.

3 Zuordnungen | Rückspiegel, Seite 151

1

Zeit in h	0	2	4	8	9	10
Weg in km	0	180	360	720	810	900

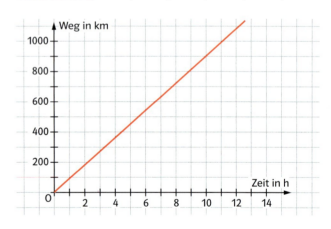

2 a) 3 kg Orangen kosten 5,40 €.
b) 250 g Aufschnitt kosten 2,25 €.
c) Die 850 g-Dose ist teurer (100 g kosten ungefähr 19 ct) als die 560 g-Dose (100 g kosten ungefähr 18 ct). Der Inhalt der kleinen Dose ist im Verhältnis günstiger.

Lösungen Kapitel 4

4 Statistik | Standpunkt, Seite 152

1 a) 0,25; 0,375; 0,5; 1,5
   b) 0,7; 0,03; 0,2; 0,02

2 a) 6 €   b) 3,2 m   c) 4,90 €   d) 28

3 a) $\frac{80}{100} = \frac{4}{5}$ b) $\frac{20}{100} = \frac{1}{5}$ c) $\frac{15}{100} = \frac{3}{20}$
   d) $\frac{200}{100} = 2$ e) $\frac{150}{100} = \frac{3}{2} = 1\frac{1}{2}$ f) $\frac{33}{100}$

4 a) $\frac{75}{100} = 75\%$ b) $\frac{90}{100} = 90\%$
   c) $\frac{1}{100} = 1\%$ d) $\frac{100}{100} = 100\%$
   e) $\frac{50}{100} = 50\%$ f) $\frac{125}{1000} = 12,5\%$

5 A = 3 cm · 2 cm = 6 cm²
   Das Rechteck hat einen Flächeninhalt von 6 cm².

6 a) V = 1 cm · 1 cm · 5 cm = 5 cm³
   Das Volumen des Quaders beträgt 5 cm³.
   b) V = 1,5 cm · 2,5 cm · 1 cm = 3,75 cm³
   Das Volumen des Quaders beträgt 3,75 cm³.

1 Daten erfassen | Alles klar?, Seite 154

A Es gibt viele Möglichkeiten; z. B.
   a) Umfrage zu Piercings
      1 Geschlecht: männlich, weiblich, divers
      2 Alter: unter 18; volljährig
   b) Wie viele Piercings (einschließlich Ohrlöcher) hast du?
      Planst du weitere Piercings?

2 Absolute und relative Häufigkeit | Alles klar?, Seite 157

A Claus: $\frac{14}{20} = 0,7 = 70\%$; Achim: $\frac{18}{25} = 0,72 = 72\%$

Achim hatte das bessere Wahlergebnis.

B a) $\frac{16}{25} = 0,64 = 64\%$ b) $\frac{8}{10} = 0,8 = 80\%$

3 Klassenbildung | Alles klar?, Seite 158

A

Altersklasse	absolute Häufigkeit	relative Häufigkeit
6 bis 10	13	0,325
11 bis 16	11	0,275
17 bis 21	16	0,400

13 + 11 + 16 = 40   Es wurden 40 Personen befragt.

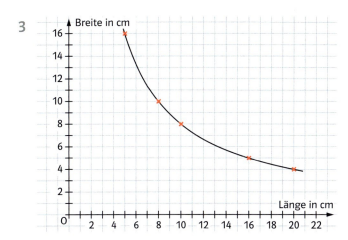

3 (Diagramm: Breite in cm gegen Länge in cm)

4 a)

Größe der Ladung	Anzahl benötigter Fahrten
60 kg	28 Fahrten
1 kg	1680 Fahrten
80 kg	21 Fahrten

(: 60, · 80 bzw. · 60, : 80)

Herr Baumann fährt 21 Schubkarren mit jeweils 80 kg Gartenerde zum Beet.

b)

Anzahl der Personen	Anzahl der Fahrten
1 Person	28 Fahrten
3 Personen	$9\frac{1}{3}$ Fahrten

(· 3 bzw. : 3)

Sie müssen 9 mal gemeinsam fahren. Anschließend fährt noch einer alleine. Wenn eine Fahrt 9 Minuten dauert, beträgt die benötigte Arbeitszeit:
9 · 9 min = 81 min (alle zusammen)
     + 9 min (einer alleine)
     90 min.

5 blau: proportionale Zuordnung

x	0	1	2	3	4	5	6	7
y	0	0,5	1	1,5	2	2,5	3	3,5

rot: antiproportionale Zuordnung

x	1	2	3	4	5	6	7
y	4	2	1,3	1	0,8	0,7	0,6

6

Mitarbeiter	Stunden	Lagerplätze
6	2	18
1	12	18
2	6	18
2	1	3
2	8	24

Zwei Mitarbeiter schaffen in 8 Stunden 24 Lagerplätze.

4 Stichprobe | Alles klar?, Seite 161

A a) Brötchen und Kaffee:
relative Häufigkeit: $\frac{40}{100} = 0{,}4$
zu erwarten: $3000 \cdot 0{,}4 = 1200$
Es ist zu erwarten, dass 1200 Personen einen Kaffee und ein Brötchen kaufen.

b) einen Kaffee:
relative Häufigkeit $\frac{40 + 35}{100} = 0{,}75$
zu erwarten: $3000 \cdot 0{,}75 = 2250$
Es ist zu erwarten, dass insgesamt 2250 Personen einen Kaffee trinken wollen.

c) ein Brötchen:
relative Häufigkeit $\frac{40 + 25}{100} = 0{,}65$
zu erwarten: $3000 \cdot 0{,}65 = 1950$
Es ist zu erwarten, dass insgesamt 1950 Personen ein Brötchen essen wollen.

5 Daten darstellen | Alles klar?, Seite 163

A Temperaturmessung: Liniendiagramm

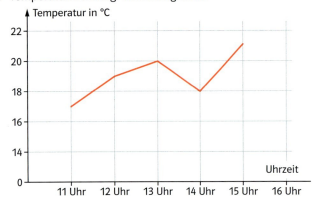

Klassensprecherwahl: Säulen- oder Balkendiagramm
Zum Beispiel Säulendiagramm:

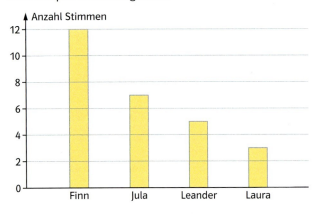

Autofarben: Säulendiagramm:

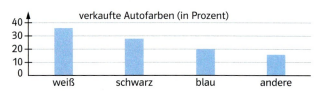

EXTRA: Kreisdiagramme zeichnen, Seite 164

1 Gesamtzahl der verkauften Becher:
$250 + 110 + 200 + 80 + 80 = 720$

Getränk	Anzahl der Becher	Winkelgröße
alle	720	360°
eines	1	0,5°
Limonade	250	125°
Saft	110	55°
Kaffee	200	100°
Kakao	80	40°
Eistee	80	40°

(: 720 bzw. : 720)

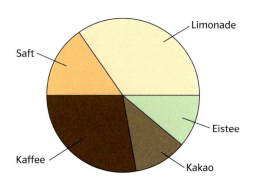

2

Verkehrs-mittel	Anteil	Winkelgröße
alle	100 %	360°
eines	1 %	3,6°
Pkw	50 %	180°
Bahn/Bus	30 %	108°
Fahrrad	10 %	36°
sonstiges	10 %	36°

(: 100 bzw. : 100)

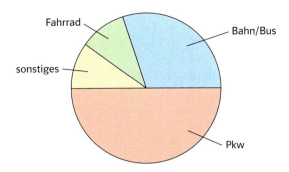

3	Süßigkeit	Gewicht in kg	Winkelgröße
	gesamt	36	360°
	1 kg	1	10°
	Eis	6	60°
	Schokolade	11	110°
	Kuchen und Gebäck	10	100°
	Knabbergebäck	5	50°
	kakaohaltige Lebensmittel	4	40°

: 36 (...) : 36

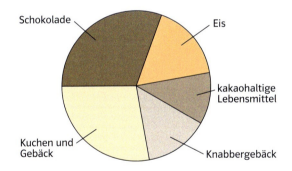

6 Daten vergleichen und interpretieren | Alles klar?, Seite 166

A a) Das Diagramm (1) erweckt den Eindruck, dass die Klasse BF3 deutlich besser abgeschnitten hat, als die anderen Klassen.
In Diagramm (2) gewinnt man dagegen den Eindruck, dass die Klassen ungefähr gleiche Punktzahlen erreicht haben.

b) In Diagramm (1) beginnen die Werte auf der Hochachse bei 36. In Diagramm (2) beginnen die Werte auf der Hochachse bei 0.

7 Kenngrößen | Alles klar?, Seite 169

A a) n = 9
Minimum; Rangplatz 1: 14 m
unteres Quartil: $9 \cdot \frac{1}{4} = 2{,}25$; nicht ganzzahlig;
q_u liegt auf Rangplatz 3: $q_u = 21$ m
Median: $9 \cdot \frac{2}{4} = 4{,}5$; nicht ganzzahlig; z liegt auf Rangplatz 5: z = 23 m
oberes Quartil: $9 \cdot \frac{3}{4} = 6{,}75$; nicht ganzzahlig;
q_o liegt auf Rangplatz 7: $q_o = 26$ m
Maximum; Rangplatz 9: 33 m

b) n = 16
Minimum; Rangplatz 1: 25 m
unteres Quartil: $16 \cdot \frac{1}{4} = 4$; ganzzahlig;
q_u liegt zwischen den Rangplätzen 4 und 5:
$q_u = \frac{30 + 30}{2}$ m = 30 m
Median: $16 \cdot \frac{2}{4} = 8$; ganzzahlig;
z liegt zwischen den Rangplätzen 8 und 9:
$z = \frac{33 + 34}{2}$ m = 33,5 m
oberes Quartil: $16 \cdot \frac{3}{4} = 12$; ganzzahlig;
q_o liegt zwischen den Rangplätzen 12 und 13:
$q_o = \frac{36 + 38}{2}$ m = 37 m
Maximum; Rangplatz 16: 48 m

B a)

Rangplatz	1	2	3	4	5	6	7	8	9
Größe in m	1,60	1,63	1,65	1,68	1,69	1,72	1,72	1,75	1,77

Minimum: 1,60 m
Maximum: 1,77 m

b) unteres Quartil: $9 \cdot \frac{1}{4} = 2{,}25$; nicht ganzzahlig;
q_u liegt auf Rangplatz 3: $q_u = 1{,}65$ m
Median: $9 \cdot \frac{2}{4} = 4{,}5$; nicht ganzzahlig; z liegt auf Rangplatz 5: z = 1,69 m
oberes Quartil: $9 \cdot \frac{3}{4} = 6{,}75$; nicht ganzzahlig;
q_o liegt auf Rangplatz 7: $q_o = 1{,}72$ m

EXTRA: Boxplots, Seite 171

1 a)

b)

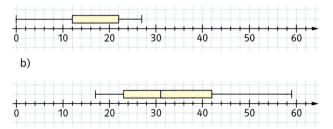

Lösungen

c)

2 a)

	Rangplatz	Wert
Minimum	1	5
unteres Quartil	5	14
Median	9/10	19
oberes Quartil	14	27
Maximum	18	36

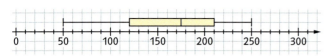

b)

	Rangplatz	Wert
Minimum	1	0
unteres Quartil	4	26
Median	8	33
oberes Quartil	12	40
Maximum	15	51

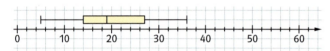

3 a) Kenngrößen:

Minimum	15
unteres Quartil	22
Median	37
oberes Quartil	45
Maximum	50

b) Kenngrößen:

Minimum	50
unteres Quartil	125,5
Median	140
oberes Quartil	178,5
Maximum	200

4 Kenngrößen am Boxplot ablesen:

Minimum	16
unteres Quartil	25
Median	27
oberes Quartil	29,25
Maximum	34

Die Zahlen der Teilaufgaben a) und c) passen zum Boxplot, bei den Zahlen der Teilaufgaben b) und d) passen nicht alle Kenngrößen. Bei Teilaufgabe b) passt das Maximum nicht, bei Teilaufgabe d) passt das untere Quartil nicht.

5 rot

	Rangplatz	Wert
Minimum	1	0
unteres Quartil	4	5
Median	7	7
oberes Quartil	10	9
Maximum	13	15

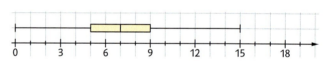

blau

	Rangplatz	Wert
Minimum	1	0
unteres Quartil	4	5
Median	7	7
oberes Quartil	10	9
Maximum	13	15

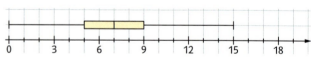

Alle Kenngrößen stimmen trotz der unterschiedlichen Daten überein. Die Boxplots sind identisch.

6 a)

in €	20–29	30–39	40–49	50–59
Minimum	5	5	0	0
q_u	15	25	10	5
z	35	35	25	10
q_o	45	40	30	20
Maximum	60	55	50	50

b) Bei der Altersgruppe der 20–29-Jährigen streuen die Handykosten zwischen 5 € und 60 €. Mindestens 25 % geben nicht mehr als 15 € aus, mindestens 50 % zwischen 15 € und 45 €.
Bei der Altersgruppe der 30–39-Jährigen streuen die Handykosten zwischen 5 € und 55 €. Mindestens 25 % geben nicht mehr als 25 € aus, mindestens 50 % zwischen 25 € und 40 €.
Bei der Altersgruppe der 40–49-Jährigen streuen die Handykosten zwischen 0 € und 50 €. Mindestens 25 % geben nicht mehr als 10 € aus, mindestens 50 % zwischen 10 € und 30 €.
Bei der Altersgruppe der 50–59-Jährigen streuen die Handykosten zwischen 0 € und 50 €. Mindestens 25 % geben nicht mehr als 5 € aus, mindestens 50 % zwischen 5 € und 20 €.

c) Bei der Altersgruppe der 20–29-Jährigen streuen die Handykosten zwischen 15 € und 45 € am meisten, bei der Altersgruppe der 50–59-Jährigen zwischen 5 € und 20 € bzw. bei der Altersgruppe der 30–39-Jährigen zwischen 25 € und 40 € am wenigsten.
Kein Geld für Handygebühren geben nur Repräsentanten der Altersgruppen 40–49 und 50–59 aus, die meisten Gebühren zahlen die 20–29-Jährigen mit bis zu 60 €. Die Mediane sind bei den 20–29-Jährigen und bei den 30–39-Jährigen mit 35 €/Monat gleich groß. Die anderen Altersgruppen geben im Mittel nur 25 € bzw. 10 € aus.
Während mindestens 25 % der 20–29-Jährigen höchstens 15 € ausgeben, sind es in den anderen Gruppen 25 €, 10 € bzw. 5 €. Während mindestens 25 % der 20–29-Jährigen mehr als 45 € ausgeben, sind es in den anderen Altersgruppen nur 40 €, 30 € und 20 €.

7 a)

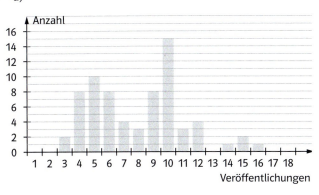

b)

	Rangplatz	Wert
Minimum	1	3
unteres Quartil	18	5
Median	35	8
oberes Quartil	52	10
Maximum	69	16

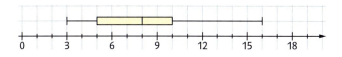

8 Die Gewichte schwanken bei allen Maschinen, am stärksten bei M1. Der Median liegt zu hoch, am höchsten bei M3. M2 und M3 sollten nachjustiert werden, da mindestens 75 % der Tüten über 1 g Mehl zu viel enthalten. M1 und M4 sollten ebenfalls nachjustiert werden, da mindestens 25 % der Tüten zu wenig Mehl enthalten.

4 Statistik | Rückspiegel, Seite 179

1 Individuelle Lösung, z. B.: Es werden Angebote eingeholt. In der Klasse gibt es eine Diskussion und anschließende Abstimmung darüber, wo man hinfährt. Die Busunternehmen werden telefonisch nach den Kosten gefragt.

2 a)

Antwort	absolute Häufigkeit
auf keinen Fall	1236
eigentlich dagegen	645
unentschieden	372
eigentlich dafür	501
sehr dafür	246

b)

Antwort	relative Häufigkeit
gar nicht	$\frac{12}{120}$ = 10 %
1–2 mal	$\frac{42}{120}$ = 35 %
3–4 mal	$\frac{30}{120}$ = 25 %
5–6 mal	$\frac{21}{120}$ = 17,5 %
täglich	$\frac{15}{120}$ = 12,5 %

gesamt: 12 + 42 + 30 + 21 + 15 = 120

3 a) Die Händlerin sollte die Äpfel aus verschiedenen Kisten nehmen; am besten 2 Äpfel aus jeder Kiste.
b) Je mehr Äpfel sie auswählt und z. B. durch Aufschneiden prüft, desto genauer ist die Stichprobe, aber desto weniger Äpfel kann sie für sich nutzen. Bei weniger Äpfeln kann sie nicht mehr zwei aus jeder Kiste nehmen.

4 Es wurden insgesamt 720 Personen befragt.
Zeitung: 296 Nennungen; $\frac{296}{720} \approx 41\%$

Plakat: 182 Nennungen; $\frac{182}{720} \approx 25\%$

Rundfunk: 106 Nennungen; $\frac{106}{720} \approx 15\%$

anders: 136 Nennungen; $\frac{136}{720} \approx 19\%$

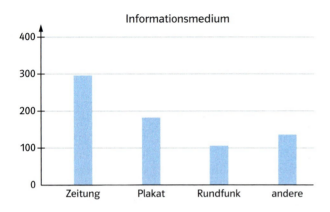

5 Anfang 2020 ist das Coronavirus ausgebrochen. Es gab die ersten Lockdowns, dadurch wurde sehr viel weniger Geld für Reisen ausgegeben als noch im Jahr 2019. Die Aussage ist richtig, die Darstellung verfälscht aber den Eindruck, da die Hochachse nicht bei 0 anfängt (siehe Säulendiagramm unten).
Die Werte der Jahre 2016 bis 2020 waren:

Jahr	Reiseausgaben in Mrd. €
2016	59,8
2017	65,0
2018	67,0
2019	69,5
2020	31,9

💡 Vergleichen Sie mit dem vollständigen Säulendiagramm:

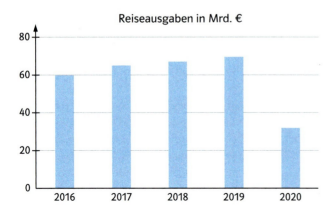

6 Die Rangliste hilft beim Bestimmen der Kennwerte, sie ist
9; 14; 14; 18; 18; 19; 24; 27; 27; 27; 29; 29.
Die Kennwerte sind
arithmetisches Mittel 21,25;
Modalwert 27;   Minimum 9;
Maximum 29;   Spannweite 20;
Median 21,5;   unteres Quartil 16;
oberes Quartil 27;   Quartilsabstand 11

Lösungen Kapitel 5

5 Lineare Funktionen | Standpunkt, Seite 180

1. A(2|1); B(0|2); C(−2|1,5); D(−2,5|0); E(−1,5|−1,5); F(0|−1); G(3,5|−0,5)

2.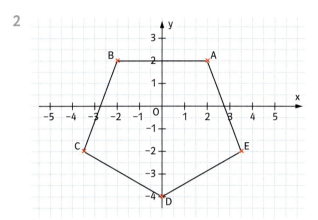

Es entsteht ein Fünfeck.

3. a) proportional
   b) antiproportional
   c) proportional
   d) weder proportional, noch antiproportional

4. :3 ⤵ 3 Hefte kosten 2,70 €. ⤵ :3
   ·5 ⤵ 1 Heft kostet 0,90 €. ⤵ ·5
   5 Hefte kosten 4,50 €.
   Paul bezahlt für fünf Hefte 4,50 €.

5. a) $20a + 8b$ b) $x + 4y$
   c) $30m - 13n$ d) $28e - 2f$
   e) $-3x + 5y$

6. a) $x + 4x = 14 - 2x$ $\quad |+2x$
      $7x = 14$ $\quad |:7$
      $x = 2$
   b) $4x - 6 = 6x + 12$ $\quad |+6 \;|-6x$
      $-2x = 18$ $\quad |:(-2)$
      $x = -9$
   c) $x^2 + 2x - 15 = x^2 + 16x + 69$ $\quad |-x^2\;|-16x\;|+15$
      $-14x = 84$ $\quad |:(-14)$
      $x = -6$

7. Anzahl der 50-ct-Stücke: x;
   Anzahl der 10-ct-Stücke: 3x
   $50 \cdot x + 10 \cdot 3x = 240$
   $80x = 240$
   $x = 3$
   Paul hat drei 50-Cent-Stücke und neun 10-Cent-Stücke.

   💡 Definieren Sie zuerst die Variable x und stellen Sie dann einen Term auf.

1 Funktionen | Alles klar?, Seite 183

A
Tag	25.11.	2.12.	9.12.	16.12.	23.12.	30.12.
Pegel in cm	190	380	380	285	760	800

b) Höchster Pegelstand: 800 cm am 30.12.2012
Niedrigster Pegelstand: 190 cm am 25.11.2012

B Größter Wert der Aktie: 43,70 € um 14:00 Uhr
Kleinster Wert der Aktie: 41,50 € um 11:00 Uhr
Größte Zunahme: Zwischen 11:00 Uhr und 12:00 Uhr nahm der Wert der Aktie um 1,10 € zu.
Größte Abnahme: Zwischen 10:00 Uhr und 11:00 Uhr nahm der Wert der Aktie um 1,40 € ab.

EXTRA: Nicht alle Zuordnungen sind Funktionen | Seite 185

1. a) Der Graph stellt keine Funktion dar, da es auf der x-Achse Werte gibt, denen mehrere Werte auf der y-Achse zugeordnet werden.
   b) Ja. Die Zuordnung ist eindeutig, denn jedem Wert auf der x-Achse wird genau ein Wert auf der y-Achse zugeordnet.
   c) Der Graph stellt keine Funktion dar. An den Stellen, wo der Graph senkrecht verläuft, ist die Zuordnung nicht eindeutig.
   d) Ja. Die Zuordnung ist eindeutig, denn jedem Wert auf der x-Achse wird genau ein Wert auf der y-Achse zugeordnet.

2. a) Ja, denn jedem Wert der 1. Größe wird genau ein Wert der 2. Größe zugeordnet.
   b) Nein. Dem Wert 6 der 1. Größe werden zwei verschiedene Werte der 2. Größe zugeordnet.

3. a) Mara hat 40 min bis zum Umkehrpunkt gebraucht. Für den Rückweg hat sie nur 20 min gebraucht. Möglicherweise ging es bergab oder sie ist auf dem Rückweg gerannt.

Lösungen

b)

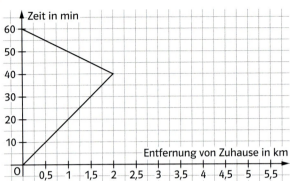

Die Zuordnung *Entfernung von Zuhause → Zeit* ist keine Funktion, da jedem Entfernungswert (Ausnahme: Entfernung 2 km) zwei unterschiedliche Zeitpunkte zugeordnet werden.

2 Proportionale Zuordnungen | Alles klar?, Seite 187

A Es gehören zusammen:

Wertetabelle	(1)	(2)
Funktionsgleichung	$y = -2x$	$y = \frac{1}{2}x$
Schaubild	A	B

B

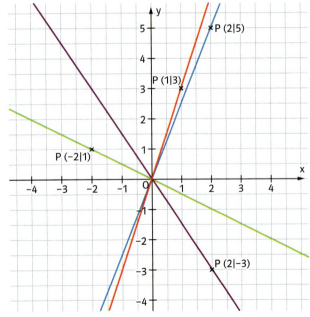

a) $m = 3$
b) $m = 2{,}5$
c) $m = -1{,}5$
d) $m = -\frac{1}{2}$

3 Lineare Funktionen | Alles klar?, Seite 189

A a) und b)

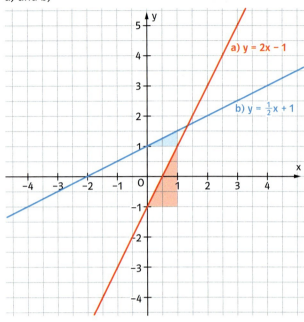

a) $y = 2x - 1$
b) $y = \frac{1}{2}x + 1$

c) und d)

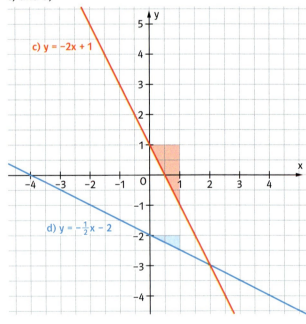

c) $y = -2x + 1$
d) $y = -\frac{1}{2}x - 2$

B a) $m = \frac{1}{2}$; $c = 2$ b) $m = -1$; $c = -1$
$y = \frac{1}{2}x + 2$ $y = -x - 1$

EXTRA: Erneuerbare Energien, Seite 191

A a) Kosten bei GreenEnergie im Jahr:
0,268 € · 3500 + 12 · 7,49 € = 1027,88 €
Kosten bei Sol-Power im Jahr:
0,272 € · 3500 + 12 · 7,08 € = 1036,96 €
Kosten bei Sun-Flex im Jahr:
0,254 € · 3500 + 110,00 € = 999,00 €
Kosten bei StarkWind im Jahr:
0,250 € · 3500 + 140,00 € = 1015,00 €
Das Angebot von Sun-Flex ist am günstigsten. Wenn es keine anderen Faktoren gibt, die man berücksichtigen müsste, dann sollte sich Familie Sommer für das Angebot von Sun-Flex entscheiden.

b) Der y-Achsenabschnitt stellt die jährliche Grundgebühr dar. Er ist etwas größer als 100 €; es könnte sich also um den Tarif Sun-Flex handeln (bei den anderen beträgt die Grundgebühr entweder weniger als 100 € oder 140 €).
Die Vermutung kann man überprüfen, indem man die Kosten für einen Verbrauch von 4000 kWh bei Sun-Flex berechnet:
0,254 € · 4000 + 110,00 € = 1126,00 €.
Das Schaubild geht durch den Punkt (4000 | 1126). Also hat die Familie Winter den Anbieter Sun-Flex gewählt.

c)
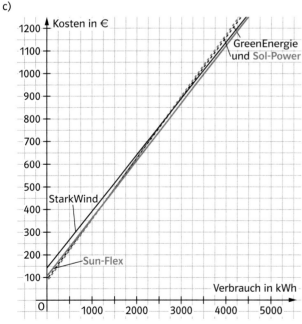

Die Geraden verlaufen ziemlich ähnlich. Es ist nicht einfach, sie sauber zu zeichnen. Dies gilt besonders für die Geraden der Tarife GreenEnergie und Sol-Power.

2 a) Die Anlage produziert etwa 12 · 700 = 8400 kWh im Jahr. Bei einem Preis von 0,123 € pro kWh erhält die Familie 8400 · 0,123 € = 1033,20 € im Jahr.
Aufstellen einer passenden Funktionsgleichung für den Ertrag der Investition:
x: Zeit in Jahren; y: Stand der Investition (Einnahmen bzw. Kosten) in € im Jahr
$y = 1033{,}2 \cdot x - 14\,500$.
Die Anschaffung hat sich rentiert, wenn die Summe der Einnahmen die Anschaffungskosten von 14 500 € überschritten haben.

Anzahl der Jahre	Investition in €
0	−14 500,00
1	−13 466,80
2	−12 433,60
3	−11 400,40
4	−10 367,20
5	−9334,00
6	−8300,80
7	−7267,60
8	−6234,40
9	−5201,20
10	−4168,00
11	−3134,80
12	−2101,60
13	−1068,40
14	−35,20
15	+998,00
16	+2031,20
17	+3064,40
18	+4097,60
19	+5130,80
20	+6164,00

Im 14. Jahr verdient Familie Wirth erstmals Geld mit der Photovoltaik-Anlage. Nach 20 Jahren wird sie voraussichtlich insgesamt ca. 6000 € mit der Anlage verdient haben.

b) Individuelle Lösungen, zum Beispiel:
Der Zeitraum ist lang und die Verdienstmöglichkeiten der Familie sind von Faktoren abhängig, auf die sie wenig Einfluss hat. Der zugesicherte Preis kann sich verändern oder es könnten in der Zukunft Steuern erhoben werden oder andere Änderungen kommen, die den Gewinn schmälern. Außerdem ist mit Kosten für Wartung und Reparaturen zu rechnen.

3 a) Aus 60 Hektar Mais können
60 ha · 10 000 = 600 000 m³ Biogas gewonnen werden.
Aus 1 m³ Biogas entstehen 2 kWh Energie, daher gilt:
600 000 · 2 kWh = 1 200 000 kWh.
1 200 000 · 0,17 € = 204 000 €
Mit 60 ha Maisanbau nimmt Bauer Grün im Jahr
204 000 € ein und nach 20 Jahren:
20 · 204 000 € = 4 080 000 €.
Bei gleichbleibenden Bedingungen wird Bauer Grün
nach 20 Jahren mit der Biogasanlage 4,08 Mio. €
erwirtschaften.
b) Individuelle Lösungen

4 Lineare Gleichungen mit zwei Variablen | Alles klar?, Seite 193

A Man setzt die Zahlenpaare nacheinander in die Gleichung
2x + 2y = 10 ein und prüft, ob die Gleichung erfüllt ist.

Zahlenpaar (4 ; 1):   Zahlenpaar (4 ; 10):
2 · 4 + 2 · 1 = 10   2 · 4 + 2 · 10 = 10
   10 = 10 ✓   28 ≠ 10
Zahlenpaar (2 ; 3):   Zahlenpaar (0 ; 5):
2 · 2 + 2 · 3 = 10   2 · 0 + 2 · 5 = 10
   10 = 10 ✓   10 = 10 ✓
Zahlenpaar (3 ; 2):
2 · 3 + 2 · 2 = 10
   10 = 10 ✓

Die Zahlenpaare (4 ; 1), (2 ; 3), (0 ; 5) und (3 ; 2) sind Lösungen der Gleichung 2x + 2y = 10. Das Zahlenpaar (4 ; 10) ist keine Lösung der Gleichung 2x + 2y = 10.

B Alter Xenia in Jahren: x; Alter Yasemin in Jahren: y
Gleichung: x + y = 15
Zum Beispiel:

x	4	5	6	7
y	11	10	9	8

5 Lineare Gleichungssysteme | Alles klar?, Seite 196

A (1) y = x + 1

x	0	1	2	3	4	5
y	1	2	3	4	5	6

(2) y = −0,5x + 5,5

x	0	1	2	3	4	5
y	5,5	5	4,5	4	3,5	3

Das Zahlenpaar (3 ; 4) ist die Lösung des Gleichungssystems.

B a)

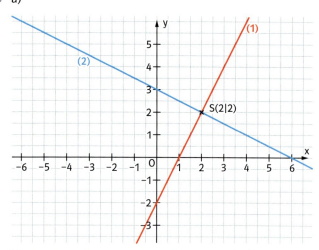

Die Geraden schneiden sich im Schnittpunkt S(2|2).

b)

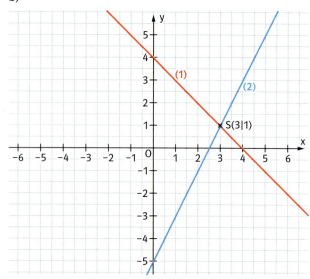

Die Geraden schneiden sich im Schnittpunkt S(3|1).

6 Lösen durch Gleichsetzen | Alles klar?, Seite 199

A a) −2x + 10 = x + 4 | − x
          −3x + 10 = 4 | − 10
              −3x = −6 | : (−3)
                x = 2

x = 2 in (2) einsetzen:
y = **2** + 4
y = 6

Das Gleichungssystem hat das Zahlenpaar (**2** ; **6**) als Lösung.

Probe:
Einsetzen in (1):　　　　　　　Einsetzen in (2):
6 = −2 · 2 + 10　　　　　　　6 = 2 + 4
6 = 6 ✓　　　　　　　　　　6 = 6 ✓
b)　(1) nach y auflösen:
(1)　y + 3x = 16　　　　　　| − 3x
(1')　　y = −3x + 16
Gleichsetzen:
−3x + 16 = −6x + 25　　　　| + 6x
　3x + 16 = 25　　　　　　　| − 16
　　　3x = 9　　　　　　　　| : 3
　　　　x = 3
x = 3 in (2) einsetzen:
y = −6 · 3 + 25
y = 7
Das Gleichungssystem hat das Zahlenpaar (3 ; 7) als Lösung.
Probe:
Einsetzen in (1):　　　　　　　Einsetzen in (2):
7 + 3 · 3 = 16　　　　　　　−6 · 3 + 25 = 7
　　16 = 16 ✓　　　　　　　　　　7 = 7 ✓
c)　(1) nach x auflösen:
(1)　16 − 4y = 4x　　　　　　| : 4
(1')　　4 − y = x
Gleichsetzen:
　4 − y = 2y − 5　　　　　　| − 2y
　4 − 3y = −5　　　　　　　| − 4
　　−3y = −9　　　　　　　| : (−3)
　　　　y = 3
y = 3 in (2) einsetzen:
x = 2 · 3 − 5
x = 1
Das Gleichungssystem hat das Zahlenpaar (1 ; 3) als Lösung.
Probe:
Einsetzen in (1):　　　　　　　Einsetzen in (2):
16 − 4 · 3 = 4 · 1　　　　　　2 · 3 − 5 = 1
　　　4 = 4 ✓　　　　　　　　　1 = 1 ✓
d)　(1) nach x auflösen:
(1)　2x = 9y − 12　　　　　　| : 2
(1')　　x = 4,5y − 6
(2) nach x auflösen:
(2)　−2y + x = 4　　　　　　| + 2y
(2')　　　x = 2y + 4
Gleichsetzen:
4,5y − 6 = 2y + 4　　　　　　| − 2y
2,5y − 6 = 4　　　　　　　　| + 6
　2,5y = 10　　　　　　　　　| : 2,5
　　　y = 4

y = 4 in (2') einsetzen:
x = 2 · 4 + 4
x = 12
Das Gleichungssystem hat das Zahlenpaar (12 ; 4) als Lösung.
Probe:
Einsetzen in (1):　　　　　　　Einsetzen in (2):
2 · 12 = 9 · 4 − 12　　　　　　−2 · 4 + 12 = 4
　24 = 24 ✓　　　　　　　　　　4 = 4 ✓

Seite 200

B　a)　(2) in (1) einsetzen:
2x + x + 2 = 11
　3x + 2 = 11　　　　　　　| − 2
　　　3x = 9　　　　　　　　| : 3
　　　　x = 3
x = 3 in (2) einsetzen:
y = 3 + 2
y = 5
Das Gleichungssystem hat das Zahlenpaar (3 ; 5) als Lösung.
Probe:
Einsetzen in (1):　　　　　　　Einsetzen in (2):
2 · 3 + 5 = 11　　　　　　　5 = 3 + 2
　　11 = 11 ✓　　　　　　　　5 = 5 ✓
b)　Gleichung (2) nach y auflösen:
(2)　3y = 3x + 3　　　　　　| : 3
(2')　　y = x + 1
(2') in (1) einsetzen:
4x + 6(x + 1) = 26　　　　　| Klammer auflösen
4x + 6x + 6 = 26　　　　　　| zusammenfassen
　10x + 6 = 26　　　　　　　| − 6
　　　10x = 20　　　　　　　| : 10
　　　　x = 2
x = 2 in (2') einsetzen:
y = 2 + 1
y = 3
Das Gleichungssystem hat das Zahlenpaar (2 ; 3) als Lösung.
Probe:
Einsetzen in (1):　　　　　　　Einsetzen in (2):
4 · 2 + 6 · 3 = 26　　　　　　3 · 3 = 3 · 2 + 3
　　26 = 26 ✓　　　　　　　　9 = 9 ✓

c) Gleichung (2) nach y auflösen:
(2) y − 2x = −3 | + 2x
(2') y = 2x − 3
(2') in (1) einsetzen:
5(2x − 3) = 8x − 12 | Klammer auflösen
10x − 15 = 8x − 12 | − 8x
2x − 15 = −12 | + 15
2x = 3 | : 2
x = 1,5

x = 1,5 in (2') einsetzen:
y = 2 · 1,5 − 3
y = 0
Das Gleichungssystem hat das Zahlenpaar (**1,5** ; **0**) als Lösung.
Probe:
Einsetzen in (1):   Einsetzen in (2):
5 · 0 = 8 · 1,5 − 12   0 − 2 · 1,5 = −3
0 = 0 ✓   −3 = −3 ✓

d) Gleichung (2) nach y auflösen:
(2) 4y = 12x + 4 | : 4
(2') y = 3x + 1
Einsetzen in (1):
15x − 3(3x + 1) = 15 | Klammer auflösen
15x − 9x − 3 = 15 | zusammenfassen
6x − 3 = 15 | + 3
6x = 18 | : 6
x = 3

x = 3 in (2') einsetzen:
y = 3 · 3 + 1
y = 10
Das Gleichungssystem hat das Zahlenpaar (**3** ; **10**) als Lösung.
Probe:
Einsetzen in (1):   Einsetzen in (2):
15 · 3 − 3 · 10 = 15   4 · 10 = 12 · 3 + 4
15 = 15 ✓   40 = 40 ✓

7 Lösen durch Modellieren | Alles klar?, Seite 202

A 1. **Realsituation**
Wie viel Stunden dürfen Techniker und Hilfskraft höchstens arbeiten?
2. **Mathematisches Modell**
Materialkosten + Fahrtkosten: 500 € + 250 € = 750 €
Techniker: 70 € pro Stunde
Hilfskraft: 40 € pro Stunde
Lösungsansatz über eine Gleichung. Die Variable x bezeichnet die Arbeitsstunden.

3. **Mathematische Ergebnisse**
3000 = 500 + 250 + x · (70 + 40)
  x = 20,5 (gerundet)
4. **Reale Ergebnisse**
Techniker und Hilfskraft dürfen jeweils höchstens 20 Stunden arbeiten.

B Anzahl der Trainerstunden: x
Funktionsgleichung für die Gesamtkosten aufstellen:
Go-Tennis: Tennis Pro:
y = 25x + 260   y = (30 + 20) · x oder y = 50x
                          Kosten für 10 Stunden:
y = 25 · 10 + 260 = 510   y = 50 · 10 = 500
Das Angebot von Tennis Pro (500 €) ist etwas günstiger als das Angebot von Go-Tennis (510 €). Boris sollte sich dennoch überlegen, das Angebot von Go-Tennis anzunehmen:
Wenn er mehr als 10 Stunden Unterricht nimmt, ist Go-Tennis günstiger und der Tennisplatz steht ihm für die ganze Saison zur Verfügung.

5 Lineare Funktionen | Rückspiegel, Seite 211

1 a) y = 2,5x

x	−3	−2	−1	0	1	2	3
y	−7,5	−5	−2,5	0	2,5	5	7,5

b) y = −2x − 1

x	−3	−2	−1	0	1	2	3
y	5	3	1	−1	−3	−5	−7

c) y = 0,4x + 1,5

x	−3	−2	−1	0	1	2	3
y	0,3	0,7	1,1	1,5	1,9	2,3	2,7

d) $y = -\frac{3}{5}x + 0,8$

x	−3	−2	−1	0	1	2	3
y	2,6	2	1,4	0,8	0,2	−0,4	−1

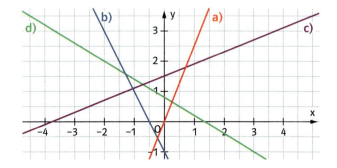

2 a) $y = 2x + 1$; y-Achsenabschnitt $b = 1$; Steigung $m = 2$
b) $y = -\frac{1}{4}x + 5$; y-Achsenabschnitt $b = 5$; Steigung $m = -\frac{1}{4}$
c) $y = -x - 0{,}5$; y-Achsenabschnitt $b = -0{,}5$; Steigung $m = -1$
d) $y = \frac{3}{4}x - 6$; y-Achsenabschnitt $b = -6$; Steigung $m = \frac{3}{4}$

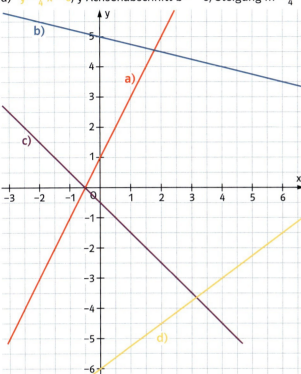

3 g_1: $y = \frac{1}{2}x + 2$ g_2: $y = \frac{3}{2}x - 1{,}5$
g_3: $y = -\frac{3}{4}x + 0{,}5$ g_4: $y = -\frac{2}{5}x - 0{,}5$

4 a) Die Lösung lautet $(3\,;\,-2)$.
b) Die Lösung lautet $(4\,;\,2)$.

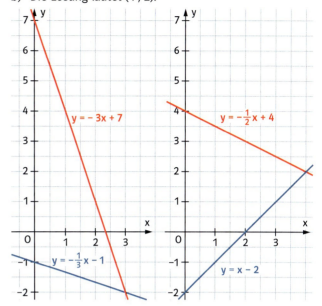

5 a) $(2\,;\,3)$ b) $\left(1\,;\,-\frac{2}{3}\right)$

6 a) Keine Lösung, die Geraden sind parallel.
b) $S(0\,|\,-1)$; Lösung: $(0\,;\,-1)$

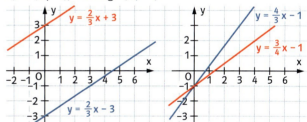

7 Die Tarife können mit zwei linearen Gleichungen dargestellt werden.
A: $y = 45{,}50 + 0{,}165\,x$ und B: $y = 75{,}25 + 0{,}155\,x$
Familie Munz muss ihren Stromverbrauch ermitteln.
$45{,}50 + 0{,}165\,x = 75{,}25 + 0{,}155\,x$ führt zu $x = 2975$.
Bei 2975 kWh sind beide Tarife gleich teuer, bei einem höheren Verbrauch wird der Tarif B günstiger.

💡 Bestimmen Sie für jeden Tarif eine lineare Gleichung. Am Schnittpunkt der zwei Graphen sind die Kosten gleich hoch.

Lösungen Kapitel 6

6 Quadratische Funktionen | Standpunkt, Seite 212

1. a) 16   b) 16   c) 81
   d) 6,25   e) 1   f) 0

2. a) 3   b) 4   c) 7
   d) 1,5   e) 12   f) 1,2

3. A(3|2); B(−3|3); C(−1,5|−0,5); D(0|−3); E(2,5|−2)

4.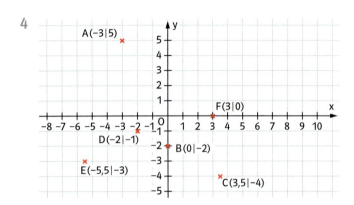

5. a) $12x^2 + 24x + 9$ b) $-21x^2 + 55x - 36$
   c) $x^2 + 6x + 9$ d) $x^2 - 10x + 25$

6. a) x = 10   b) x = 0   c) x = 8   d) x = 2

7.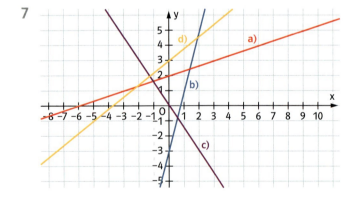

1 Die quadratische Funktion y = x² + c | Alles klar?, Seite 215

A a) S(0|1)   b) S(0|−3)
   c) S(0|2,5)   d) S(0|−4,5)

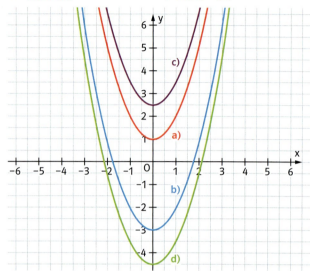

B

Schaubild	Funktionsgleichung
a)	$y = x^2 - 1$
b)	$y = \frac{1}{2}x^2 - 1$
c)	$y = -\frac{1}{2}x^2 + 1$

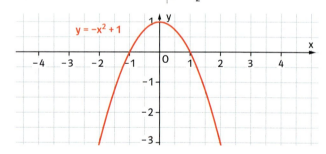

2 Die quadratische Funktion y = ax² + c | Alles klar?, Seite 217

A p_1: $a = \frac{1}{2}$; $c = 2$; $y = \frac{1}{2}x^2 + 2$

     p_2: $a = -2$; $c = 1$; $y = -2x^2 + 1$

B a) Die Parabel mit der Funktionsgleichung
- $y = 3x^2 - 1$ ist schmaler als die Normalparabel und nach oben geöffnet.
- $y = \frac{1}{2}x^2 - 2$ ist breiter als die Normalparabel und nach oben geöffnet.
- $x = -\frac{1}{4}x^2 + 1$ ist breiter als die Normalparabel und nach unten geöffnet.

b) Wertetabelle für $y = -\frac{1}{4}x^2 + 1$

x	-4	-3	-2	-1	0	1	2	3	4
y	-3	-1,25	0	0,75	1	0,75	0	-1,25	-3

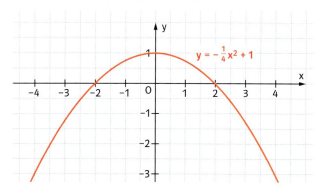

3 Die Scheitelpunktform $y = (x - d)^2 + c$ | Alles klar?, Seite 220

A a) S(3|4) b) S(-2|-5)
c) S(1,5|-2) d) S(-3,5|0,5)

B a) $y = (x + 1)^2$ b) $y = (x - 3)^2 + 2$
c) $y = (x + 2)^2 - 1$

Seite 221

C a) S(4|1) b) S(3|-2)
$y = (x - 4)^2 + 1$ $y = (x - 3)^2 - 2$
$y = x^2 - 8x + 17$ $y = x^2 - 6x + 7$
c) S(-2|5) d) S(-3|-4)
$y = (x + 2)^2 + 5$ $y = (x + 3)^2 - 4$
$y = x^2 + 4x + 9$ $y = x^2 + 6x + 5$

D a) $y = x^2 - 2x + 3$
$y = x^2 - 2x + \left(\frac{2}{2}\right)^2 + 3 - \left(\frac{2}{2}\right)^2$
$y = \left(x - \frac{2}{2}\right)^2 + 3 - 1^2$
$y = (x - 1)^2 + 2 \rightarrow S(1|2)$

b) $y = x^2 + 10x + 26$
$y = x^2 + 10x + \left(\frac{10}{2}\right)^2 + 26 - \left(\frac{10}{2}\right)^2$
$y = \left(x + \frac{10}{2}\right)^2 + 26 - 5^2$
$y = (x + 5)^2 + 1 \rightarrow S(-5|1)$

c) $y = x^2 - 4x + 3$
$y = x^2 - 4x + \left(\frac{4}{2}\right)^2 + 3 - \left(\frac{4}{2}\right)^2$
$y = \left(x - \frac{4}{2}\right)^2 + 3 - 2^2$
$y = (x - 2)^2 - 1 \rightarrow S(2|-1)$

d) $y = x^2 - 8x + 15$
$y = x^2 - 8x + \left(\frac{8}{2}\right)^2 + 15 - \left(\frac{8}{2}\right)^2$
$y = \left(x - \frac{8}{2}\right)^2 + 15 - 4^2$
$y = (x - 4)^2 - 1 \rightarrow S(4|-1)$

EXTRA: Die allgemeine quadratische Funktion $y = a(x - d)^2 + c$, Seite 222

1 a) S(2|3) b) S(-1|-4)
c) S(1|-2) d) S(1|1,5)

2 a) Siehe Tabelle unten.
Die y-Werte der Scheitelpunkte sind in der Wertetabelle fett markiert.
p_1: S(0|0); p_2: S(2|0); p_3: S(2|-1); p_4: S(2|-1)

b)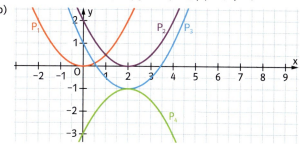

c) Das negative Vorzeichen hat eine Spiegelung der Parabel an der x-Achse zur Folge.

Tabelle:

x	-2	-1	0	1	2	3	4	5
p_1: $y = \frac{1}{2}x^2$	2	0,5	**0**	0,5	2	4,5	8	12,5
p_2: $y = \frac{1}{2}(x-2)^2$	8	4,5	2	0,5	**0**	0,5	2	4,5
p_3: $y = \frac{1}{2}(x-2)^2 - 1$	7	3,5	1	-0,5	**-1**	-0,5	1	3,5
p_4: $y = -\frac{1}{2}(x-2)^2 - 1$	-9	-5,5	-3	-1,5	**-1**	-1,5	-3	-5,5

Lösungen

3 Allgemeine Funktionsgleichung (Scheitelform):
$y = a(x - d)^2 + e$
Um die Funktionsgleichungen der Parabeln zu bestimmen, liest man als erstes den jeweiligen Scheitelpunkt ab. Damit bestimmt man d und e.
Um a zu bestimmen, kann man unterschiedlich vorgehen. Oft kann man a aus dem Schaubild ablesen; s. Seite 306.

Beispiel p_3:

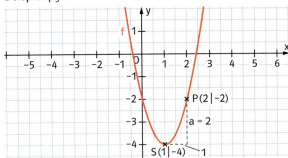

Alternativ wählt man einen beliebigen Punkt und setzt seine Koordinaten in die Funktionsgleichung ein.
Beispiel: p_3 mit $S(1|-4)$ und $P(2|-2)$
Einsetzen von P; d = 1 und e = −4 ergibt:
$-2 = a(2-1)^2 - 4$
$-2 = 1a - 4$ $\quad |+4$
$2 = a$
$a = 2$
Man erhält also: $p_3: y = 2(x-1)^2 - 4$
Funktionsgleichungen der übrigen Graphen:

$p_1: y = \frac{1}{4}(x-3)^2$

$p_2: y = \frac{1}{2}(x+1)^2 - 2$

$p_4: y = -\frac{1}{2}(x-2)^2 + 3$

4 a) Scheitelpunkt: $S(-3|-2)$
- Die Parabel ist breiter als die Normalparabel, weil für a gilt: $0 < a < 1$ d.h. $0 < \frac{1}{3} < 1$.
- Die Parabel ist nach oben geöffnet, weil $a = \frac{1}{3} > 0$ ist.
- Der Scheitelpunkt liegt unterhalb der x-Achse, weil seine y-Koordinate negativ ist.

b) Scheitelpunkt: $S(1{,}5|0{,}5)$
- Die Parabel ist schmaler als die Normalparabel, weil $a > 1$ ist.
- Die Parabel ist nach oben geöffnet, weil $a > 0$ ist.
- Der Scheitelpunkt liegt oberhalb der x-Achse, weil seine y-Koordinate positiv ist.

c) Scheitelpunkt: $S(5{,}5|-4{,}5)$
- Die Parabel ist schmaler als die Normalparabel, weil $a > 1$ ist.

4 Quadratische Gleichungen | Alles klar?, Seite 224

A a) $x^2 = 289$ $\quad |\pm\sqrt{}$
$\quad x_{1,2} = \pm\sqrt{289}$
$\quad x_1 = 17$
$\quad x_2 = -17$

b) $x^2 - 324 = 0$ $\quad |+324$
$\quad x^2 = 324$ $\quad |\pm\sqrt{}$
$\quad x_{1,2} = \pm\sqrt{324}$
$\quad x_1 = 18$
$\quad x_2 = -18$

c) $0{,}5x^2 = 98$ $\quad |:0{,}5$
$\quad x^2 = 196$ $\quad |\pm\sqrt{}$
$\quad x_{1,2} = \pm\sqrt{196}$
$\quad x_1 = 14$
$\quad x_2 = -14$

d) $x^2 + 15 = 33 - x^2$ $\quad |+x^2$
$\quad 2x^2 + 15 = 33$ $\quad |-15$
$\quad 2x^2 = 18$ $\quad |:2$
$\quad x^2 = 9$ $\quad |\pm\sqrt{}$
$\quad x_{1,2} = \pm\sqrt{9}$
$\quad x_1 = 3$
$\quad x_2 = -3$

B Lösungswort: **MUND**
a) $x^2 + 169 = 0$ $\quad |-169$
$\quad x^2 = -169$
Die Gleichung hat keine Lösung. **M**

b) $12x^2 - 160 = 2x^2$ $\quad |-2x^2$
$\quad 10x^2 - 160 = 0$ $\quad |+160$
$\quad 10x^2 = 160$ $\quad |:10$
$\quad x^2 = 16$ $\quad |\pm\sqrt{}$
$\quad x_{1,2} = \pm\sqrt{16}$
$\quad x_1 = 4$
$\quad x_2 = -4$ $\quad$ **U**

c) $4x^2 + 12 = 12$ $\quad |-12$
$\quad 4x^2 = 0$ $\quad |:4$
$\quad x^2 = 0$ $\quad |\sqrt{}$
$\quad x = 0$ $\quad$ **N**

d) $0{,}4x^2 - 47{,}6 = 20$ $\quad |+47{,}6$
$\quad 0{,}4x^2 = 67{,}6$ $\quad |:0{,}4$
$\quad x^2 = 169$ $\quad |\pm\sqrt{}$
$\quad x_1 = 13$
$\quad x_2 = -13$ $\quad$ **D**

5 Quadratische Ergänzung | Alles klar?, Seite 226

A a) $(x + 7)^2 = 9$ | $\pm \sqrt{\ }$
$x + 7 = \pm 3$ | -7
$x_1 = -7 + 3 = -4$
$x_2 = -7 - 3 = -10$

b) $x^2 + 18x + 81 = 4$ | Binom
$(x + 9)^2 = 4$ | $\pm \sqrt{\ }$
$x + 9 = \pm 2$ | -9
$x_1 = -9 + 2 = -7$
$x_2 = -9 - 2 = -11$

c) $x^2 - 10x + 25 = 9$ | Binom
$(x - 5)^2 = 9$ | $\pm \sqrt{\ }$
$x - 5 = \pm 3$ | $+5$
$x_1 = 5 + 3 = 8$
$x_2 = 5 - 3 = 2$

d) $x^2 + 12x = -27$ | $+6^2$
$x^2 + 12x + 6^2 = -27 + 6^2$ | Binom
$(x + 6)^2 = 9$ | $\pm \sqrt{\ }$
$x + 6 = \pm 3$ | -6
$x_1 = -6 + 3 = -3$
$x_2 = -6 - 3 = -9$

e) $x^2 + 16x + 39 = 0$ | -39
$x^2 + 16x = -39$ | $+8^2$
$x^2 + 16x + 8^2 = -39 + 8^2$ | Binom
$(x + 8)^2 = 25$ | $\pm \sqrt{\ }$
$x + 8 = \pm 5$ | -8
$x_1 = -8 + 5 = -3$
$x_2 = -8 - 5 = -13$

f) $x^2 - 8x - 30 = -10$ | $+30$
$x^2 - 8x = 20$ | $+4^2$
$x^2 - 8x + 4^2 = 20 + 4^2$ | Binom
$(x - 4)^2 = 36$ | $\pm \sqrt{\ }$
$x - 4 = \pm 6$ | $+4$
$x_1 = 4 + 6 = 10$
$x_2 = 4 - 6 = -2$

g) $x^2 + 12x = 0$ | ausklammern
$x \cdot (x + 12) = 0$
$x_1 = 0$
$x_2 = -12$

h) $x^2 - 10x = 0$ | ausklammern
$x \cdot (x - 10) = 0$
$x_1 = 0$
$x_2 = 10$

6 Nullstellen quadratischer Funktionen | Alles klar?, Seite 227

A

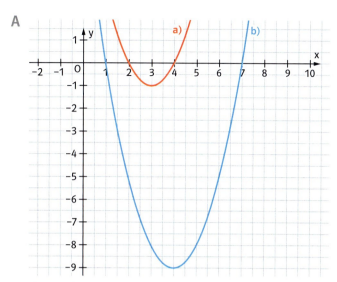

a) $x_1 = 2;\ x_2 = 4$ b) $x_1 = 1;\ x_2 = 7$

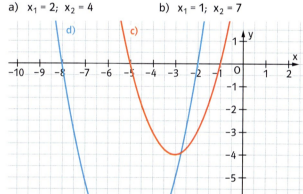

c) $x_1 = -5;\ x_2 = -1$ d) $x_1 = -8;\ x_2 = -2$

B a) $x_1 = 1;\ x_2 = -1$ b) $x_1 = 4;\ x_2 = -4$
c) $x_1 = 5;\ x_2 = -5$ d) $x_1 = 0,5;\ x_2 = -0,5$

Seite 229

C a) $x^2 + 10x + 24 = 0$
$b = 10$ und $c = 24$
$x_{1,2} = -\frac{10}{2} \pm \sqrt{\left(\frac{10}{2}\right)^2 - 24}$
$x_{1,2} = -5 \pm \sqrt{25 - 24}$
$x_1 = -5 + 1 = -4$
$x_2 = -5 - 1 = -6$

b) $x^2 - 6x + 8 = 0$
   $b = -6$ und $c = 8$
   $x_{1,2} = -\frac{-6}{2} \pm \sqrt{\left(\frac{-6}{2}\right)^2 - 8}$
   $x_{1,2} = 3 \pm \sqrt{9 - 8}$
   $x_1 = 3 + 1 = 4$
   $x_2 = 3 - 1 = 2$

c) $x^2 - 14x + 48 = 0$
   $b = -14$ und $c = 48$
   $x_{1,2} = -\frac{-14}{2} \pm \sqrt{\left(\frac{-14}{2}\right)^2 - 48}$
   $x_{1,2} = 7 \pm \sqrt{49 - 48}$
   $x_1 = 7 + 1 = 8$
   $x_2 = 7 - 1 = 6$

d) $2x^2 - 16x - 40 = 0 \quad |:2$
   $x^2 - 8x - 20 = 0$
   $b = -8$ und $c = -20$
   $x_{1,2} = -\frac{-8}{2} \pm \sqrt{\left(\frac{-8}{2}\right)^2 + 20}$
   $x_{1,2} = 4 \pm \sqrt{16 + 20}$
   $x_1 = 4 + 6 = 10$
   $x_2 = 4 - 6 = -2$

D a) $x^2 + 6x + 5 = 0$
   $D = \left(\frac{6}{2}\right)^2 - 5 = 4$
   $D > 0$; die Gleichung hat zwei Lösungen.

b) $x^2 + 6x + 9 = 0$
   $D = \left(\frac{6}{2}\right)^2 - 9 = 0$
   $D = 0$; die Gleichung hat eine Lösung.

c) $x^2 - 8x - 9 = 0$
   $D = \left(\frac{-8}{2}\right)^2 + 9 = 25$
   $D > 0$; die Gleichung hat zwei Lösungen.

d) $2x^2 - 28x + 100 = 0 \quad |:2$
   $x^2 - 14x + 50 = 0$
   $\left(\frac{-14}{2}\right)^2 - 50 = -1$
   $D < 0$; die Gleichung hat keine Lösung.

EXTRA: Satz von Vieta, Seite 230

1
Gleichung	b	c	x_1	x_2	$x_1 + x_2$	$x_1 \cdot x_2$
$x^2 + 8x + 12 = 0$	+8	+12	-2	-6	-8	+12
$x^2 + 10x - 24 = 0$	+10	-24	+2	-12	-10	-24
$x^2 - 7x + 12 = 0$	-7	+12	+3	+4	+7	+12
$x^2 - 4x - 21 = 0$	-4	-21	+7	-3	+4	-21

Es fällt auf, dass folgende Beziehungen gelten:
$x_1 + x_2 = -b$ und $x_1 \cdot x_2 = c$.

2 a) Nach dem Satz von Vieta gilt:
   $c = 7 \cdot 4 = 28$ und
   $-b = 7 + 4 = +11$; also $b = -11$.
   Die angegebenen Lösungen sind richtig.

b) $c = (-4) \cdot (-7) = 28$ und
   $-b = (-4) + (-7) = -11$; also $b = 11$.
   Die angegebenen Lösungen sind richtig.

c) $c = 7 \cdot (-4) = -28$ und
   $-b = 7 + (-4) = +3$; also $b = -3$.
   Die angegebenen Lösungen sind richtig.

d) $c = 4 \cdot (-7) = -28$ und
   $-b = 4 + (-7) = -3$; also $b = 3$.
   Die angegebenen Lösungen sind richtig.

3 a) $c = 15$ und $-b = -8$
   Die Lösungen $x_1 = -3$ und $x_2 = -5$ passen zur Gleichung, denn es gilt:
   $x_1 + x_2 = (-3) + (-5) = -8 = -b$ und
   $x_1 \cdot x_2 = (-3) \cdot (-5) = 15 = c$.

b) $c = 15$ und $-b = +8$
   Die Lösungen $x_1 = 5$ und $x_2 = 3$ passen zur Gleichung, denn es gilt:
   $x_1 + x_2 = 5 + 3 = 8 = -b$ und
   $x_1 \cdot x_2 = 5 \cdot 3 = 15 = c$.

c) $c = 15$ und $-b = -2$
   Keine der Lösungen passt zur Gleichung. Wenn c positiv ist, müssen beide Lösungen das gleiche Vorzeichen haben, 3 und 5 oder -3 und -5 kommen in Frage. Die entsprechenden Summen ergeben aber 8 und -8; dies passt nicht zu $-b = -2$.

d) $c = 15$ und $-b = +2$
   Keine der Lösungen passt zur Gleichung; Begründung wie bei Teilaufgabe c).

e) $c = -15$ und $-b = -8$
Es passt keine der Lösungen.
Begründung: Wenn c negativ ist, müssen die Lösungen entgegengesetzte Vorzeichen haben; 5 und -3 oder 3 und -5 kommen in Frage. Die entsprechenden Summen ergeben aber 2 bzw. -2; dies passt nicht zu $-b = -8$.

f) $c = -15$ und $-b = +8$
Es passt keine der Lösungen; Begründung wie bei Teilaufgabe e).

g) $c = -15$ und $-b = -2$
Die Lösungen $x_1 = 3$ und $x_2 = -5$ passen zur Gleichung, denn es gilt:
$x_1 + x_2 = 3 + (-5) = -2 = -b$ und
$x_1 \cdot x_2 = 3 \cdot (-5) = -15 = c$.

h) $c = -15$ und $-b = +2$
Die Lösungen $x_1 = 5$ und $x_2 = -3$ passen zur Gleichung, denn es gilt:
$x_1 + x_2 = 5 + (-3) = 2 = -b$ und
$x_1 \cdot x_2 = 5 \cdot (-3) = -15 = c$.

4 a) Es gilt: $-b = x_1 + x_2 = 3 + 9 = 12$; also $b = -12$ und $c = x_1 \cdot x_2 = 3 \cdot 9 = 27$.
Mögliche Gleichung:
$x^2 - 12x + 27 = 0$
Überprüfen mit der Lösungsformel:
$x_{1,2} = -\frac{-12}{2} \pm \sqrt{\left(\frac{-12}{2}\right)^2 - 27}$
$x_{1,2} = 6 \pm 3$
$x_1 = 3$; $x_2 = 9$ ✓

b) Es gilt: $-b = x_1 + x_2 = (-3) + (-7) = -10$; also $b = 10$; $c = x_1 \cdot x_2 = (-3) \cdot (-7) = 21$.
Mögliche Gleichung:
$x^2 + 10x + 21 = 0$
Überprüfen mit der Lösungsformel:
$x_{1,2} = -\frac{10}{2} \pm \sqrt{\left(\frac{10}{2}\right)^2 - 21}$
$x_{1,2} = -5 \pm 2$
$x_1 = -3$ und $x_2 = -7$ ✓

c) Es gilt: $-b = x_1 + x_2 = 9 + (-8) = 1$; also $b = -1$ und $c = x_1 \cdot x_2 = 9 \cdot (-8) = -72$
Mögliche Gleichung:
$x^2 - x - 72 = 0$
Überprüfen mit der Lösungsformel:
$x_{1,2} = -\frac{-1}{2} \pm \sqrt{\left(\frac{-1}{2}\right)^2 - (-72)}$
$x_{1,2} = 0{,}5 \pm 8{,}5$
$x_1 = 9$ und $x_2 = -8$ ✓

5 a) $c = 5$ und $-b = 6$
Mögliche Zerlegungen für c:
$5 \cdot 1$ bzw. $(-5) \cdot (-1)$
Es gilt: $5 + 1 = 6 = -b$ ✓
Die Lösungen der Gleichung lauten $x_1 = 1$ und $x_2 = 5$.

b) $c = -16$ und $-b = -6$
Mögliche Zerlegungen für c:
$1 \cdot (-16)$; $(-1) \cdot 16$; $2 \cdot (-8)$; $(-2) \cdot 8$; $4 \cdot (-4)$
Überprüfung der Summen:
$1 + (-16) = -15 \neq -b$
$(-1) + 16 = 15 \neq -b$
$2 + (-8) = -6 = -b$ ✓
Die Lösungen der Gleichung lauten
$x_1 = 2$ und $x_2 = -8$.

c) $c = 12$ und $-b = -8$
Mögliche Zerlegungen für c:
$1 \cdot 12$; $2 \cdot 6$; $3 \cdot 4$;
$(-1) \cdot (-12)$; $(-2) \cdot (-6)$; $(-3) \cdot (-4)$
Überprüfung der Summen:
$1 + 12 = 13 \neq -b$
$2 + 6 = 8 \neq -b$
$(-2) + (-6) = -8 = -b$ ✓
Die Lösungen der Gleichung lauten also
$x_1 = -2$ und $x_2 = -6$.

d) $c = 40$ und $-b = 13$
Mögliche Zerlegungen für c:
$1 \cdot 40$; $2 \cdot 20$; $4 \cdot 10$; $5 \cdot 8$;
$(-1) \cdot (-40)$; $(-2) \cdot (-20)$; $(-4) \cdot (-10)$; $(-5) \cdot (-8)$
Überprüfung der Summen:
Wenn es viele Zerlegungen gibt, überlegt man, welche Summen von der Größenordnung her in Frage kommen könnten und überprüft diese.
Es ist: $5 + 8 = 13 = -b$
Die Lösungen der Gleichung lauten $x_1 = 5$ und $x_2 = 8$.

e) $c = 35$ und $-b = 12$
Mögliche Zerlegungen für c:
$7 \cdot 5$; $(-7) \cdot (-5)$
Es gilt: $7 + 5 = 12 = -b$ ✓
Die Lösungen der Gleichung lauten $x_1 = 7$ und $x_2 = 5$.

f) $c = 14$ und $-b = 10$
Mögliche Zerlegungen für c:
$1 \cdot 14$; $2 \cdot 7$; $(-1) \cdot (-14)$; $(-2) \cdot (-7)$
Bei der Überprüfung der Summen stellt man fest, dass keine Kombination 10 ergibt.
Da man auf diesem Weg keine Lösungen findet, ist davon auszugehen, dass die Lösungen nicht ganzzahlig sind.

7 Schnittpunkte | Alles klar?, Seite 232

A

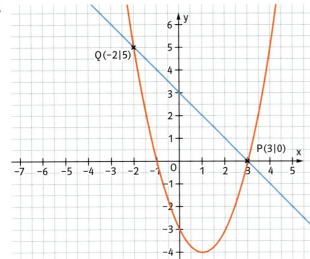

B a) $x^2 - 1 = 0 \qquad | +1$
$\qquad x^2 = 1 \qquad | \sqrt{}$
$\qquad x_1 = 1; \; x_2 = -1$

b) $\frac{1}{4}x^2 - 4 = 0 \qquad | \cdot 4$
$\qquad x^2 - 16 = 0 \qquad | +16$
$\qquad x^2 = 16 \qquad | \sqrt{}$
$\qquad x_1 = 4; \; x_2 = -4$

c) $x^2 + 10x + 21 = 0$
$\qquad x_{1,2} = -\frac{10}{2} \pm \sqrt{\left(\frac{10}{2}\right)^2 - 21}$
$\qquad x_1 = -5 + 2 = -3$
$\qquad x_2 = -5 - 2 = -7$
Die Nullstellen sind: $x_1 = -3$ und $x_2 = -7$.

d) $(x + 1)^2 - 9 = 0 \quad | +9$
$\qquad (x + 1)^2 = 9 \qquad | \sqrt{}$
$\qquad x + 1 = \pm 3 \qquad | -1$
$\qquad x_1 = 3 - 1 = 2$
$\qquad x_2 = -3 - 1 = -4$
Die Nullstellen sind: $x_1 = 2$ und $x_2 = -4$.

8 Lösen durch Modellieren | Alles klar?, Seite 236

A a) Golden Gate Bridge
Die Angaben zu Spannweite und Höhe ergeben im Koordinatensystem die Punkte $P(640 | 160)$ und $Q(-640 | 160)$. Punktprobe für $y = \frac{1}{2560}x^2$:

$160 = \frac{1}{2560} \cdot 640^2 \qquad 160 = \frac{1}{2560} \cdot (-640)^2$

$160 = 160 \; \checkmark \qquad\qquad 160 = 160 \; \checkmark$

Die Daten der Golden Gate Bridge passen zur angegebenen Parabelgleichung.

b) Brooklyn Bridge
Die Angaben zu Spannweite und Höhe ergeben im Koordinatensystem die Punkte $P(243 | 88)$ und $Q(-243 | 88)$. Punktprobe für $y = \frac{1}{600}x^2$:

$88 = \frac{1}{600} \cdot 243^2$

$88 \neq 98{,}415$

Die Daten der Brooklyn Bridge passen nicht zur angegebenen Parabelgleichung.

B Es gilt: $S(0 | 15)$ und $N_1(30 | 0)$.
$\qquad 0 = a \cdot 30^2 + 15 \qquad | -30^2 a$
$\qquad -900 a = 15 \qquad | : (-900)$
$\qquad a = -\frac{1}{60}$

Zur Brücke gehört die Funktionsgleichung $y = -\frac{1}{60}x^2 + 15$.

6 Quadratische Funktionen | Rückspiegel, Seite 245

1 a) $S(0 | -5)$ b) $S(0 | 0)$ c) $S(3 | 0)$ d) $S(-1 | -4)$

2 (A) $y = (x + 1)^2 - 4$ (B) $y = (x - 3)^2 - 1$
(C) $y = (x - 2)^2 - 3$ (D) $y = -\frac{1}{2}x^2 + 2$

3 a) $x_1 = 6; \; x_2 = -6$ b) $x_1 = 11; \; x_2 = -11$
c) $x_1 = 20; \; x_2 = -20$ d) $x_1 = 3; \; x_2 = -3$
e) $x_1 = 10; \; x_2 = -10$ f) $x_1 = 7; \; x_2 = -7$

4 a) $x^2 + 8x + 16 = 33 + 16 \qquad x_1 = 3; \; x_2 = -11$
b) $x^2 - 14x + 49 = 15 + 49 \qquad x_1 = 15; \; x_2 = -1$
c) $x^2 - 10x + 25 = 231 + 25 \qquad x_1 = 21; \; x_2 = -11$

5 a) $Q(-3 | 5); \; R(1 | 13)$ b) $Q(2 | 3{,}5); \; R(-1 | 6{,}5)$
c) $Q(2{,}2 | -5{,}76)$ d) $Q(2 | -3)$

6 a) p_1: $x_1 = 1; \; x_2 = 3$; p_2: $x_2 = 1; \; x_2 = -3$;
$P(1 | 0)$
b) p_1: $x_1 = 1; \; x_2 = -7$; p_2: $x_1 = 0{,}5; \; x_2 = -4$;
$Q(2 | 9)$

7 Möglicher Ansatz: $3 \cdot x + 6 \cdot x - x^2 = 0{,}5 \cdot 3 \cdot 6$
Zu lösen ist: $x^2 - 9x + 9 = 0$.
Lösungen: $x_1 \approx 1{,}15$ und $x_2 \approx 7{,}85$
Die Lösung x_2 ist nicht brauchbar, da die Breite der Streifen kleiner als 3 m sein muss.
Die Streifen sind also 1,15 m breit.

Lösungen Kapitel 7

7 Wahrscheinlichkeitsrechnung | Standpunkt, Seite 246

1. a) $\frac{45}{100} = 0{,}45 = 45\,\%$ b) $\frac{8}{32} = \frac{1}{4} = 0{,}25 = 25\,\%$
   c) $\frac{4}{12} = \frac{1}{3} = 0{,}\overline{3} = 33{,}\overline{3}\,\%$ d) $\frac{7}{8} = 0{,}875 = 87{,}5\,\%$
   e) $\frac{5}{6} = 0{,}8\overline{3} = 83{,}\overline{3}\,\%$

2. a) 0,4; 0,8; 0,6; 0,7; 0,9; 0,2
   b) 0,75; 0,125; 0,16; 0,22; 0,24; 0,75

3. a) 50 %; 90 %; 35 %; 8 %; 0,5 %; 105 %
   b) 80 %; 13 %; 3,5 %; 0,2 %; 108 %; 225 %

4. a) 0,6 = 60 %; 0,25 = 25 %; 0,625 = 62,5 %;
      $0{,}1\overline{6} = 16{,}\overline{6}\,\%$; $0{,}08\overline{3} = 8{,}\overline{3}\,\%$; $0{,}\overline{6} = 66{,}\overline{6}\,\%$
   b) 0,375 = 37,5 %; 0,55 = 55 %; 0,875 = 87,5 %;
      0,1875 = 18,75 %; $0{,}58\overline{3} = 58{,}\overline{3}\,\%$; $0{,}4\overline{6} = 46{,}\overline{6}\,\%$

5. a) $\frac{5}{4}$ b) $\frac{17}{30}$ c) $\frac{11}{15}$ d) $\frac{9}{10}$
   e) $\frac{3}{8}$ f) $\frac{7}{6}$ g) $\frac{5}{3}$ h) $\frac{15}{6} = \frac{5}{2}$
   i) $\frac{3}{10}$ j) $\frac{11}{20}$ k) $\frac{5}{3}$ l) $\frac{11}{7}$

6. a) $\frac{1}{6}$ b) $\frac{2}{15}$ c) $\frac{4}{21}$ d) $\frac{3}{10}$
   e) 1 f) $\frac{35}{48}$ g) $\frac{1}{12}$ h) $\frac{3}{5}$
   i) $\frac{5}{12}$ j) $\frac{7}{32}$ k) $\frac{9}{10}$
   l) $\frac{27}{14} = 1\frac{13}{14}$

1 Wahrscheinlichkeiten | Alles klar?, Seite 249

A a) P(rot) = $\frac{3}{6}$ = 50 %
  b) P(blau) = $\frac{3}{8}$ = 37,5 %
  c) P(erste Kugel ist die 5) = $\frac{1}{49}$ ≈ 2,0 %

2 Einstufige Zufallsversuche | Alles klar?, Seite 251

A a)

Farbe	grün	blau	orange
Wahrscheinlichkeit	$\frac{2}{10}$	$\frac{3}{10}$	$\frac{5}{10}$

  b) P(nicht blau) = $\frac{7}{10}$
  c) P(grün oder orange) = P(nicht blau) = $\frac{7}{10}$

3 Zweistufige Zufallsversuche | Alles klar?, Seite 254

A a) P(zwei grüne Kugeln) = P(grün, grün) = $\frac{1}{8} \cdot \frac{1}{8} = \frac{1}{64}$
  b) P(zwei verschiedenfarbige Kugeln)
     = 1 − P(zwei gleichfarbige Kugeln)
     = 1 − (P(rot, rot) + P(blau, blau) + P(grün, grün))
     = 1 − $\left(\frac{4}{8} \cdot \frac{4}{8} + \frac{3}{8} \cdot \frac{3}{8} + \frac{1}{8} \cdot \frac{1}{8}\right)$ = 1 − $\frac{26}{64} = \frac{19}{32}$
  c) P(genau eine rote Kugel)
     = P(rot, blau) + P(rot, grün) + P(blau, rot) + P(grün, rot)
     = $\frac{4}{8} \cdot \frac{3}{8} + \frac{4}{8} \cdot \frac{1}{8} + \frac{3}{8} \cdot \frac{4}{8} + \frac{1}{8} \cdot \frac{4}{8} = \frac{32}{64} = \frac{1}{2}$
  d) P(eine rote und eine blaue Kugel)
     = P(rot, blau) + P(blau, rot) = $\frac{4}{8} \cdot \frac{3}{8} + \frac{3}{8} \cdot \frac{4}{8} = \frac{24}{64} = \frac{3}{8}$

B a) ohne Zurücklegen b) mit Zurücklegen
  c) ohne Zurücklegen d) mit Zurücklegen

EXTRA: Zufallsexperimente am Computer, Seite 255

1. a) Individuelle Ausführung
   b) Es wird jeweils eine dreistellige Zufallszahl (eine Zahl zwischen 100 und 999) erzeugt.
   c) Individuelle Lösungen

2. a) Individuelle Ausführung
   b) Die Anzahlen der Augensummen 2 bis 12 werden in Spalte F gezählt.
   c) Individuelle Lösungen
   d) Individuelle Lösungen
   e) Man stellt fest, dass die Diagramme bei wachsender Anzahl von Versuchen zunehmend glockenförmig werden – also immer ähnlicher dem Diagramm auf Seite 255 des Schulbuchs.
   f) Bei drei Würfeln wird die Spalte D für die Simulation des Wurfes von Würfel 3 benötigt. Diese Spalte sieht dann ähnlich wie die Spalten B und C aus.
      In der Spalte E werden die Summen der Augenzahlen gebildet. Bei E4 trägt man zum Beispiel ein: =SUMME(B4:D4).
      Die Auswertung wird in den Spalten F und G durchgeführt. Die Augenzahlen gehen nun von 3 bis 18.

7 Wahrscheinlichkeitsrechnung | Rückspiegel, Seite 259

1 a) Loch 1 (unten), Loch 2 (oben), die Wand oder gar nichts treffen.
b) Kopf oder Wappen

2 a) $P(\text{rot}) = \frac{2}{8} = \frac{1}{4} = 25\%$
b) $P(\text{nicht rot}) = \frac{6}{8} = \frac{3}{4} = 75\%$

3 a) $P(\text{rot, rot}) + P(\text{blau, blau}) = \frac{2}{8} \cdot \frac{2}{8} + \frac{1}{8} \cdot \frac{1}{8} = \frac{5}{64}$
b) $P(\text{kein Gelb}) = P(\text{blau, blau}) + P(\text{blau, rot}) + P(\text{blau, weiß}) + P(\text{rot, blau}) + P(\text{rot, rot}) + P(\text{rot, weiß}) + P(\text{weiß, blau}) + P(\text{weiß, rot}) + P(\text{weiß, weiß}) = \frac{7}{32}$

4

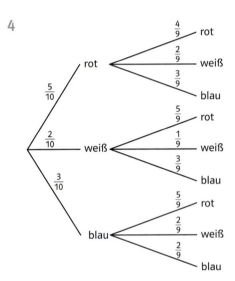

5 a) $P(\text{weiß, weiß}) = \frac{2}{10} \cdot \frac{1}{9} = \frac{1}{45}$
b) $P(\text{weiß, weiß}) + P(\text{rot, rot}) + P(\text{blau, blau})$
$= \frac{2}{10} \cdot \frac{1}{9} + \frac{5}{10} \cdot \frac{4}{9} + \frac{3}{10} \cdot \frac{2}{9} = \frac{14}{45}$
c) $P(\text{rot, blau}) + P(\text{weiß, blau}) + P(\text{blau, rot}) + P(\text{blau, weiß}) + P(\text{blau, blau})$
$= \frac{5}{10} \cdot \frac{3}{9} + \frac{2}{10} \cdot \frac{3}{9} + \frac{3}{10} \cdot \frac{5}{9} + \frac{3}{10} \cdot \frac{2}{9} + \frac{3}{10} \cdot \frac{2}{9} = \frac{8}{15}$

Lösungen Kapitel 8

Basiswissen | Seite 260

1

Länge	Fläche	Volumen
5 mm	3 km²	7,5 m³
44 dm	6,2 a	31 l

2 a) km oder m b) Liter (l) c) m² oder a
d) ml e) mm oder cm

3 Die Aussage ist falsch. 1 dm³ ist ein Liter, das Mäppchen hätte ein Volumen von 10 l, so viel fasst ein Putzeimer.

4 a) 5 cm; 0,350 km b) 4 dm²; 75 a
c) 3 cm³; 4 l; 15,5 dm³

5 a) 70 mm; 300 cm; 4300 m
b) 300 mm²; 820 dm²; 7000 a
c) 6000 mm³; 4 900 ml; 81 000 cm³

6 a) 210 mm b) 350 dm²
210 000 dm 170 000 m²
c) 7000 cm³ d) 0,25 l
4 800 000 cm³ 1500 ml

Basiswissen | Seite 261

7 a) A = 8; B = 36; C = 63; D = 88
b) A = 172; B = 194; C = 219; D = 231
c) A = 275; B = 325; C = 450; D = 575
d) A = 120; B = 240; C = 420; D = 510

8

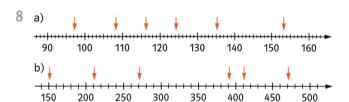

9 a) 89 < 98   b) 178 > 159   c) 345 < 543
65 > 56   211 > 112   887 > 878
87 > 78   421 > 412   989 < 998

10 a) 35; 47; 49; 53; 74; 94
b) 126; 162; 216; 261; 612; 621

11 a) 4,78 < 4,87 < 7,48 < 7,84 < 8,47 < 8,74
b) 45,98 < 49,58 < 458,9 < 459,8 < 495,8
c) 8,010 9 < 8,081 9 < 8,091 8 < 8,098 1

12 a) 8,175 m < 8,71 m < 81,57 m < 81,75 m
    b) 2,02 kg < 2,2 kg < 2,202 kg < 2,22 kg
    c) 0,00003 t < 0,3 kg < 0,33 kg < 333,3 g

13 a) 0,71; 0,74; 0,77; 0,82; 0,88
    b) 13,11; 13,13; 13,18; 13,23; 13,27
    c) 4,032; 4,034; 4,042; 4,044; 4,049

Basiswissen | Seite 262

14 a) 14,153   b) 4,062

15 a) 130,21   b) 500,126   c) 9,33

16 a) 13,014   b) 0,861
    c) 0,1458   d) 0,01458

17 a) 263,5   b) 60,03   c) 22,208
    d) 34,668 e) 0,888   f) 0,0081

18 a) 0,9   b) 6,4   c) 0,09
    d) 6   e) 9   f) 190

19 a) 3,51   b) 2,52   c) 2,54
    d) 0,354   e) 6,542   f) 6,73

Basiswissen | Seite 263

20 a) 5,7; 0,8; 21,2; 0,4; 0,1
    b) 9,123; 0,009; 2,220; 0,010

21 a) 14,28 €   b) 21,2 km   c) 7,4 l auf 100 km

22 a) $4 \cdot 5 - 3 = 17$ b) $10 + 8 \cdot 4 = 42$
    c) $2 - 2 \cdot 6 = -10$ d) $8 + 2 \cdot 3 - 6 \cdot 8 = -34$
    e) $2 \cdot (9-2) - 0{,}5 \cdot 1 = 13{,}5$ f) $5 - 4{,}5 \cdot (1+5) = -22$

23 a) $6 \cdot 12 = 72$ b) $72 : 4 = 18$
    c) $(5{,}4 - 1{,}6) + 1{,}8 = 5{,}6$

24 a) $x : 2$
       $-3{,}8 : 2 = -1{,}9$
    b) $4 \cdot (x - 5{,}2)$
       $4 \cdot (-3{,}8 - 5{,}2) = -36$
    c) $\frac{x \cdot 8}{2}$
       $-3{,}8 \cdot \frac{8}{2} = -15{,}2$
    d) $(x + 8{,}9) + 9{,}8$
       $(-3{,}8 + 8{,}9) + 9{,}8 = 14{,}9$
    e) $\frac{x}{3 + 2^2}$
       $\frac{-3{,}8}{7} \approx -0{,}543$

Basiswissen | Seite 264

25 a) 4   b) 9   c) 25   d) 49
    e) 81   f) 121   g) 1   h) 0

26 a) 8   b) 1   c) 125
    d) 64   e) 81   f) 625

27 a) 5^7 b) 6^{11} c) 2^{20}
    d) 5^4 e) 6^6 f) 2^7

28 a) 2^8 b) 7^{12} c) 5^{10}
    d) a^{10} e) b^{k+m+n} f) $(-x)^{x+y}$
    g) $\left(-\frac{x}{2}\right)^{m+1}$

29 a) 8^4 b) 9^6 c) a^2
    d) m e) 3^{p-q-r} f) y^{m-n}
    g) $(-b)^m$ h) $(-0{,}05)^{1-p}$

30 a) $5^2 = 25$ b) $2^{10} = 1024$ c) $3^3 = 27$
    d) $4^4 = 256$ e) 10^{12} f) $6^3 = 216$

31 a) a^9 b) x^{11}
    c) $5^{a+b} \cdot 2^{c+d}$ d) $x^{m+q} \cdot y^{n+r} \cdot z^{p+1}$
    e) $a^{1+x+y} \cdot b^{6y} \cdot c^{m+7}$

Basiswissen | Seite 265

32 a) $10^3 = 1000$ b) $100^4 = 10\,000$
    c) $6^2 = 36$ d) $10^3 = 1000$
    e) $(-10)^5 = -100\,000$ f) $5^4 = 625$
    g) $2^6 = 64$ h) $3^4 = 81$

33 a) $2^5 = 32$ b) $3^3 = 27$ c) $(-2)^6 = 64$
    d) $(-5)^3 = -125$ e) 12^4 f) $-\left(\frac{1}{4}\right)^7 = -\frac{1}{4^7}$

34 a) $100^3 = 1\,000\,000$ b) 1
    c) 1   d) $3^2 = 9$
    e) $(-2)^6 = 64$ f) $3^4 = 81$

35 a) $(xy)^2$ b) $(ab)^5$
    c) $(2z)^3$ d) $(10x)^4$
    e) $(mn)^7$ f) $(0{,}5y)^6$
    g) $\left(\frac{c}{d}\right)^5$ h) $\left(\frac{x}{y}\right)^{10}$
    i) $\left(\frac{3}{2}\right)^2$ j) 4^4

36 a) $\frac{1}{2^3}$ b) $\frac{1}{2^4}$ c) $\frac{1}{5^2}$
d) $\frac{1}{1^8}$ e) $\frac{1}{1,5^2}$ f) $\frac{1}{0,05^4}$
g) $\frac{1}{5^2}$ h) $\frac{1}{(-6)^5}$ i) $\frac{1}{10^{10}}$

37 a) 2^{-5} b) 5^{-3} c) 7^{-9} d) 10^{-10}

38 a) $\frac{1}{64}$ b) $\frac{1}{81}$ c) $\frac{1}{64}$ d) $\frac{1}{0,008} = 125$
e) 1 f) $\frac{1}{121}$ g) $\frac{1}{1024}$ h) $\frac{1}{0,25} = 4$

39

n	10	9	8	7	6	5	4	3	2	1	0
a)	1024	512	256	128	64	32	16	8	4	2	1
b)	59049	19683	6561	2187	729	243	81	27	9	3	1
c)	$\frac{1}{10^{10}}$	$\frac{1}{10^9}$	$\frac{1}{10^8}$	$\frac{1}{10^7}$	$\frac{1}{10^6}$	$\frac{1}{10^5}$	$\frac{1}{10^4}$	$\frac{1}{10^3}$	0,01	0,1	1
d)	59049	−19683	6561	−2187	729	−243	81	−27	9	−3	1
e)	$\frac{1}{10^{20}}$	$-\frac{1}{10^{18}}$	$\frac{1}{10^{16}}$	$-\frac{1}{10^{14}}$	$\frac{1}{10^{12}}$	$-\frac{1}{10^{10}}$	$\frac{1}{10^8}$	$-\frac{1}{10^6}$	$\frac{1}{10^4}$	−0,01	1
f)	1	−1	1	−1	1	−1	1	−1	1	−1	1

n	−1	−2	−3	−4	−5	−6	−7	−8	−9	−10
a)	$\frac{1}{2}$	$\frac{1}{4}$	$\frac{1}{8}$	$\frac{1}{16}$	$\frac{1}{32}$	$\frac{1}{64}$	$\frac{1}{128}$	$\frac{1}{256}$	$\frac{1}{512}$	$\frac{1}{1024}$
b)	$\frac{1}{3}$	$\frac{1}{9}$	$\frac{1}{27}$	$\frac{1}{81}$	$\frac{1}{243}$	$\frac{1}{729}$	$\frac{1}{2187}$	$\frac{1}{6561}$	$\frac{1}{19683}$	$\frac{1}{59049}$
c)	10	100	1000	10^4	10^5	10^6	10^7	10^8	10^9	10^{10}
d)	$-\frac{1}{3}$	$\frac{1}{9}$	$-\frac{1}{27}$	$\frac{1}{81}$	$-\frac{1}{243}$	$\frac{1}{729}$	$-\frac{1}{2187}$	$\frac{1}{6561}$	$-\frac{1}{19683}$	$\frac{1}{59049}$
e)	−100	10^4	-10^6	10^8	-10^{10}	10^{12}	-10^{14}	10^{16}	-10^{18}	10^{20}
f)	−1	1	−1	1	−1	1	−1	1	−1	1

Basiswissen | Seite 266

40 a) $\frac{3}{7}$ b) $\frac{6}{8} = \frac{3}{4}$ c) $\frac{12}{18} = \frac{2}{3}$ d) $\frac{5}{8}$

41 $-\frac{3}{4}$; $-\frac{3}{8}$; $\frac{1}{2}$; $1\frac{1}{4}$

42

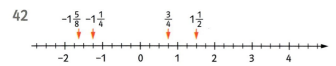

43 a) $\frac{13}{18} > \frac{10}{18}$ b) $\frac{8}{16} = \frac{2}{4} < \frac{3}{4} = \frac{15}{20}$
c) $\frac{2}{3} = \frac{4}{6} < \frac{5}{6}$ d) $\frac{3}{5} = \frac{9}{15} > \frac{8}{15}$

44 a) $\frac{8}{10} = \frac{4}{5} > \frac{3}{5} = \frac{15}{25}$ b) $\frac{1}{4} = \frac{4}{16} > \frac{3}{16}$
c) $\frac{7}{36} < \frac{15}{36} = \frac{5}{12}$ d) $\frac{10}{17} = \frac{50}{85} > \frac{39}{85}$

45 a) $\frac{9}{10} = 0,9 = 90\%$; $\frac{9}{100} = 0,09 = 9\%$; $\frac{9}{1000} = 0,009 = 0,9\%$;
$\frac{90}{100} = 0,9 = 90\%$; $\frac{90}{1000} = 0,09 = 9\%$; $\frac{900}{1000} = 0,9 = 90\%$;
$\frac{900}{10000} = 0,09 = 9\%$
b) $\frac{8}{50} = \frac{16}{100} = 0,16 = 16\%$; $\frac{13}{20} = \frac{65}{100} = 0,65 = 65\%$;
$\frac{24}{25} = \frac{96}{100} = 0,96 = 96\%$; $\frac{4}{250} = \frac{16}{1000} = 0,016 = 1,6\%$;
$\frac{5}{8} = \frac{625}{1000} = 0,625 = 62,5\%$; $\frac{7}{125} = \frac{56}{1000} = 0,056 = 5,6\%$
c) $\frac{72}{600} = \frac{12}{100} = 0,12 = 12\%$; $\frac{120}{800} = \frac{15}{100} = 0,15 = 15\%$;
$\frac{260}{1000} = \frac{26}{100} = 0,26 = 26\%$; $\frac{27}{300} = \frac{9}{100} = 0,09 = 9\%$;
$\frac{48}{1200} = \frac{4}{100} = 0,04 = 4\%$

46 a) $0,8 = \frac{8}{10} = \frac{4}{5}$ b) $0,08 = \frac{8}{100} = \frac{2}{25}$
c) $0,008 = \frac{8}{1000} = \frac{1}{125}$ d) 8

47 a) $9\% = \frac{9}{100}$ b) $19\% = \frac{19}{100}$
c) $1,9\% = \frac{19}{1000}$ d) $190\% = \frac{19}{10} = 1\frac{9}{10}$

Basiswissen | Seite 267

48 a) $\frac{2}{5} + \frac{2}{3} = \frac{16}{15} = 1\frac{1}{15}$ b) $\frac{2}{5} \cdot \frac{2}{3} = \frac{4}{15}$
c) $\frac{2}{3}$, weil $\frac{2}{3} = \frac{10}{15} > \frac{6}{15} = \frac{2}{5}$

49 $\frac{2}{3}$ von 45 min sind 30 min.
45 min − 30 min = 15 min
15 Minuten verbleiben noch.

50 a) 280,00 € b) 420,00 € c) 210,00 €

51 a) $\frac{5}{6}$ b) $\frac{37}{65}$ c) $\frac{17}{36}$
d) $\frac{1}{6}$ e) 2 f) $\frac{34}{21} = 1\frac{13}{21}$

52

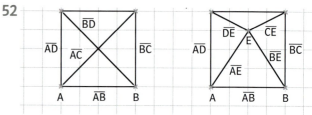

53 a) 1 Gerade
3 Strecken
b) 4 Geraden
24 Strecken
c) 6 Geraden
12 Strecken

Basiswissen | Seite 268

54 $h \perp l$; $h \perp m$; $j \perp l$; $j \perp m$; $h \parallel j$; $l \parallel m$

55 A(1|1), B(3|1,5), C(2|2,5), D(−1,5|2,5), E(−2,5|1,5), F(−3,5|1), G(−2|−1,5), H(−3|−2), I(1,5|−1,5), J(3|−2)

56

Quadrant	Vorzeichen x-Wert	Vorzeichen y-Wert
I	+	+
II	−	+
III	−	−
IV	+	−

57 a) und b)

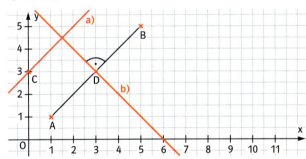

c) Abstand der Parallelen beträgt 2,1 cm.

d)

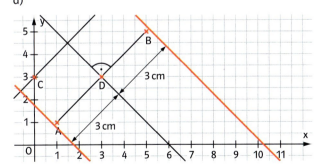

Basiswissen | Seite 269

58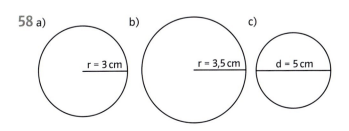

59 a) spitz; spitz; spitz
b) spitz; gestreckt; stumpf
c) spitz; rechter Winkel; stumpf
d) spitz; überstumpf; voll

60 a) individuelle Lösung
b) α = 34°; β = 104°; γ = 63°; δ = 315°

61 a) α = 45° b) α = 142°
c) α = 25° d) α = 205°

62 a) α = β = γ = 32° b) α = c = 120°; β = 60°

Basiswissen | Seite 270

63 Die Lösung ist hier verkleinert abgebildet.

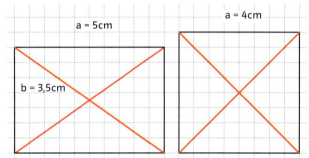

64 Die Lösung ist hier verkleinert abgebildet.

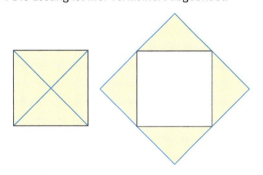

Basiswissen | Seite 271

65

	α	β	γ	
a)	60°	60°	60°	spitzwinkliges Dreieck
b)	40°	125°	15°	stumpfwinkliges Dreieck
c)	45°	45°	90°	rechtwinkliges Dreieck

66

	α	β	γ
a)	40°	60°	80°
b)	30°	60°	90°
c)	105°	5°	50°

67 a), b), c), d)

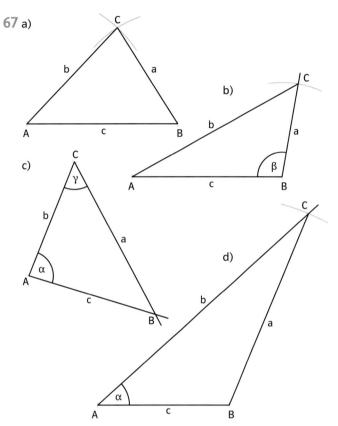

68 a), b), c)

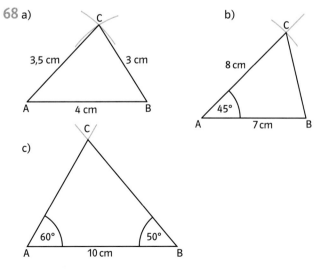

Basiswissen | Seite 273

69 individuelle Lösung

70 individuelle Lösung

71 a) individuelle Lösung
b) Ein geeigneter Diagrammtyp ist ein Säulendiagramm.

Register

A

Abc-Formel 229, 238
Abnahme 12, 69
abrunden 263
absolute Häufigkeit 156
Abstand 91, 116
Abstand von Geraden 267
addieren 70, 73, 266
    – rationaler Zahlen 15
    – von Bruchtermen 44
    – von Dezimalzahlen 262
Alkoholmenge 80
Angebote vergleichen 209
Anhalteweg 243
antiproportionale Zuordnung 137, 139, 140, 146
äquivalent 23, 25, 34
Äquivalenzumformung 34
arithmetisches Mittel 167
Assoziativgesetz 19, 70
aufrunden 263
Ausgabegröße 128
ausklammern 21, 29, 70, 71
ausmultiplizieren 21, 29, 70, 71

B

Balkendiagramm 162, 172
Barzahlungsrabatt 66
Basis 73, 264
Baumdiagramm 250, 251, 252, 253, 256
Bearbeitungszeile 272
berechnen 209
berechnen der Wahrscheinlichkeit 250, 251, 252, 253
Bestand 76
Betrag 15
Betrag addieren 15
Betrag subtrahieren 15
Betreuungsschlüssel 79
bewerten 201, 202, 205, 234, 235
Beziehungen im Dreieck 271
Binomische Formeln 33, 74
Blutalkoholgehalt 80
Blutalkoholkonzentration 80
Body-Mass-Index 178
Boxplot 170
Bremsverzögerungen 243
Bremsweg 243
Brennwert 175
Bruch 265, 266

Bruchgleichung 42, 72
Bruchterme 42, 72
Bruchzahl 11
Bruttolohn 82
Bruttopreis 66
Buchung 76

C

Computersimulation 255

D

Daten 154, 172
    – darstellen 172
    – erfassen 172
    – vergleichen 172
Dezimalzahlen 261, 266
Diagramme 165
Differenz 263
Diskriminante 229
Distributivgesetz 21, 70
Distributivgesetz mit Variablen 71
Dividend 263
dividieren 17, 50, 52, 72, 73, 266
    – von Dezimalzahlen 262
    – von rationaler Zahlen 70
    – von Termen 71
Divisor 263
Dreieck 117, 270
    – allgemein 270
    – gleichschenklig 270
    – gleichseitig 270
    – rechtwinklig 270
    – spitzwinklig 270
    – stumpfwinklig 270
Dreiecksungleichung 271
Dreisatz 134, 142, 144, 146
    – umgekehrter 142, 146
    – zusammengesetzter 144
Durchmesser 268
Dynamische Geometriesoftware (DGS) 218, 233, 236

E

Eindeutige Funktion 185
eindeutige Zuordnung 182, 184
Eingabegröße 128
Einsetzungsverfahren 200, 205

Register

einstufiger Zufallsversuch 250, 256
Einteilung der Winkel 116
Energie 147, 175
Entfernung von Geraden 267
Ereignis 256
Ergebnis 248, 251, 256
Ergebnis negativ 17
Ergebnis positiv 17
Erlös 244
erweitern Brüche 11
erweitern Bruchterme 44
Europäische Währungsunion 150
Exponent 73, 264

F

Faktor 263
Faktoren multiplizieren 70
Faustformel Bremsweg 243
Fixkosten 244
Fläche 260
Flächenberechnung 113
Flächeninhalt 88, 96
- Dreieck 98
- Kreis 104, 117
- Kreisausschnitt 106, 118
- Quadrat 96
- Rechteck 96
- zusammengesetzte Fläche 107
Flugkurve 240
Formel 272
Funktion 182, 185, 188, 204
Funktionsgleichung 182, 186, 204
Funktionsvorschrift 182, 186, 204

G

ganze Zahlen 10
Gegenzahl 10, 15, 16, 69
Geld 67, 88
Gerade 132, 186, 188, 195, 204, 267
- durch den Ursprung 186
- identische 205
- in einem Punkt schneiden 195, 205
Gesamtpreis 207
Gewicht 88
Gewinn 244
gleiche Exponenten 52
gleiche Vorzeichen 70

gleichnamig 11
gleichsetzen 198
Gleichsetzungsverfahren 198, 205
Gleichung 40, 192, 205, 225
- gemischt quadratische 225
- lösen 41, 72
- mit Klammern 37
Gleichungssystem 194, 205
gleichwahrscheinlich 256
Grad 92, 268
grafisches Lösungsverfahren 205
Graph 182, 186, 204
Größen 88, 116
Grundmenge 36
Grundwert 62, 74
günstige Ergebnisse 251

H

Häufigkeiten 172
Hauptform 192
Hundertstelbruch 61
Hyperbel 137, 140
Hypotenuse 100

I

Interpretieren 201, 202, 205, 234, 235
Inventur 76

J

Jahreszinsen 67, 74
Joule 147

K

Kapital 67
Kathete 100
Kenngrößen 167, 173
Kilokalorie 147
Klassenbildung 158, 172
Koeffizient 25
Kommutativgesetz 19, 70
konstruieren von Dreiecken 271
Koordinaten des Schnittpunkts 194
Koordinatensystem 93, 116, 186, 268
Kosten 207, 244
Kreis 268

Kreisausschnitt 118
Kreisbogen 105, 118
Kreisfläche 117
Kreisumfang 117
Kreiszahl π 102, 117
Kubikwurzel 95, 117
Kubikzahl 48, 264
kürzen
    – von Brüchen 11
    – von Bruchtermen 44

L

Lagemaße 167, 173
Lagerbestand 76
Länge 88, 260
    – eines Kreisbogens 105, 118
Laplace-Versuch 250
Laplace-Wahrscheinlichkeit 250
lineare Funktion 188, 204
lineare Gleichung 192, 205
lineare Gleichung mit zwei Variablen 205
lineare Ungleichungen 73
lineares Gleichungssystem 194, 205
Linearfaktoren 226
Liniendiagramm 162, 172
Lohn- und Gehaltsabrechnung 82
lösen 201, 202, 205, 234, 235
lösen durch Einsetzen 200
Lösung des Gleichungssystems 194, 205
Lösung 67, 68, 72
    – eine 195, 204, 205, 229
    – keine 195, 205, 229
    – zwei 229
Lösungsverfahren 37

M

Manipulation mit Statistik 173
Mantelfläche des Zylinders 114, 118
Maßeinheit 58, 88, 116
Maßzahl 88, 116
mathematisches Ergebnis 201, 205, 234, 235
mathematisches Modell 201, 205, 234, 235
mathematisch Modellieren 201, 235
Maximum 168
Median 167, 168
Mehrwertsteuer 64, 81
Minimum 168

Minuend 263
Minusklammer 21
Minuszeichen 70
Mischverhältnisse 147
Mittelpunktswinkel 118
Modalwert 167
modellieren 201, 205, 235
mögliches Ergebnis 250
multiplizieren 17, 20, 50, 52, 73, 266
    – rationaler Zahlen 70
    – von Dezimalzahlen 262
    – von Summen 31, 72
    – von Termen 71

N

natürliche Zahlen 261
Nebenwinkel 269
negativer Exponent 54
negativ 48, 73, 229
negative Steigung 187
Nenner 187, 265
Nettolohn 82
Nettopreis 66
nicht eindeutig 185
Normalform 222
Normalparabel 214, 237
Nullprodukt 226
Nullstelle bestimmen
    – durch Rechnen 227
    – durch Zeichnen 227
Nullstelle einer Funktion 227, 228, 237

O

oberes Quartil 168
Oberfläche 109, 113, 118
    – eines Quaders 109
    – eines Würfels 109
    – eines Zylinders 114, 118
ordnen 261

P

Parabel 221, 236
    – modellieren 236
Parabelgleichung 221
parallel 195, 205
parallele Geraden 267

Register

Personalschlüssel 79
Pfad 252
Pfadregel 252, 256
Planfigur 271
Planung mithilfe von Termen 77
Plusklammer 21
Pluszeichen 70
positiv 48, 73, 219, 229
Potenzen 48, 73, 264
    – dividieren 264
    – mit negativem Exponenten 55, 265
    – multiplizieren 264
Potenzgesetze 50, 52, 53, 55, 73, 264
Potenzieren 50
    – von Brüchen 55
Potenzschreibweise 48
pq-Formel 229, 238
Probe 40
Produkt 226, 263
    – von Linearfaktoren 226
Produktregel 252
Promille 80
Proportion 45
proportionale Funktion 186, 204
proportionale Zuordnung 130, 146
Prozente 61, 74, 266
Prozentfaktor q 65
Prozentrechnung 67
Prozentsatz 62, 74
Prozentschreibweise 61
prozentuale Veränderungen 74
Prozentwert 62, 74

Q

Quader 109, 118
Quadrant 268
Quadrat 117, 270
quadratisch 223
quadratische Ergänzung 220, 225, 238
quadratische Funktion 214
quadratische Gleichung 223, 225
Quadratwurzel 94, 117
Quadratzahl 48, 94, 264
quadrieren 94
Qualitätssicherung 258
Quartil 168
Quartilenabstand 168
Quotient 263

R

Rabatt 64, 81
Radius 268
radizieren 94
Rangliste 158, 167
rationale Zahlen 10, 69
Raumeinheiten 122
Rauminhalt 88
Reaktionsweg 243
Reaktionszeit 243
reale Situation 205
reale Welt 234
reales Ergebnis 201, 205, 234, 235
Realsituation 201, 234, 235
Rechenoperation 134, 142
Rechenvorschrift 128
Rechenzeichen 15, 21
rechnerisches Lösungsverfahren 198
Rechteck 117, 270
rechtwinkliges Dreieck 98
Reihenfolge beim Rechnen 22
rein quadratisch 223
    – Gleichung 238
Relationszeichen umkehren 73
relative Häufigkeit 156
Richtlinien und Normen 177
runden 263
Rundungsstelle 263

S

Satz des Pythagoras 100
Satz vom Nullprodukt 226
Satz von Vieta 229
Säulendiagramm 162, 172
Schaubild 128
    – einer proportionalen Zuordnung 132
Scheitel eines Winkels 268
Scheitelpunkt S 214, 237
Scheitelpunktform 219, 222
Scheitelwinkel 269
Schenkel 268
Schnittpunkt 194, 231
    – einer linearen mit einer quadratischen Funktion 238
Seiten-Winkel-Beziehung 271
senkrechte Geraden 267
Skonto 64, 66, 81
Spalten 272
Spaltenbreite 272

Spannweite 168
spitzwinkliges Dreieck 98
statistische Erhebung 154
Steigung 186, 187, 188, 204, 207
Steigungsdreieck 186, 187
Steigungsdreieck bei negativer Steigung 187
Stichprobe 160, 172
Strecke 267
Streuungsmaße 168, 173
Stufenwinkel 269
stumpfwinkliges Dreieck 98
Subtrahend 263
subtrahieren 16, 73, 266
 – rationaler Zahlen 16
 – von Bruchtermen 44
 – von Dezimalzahlen 262
Summand 263
Summanden addieren 70
Summe 263
 – aus Produkten 28
 – der Winkel im Dreieck 270
Summe multiplizieren 31
Summenregel 253, 256

T

Tabelle 128
Tabellenblatt 272
Tabellenkalkulation 207, 272, 273
Tangente 233
Temperatur 88, 182
Term 23, 71, 77, 263
Terme gleichsetzen 198
Treffpunkt 197

U

Überschlagsrechnung 13, 147
übersetzen 201, 202, 205, 234, 235
Uhrzeit 182
Umfang 96, 98, 102
 – eines Kreises 117
 – zusammengesetzter Fläche 107
umgekehrt proportional 137
umgekehrte Rechenoperation 142
umgekehrter Dreisatz 142, 146
unendlich viele Lösungen 195, 205
Ungleichung 46
Ursprung 93, 132, 186, 204
 – des Koordinatensystems 186

V

variable Kosten 244
Variable 23, 40, 192, 205, 207
Verbindungsgesetz 19, 70
vereinfachen 72
 – durch Addition und Subtraktion 71
vereinfachte Schreibweise 16
vergleichen 261, 265
Verhältnisgleichung 45
vermehrter Grundwert 65
verminderter Grundwert 65
verschiedene Vorzeichen 70
verschobene Normalparabel 237
Vertauschungsgesetz 19, 70
Verteilungsgesetz 21, 29
 – mit Variablen 71
Vollwinkel 106
Volumen 109, 113, 118, 260
 – eines Quaders 109
 – eines Würfels 109
 – eines Zylinders 114, 118
Volumenberechnung 113
Vorzeichen 15, 17, 21, 229

W

Wahrscheinlichkeit 248, 252, 256
 – eines Ergebnisses 250, 251
Währung 273
Wasserstrahl 242
Wechselwinkel 269
Wert 204
 – eines Terms 23, 263
Wertepaare 182, 204
Wertetabelle 182, 186, 204
Winkel 268
 – gestreckter 92, 269
 – rechter 92, 269
 – spitzer 92, 269
 – stumpfer 92, 269
 – überstumpfer 92, 269
 – voller 92, 269
Winkelbezeichnung 269
Winkelmessung 116
wissenschaftliche Schreibweise 56, 73
Würfel 109, 118
Wurzel 223
Wurzelziehen 94, 223

X

x-Achse 93, 268
x-Richtung 219
x-Wert 268

Y

y-Achse 93, 268
y-Achsenabschnitt 188, 204, 207
y-Richtung 219
y-Wert 268

Z

Zahlenpaare 192
Zahlenstrahl 261
Zähler 187, 265
Zeile 272
Zeilenhöhe 272
Zeit 88
Zelle 272, 273
– formatieren 273
– umbenennen 273
Zinsen 67, 74
Zinsrechnung 67
Zinssatz 67
zufällig 248
Zufallsversuch 248, 250, 252, 256
Zunahme 12, 69
Zuordnung 128, 146
zusammengesetzte Körper 115
zusammengesetzter Dreisatz 144, 146
zwei Punkte sind genug 190, 204
zwei Variablen 192, 205
zweistufiger Zufallsversuch 252, 256
Zylinder 113, 118

Mathematische Symbole und physikalische Größen

D100 Karteikarten

Relationszeichen
=	gleich	≈	ungefähr gleich	<	kleiner als	≤	kleiner gleich
≠	ungleich			>	größer als	≥	größer gleich

Mengen
$\mathbb{N}$	Menge der natürlichen Zahlen	$\mathbb{Q}\setminus\{2\}$	Menge der rationalen Zahlen ohne die Zahl 2
$\mathbb{Z}$	Menge der ganzen Zahlen	{ }	leere Menge
$\mathbb{Q}$	Menge der rationalen Zahlen	[−4; 4]	Intervall, Bereich zwischen zwei Zahlen

Geometrie
g, h, …	Buchstaben für Geraden
A, B, …, P, Q, …	Buchstaben für Punkte
α, β, γ, δ, …	griechische Buchstaben für Winkel alpha, beta, gamma, delta, …
π	Kreiszahl pi
g ⊥ h	die Geraden g und h sind zueinander senkrecht
g ∥ h	die Geraden g und h sind parallel
$\overline{AB}$	Strecke mit den Endpunkten A und B
A(−2 | 4)	Punkt A im Koordinatensystem mit dem x-Wert −2 und y-Wert 4
∟	rechter Winkel
△ ABC	Dreieck mit den Ecken A, B und C

Weitere mathematische Symbole
(2; 4)	Zahlenpaar aus 2 und 4	$\sqrt{2}$	Wurzel 2
P(E)	Wahrscheinlichkeit eines Ereignisses E	$\sqrt[n]{2}$	n-te Wurzel aus 2
x → 2x	Funktionsvorschrift	a^n	Potenz mit Basis a und Exponent n

Größe		Einheit	
s, l	Länge	m	Meter
λ	Wellenlänge (griech. Buchstabe lambda)	m; nm	Meter; Nanometer
A	Fläche	m^2	Quadratmeter
V	Volumen	m^3; l	Kubikmeter; Liter
m	Masse	kg	Kilogramm
ϱ	Dichte (griech. Buchstabe rho)	$\frac{kg}{m^3}$; $\frac{g}{cm^3}$	Kilogramm pro Kubikmeter; Gramm pro Kubikzentimeter
t	Zeit	s	Sekunde
v	Geschwindigkeit	$\frac{m}{s}$; $\frac{km}{h}$	Meter pro Sekunde; Kilometer pro Stunde
f	Frequenz	Hz	Hertz
E	Energie	J; cal	Joule; Kalorie
P	Leistung (engl. power)	W	Watt
T	Temperatur	°C K	Grad Celsius Kelvin

Maßeinheiten und Umrechnungen

Zeiteinheiten

Jahr	Tag	Stunde	Minute	Sekunde
1 a	= 365 d			
	1 d	= 24 h		
		1 h	= 60 min	
			1 min	= 60 s

Ausnahme: in einem Schaltjahr gilt 1 a = 366 d.

Gewichtseinheiten

Tonne	Kilogramm	Gramm	Milligramm
1 t	= 1000 kg		
	1 kg	= 1000 g	
		1 g	= 1000 mg

Längeneinheiten

Kilometer	Meter	Dezimeter	Zentimeter	Millimeter
1 km	= 1000 m			
	1 m	= 10 dm		
		1 dm	= 10 cm	
			1 cm	= 10 mm

Flächeneinheiten

Quadrat-kilometer	Hektar	Ar	Quadrat-meter	Quadrat-dezimeter	Quadrat-zentimeter	Quadrat-millimeter
1 km²	= 100 ha					
	1 ha	= 100 a				
		1 a	= 100 m²			
			1 m²	= 100 dm²		
				1 dm²	= 100 cm²	
					1 cm²	= 100 mm²

Raumeinheiten

Kubikmeter	Kubikdezimeter	Kubikzentimeter	Kubikmillimeter
1 m³	= 1000 dm³		
	1 dm³	= 1000 cm³	
	1 l	= 1000 ml	
		1 cm³	= 1000 mm³

Quellennachweis

Action Press GmbH, Hamburg (Christiane Kappes), **213.1**; akg-images, Berlin (Science Photo Library), **230.1**; Alamy stock photo, Abingdon (LightField Studios), **82.3**; Alamy Stock Photo, Abingdon, Oxon (Black Star), **184.2**; Arnold & Domnick GbR, Leipzig, **23.2**; **93.4**; **100.1**; **100.3**; **106.3**; **108.1**, **108.2**, **108.5**, **108.6**, **108.9**, **108.11**; **115.2**; **115.3**; **115.4**; **115.6**; **119.1**; **121.3**; **125.1**; **140.2**; **141.1**; **146.2**; **147.1**; **147.2**; **162.4**; **162.5**; **162.6**; **162.7**; **172.2**; **172.3**; **172.4**; **174.1**; **176.2**; **193.1**; **193.3**; **196.1**; **209.1**; **217.2**; **219.1**; **220.2**; **222.1**; **222.2**; **241.5**; **249.5**; **255.2**; **255.3**; **255.4**; **279.4**; **281.1**; **281.2**; **281.3**; **281.4**; **281.5**; **282.1**; **282.2**; **283.1**; **285.1**; **286.5**; **288.1**; **290.1**; **292.1**; **292.2**; **292.3**; **293.1**; **293.2**; **293.3**; **293.4**; **294.1**; **294.2**; **294.3**; **294.4**; **294.5**; **295.1**; **296.1**; **296.2**; **303.2**; **304.1**; **305.1**; **305.2**; **306.1**; **307.1**; **307.2**; **310.1**; **312.1**; Arnold & Domnick GbR, Leipzig. Quelle: GfK Mobilitätsmonitor, Statistisches Bundesamt,, **179.1**; **179.1**; Bildmontage: ddp images GmbH (dapd/Tobias Schwarz), Hamburg, **13.1**; Blühdorn GmbH, Fellbach, **48.1**; **56.1**; **56.2**; **56.2**; **56.2**; **56.3**; **63.1**; **63.2**; **63.3**; **63.4**; **63.5**; **115.7**; **115.9**; **251.1**; **251.3**; **251.4**; Böttner, Joachim, Schmalkalden, **136.1**; By böhringer friedrich (Own work) [GFDL (http://www.gnu.org/copyleft/fdl.html) or CC BY-SA 3.0 at (http://creativecommons.org/licenses/by-sa/3.0/at/deed.en)], via Wikimedia Commons, siehe *3, **136.3**; Corbis RF, Berlin (Royalty-Free), **131.1**; creativ collection Verlag GmbH, Freiburg, **136.5**; dreamstime.com, Brentwood, TN (Alain Lauga), **155.1**; dreamstime.com, Brentwood, TN (Solucionfotografica), **78.1**; Ernst Klett Verlag GmbH, Stuttgart, **29.1**; **58.2**; **97.1**; **97.7**; **101.3**; **101.4**; **214.5**; **219.2**; **219.3**; **240.3**; **249.4**; **254.3**; **285.3**; **286.1**; **286.2**; **286.3**; **286.4**; Ernst Klett Verlag GmbH, Stuttgart (Klett-Archiv), **221.2**; Fotosearch Stock Photography, Waukesha, WI (Comstock), **123.2**; F1online digitale Bildagentur, Frankfurt, **132.3**; Getty Images Plus, München (E+/technotr), **236.2**; Getty Images Plus, München (Jaroslav Frank), **115.5**; Getty Images Plus, München (MarioGuti/E+), **136.6**; Getty Images Plus, München (Saro17), **153.1**; Getty Images Plus, München (SDI Productions), **Cover**; Getty Images RF, München (Werner Schnell), **119.3**; Getty Images, München (Corbis NX / Clouds Hill Imaging Ltd.), **58.3**; González, Tahis, Gotha (Bauer), **166.4**; **166.5**; Holtermann, Helmut, Dannenberg, **99.1**; **99.4**; **122.1**; **141.2**; **166.6**; **215.2**; **215.3**; **215.4**; **236.1**; **249.1**; **249.2**; **249.3**; **254.6**; **255.1**; Hungreder, Rudolf, Leinfelden-Echterdingen, **11.4**; **61.3**; **61.5**; **88.2**; **89.1**; **90.1**; **110.3**; **111.3**; **128.2**; **128.3**; **129.2**; **129.3**; **132.4**; **132.6**; **133.2**; **133.4**; **146.1**; **184.1**; **260.1**; **260.2**; **261.6**; **268.3**; **270.1**; Image Professionals, München (Stockfood/Dr. Tony Brain), **76.1**; IMAGO, Berlin (stock&people), **112.2**; imprint, Zusmarshausen, **298.1**; **299.1**; **314.2**; iStockphoto, Calgary, Alberta (Alan Hettinger), **58.4**; iStockphoto, Calgary, Alberta (alvarez), **23.1**; iStockphoto, Calgary, Alberta (Aoldman), **241.1**; iStockphoto, Calgary, Alberta (BartCo), **103.8**; iStockphoto, Calgary, Alberta (Christopher Futcher), **186.1**; iStockphoto, Calgary, Alberta (doublediamondphoto), **113.1**; iStockphoto, Calgary, Alberta (FotografiaBasica), **149.2**; iStockphoto, Calgary, Alberta (fotografixx), **206.1**; iStockphoto, Calgary, Alberta (FredFroese), **150.1**; iStockphoto, Calgary, Alberta (head-off), **131.2**; iStockphoto, Calgary, Alberta (Ivonoppenmedia), **214.2**; iStockphoto, Calgary, Alberta (jonas unruh), **121.1**; iStockphoto, Calgary, Alberta (Laikwunfai), **241.3**; iStockphoto, Calgary, Alberta (Lammeyer), **248.1**; iStockphoto, Calgary, Alberta (MachineHeadz), **207.1**; iStockphoto, Calgary, Alberta (majorosl), **242.2**; iStockphoto, Calgary, Alberta (MichaelDeLeon), **174.2**; iStockphoto, Calgary, Alberta (molka), **67.1**; iStockphoto, Calgary, Alberta (nicolesy), **75.1**; iStockphoto, Calgary, Alberta (nlimmen), **138.1**; iStockphoto, Calgary, Alberta (ozgurcankaya), **145.2**; iStockphoto, Calgary, Alberta (PeopleImages), **65.1**; iStockphoto, Calgary, Alberta (Photosoup), **201.1**; iStockphoto, Calgary, Alberta (pidjoe), **137.1**; iStockphoto, Calgary, Alberta (pixdeluxe), **142.1**; iStockphoto, Calgary, Alberta (Rob_Ellis), **58.5**; iStockphoto, Calgary, Alberta (Steve Debenport), **154.1**; iStockphoto, Calgary, Alberta (Susan Chiang), **87.1**; iStockphoto, Calgary, Alberta (tichr), **242.1**; iStockphoto, Calgary, Alberta (Victor Guisado Muñoz), **58.1**; iStockphoto, Calgary, Alberta (Zoranm), **156.1**; Jähde, Steffen, Sundhagen, **162.1**; KOMA AMOK ®, Stuttgart, **251.2**; Kramer, Angelika, Stuttgart- Bad Cannstatt, **95.1**; Malz, Anja, Taunusstein, **304.3**; Mauritius Images, Mittenwald (Alamy), **115.1**; Mauritius Images, Mittenwald (Udo Siebig), **112.3**; Media Office GmbH, Kornwestheim, **52.1**; **95.2**; **101.5**; **160.2**; **172.1**; **224.1**; **267.1**; **267.2**; **267.4**; **268.1**; **295.2**; Menzel, Tom, Scharbeutz/Klingberg, **12.1**; **39.2**; **64.1**; **64.2**; **64.3**; **64.4**; **129.4**; **133.1**; **164.1**; **183.1**; **185.1**; **185.2**; **185.3**; **185.4**; **187.3**; **187.4**; **189.2**; **191.1**; **200.1**; **202.2**; **248.2**; **251.7**; **288.2**; **289.1**; **298.2**; **298.3**; **298.4**; **300.1**; **300.2**; MEV Verlag GmbH, Augsburg, **19.1**; **20.1**; Picture-Alliance, Frankfurt/M. (dpa / Frank May), **139.2**; Picture-Alliance, Frankfurt/M. (dpa/Elmar Hartmann), **241.2**; Picture-Alliance, Frankfurt/M. (dpa/ZDF), **15.1**; Picture-Alliance, Frankfurt/M. (Roland Weihrauch dpa/lnw), **136.4**; Picture-Alliance, Frankfurt/M. (Ronald Wittek), **9.1**; Quelle: Deutsche Stiftung Organtransplantation (DSO), Jahresbericht Organspende und Transplantation in Deutschland, Frankfurt/M 2021, S. 62 ff, **176.1**; Schobel, Ingrid, Hannover, **27.1**; **192.1**; **194.1**; ShutterStock.com RF, New York (andras_csontos), **127.1**; ShutterStock.com RF, New York (aslysun), **181.1**; ShutterStock.com RF, New York (avarand), **208.1**; ShutterStock.com RF, New York (Baloncici), **141.3**; ShutterStock.com RF, New York (Dmitry Naumov), **60.3**; ShutterStock.com RF, New York (d13), **130.1**; ShutterStock.com RF, New York (fusebulb), **49.1**; ShutterStock.com RF, New York (Jens Goepfert), **112.5**; ShutterStock.com RF, New York (Juergen Wackenhut), **88.1**; ShutterStock.com RF, New York (l i g h t p o e t), **10.1**; ShutterStock.com RF, New York (Otmar Smit), **208.2**; ShutterStock.com RF, New York (photofriday), **235.2**; ShutterStock.com RF, New York (Piotr Zajc), **50.1**; ShutterStock.com RF, New York (Sean Locke Photography), **77.2**; ShutterStock.com RF, New York (Smileus), **191.2**; ShutterStock.com RF, New York (SOMMAI), **210.2**; ShutterStock.com RF, New York (Stefan Holm), **175.1**; ShutterStock.com RF, New York (Syda Productions), **91.1**; ShutterStock.com RF, New York (Tetiana Iatsenko), **149.1**; ShutterStock.com RF, New York (Vitalinka), **140.1**; ShutterStock.com RF, New York (Wong Yu Liang), **198.1**; ShutterStock.com RF, New York (zedspider), **177.1**; stock.adobe.com, Dublin (aapsky), **164.2**; stock.adobe.com, Dublin (Aintschie), **144.1**; stock.adobe.com, Dublin (AUFORT Jérome), **240.2**; stock.adobe.com, Dublin (Berlinstock), **90.2**; stock.adobe.com, Dublin (bierchen), **42.1**; stock.adobe.com, Dublin (Blickfang), **41.1**; stock.adobe.com, Dublin (Christophe ROURE), **239.1**; stock.adobe.com, Dublin (Didier Doceux), **143.1**; stock.adobe.com, Dublin (FollowTheFlow), **161.2**; stock.adobe.com, Dublin (Henrik Dolle), **258.1**; stock.adobe.com, Dublin (highwaystarz), **79.1**; stock.adobe.com, Dublin (Kzenon), **56.1**; stock.adobe.com, Dublin (lightpoet), **177.2**; stock.adobe.com, Dublin (Monkey Business), **158.1**; stock.adobe.com, Dublin (M. Schuppich), **40.1**; stock.adobe.com, Dublin (M.studio), **153.2**; stock.adobe.com, Dublin (Photosani), **59.1**; stock.adobe.com, Dublin (Pixelot), **120.1**; stock.adobe.com, Dublin (sehbaer_nrw), **235.3**; stock.adobe.com, Dublin (Syda Productions), **139.1**; stock.adobe.com, Dublin (Thomas Siepmann), **159.1**; stock.adobe.com, Dublin (twystydigi), **96.1**; stock.adobe.com, Dublin (victoria p.), **148.1**; stock.adobe.com, Dublin (Wolfgang Jargstorff), **191.3**; Thinkstock, München (Goodshoot), **164.3**; Thinkstock, München (iStock / SerAlexVi), **160.1**; Thinkstock, München (iStockphoto), **46.1**; **61.1**; **90.3**; **112.1**; Thinkstock, München (iStock/RobertHoetink), **247.1**; Thinkstock, München (kzenon), **119.2**; Thinkstock, München (tzahiV), **258.2**; Thinkstock, München (Wavebreakmedia Ltd), **136.2**; tiff.any GmbH & Co. KG, Berlin, **292.4**; Traub, Till, Leonberg, **47.1**; **267.7**; Uwe Alfer, Kråksmåla, Alsterbro, **8.1**; **8.3**; **10.2**; **10.3**; **11.1**; **11.2**; **12.2**; **12.4**; **12.5**; **14.1**; **14.2**; **15.2**; **18.1**; **18.2**; **19.2**; **22.1**;

Register

24.1; 25.1; 25.2; 25.3; 26.1; 26.7; 26.8; 27.2; 27.3; 28.1; 28.2; 28.6; 30.1; 30.4; 31.1; 31.2; 31.3; 32.1; 32.3; 33.1; 34.1; 34.2; 35.1; 37.1; 38.1; 38.4; 40.2; 41.2; 45.1; 47.2; 47.3; 47.4; 51.1; 53.1; 58.6; 60.1; 61.2; 62.1; 66.1; 66.2; 73.1; 80.1; 81.1; 82.1; 82.2; 89.2; 89.3; 90.4; 91.2; 91.3; 91.4; 91.5; 92.1; 92.7; 92.9; 92.11; 92.13; 93.1; 93.2; 93.3; 94.1; 95.3; 95.4; 95.5; 95.6; 96.2; 96.3; 96.4; 97.3; 97.9; 97.10; 98.1; 98.2; 98.3; 98.4; 98.5; 98.6; 99.2; 99.6; 100.2; 100.4; 101.1; 102.1; 102.2; 102.3; 103.1; 103.3; 103.5; 103.6; 103.7; 104.1; 104.2; 105.1; 105.2; 106.1; 107.1; 107.2; 107.3; 108.3; 108.7; 108.8; 108.10; 109.1; 109.2; 110.1; 110.2; 111.1; 111.7; 111.9; 113.2; 113.3; 113.4; 114.1; 115.8; 116.1; 116.2; 116.3; 117.1; 117.2; 117.3; 118.1; 118.2; 118.3; 120.2; 121.2; 122.2; 123.1; 123.3; 123.4; 124.1; 124.2; 124.3; 126.1; 128.1; 129.1; 131.3; 132.1; 132.2; 132.5; 133.3; 134.1; 135.1; 137.2; 140.3; 151.1; 152.1; 152.2; 152.3; 156.2; 161.1; 165.1; 165.2; 165.3; 165.4; 165.5; 166.1; 166.2; 167.1; 167.2; 170.1; 170.2; 171.1; 171.2; 171.3; 171.4; 171.5; 173.1; 180.1; 182.1; 182.2; 182.3; 183.2; 184.3; 186.2; 186.3; 187.1; 187.2; 187.5; 188.1; 188.2; 188.3; 188.4; 189.1; 189.4; 189.5; 190.1; 190.2; 190.3; 192.2; 192.3; 193.2; 194.2; 194.3; 194.4; 195.1; 195.4; 197.1; 199.1; 199.2; 202.1; 203.1; 203.2; 204.1; 204.2; 204.3; 204.4; 204.5; 205.2; 206.2; 206.3; 210.1; 211.1; 212.1; 214.1; 214.3; 214.4; 215.1; 216.1; 216.2; 216.3; 216.4; 217.1; 217.3; 218.1; 218.5; 220.1; 221.1; 223.1; 225.1; 227.1; 227.2; 228.1; 228.2; 228.3; 228.4; 228.6; 231.1; 231.2; 231.3; 232.1; 232.2; 232.3; 233.1; 234.1; 234.2; 235.1; 235.4; 236.3; 237.1; 237.2; 237.3; 237.4; 240.1; 241.4; 243.1; 243.2; 245.1; 245.2; 246.1; 248.3; 250.1; 250.2; 250.3; 251.5; 251.6; 252.1; 252.2; 252.3; 253.1; 253.2; 253.3; 253.4; 254.1; 254.2; 254.4; 254.5; 256.1; 256.2; 257.1; 257.2; 257.3; 259.1; 259.2; 261.1; 261.2; 261.3; 261.4; 261.5; 265.1; 266.1; 266.5; 267.8; 268.2; 268.4; 268.5; 268.6; 269.1; 269.2; 269.3; 269.7; 269.8; 270.3; 270.4; 270.5; 271.1; 271.2; 271.3; 272.1; 272.2; 272.3; 272.4; 272.5; 272.6; 272.7; 272.8; 273.1; 273.2; 273.3; 273.4; 273.5; 273.6; 273.7; 273.8; 274.1; 274.2; 279.1; 280.1; 285.2; 290.2; 291.1; 297.1; 302.1; 303.1; 303.3; 304.2; 304.4; 312.2; 312.3; 314.1; 315.1; 315.2; 315.3; 315.4; 315.5; 316.1; 316.3; 316.5; Wiemers, Sabine, Düsseldorf, **39.1; 112.4**

*3 Lizenzbestimmungen zu CC-BY-SA-4.0 siehe: http://creativecommons.org/licenses/by-sa/4.0/legalcode

Die Reihenfolge und Nummerierung der Bild- und Textquellen im Quellennachweis erfolgt automatisch und entspricht u.U. nicht der Nummerierung der Bild- und Textquellen im Werk. Die automatische Vergabe der Positionsnummern erfolgt in der Regel von links oben nach rechts unten, ausgehend von der linken oberen Ecke der Abbildung.